AF814911

Linguistische
Arbeiten 49

Herausgegeben von Herbert E. Brekle, Hans Jürgen Heringer,
Christian Rohrer, Heinz Vater und Otmar Werner

Grammatik und interdisziplinäre Bereiche der Linguistik

Akten des 11. Linguistischen Kolloquiums
Aachen 1976
Band 1

Herausgegeben von
Heinz Werner Viethen, Wolf-Dietrich Bald
und Konrad Sprengel

Max Niemeyer Verlag
Tübingen 1977

CIP-Kurztitelaufnahme der Deutschen Bibliothek

Linguistisches Kolloquium <**11, 1976, Aachen**>
Akten des 11. [Elften] Linguistischen Kolloquiums Aachen 1976 [neunzehnhundertsechsundsiebzig]. – Tübingen : Niemeyer.
(Linguistische Arbeiten ; . . .)

Bd. 1. → Grammatik und interdisziplinäre Bereiche der Linguistik

Grammatik und interdisziplinäre Bereiche der Linguistik / hrsg. von Heinz Werner Viethen . . . – 1. Aufl. – Tübingen : Niemeyer, 1977.
(Akten des 11. Linguistischen Kolloquiums Aachen 1976 ; Bd. 1) (Linguistische Arbeiten ; 49)
ISBN 3-484-10274-8

NE: Viethen, Heinz Werner [Hrsg.]

ISBN 3-484-10274-8

© Max Niemeyer Verlag Tübingen 1977
Alle Rechte vorbehalten. Ohne ausdrückliche Genehmigung des Verlages ist es auch nicht gestattet, dieses Buch oder Teile daraus auf photomechanischem Wege zu vervielfältigen. Printed in Germany

INHALTSVERZEICHNIS

Vorwort IX

1. THEORIE

PETER FINKE: Eine Sneed-Matrix für die Linguistik . . 3

FRANZ JOSEF HAUSMANN: Strukturalismus in der Lexikographie des 18. und 19. Jahrhunderts 15

GÜNTHER ÖHLSCHLÄGER: Regel - Regelformulierung - Regelbeschreibung 27

SVEN FREDERIK SAGER: Zur Empirie in der Linguistik . 37

RÜDIGER SCHREYER: Missing links 49

2. PHONOLOGIE UND MORPHOLOGIE

JÜRGEN ESSER: Zur expliziten Darstellung von Wortstellung und Intonation 59

FRITZ PASIERBSKY: Amorphe Strukturen im deutschen Sprachbau 69

DIETER STEIN: Intrakorpuskulare Diachronie 79

ALFRED WOLLMANN: Präferenzregeln in der englischen Phonologie 89

3. SYNTAX

HANS ALTMANN: Wortstellungstypen des Deutschen und Kontrastierung 99

JOHN F. DAVIS: Subject-object-verb concord in Luiseño 111

GÜNTHER DEIMER: If-Antworten auf WH-Fragen 119

JÜRGEN LENERZ: Zum Einfluß des "Agens" auf die Wortstellung des Deutschen 133

JESUS PEREZ-ALONSO: Numerus und Deixis 143

RÜDIGER ZIMMERMANN: Perzeptuelle Vereinfachung als Quelle sekundärer Subjektivierung 151

4. SPRACHVARIANTEN UND KONTRASTIVE LINGUISTIK

BARBARA ENGELS: Der steigende Einfluß des amerikanischen Englisch auf die deutsche Zeitungssprache in "Die Welt" (1954 / 1964) 165

COLIN FOSKETT: Valency theory and contrastive linguistics 175

CHRISTOPHER HABEL: Ein formales Modell zur Beschreibung von Sprachvariationen. 183

MATTHIAS HARTIG: Soziolinguistik und Sprachwandel . . 195

KRYSTYNA PISARKOWA: Abweichung und Kreativität in der Umgangssprache 207

ULRICH PÜSCHEL: Bemerkungen zum Objektbereich einer Theorie des Sprachwandels 215

FRITJOF WERNER: Zur statistischen Beschreibung der Sprachvariation 227

5. SPRACHERWERB UND SPRACHUNTERRICHT

HELGA ANDRESEN: Selektionsfunktion von Sprachnormen in der Schule am Beispiel der Rechtschreibung 237

WOLFGANG HERRMANN: Paradoxien des Unterrichts 247

LUDGER HOFFMANN: Aspekte einer Untersuchung der Sprache von Kindern im Vorschulalter 257

ERIKA HÜLTENSCHMIDT: Genetische Psychologie, Linguistik und Fremdsprachenunterricht 265

MEINERT A. MEYER: Beziehungen zwischen Sprachphilosophie und Sprachdidaktik 279

JOCHEN PLEINES: Kasusgrammatik und Fremdsprachenunterricht? 289

INGEBORG SINGENDONK-HEUBLEIN: Zur Grammatik frühkindlichen Sprechens 301

WOLFGANG SUCHAROWSKI: Syntaxmodelle und Grammatikunterricht 313

6. NEUROLINGUISTIK

KARL GLONING: Untersuchungen zur Lexikonorganisation an Aphatikern 327

CLAUS HEESCHEN: Aspekte der Lateralisierung von Syntax und Semantik 331

WALTER HUBER: Lexikalische Performanz bei Aphasie . . 341

GÜNTER PEUSER / ANGELA FRIEDERICI: "Fehlerindex" und "ESPA"-Analyse 357

HARTMUT POTT: Linguistische Aspekte zu aphasischen Syndromen 367

FRANZ J. STACHOWIAK: Störungen der semantischen Organisation des Lexikons bei Aphasie 377

DOROTHEA WENIGER / WALTER HUBER: Der Einfluß von lexikalischer Spezifität auf die Konstruktion von Sätzen bei Aphasie 389

VERZEICHNIS DER AUTOREN 401

INHALTSVERZEICHNIS ZU BAND 2

1. SEMANTIK

WERNER ABRAHAM: Noch und schon als polare Satzfunktoren 3

JOACHIM BALLWEG: Vorgänge und Vorgangsverben 21

ISTVÁN BÁTORI: Psycholinguistische Informationsverarbeitung 31

HELMUT FROSCH: Zur Behandlung von Reflexivkonstruktionen in der Montague-Grammatik 43

ROBERT THOMAS KING: Meaning postulates and semantic representation 55

EKKEHARD KÖNIG: Zur Syntax und Semantik von Gradpartikeln 63

MANFRED PINKAL: Zur Semantik ad-adjektivischer Phrasen 71

FRANÇOISE POURADIER DUTEIL: Un essai d'application de l'analyse actantielle à la description de la nominalisation en Français moderne 81

BURGHARD RIEGER: Vagheit als Problem der linguistischen Semantik 91

MANFRED VON RONCADOR: Zur Linguistik der intensivierenden Ausrufe 103

MARIE-THERESE SCHEPPING: Semantische Analyse der Verben der optischen Wahrnehmung am Französischen . . 115

KONRAD SPRENGEL: Semantische Merkmale und Universalien am Beispiel der Verwandtschaftswörter 135

HEINZ W. VIETHEN: All, any, each, every und generisches a 147

MONIKA WESEMANN: Einige Bemerkungen zum dänischen S-Passiv 157

RAINER WIMMER: Einige Thesen zur Unterscheidung von Semantik und Pragmatik 165

MAGDALENA ZOEPPRITZ: Kasuserkennung 175

2. PRAGMATIK

ERNST APELTAUER: Drohen 187

WOLFRAM BUBLITZ: Deutsch aber als Konjunktion und als Modalpartikel 199

PETER DENGEL / ULRICH SCHECK: Linguistische Aspekte des Verkaufsgesprächs 211

RUDOLF EHRET / JÜRGEN WALTHER: Rhetorische Strategien und Redetechniken 221

HARTWIG FRANKENBERG: Verbale Interaktion als Interferenz von praktischen Schlüssen 233

AXEL HÜBLER: Analyse und alles über <u>and</u> <u>all</u> und alles 243

HUBERTUS OPALKA: Zum Verhältnis von Intonation und Abtönungspartikeln 255

FOLKER SIEGERT: Argumentationsanalyse 267

WILLY VANDEWEGHE: Fragen und ihre Funktionen 277

REINHARD WONNEBERGER: Relokution, negativer Sprechakt und wo der Römerbrief anfängt 287

DIETMAR ZAEFFERER / HANS-GEORG FRENZ: Kindliches Sprechhandeln in relevanten Situationen 297

WERNER ZILLIG: Bewerten und Bewertungsdialog 309

ALBERTO ZULUAGA: Pragmatisch fixierte Ausdrücke . . . 319

VERZEICHNIS DER AUTOREN 331

VORWORT

Vom 21. bis 25. September 1976 fand an der RWTH Aachen das 11. Linguistische Kolloquium statt. Die Zahl der Vorträge machte eine Aufteilung der Publikation auf zwei Bände notwendig. Der vorliegende erste Band vereint unter dem Sammeltitel "Grammatik und interdisziplinäre Bereiche der Linguistik" die Referate zu den Sektionen Wissenschaftstheorie/Phonologie/Morphologie, Syntax, Sprachvarianten/Soziolinguistik/Kontrastive Linguistik, Spracherwerb/Sprachunterricht und Neurolinguistik/Psycholinguistik. Band 2 enthält die Vorträge zu den Sektionen Semantik und Pragmatik.

Wie aus vielen Einzelheiten ersichtlich ist, hat das 10. Linguistische Kolloquium (Tübingen 1975) als Vorbild für unsere Arbeit gedient. Das Aachener Plenum beschloß, die Akten beim Max Niemeyer Verlag in Tübingen zu veröffentlichen und der bewährten Arbeitsweise zu folgen: Um die Herstellungskosten niedrig zu halten, schrieben die Verfasser ihre Beiträge selbst auf Spezialpapier nach einer Schreibanleitung. Gerade dieses Verfahren verlangte von uns Herausgebern besondere Rücksicht auf die einheitliche Form der beiden Sammelbände; einigen Autoren mag dies kleinlich erschienen sein. Die Korrekturen der Beiträge wurden, soweit möglich, in Zusammenarbeit mit den Autoren vorgenommen. Dennoch ließen sich geringe formale Inkonsequenzen nicht ganz vermeiden. In einigen Fällen mußten wir wegen der hohen Zahl der Korrekturen um Neufassung der Beiträge bitten. Einige wenige Autoren konnten ihre Beiträge nicht für die Publikation zur Verfügung stellen, da z.B. wichtige Punkte aus einer Dissertation betroffen waren, sie sich für eine andere Publikation verpflichtet hatten oder sie den Beitrag noch nicht ausgereift fanden.

Inhaltlich spiegeln die beiden Bände den Beitrag wider, den jüngere Linguisten zur gegenwärtigen Forschung leisten. Wie bei den früheren Kolloquien sind die meisten Beiträge generativ orientiert; nach wie vor bilden Semantik und Pragmatik einen besonderen Interessenschwerpunkt. Auffällig erscheint uns ferner das allmähliche Abrücken von der streng "systemlinguistischen"

Sicht der 60er und frühen 70er Jahre, als die Abbildung der Kompetenz eines idealen Sprecher-Hörers als einzig legitimes Ziel einer generativen Grammatik galt und formal befriedigende, jedoch empirisch nicht falsifizierbare Kalküle erstellt wurden. Einige Beiträge versuchen, Aspekte der Performanz einer expliziten Beschreibung zugänglich zu machen. Die empirisch gewonnenen Daten der Psycho- und Soziolinguistik erlauben indes bisher keine formale Beschreibung oder gar Erklärung durch Einbau in ein lückenloses, widerspruchsfreies Modell einer generativen Grammatik als Teil menschlichen Verhaltens. - Eine inhaltliche Diskussion und Wertung der einzelnen Beiträge steht uns nicht zu. Wir hoffen jedoch, daß die beiden Bände einen Überblick geben über Forschungsrichtungen, die in Gegenwart und naher Zukunft Aufmerksamkeit verdienen.

Unseren Dank möchten wir all denen aussprechen, die bei der Organisation der Tagung geholfen haben. Besonders zu nennen ist der Rektor der RWTH Aachen, der alle nötigen Tagungsräume zur Verfügung stellte. Dank der großzügigen Unterstützung des Ministers für Wissenschaft und Forschung des Landes Nordrhein-Westfalen war es möglich, fünf Gäste aus Polen einzuladen; bedauerlicherweise konnte nur ein Gast der Einladung folgen. Mr. Raymond Adlam vom British Council Köln danken wir für seine Rahmenveranstaltung "Words and Music" und Mr. J. Ferguson sowie seinen Mitarbeitern, ebenfalls vom Council, für die Buchausstellung zum Thema Linguistik und Sprachunterricht. Für einen angenehmen äußeren Rahmen der Tagung sorgte täglich das Deutsche Rote Kreuz (Kreisverband Aachen) mit Tee und Kaffee, während der Empfang bei Herrn Oberbürgermeister Malangré - mit der anschließenden Führung durch das Rathaus - sowie die Domführung von Herrn Prälat Dr. Stephany die linguistischen Genüsse um einige allgemein kulturelle ergänzten.

Besonderen Dank schulden wir den Kollegen, die sich als Sektionsleiter zur Verfügung stellten: Dr. P. Marsden, Dr. C. Pollner, Herrn H. Rohlfing, Dr. R. Schreyer, Prof. Dr. J. Thomas, Prof. Dr. H. Weinstock. Die ganze Organisation des Kolloquiums und was immer als Erfolg zu verzeichnen war, wäre jedoch unmöglich gewesen ohne die unermüdliche Mitarbeit von Frau W. Mertens,

Frau E.-M. Bald und unseren Hilfskräften Anneliese Aalam, Horst Brönstrup, Helga Krahforst, Rita und Harald Mordziol, Sylvia Siebing, Ulrike Siegers und Astrid Wiesner, denen auch an dieser Stelle noch einmal namentlich unser aufrichtiger Dank ausgesprochen sei.

Der Niemeyer-Verlag hat sich erneut der Akten des Linguistischen Kolloquiums angenommen. Nur dank seiner Erfahrung und Umsicht und auch seines großzügigen Entgegenkommens sind die Bände wieder für alle Linguisten zugänglich.

Aachen, im Januar 1977 W.D.B., K.S., H.W.V.

1. THEORIE

EINE SNEED-MATRIX FÜR DIE LINGUISTIK
Neue Aspekte zur Struktur und Dynamik linguistischer Theorien

Peter Finke

0. Der S-Matrix-Begriff

Helmut Schnelle hat kürzlich in einem wichtigen Artikel (SCHNELLE 1976) gezeigt, daß zentrale Teile der neueren strukturalen Linguistik in metatheoretischer Hinsicht der Rigidität und begrifflichen Schärfe gewachsen sind, die den bewährten Theorien der Physik zweifellos attestiert werden dürfen.[1] Daß dies im Falle der Linguistik bis heute umstritten ist, hat insbesondere zwei Gründe: erstens hat ihr Mathematisierungsgrad, obwohl im Fortschritt befindlich, noch längst nicht den jener physikalischen Theorien erreicht, und zweitens ist der Sinn von Mathematisierungsanstrengungen vielen Linguisten noch immer nicht eingängig. Schnelle bedient sich nun bei seiner logischen Rekonstruktion struktural-linguistischer Theorien eines metatheoretischen Instrumentariums, das vor wenigen Jahren von J.D. Sneed zur logischen Rekonstruktion einiger physikalischer Theorien entwickelt und auf diese angewendet worden ist. Er beschränkt sich dabei auf die sog. M a t r i x einer Theorie, worunter die logische Struktur einer mathematisierten Theorie zu verstehen ist. Ich werde hier den Matrixbegriff in einem allgemeineren Sinne gebrauchen, nämlich so, daß darunter die gesamte Struktur und Dynamik von Theorien in metatheoretischer Hinsicht verstanden werden soll. Dabei kann es nur darum gehen, gleichsam in Form einer Skizze die wichtigsten Eigenschaften der von Sneed entwickelten metatheoretischen Konzeption zu erläutern und ihre Übertragbarkeit auf die Sprachwissenschaft plausibel zu machen. Diese Konzeption heiße hinfort " S n e e d - M a t r i x " oder kurz " S - M a t r i x ". Dabei sollen zunächst und vor allem die Struktur, zum Schluß auch noch einige Aspekte der Dynamik von sprachwissenschaftlichen Theorien besprochen werden.

1. Linguistische Theorienstruktur

1.1. S-Matrix im weiteren Sinne

Der Begriff einer Sneed- oder S-Matrix soll in einem weiteren und in einem engeren Sinne verstanden werden. Im weiteren Sinne bedeutet "S-Matrix" eine neue metatheoretische Konzeption, nämlich den sog. non-statement-view oder die Begriffskonzeption von Theorien. Im engeren Sinne bedeutet "S-Matrix" die interne Struktur der logischen und der empirischen Komponente einer Theorie.

Die S-Matrix im weiteren Sinne ist durch folgende drei Hauptentscheidungen gekennzeichnet:

(a) Eine wissenschaftliche Theorie ist keine Menge von Aussagen (Sätzen), sondern die Bedeutung eines Begriffs.

(b) Die empiristische Unterscheidung von Theoriesprachen und Beobachtungssprachen ist nicht durchzuhalten. Alle in Wissenschaften verwendeten Sprachen sind Theoriesprachen.

(c) Der empirische Gehalt einer Theorie T ist dasjenige, was von den Gegenständen von T unter Verwendung nicht-T-theoretischer Sprachen ausgesagt werden kann.

ad (a): Mit dieser Entscheidung ist der wesentliche Fortschritt verbunden, daß der begriffliche Kern einer Theorie in klarer Weise von der Menge von Sätzen unterschieden werden kann, die zu ihren einzelnen Darstellungen dienen. Theorie und Darstellung einer Theorie ist zweierlei; die Theorie wird gleichsam ihrer sprachlich-kontingenten Darstellungsalternativen entkleidet. Eine - nicht unwillkommene - Konsequenz eines solchen Theorieverständnisses ist dann, daß eine Theorie durch ein einziges Prädikat dargestellt werden kann; die meisten von uns umgangssprachlich "Theorie" genannten Objekte sind komplexer, nämlich nur durch semantische Netze solcher Prädikate darstellbar (Begriff des Theorienetzes).

ad (b): Die S-Matrix zieht hiermit die überfällige Konsequenz aus einer Debatte, in der von verschiedenen Seiten[2] immer wieder auf die sog. Theorienbeladenheit aller Beobachtung hingewiesen worden ist: "reine", d.h. schlechterdings von keinerlei Theorie vorstrukturierte Beobachtung gibt es nicht. Hieraus folgt ein theoretischer Relativismus, derart, daß Theorien relativ zueinander indiziert werden: die für die in Rede stehenden Probleme P_i und Gegenstände G_i als Lösungsstrategie L_i vorgeschlagene Theorie heiße "T-Theorie", relativ zu der alle anderen Strategien, die ebenfalls im Problemlösungsprozeß bezüglich derselben G_i Verwendung finden können und nach dem vorhin Gesagten ebenfalls Theoriecharakter besitzen, "nicht-T-Theorien" oder kurz "N-Theorien" heißen; mutatis mutandis für die respektiven Theoriesprachen.

ad (c): Mit der Anerkennung von (b) ist der Empirismus gestorben, nicht jedoch - und diese Verwechslung ist nicht gerade selten - das Konzept einer empirischen Theorie. Es kann gezeigt werden[3], daß sich hier gerade für die verworrene Empirizitätsdiskussion in der Linguistik ein klärender Neuansatz ergibt. Wenn nämlich das nach dem englischen Philosophen Ramsey benannte Verfahren zur Bestimmung des empirischen Gehalts einer Theorie im Sinne des eben skizzierten Theorienrelativismus modifiziert wird, kann der empirische Gehalt einer axiomatisierten Theorie[4] prinzipiell in einem Satz angegeben werden. Freilich kann als "empirisch" nicht mehr dasjenige qualifiziert werden, was "unter Weglassung aller Theorie, direkt" beobachtet werden kann, sondern dasjenige, was im Lichte von relevanten N-Theorien beobachtet werden kann.

Zusammenfassend läßt sich sagen, daß diese S-Matrix wissenschaftlicher Theorien mit der Fiktion aufräumt, Theorie und Empirie seien "Gegensätze", einen unhaltbar gewordenen Theorie- und insbesondere Empiriebegriff aufgibt, und stattdessen die viel plausiblere Ansicht präzisiert, daß theoretische Instrumentarien den Zugang zu empirischer Forschung allererst aufschließen.[5]

1.2. S-Matrix im engeren Sinne

Bevor ich einige Anwendungen im Rahmen der Sprachwissenschaft skizziere, will ich die S-Matrix bezüglich eines zentralen

Aspekts noch etwas genauer darstellen, nämlich durch Angabe der Struktur der l o g i s c h e n und der e m p i r i s c h e n Komponente einer Theorie; m.a.W.: ich gebe die S-Matrix im engeren Sinne einer (elementaren) T-Theorie an (und sage nichts zum System der N-Theorien, sowie zu Komplexen aus T-Theorien im Sinne von Theorienetzen).

Da die S-Matrix einer Theorie selbst eine Theorie ist, nämlich eine Metatheorie, soll sie hier auch in der Normalform dargestellt werden, die sie für Darstellungen von Theorien generell festlegt: in Form eines m e n g e n t h e o r e t i s c h e n P r ä d i k a t s . Es geht im Folgenden also um die Definition T_w des Begriffs einer Theorie, der durch das mengentheoretische Prädikat "x ist eine Theorie" dargestellt werden kann[6]:

(T_w) x ist eine Theorie gdw. es gibt M_p, M_{pp}, r, M, C, I, so daß

(1) $x = \langle K, I \rangle$

(2) $K = \langle M_p, M_{pp}, r, M, C \rangle$

(3) M_p ist eine Menge von möglichen Modellen

(4) M_{pp} ist eine Menge von möglichen Partialmodellen

(5) $r : M_p \rightarrow M_{pp}$

(6) M ist eine Menge von Modellen

(7) $M \subseteq M_p$

(8) C ist eine Menge von allgemeinen Nebenbedingungen

(9) I ist eine Menge von intendierten Anwendungen von K

(10) $I \subseteq M_{pp}$.

Was hier durch die definitorischen Bestimmungen (1) bis (10), die als Axiome des mengentheoretischen Prädikats "x ist eine Theorie" aufgefaßt werden können, definiert wird, ist ganz allgemein die S t r u k t u r einer Theorie T. Des genaueren ist hier von einer "Theorie im schwachen Sinne" zu sprechen, wie später erläutert werden soll. K heiße der "Strukturkern" von T oder die "logische Komponente" der Theorie; die Menge von Gegenständen (besser: Systemen), in bezug auf die K soll angewendet werden können, nämlich I, heiße die "empirische Komponente" von T.

Ein solchermaßen definiertes mengentheoretisches Prädikat kann als eine formale, ungedeutete Struktur S aufgefaßt werden, die in jedem Anwendungsfalle der Theorie empirisch interpretiert wird. Die in (3), (4) und (6) eingeführten Modellbegriffe sind als solche Interpretationen von S im Sinne der Modelltheorie zu verstehen, wobei die in (5) formulierte Funktion r die noch zur Identifikation von etwas als (mögliches) Modell benützten Theoriesprachen um die T-theoretische Komponente auf eine N-theoretische Restkomponente restringiert[7]; mögliche Partialmodelle sind dann die als potentielle Kandidaten für die Anwendung der Theorie in Frage kommenden (linguistischen) Gegenstände, insofern sie allein mittels der N-Theoriesprachen identifiziert und beschrieben werden können. In einer stark verkürzten Sprechweise kann man sagen: durch die vermittels T_w dargestellte S-Matrix wird ein Theoriebegriff definiert, der Theorien als Paare aus einem Strukturkern und seinen Anwendungen versteht. Linguistische Beispiele für solche Theorien sind durch Prädikate wie "x ist ein Satz", "x ist eine Transformation", "x ist ein illokutionärer Akt" und deren mengentheoretische Axiomatisierung (s.u.) gegeben.

Nun gibt es Theorien, auch linguistische Theorien, auf den verschiedenen Allgemeinheitsstufen. Beispielsweise kann man die eben erwähnten Theorieprädikate durch Attribute v e r s c h ä r f e n und damit ihren Anwendungsbereich restringieren: "x ist ein englischer Satz", "x ist eine Tilgungstransformation", "x ist ein illokutionärer Akt des Versprechens". Dies läßt sich im Rahmen der S-Matrix so darstellen, daß die jeweilige, nach dem T_w-Muster axiomatisierte Struktur S eines Ausgangstheorieprädikats durch die Hinzufügung von Spezialgesetzen, die nur in bestimmten Anwendungen gelten, sowie einer Entsprechungsrelation, die die Zuordnung der Gesetze zu den jeweils in Frage kommenden Anwendungen vornimmt, verschärft wird. Da solche Verschärfungen nur den Strukturkern K einer Theorie betreffen, kann man sagen, daß K durch sie e r w e i t e r t wird; wir unterscheiden daher den Strukturkern K von seinen Kernerweiterungen E_i. Da wir es nun aber zumeist mit Theorieprädikaten zu tun haben, die bereits Verschärfungen einer allgemeinen Struktur S darstellen, heiße die durch T_w aufgespannte Struktur die "S-Matrix einer Theorie im schwachen Sinne", und erst in bezug auf Theorien der Form <E, I> wird von der "S-Matrix einer Theorie im starken Sinne" gesprochen.[8] Die entsprechende Definition (T_s) gebe ich hier nicht mehr an.

1.2.1. Grammatische T-Theorien

Obwohl die S-Matrix am Beispiel "ausgereifter physikalischer Theorien" (Stegmüller) entwickelt worden ist, muß sie doch, wenn Schnelles R e k o n s t r u k t i o n richtig ist, auf sprachwissenschaftliche Theorien insbesondere der neueren strukturalen Linguistik übertragbar sein. Diese Vermutung wird insbesondere durch den Umstand gestützt, daß das Verfahren der informellen Axiomatisierung durch Definition eines mengentheoretischen Prädikats - die Normalform der Darstellung einer Theorie im Rahmen der S-Matrix - bei vielen Linguisten schon de facto üblich ist und bereits zur K o n s t r u k t i o n ihrer Theorien benutzt wird. Dies gilt nicht nur für den Erklärungsrahmen der Grammatik, wo formelle Axiomatisierungen bereits vorliegen, sondern - wie zu zeigen ist - auch innerhalb des Erklärungsrahmens der Pragmatik für die Sprechakttheorie, obwohl diese bislang nur in umgangssprachlichen Darstellungen existiert. Für beide Bereiche ist aber besonders darauf hinzuweisen, daß im üblichen umgangssprachlichen Sinne der Theoriebegriff nicht hinsichtlich eines Komplexitätsgrades definiert ist; wir sprechen von "der" oder "einer" Grammatiktheorie ebenso wie von "der" oder "einer" Sprachtheorie, obwohl es sich im Sinne der S-Matrix hier zweifellos um komplexe Theorien handelt (Theorienetze), die durch ein System untereinander vernetzter T-theoretischer Prädikate definiert sind.

Für den grammatischen Bereich möchte ich als zwei Beispiele elementarer T-Theorien diejenigen vorstellen, die durch den Begriff einer (a) a l l g e m e i n e n R e g e l g r a m m a t i k sowie seine Verschärfung zum Begriff einer (b) u m g e b u n g s a b h ä n g i g e n R e g e l g r a m m a t i k bezeichnet sind.

(a) x ist eine (allgemeine) Regelgrammatik <u>gdw.</u> es gibt Φ, Σ, R, φ_1, so daß

(1) $\Phi = (\varphi_1, \ldots, \varphi_n)$

(2) $\Sigma = (\sigma_1, \ldots, \sigma_n)$

(3) $\Gamma = \Phi \cup \Sigma$

(4) $\Phi \cap \Sigma = \emptyset$

(5) $R = ((u,v)_1, \ldots, (u,v)_n)$

(6) Für alle $(u,v)_i \in R$ gilt: $u,v \in \Gamma^*$ und u enthält mindestens ein $\varphi_i \in \Phi$

(7) $\varphi_1 \in \Phi$ gilt als Startvariable.

Die in (a) aufgespannte Struktur bleibt in (b) prinzipiell erhalten, wird aber durch das Axiom (8) verschärft:

(b) x ist eine umgebungsabhängige Regelgrammatik gdw. es gibt Φ, Σ, R, φ_1, so daß

(1) ... (7)

(8) Für alle $(u,v)_i \in R$ gilt: $y_1 A y_2 \rightarrow y_1 y\ y_2$, mit $A \in \Phi$, y_1, $y_2 \in \Phi^*$ und $y \in \Gamma^* - \{\varepsilon\}$

In beiden Fällen erfolgt die Normalform der Darstellung einer T-Theorie im schwachen (a) bzw. im starken (b) Sinne üblicherweise ganz nach dem von der S-Matrix vorgegebenen Muster durch Definition eines mengentheoretischen Prädikats bzw. seiner Verschärfung.[9]

1.2.2. Pragmatische T-Theorien

Wieder ist daran zu erinnern, daß der Komplexitätsgrad von Theorien im umgangssprachlichen Sinne nicht definiert ist; "die" Sprechakttheorie ist im Sinne der S-Matrix als Theorienetz zu rekonstruieren. Elementare Theorien sind darin etwa die Theorie des (c) Versprechens, sowie die Theorie des (d) aufrichtigen Versprechens, die gegenüber jener einen erweiterten Strukturkern besitzt:

(c) x ist ein Sprechakt des Versprechens gdw. es gibt S, H, T, p, A, so daß

(1) Es bestehen normale Eingabe- und Ausgabebedingungen

(2) Durch die Äußerung von T drückt S aus, daß p

(3) Indem S ausdrückt, daß p, sagt S einen zukünftigen Akt von S aus

(4) H sähe lieber S' Ausführung von A als die Unterlassung von A, und S glaubt, H sähe lieber seine Ausfüh-

rung von A als die Unterlassung von A

(5) Es ist sowohl für S als auch für H nicht offensichtlich, daß S bei normalem Verlauf der Ereignisse A ausführen wird

(6) Es liegt in der Absicht von S, mit der Äußerung von T die Intention zur Ausführung von A anzuerkennen

(7) Es liegt in der Absicht von S, sich mit der Äußerung von T zur Ausführung von A zu verpflichten

(8) S beabsichtigt (I), bei H die Erkenntnis (K) zu bewirken, daß die Äußerung von T als S' Übernahme der Verpflichtung zur Ausführung von A anzusehen ist. S beabsichtigt, K durch die Erkenntnis von I zu bewirken, und es liegt in seiner Absicht, daß I aufgrund von Hs Kenntnis der Bedeutung von T erkannt wird

(9) Die semantischen Regeln des Dialekts, den S und H sprechen, sind von solcher Beschaffenheit, daß T korrekt und aufrichtig dann und nur dann geäußert wird, wenn die Bedingungen (1) - (8) erfüllt sind.

(d) x ist ein Sprechakt des aufrichtigen Versprechens gdw. es gibt S, H, T, p, A, so daß

(1) ... (9)

(10) S beabsichtigt, A zu tun

In beiden Definitionen werden ebenfalls eine T-Theorie des Versprechens im schwachen (c) bzw. im starken (d) Sinne durch Angabe eines mengentheoretischen Prädikats, eben des fundamentalen Theorieprädikats, bzw. seiner Verschärfung, dargestellt. Daß dies in einer nichtformalisierten Weise geschieht, ist eine Nebensächlichkeit; prinzipiell wird hier von Chomsky und Searle das gleiche Verfahren bereits bei der Konstruktion ihrer grammatischen resp. pragmatischen T-Theorien verwendet, das die S-Matrix zu deren logischer Rekonstruktion benutzt.[10]

2. Aspekte der linguistischen Theoriendynamik

Eine Sneed-Matrix für die Linguistik kann, wie es scheint, die Theorienstruktur zwanglos durch Axiomatisierungen in Form der Definition von mengentheoretischen Prädikaten, als den Standardrepräsentanten für die fundamentalen T-theoretischen Begriffe, rekonstruieren. Nehmen wir das Beispiel (c), dann wären Modelle der durch (c) aufgespannten Struktur tatsächliche Versprechenshandlungen, mögliche Modelle Handlungen, in bezug auf die es möglich ist, daß sie als Versprechenshandlungen in Frage kommen, und mögliche Partialmodelle solche Entitäten, die ohne Verwendung der T-Theoriesprache, wie sie in (c) eingeführt wird, aber unter Verwendung geeigneter N-Theoriesprachen identifiziert und beschrieben werden können (beispielsweise so, daß man ein bestimmtes Sprechereignis durch Angabe eines raumzeitlichen Kodifikats identifiziert).

Nun enthält die S-Matrix nicht nur ein Rekonstruktionsverfahren für die Theorienstruktur, sondern auch ein solches für Aspekte der T h e o r i e n d y n a m i k . Teilweise ist es schon dadurch vorgestellt worden, daß der Begriff der Kernerweiterung eingeführt wurde; eine schwache (oder allgemeine) Theorie kann zu einer starken (oder spezielleren) Theorie verschärft werden, und dies ist zweifellos ein Veränderungsprozeß, der in bezug auf eine Theorie ablaufen kann.

Von besonderer Bedeutung sind in der Linguistik solche Theorieveränderungsprozesse, die eine Erhöhung der Leistungsfähigkeit einer Theorie intendieren. Oft wird dieses Ziel nicht erreicht; dann zeigt die Rekonstruktion im Rahmen der S-Matrix, daß hier Strukturkerne involviert sind, die in keinem Erweiterungsverhältnis zueinander stehen (sei es, daß sie identisch, sei es, daß sie vollkommen verschieden sind; ein Beispiel für ersteres sind die Theorien der schwachen generativen Kapazität von Phrasenstruktur- und Dependenzgrammatiken, ein Beispiel für letzteres die Theorie der generativen Grammatik und die Sprechakttheorie). Wenn jedoch eine echte Theorieerweiterung stattfindet, die die Erklärungsstärke einer Theorie erhält, sie aber noch steigert, dann liegt das vor, was Sneed "Reduzierbarkeit einer Theorie auf eine andere" nennt. Eine solche Theorienreduktion liegt im Bereich der Linguistik, etwa im Verhältnis einer syntaktischen zu einer grammatischen Kompetenztheorie vor, der Sprechakttheorie zur Theorie der Konversationspostulate, der strukturalistischen zur funktionalistischen Metatheorie. Dieser Begriff der T h e o r i e n - r e d u k t i o n , der von Sneed als Explikat für einen Begriff des wissenschaftlichen Fortschritts formal präzisiert worden ist, kann hier nicht mehr explizit eingeführt werden.[11] Eine Sneed-Matrix für die Linguistik wird ihn auch im Bereich der Sprachwissenschaft anwendbar finden.

Anmerkungen

1 Vorsichtshalber sei darauf verwiesen, daß dies nicht bedeuten muß (und nicht bedeutet), daß diese Teile der strukturalen Linguistik sich in schlechthin optimalem Zustand, etwa gar der Abgeschlossenheit befinden.

2 Z.B. von Popper, Hanson, Feyerabend, Kuhn u.a..

3 FINKE 1977a; cf. auch FINKE 1976a.

4 Unter einer Axiomatisierung wird hier - im Unterschied zu der später so genannten (informellen) Axiomatisierung durch Definition eines mengentheoretischen Prädikats - die übliche Form der mathematischen (Hilbert-)Axiomatisierung verstanden. - Für die Linguistik cf. hierzu LIEB 1974, 1976.

5 Für eine ausführliche Diskussion und Anwendung auf die Linguistik cf. FINKE 1977a.

6 Für genauere Erläuterungen cf. SNEED 1972, 1975; STEGMÜLLER 1973; FINKE 1977a.

7 Dies wird detaillierter erklärt in den in Anm. 6 genannten Arbeiten; in FINKE 1977a wird r als Empirizitätsfunktion gedeutet.

8 Diese Redeweise kann man sich intuitiv so plausibel machen, daß Theorien im starken Sinne strukturreicher sind als solche im schwachen Sinne. Zur Definition (T_s) einer Theorie im starken Sinne cf. die in Anm. 6 genannten Arbeiten.

9 FINKE 1977a enthält eine ausführliche Erörterung des Beispielprädikats "x ist ein Satz". Das Konzept der Prädikatsverschärfung wird in SNEED 1972 und STEGMÜLLER 1973 im Detail formuliert. - Zu den hier erörterten Beispielen cf. CHOMSKY 1963.

10 Zu den Beispielen (c) und (d) cf. SEARLE 1971. Seine Definitionen liefern übrigens gute Beispiele dafür, daß linguistische Theorien, die bereits nach dem Muster der S-Matrix konstruiert sind, keinesfalls damit auch in jeder Hinsicht befriedigend dargestellt sein müssen. Metatheoretische Aspekte der Konstruktion-Rekonstruktion-Thematik behandeln für die Wissenschaftstheorie der Linguistik FINKE 1976b, 1977b.

11 Cf. insbesondere SNEED 1975, auch FINKE 1976b.

Literatur

CHOMSKY, Noam (1963): Formal properties of grammars. Handbook of Mathematical Psychology. New York: Wiley, 325-418.

FINKE, Peter (1976a): Anmerkungen zur Empiriediskussion. WUNDERLICH (ed.): 175-182.

--- (1976b): K-Matrix, S-Matrix und linguistischer Fortschritt. Manuskript Bielefeld 1976.

--- (1977a): Empirizität und Begründungsproblem einer linguistischen Theorie. Wissenschaftstheoretische Untersuchungen zu den Grundlagen der Sprachwissenschaft. Wiesbaden: Vieweg 1977.

--- (1977b): Was die Wissenschaftstheorie von der Linguistik lernen kann. Manuskript Bielefeld 1977. (Erscheint in: Osnabrücker Beiträge zur Sprachtheorie III).

LIEB, Hans-Heinrich (1974; 1976): Grammars as theories: the case for axiomatic grammar. Part I/II. Theoretical Linguistics 1 (1974), 39-115; 3 (1976), 1-98.

SCHNELLE, Helmut (1976): Basic aspects of the theory of grammatical form. KASHER (ed.) Language in focus. Dordrecht: Reidel, 377-404.

SEARLE, John R. (1971): Sprechakte. Ein sprachphilosophischer Essay. Frankfurt: Suhrkamp.

SNEED, Joseph D. (1972): The logical structure of mathematical physics. Dordrecht: Reidel.

--- (1975): Formale intertheoretische Relationen und wissenschaftlicher Fortschritt. Manuskript München.

STEGMÜLLER, Wolfgang (1973): Probleme und Resultate der Wissenschaftstheorie und Analytischen Philosophie, Bd. II: Theorie und Erfahrung, Zweiter Halbband: Theorienstruktur und Theoriendynamik. Berlin u.a.: Springer.

WUNDERLICH, Dieter (ed.)(1976): Wissenschaftstheorie der Linguistik. Kronberg: Athenäum.

STRUKTURALISMUS IN DER LEXIKOGRAPHIE DES 18. UND 19. JAHRHUNDERTS

Franz Josef Hausmann

Wer heute als Erstsemester germanistische Linguistik studiert, der kann mancherorts den Eindruck gewinnen, die Linguistik habe mit Searle begonnen. Wer es vor einigen Jahren tat, der konnte glauben, die Linguistik habe mit Chomsky eingesetzt, denn es ist ja bekannt, wie die Germanistik aus der älteren Abteilung gleich in die Generative Grammatik sprang. In der Romanistik - sofern man überhaupt etwas von moderner Linguistik hörte - begann die Linguistik mit Saussure. Und schon in der Schule sagte einem der Deutschlehrer, der Beginn der Sprachwissenschaft sei mit Bopps "Conjugationssystem" von 1816 anzusetzen. Ich werde stattdessen von der inzwischen auch verbreiteten Auffassung ausgehen, daß die Linguistik im modernen Sinne im 18. Jahrhundert angefangen hat und werde es speziell für das strukturelle Denken in Theorie und Praxis der Wörterbücher, vornehmlich der französischen, zu zeigen versuchen. Unsere Wissenschaft kann sich die Geschichtslosigkeit nicht leisten. Der Blick auf die Alten relativiert nicht nur den Innovationsanspruch so mancher heutigen Arbeit, sondern legt darüber hinaus einen wissenschaftlichen Reichtum frei, von dem wir sehr wohl profitieren können.

Daß man, bezogen auf den Wortschatz, auch vor Saussure schon strukturalistisch dachte, haben Hans Helmut Christmann für Humboldt (CHRISTMANN 1972: 246f. und 1974: 64f.) und Eugenio Coseriu für Heyse (COSERIU 1967) gezeigt. Am Anfang dieser Entwicklung steht die S y n o n y m i k als ein Kind des Sprachideals der französischen Klassik. Da Redundanz im Wortschatz verpönt war, hatten die Wörter nur Existenzberechtigung, wenn ihnen eigene Leistung bescheinigt werden konnte. Das notwendige Unterscheiden besorgte mit großem Geschick und ungeheurer Publikumswirkung der Abbé Gabriel Girard in seiner "Justesse de la langue françoise" (1718), über die uns Hans-Martin Gauger ausführlich unterrichtet hat (GAUGER 1973). Während das zeitgenössische alphabetische Wörterbuch jedes Wort isoliert von allen anderen definierte, stellte Girard bedeutungsverwandte Wörter nebeneinander und arbeitete unterscheidende Merkmale heraus. Allerdings beschränkte er sich auf jeweils zwei oder drei Wörter und verglich nicht etwa alle in Frage kommenden Synonyme, und er behandelte auch insgesamt nur einen bescheidenen Ausschnitt aus dem Gesamtwortschatz.

Beide Mängel behob schon kurze Zeit später ein bemerkenswertes Wörterbuch, das lange unbekannt war und erst in unseren Tagen gedruckt wurde, Etienne Bonnot de Condillacs "Dictionaire des synonymes". Condillac hat es um 1760 als Erzieher am Hofe von Parma für den jungen Enkel Ludwigs XIV. , den Infanten Ferdinand, geschrieben. Das rund 9 000 Einträge enthaltende Wörterbuch ist alphabetisch geordnet und vergleicht in seinen Artikeln beinahe alle erdenklichen Synonyme. Es ist zum ersten und fast kann man sagen einzigen Male Definitionswörterbuch und distinktive Synonymik zugleich, aus der Erkenntnis heraus, daß die Definition unzureichend bleibt, solange nicht auch der Stellenwert der Bedeutung im synonymischen Paradigma gezeigt ist. Statt der Girardschen Kleinfelder werden hier bis zu zwanzig Synonyme einem Archilexem zugeordnet und in mehrere Merkmalsebenen hierarchisiert. Als Manuskript bleibt das Wörterbuch allerdings vorerst für die Tradition unwirksam.

In der zweiten Hälfte des 18. Jahrhunderts tritt in der Synonymik ein folgenschwerer Methodenwechsel ein. Girard , sein Bearbeiter Beauzée, und Condillac gingen bei der Synonymenscheidung synchronisch vor. Das ist bei Girard und Beauzée als Rationalisten nicht verwunderlich, daß aber der Sensualist Condillac seine sonst historische Perspektive, die z.B. auch den semasiologischen Teil seines Wörterbuchs prägt, bei der Synonymentrennung aus dem Spiele ließ, muß als ein Akt besonderer Einsicht gewertet werden. Diese klaren Vorstellungen hatten die späteren Synonymiker nicht mehr. Unter dem Eindruck der aufkommenden historischen Sprachwissenschaft glaubten sie, die Synonymik dadurch "verwissenschaftlichen" zu müssen, daß sie die Bedeutungsunterscheidung auf die Etymologie gründeten. Erster Exponent dieser neuen Richtung ist Roubaud (1785).

Mit ihm geht allerdings die Führung Frankreichs in der Synonymik zu Ende. Die Theorie der Synonymik kam in Frankreich nicht recht voran. Es haperte auf der "philosophischen" Seite. Dort trumpfte nun ein deutscher Philosophieprofessor, Johann August Eberhard, mit einem 45 Seiten starken "Versuch einer Theorie der Synonymik der deutschen Sprache" (EBERHARD 1795: VII - LII) auf, den man als Anfangspunkt der wissenschaftlichen Semantik betrachtet hat. Seine Theorie von der Zergliederung der zusammengesetzten Begriffe in mehrere Merkmale,von der Unterordnung und Zuordnung der Begriffe (sie war in Condillacs Wörterbuch implizit vorhanden!), vom Ursprung der Synonyme und vom Nebensinn der Wörter hat auf den französischen Synonymiker Guizot (1809) einen solchen Eindruck gemacht, daß er sie fast wörtlich übernimmt.

Theoretisch aufgeholt hat die französische Synonymik dann erst mit Benjamin Lafayes "Synonymes françois" (1841). Lafaye hatte Glück. Man übergab ihm das bis dahin unbekannte Manuskript Condillacs, und da er es verstand, Condillacs Praxis in seiner Synonymentheorie zu formulieren, überholte er nun die Synonymik des 19. Jahrhunderts mit Hilfe des 18. Der Gedanke der Bedeutung als Stellenwert in einer Struktur kommt bei Lafaye mehrfach zum Ausdruck. So heißt es einmal:

> Wer die Bedeutung [la valeur] einzelner Wörter einer Familie [gemeint ist das Wortfeld] bestimmt, ohne die restlichen mit einzubeziehen, dessen Arbeit ist nicht nur unvollständig, sondern sie hat auch nur vorläufigen und fast kann man sagen zufälligen Charakter. Es kann nämlich passieren, daß er den behandelten Wörtern Merkmale zuspricht, die offensichtlich den Nichtbehandelten zukommen, was er aber nicht merkt, da er sie nicht alle vor Augen hat.
> Des weiteren ist denkbar, daß eines der nichtbehandelten Wörter durch ein bestimmtes besonderes Merkmal aufgefallen wäre, das seinerseits in einem behandelten Wort ein analoges oder auch ein entgegengesetztes Merkmal hätte hervortreten lassen. Dieses Merkmal fehlt nun [wegen mangelnder Oppositionsbildung].
> Und es nützt auch nichts, dadurch vollständig sein zu wollen, daß man zwar alle Wörter vergleicht, aber in einzelnen, getrennten Gruppen, zwei zu zwei, drei zu drei usw. Denn in beiden Fällen beraubt man sich der Bedeutungserhellung, die die Wörter sich gegenseitig spenden [wörtlich: "de la lumière que les mots se renvoient les uns sur les autres"]. (LAFAYE 1841: 38)

Wie modern Lafaye ist, zeigt sich schon darin, daß er den Terminus <u>trait distinctif</u> "unterscheidender Zug" gebraucht, und zwar an der Stelle, wo er von der Analyse spricht, mit der Bernard Pottier berühmt geworden ist, der Analyse von "banc, chaise, fauteuil et tabouret" (LAFAYE 1858: XLII). Was hat er dazu zu sagen? Nun, er hält sie für zu banal, um sie überhaupt in sein Wörterbuch einzubringen, denn, so meint er wohl nicht zu Unrecht, hier erkenne schließlich jeder sofort die unterscheidenden Züge.

Die theoretische Höhe, die sie mit Lafaye erreichte, hat die Synonymik in der Folge nicht übertreffen können. Sie fiel im Gegenteil dahinter zurück, da der etymologische Aspekt den strukturellen erdrückte. Repräsentativ ist die Aussage von Bernhard Schmitz im Vorwort seiner "Französischen Synonymik" (1868): "Die Etymologie ist die unumgängliche und im allgemeinen die sicherste Grundlage aller Worterklärung" (SCHMITZ 1868: XXIV). Nachdem die Sprachwissenschaft gegen diese Praxis aus dem Munde des Altphilologen Johan Nicolai Madvig (1871: 296), des Germanisten Hermann Paul (1886: 29) und des Romanisten Adolf Tobler (1888: 537) Front bezogen hatte, war dann die "Französische Synonymik" (1922) von Gustav Krüger wenigstens wieder synchronisch, der Strukturgedanke wurde jedoch von den Synonymikern nicht mehr formuliert.

Ein Jahr nach Lafayes "Synonymes" erschien das erste mir bekannte A n t o n y m wörterbuch, Paul Ackermanns "Dictionnaire des antonymes ou contremots" (1842). Im Vorwort bezeichnet Ackermann die Antonymik als unumgänglich für die Bedeutungsbestimmung des Wortes und formuliert dann in regelrecht Saussurescher Manier:

> Wenn man von einer Sache alles sagt, was sie ist, und nur, was sie ist, dann wird sie unverkenn- und unverwechselbar. Um sie einzugrenzen, muß man zeigen, was sie umgibt. Deshalb muß man, um von einer Sache alles und nur das zu sagen, was sie ist, alles sagen, was sie nicht ist. Und so definiert man ein Wort am exaktesten dadurch, daß man ihm die Wörter gegenüberstellt, die einen im Vergleich zu seiner Bedeutung negativen Sinn haben. (ACKERMANN 1842: I)

Die Antonymik hat einen ungewöhnlich raschen Aufschwung genommen. 1852 gab es in Frankreich schon Lehrbücher für die Grundschule, in denen man das Abstecken des Stellenwertes - "peser la valeur"- durch Synonym- und Antonymübungen lernte. Ihr Autor war Pierre Larousse. 1853 erscheint von Louis Barré ein Antonymenwörterbuch mit 3 000 Einträgen. 1857 wird die Antonymik von Léger Noël in die Mikrostruktur seines Torso gebliebenen Definitionswörterbuchs integriert. Pierre Larousse fügt die Antonyme an die Artikel seines ab 1866 erscheinenden riesigen "Grand dictionnaire universel du 19e siècle" an. Und schließlich spielt die Antonymik eine große Rolle in dem dritten, im Folgenden zu besprechenden Wörterbuchtyp, den begrifflich geordneten Wörterbüchern.[1]

Der erste und zugleich bedeutendste Autor eines B e g r i f f s wörterbuchs ist der Engländer Peter M. Roget mit seinem "Thesaurus" von 1852. Aber es muß die Idee der onomasiologischen Wortschatzgliederung in der ersten Hälfte des 19. Jahrhunderts in der Luft gelegen haben, denn zu dieser Zeit waren mehrere ähnliche Unternehmen in Arbeit oder auch schon abgeschlossen.

Da waren zuerst die didaktisch orientierten, wissenschaftlich anspruchslosen Wörterbücher nach Sachgruppen, die sich bis heute eine nicht geringe strukturelle Komponente bewahrt haben, speziell was die undurchsichtige Bedeutungsverschiebung von einer Wortart in die andere betrifft (Typ: dormir - sommeil). Neben Pautex 1835 wurde das "Vocabulaire systématique" (1847) von Ploetz besonders berühmt.

Unter den begrifflich gliedernden Wörterbüchern mit wissenschaftlichen Anspruch folgen Roget in Frankreich das "Panorama des mots" (1853) von Ponton d'Amécourt, die französische Adaptation des "Thesaurus" durch Théodore Robertson unter dem Titel "Dictionnaire idéologique" (1859) und einige Zeit später Elie Blancs "Dictionnaire logique" (1882) nach. Charles Bally steht in dieser Tradition, als er 1909 seinem "Traité de stylistique" ein immerhin mehrere tausend Einträge umfassendes Begriffswörterbuch anhängt.

Daneben erscheinen Mischformen zwischen onomasiologischer Gliederung und alphabetischer Auflistung mit z.T. erheblicher struktureller Komponente, allen voran der "Dictionnaire analogique" von Prudence Boissière (1862). Boissière hat eine Organisation des Wörterbuchs erfunden - onomasiologische Zusammenstellung unter 2 000 alphabetisch geordnete Leitwörter plus alphabetische Liste des Gesamtwortschatzes - , die für das Spanische (CASARES 1959) und Englische (ROGET 1959) imitiert wurde, die es indes für das Deutsche bislang nicht gibt. Auch die Organisationsform des "Dictionnaire alphabétique et analogique", mit der P. Robert in unserer Zeit berühmt wurde, gab es im 19. Jahrhundert. Nachdem Léger Noël seinen "Dictionnaire mnémonique universel" (1857) allein bis zum Artikel abréger schon mit 600 Seiten gefüllt hatte und abbrechen mußte, verband Elie Blanc 1892 eben unter dem durch

Robert bekannt gewordenen Titel das alphabetische Wörterbuch mit dem begrifflichen durch ein System von Verweisen. Paul Rouaix schuf kurz vor der Jahrhundertwende noch ein analogisches Wörterbuch in Taschenformat (1898). Es erscheint inzwischen in 31. Auflage und zeigt symptomatisch, wie sehr wir immer noch von der lexikographischen Arbeit des 19. Jahrhunderts zehren.

Insgesamt kommt also eine stattliche Liste von inhaltlich-strukturell orientierten Wortschatzdarstellungen vor 1900 zusammen. Fragt man nach der Ursache dieses regelrechten Booms und forscht man daraufhin die Vorworte durch, so fällt auf, daß sich die Autoren fast alle auf das Vorbild der naturwissenschaftlichen Klassifikation berufen. Regelmäßig tauchen die Namen Linné, Jussieu, Lavoisier und Cuvier auf. In der Tat war der "dictionnaire philosophique", wie man das Begriffswörterbuch nannte, ein Traum des systematisch denkenden 18. Jahrhunderts, aber seine Realisierung galt als unerreichbar schwer, und erst die naturwissenschaftlichen Systematisierungserfolge haben die Lexikographen beflügelt, selber an die Arbeit zu gehen. Typischerweise war es in der Person von Roget ein Naturwissenschaftler, der den Anfang machte mit einem Wörterbuch, das nach eigener Aussage schon 1805 im wesentlichen konzipiert war und folglich mehr ein Produkt des 18. als des 19. Jahrhunderts ist (Roget war 1779 geboren). Naturwissenschaftler, genauer Insektenforscher, war auch der Lexikograph, der 1834 an exponierter Stelle, im Vorwort von Boistes Wörterbuch (BOISTE 1834), gegen die alphabetische Anordnung wetterte (an der er selber gerade mitgewirkt hatte) und das Idealbild eines "Dictionnaire ontologique et rationnel" entwarf, und von dem Walter Mönch schon vor 45 Jahren schrieb: "Er weiß wie der Paläontologe Cuvier, daß hinter Knochen, Muskeln und Sehnen sich mehr als berechenbare Mechanik, eine schöpferische Phantasie verbirgt, sieht wie er innere Zusammenhänge des Ganzen, welches keine Beeinflussung in seinen Teilorganen erleiden kann, ohne auch die anderen zu verändern" (MÖNCH 1931: 10). Gemeint ist Charles Nodier.

Alle Belege zu zitieren, würde hier zu weit führen. Kein Zweifel jedenfalls, daß der strukturalistische Gedanke vom "inneren Zusammenhang des Ganzen" in der Natur Pate gestanden hat für seine Umsetzung auf den Wortschatz. Auf diesen wird nun die von Meillet bekannt gewordene Formulierung des <u>tout se tient</u> übertragen: "Rien n'est isolé dans la nature, tout se tient, tout s'enchaîne, dans le monde intellectuel aussi bien que dans le monde matériel" (BOISSIERE 1862: I). Daraus wird nun auch theoretisch die Leistung der Struktur für die Bedeutungsbestimmung des einzelnen Wortes erkannt. "Ein Blick auf die Gruppe [wir würden sagen das Wortfeld] genügt, um den Stellenwert des einzelnen Elementes zu erkennen", so formulieren es mit geringen Abwandlungen Lepan in LIVOY 1828: VII, Lanfroy in NOËL 1857: X und BOISSIERE 1862: V. Daß diese Wörterbücher explizit synchronisch vorgehen, kann nun schon nicht mehr verwundern.

Interessant scheint uns dagegen, daß etwa zur gleichen Zeit strukturelle Wortschatzbetrachtung auch in der an Sprachfragen interessierten Philosophie auftaucht. 1870 meint in seiner Logik (BAIN 1870: 60f.) der schottische Philosoph und Assoziationspsychologe Alexander Bain, die Bedeutung weite sich aus, je mehr Negativa und Gegenteile entdeckt werden. <u>Gold</u> bedeutet für ihn den Ausschluß der anderen 62 Grundelemente. Werden noch zehn Elemente hinzuentdeckt so verändert sich eben auch die Bedeutung von <u>Gold</u>, weil zehn weitere Gegenwörter da sind. Ebenso sei <u>Gesundheit</u> für einen einfachen Bauern nur die Abwesenheit einer Reihe üblicher Krankheiten, für eine Krankenschwester habe es eine weitere Bedeutung und vollends für einen medizinischen Fachmann bedeute es den Ausschluß von tausenden von Krankheiten. Nicht einmal ein Stuhl (<u>chair</u>) sei ein absolutes Faktum, vielmehr stünde seine Bedeutung in Opposition zu <u>Bank</u>, <u>Sofa</u>, <u>Ottomane</u> usw. und seine volle Bedeutung bestünde eben im Ausschluß aller dieser anderen.

Übersetzen wir es in die moderne Fachsprache, so formuliert Bain hier die Erkenntnis, daß der Merkmalreichtum einer Wortbedeutung von der Zahl der Wörter abhängt, zu denen man die Bedeutung in Opposition stellt.

Der Gedanke der Abhängigkeit des Einzelfaktums von der Struktur, die es umgibt, beherrscht etwa zur selben Zeit das sprachwissenschaftliche Denken eines Mannes, auf den K. Baldinger schon vor einigen Jahren hingewiesen hat, Carl Abel (BALDINGER 1952: 69f.). "Es ist offenbar, so schreibt er 1884, alles auf diesem

Planeten ist relativ und hat unabhängige Existenz nur insofern es in seinen Beziehungen zu und von anderen Dingen unterschieden wird" (ABEL 1884: 13). Innerhalb des Sprachlichen denkt Abel im wesentlichen an die Synonyme, deren Unterscheidung er ein Kapitel seiner "Linguistic Essays" (1882) widmet, in dem er das von Lafaye entwickelte graphische Modell der Synonymenbeziehungen weiter ausbaut. Wie Lafaye, und offensichtlich in enger Anlehnung an ihn, plädiert er für die Ausweitung der alten synonymischen Methode zu einer Untersuchung ganzer Wortfelder, in denen jedes Wort "has been shaped with reference to others; each has modified something old, added something new" (ABEL 1882: 176).

Und damit sind wir eigentlich wieder im 18. Jahrhundert angelangt, denn was wäre Abel ohne Lafaye und Lafaye ohne Condillac? Und in der Tat finden sich doch auch bei Condillac schon Äußerungen, die das strukturelle Relationsprinzip andeuten. "Es gibt Gelegenheiten, so sagt er einmal, wo man zur Erklärung einer Sache darauf aufmerksam machen muß, was sie nicht ist" (CONDILLAC 1947: 549). Und an anderer Stelle heißt es: "So verschönern sich unsere Gedanken gegenseitig; keiner ist aus sich allein heraus, das, was er mit Hilfe derer darstellt, die ihm vorausgehen und ihm folgen. Zwischen ihnen gibt es gleichsam Spiegelungen, welche Nuancen vom einen auf den anderen übertragen" (CONDILLAC 1947: 554). Besonders deutlich ist diese Stelle:

> Eigentlich könnte man sagen, in unserem Geist sind alle Eigenschaften der Dinge relativ. Da wir jegliche Kenntnis nur durch Vergleich erwerben, ist es uns auch nicht möglich, Eigenschaften als absolut zu denken; wir sehen sie immer in den Beziehungen, die sie zu gegensätzlichen Eigenschaften unterhalten. Wir urteilen z.B. über die Beweglichkeit durch Vergleich mit einer Sache in Ruhe, über die Festigkeit durch Vergleich mit einem flüssigen Zustand usw. (CONDILLAC 1947: 464)

Es war dieser, in gewissem Sinne traditionelle Gedanke, den Saussure, auf die Sprache angewandt, mit letzter Konsequenz in die pointierte Form brachte: "Dans la langue il n'y a que des différences" (SAUSSURE 1916: 166).[2]

Anmerkungen

1 Das erste englische Antonymwörterbuch scheint SMITH 1867.

2 Für eine ausführlichere Darstellung vgl. Vf.: "Strukturelle Wortschatzbetrachtung vor Saussure". Romanische Forschungen 89 (1977) (im Druck).

Literatur

I. Wörterbücher und sonstige Quellen (chronologisch)

GIRARD, Gabriel (1718) : La justesse de la langue françoise. Paris.

CONDILLAC, Etienne Bonnot de (1760) : Dictionnaire des synonymes In: LE ROY, Georges (ed.) : Oeuvres philosophiques de Condillac III, Paris 1951 : 3-565.

--- (1947) : Oeuvres philosophiques de Condillac I. Paris.

ROUBAUD, Pierre J. (1785) : Nouveau dictionnaire des synonymes françois. Paris.

EBERHARD, Johann A. (1795) : Versuch einer allgemeinen deutschen Synonymik. Halle.

GUIZOT, François (18o9) : Dictionnaire universel des synonymes de la langue française. Paris.

LIVOY, Thimotée de (1828) : Dictionnaire de synonymes françois. Paris: 3.A. (1.A. 1767).

BOISTE, P.C.V. (1834) : Dictionnaire universel de la langue française. Paris: 8.A. (1.A. 1800).

PAUTEX, Benjamin (1835) : Recueil de mots français rangés par ordre de matières. Paris: 3.A. (1.A. ?).

LAFAYE, Benjamin (1841) : Synonymes français. Paris.

--- (1858) : Dictionnaire des synonymes de la langue française. Paris.

ACKERMANN, Paul (1842) : Dictionnaire des antonymes ou contremots. Paris.

PLOETZ, Carl (1847) : Vocabulaire systématique. Berlin.

ROGET, Peter M. (1852) : Thesaurus of English words and phrases. London.

LAROUSSE, Pierre (1852) : Grammaire élémentaire lexicologique. Paris.

--- (1852) : Cours lexicologique de style. Paris.

BARRÉ, Louis (1853) : Dictionnaire des antonymes. In: Complément du grand dictionnaire des dictionnaires français de Napoléon Landais. Paris : 159-166.

PONTON D'AMÉCOURT, A. de (1853) : Panorama des mots. Paris.

NOEL, Léger (1857) : Dictionnaire mnémonique universel de la langue française. Paris.

ROBERTSON, Théodore (1859) : Dictionnaire idéologique de la langue française. Paris.

BOISSIERE, Prudence (1862) : Dictionnaire analogique de la langue française. Paris.

LAROUSSE, Pierre (1866) : Grand dictionnaire universel du XIXe siècle. Paris.

SMITH, Charles J. (1867) : A complete collection of synonyms and antonyms. London.

SCHMITZ, Bernhard (1868) : Französische Synonymik. Berlin.

BAIN, Alexander (1870) : Logic I. London.

MADVIG, Johan N. (1871) : Sprachtheoretische Abhandlungen. Munksgaard 1971.

BLANC, Elie (1882) : Dictionnaire logique de la langue française. Paris.

ABEL, Carl (1882) : Linguistic Essays. London.

--- (1884) : Über den Gegensinn der Urworte. Leipzig.

PAUL, Hermann (1886) : Prinzipien der Sprachgeschichte. 2.A.

TOBLER, Adolf (1888) : Zeitschrift für Romanische Philologie 12.

BLANC, Elie (1892) : Dictionnaire alphabétique et analogique de la langue française. Lyon.

ROUAIX, Paul (1898) : Dictionnaire-manuel illustré des idées suggérées par les mots. Paris.

BALLY, Charles (1909) : Traité de stylistique française II. Heidelberg : 225-264.

SAUSSURE, Ferdinand de (1916) : Cours de linguistique générale. Paris.

KRÜGER, Gustav (1922) : Französische Synonymik. Dresden.

CASARES, Julio (1959) : Diccionario ideológico de la lengua española. Barcelona : 2.A.

ROGET, Peter M. (1959) : The New Roget's Thesaurus of the english language in dictionary form. New York.

II. Untersuchungen

CHRISTMANN, Hans H. (1972) : "Saussure und die Tradition der Sprachwissenschaft". Archiv für die neueren Sprachen und Literaturen 208: 241-255.

BALDINGER, Kurt (1952) : "Die Gestaltung des wissenschaftlichen Wörterbuchs". Romanistisches Jahrbuch 5: 65-94.

CHRISTMANN, Hans H. (1974) : Idealistische Philologie und moderne Sprachwissenschaft. München.

COSERIU, Eugenio (1967) : "Zur Wortgeschichte der strukturellen Semantik: Heyses Analyse des Wortfeldes 'Schall' ". To honor Roman Jakobson I. Den Haag: 489-498.

GAUGER, Hans-Martin (1973) : Die Anfänge der Synonymik: Girard (1718) und Roubaud (1785). Tübingen.

MÖNCH, Walter (1931) : Charles Nodier und die deutsche und englische Literatur. Berlin.

QUEMADA, Bernard (1968) : Les dictionnaires du français moderne 1539-1863. Paris.

REGEL - REGELFORMULIERUNG - REGELBESCHREIBUNG[1]

Günther Öhlschläger

0. In der Linguistik wie auch in anderen Sozialwissenschaften und natürlich auch in der Philosophie ist sehr viel von Regeln die Rede. Dabei scheinen mir jedoch oft Unklarheiten darüber zu bestehen, was unter einer Regel zu verstehen ist, und zwar in mehrfacher Hinsicht.

In meinem Vortrag möchte ich mich nun nicht in der Weise mit der Frage, was unter einer Regel zu verstehen ist, auseinandersetzen, daß ich eine Begriffsklärung anstrebe, ob Regeln Vorschriften, Normen, Anweisungen, Handlungsmuster o.ä. sind bzw. in welchem Verhältnis sie zu benachbarten Begriffen stehen. Ich möchte auch nicht verschiedene Bedeutungen von Regel in verschiedenen Theorien analysieren und ihre Gemeinsamkeiten und Unterschiede herausarbeiten, obwohl auch dies eine wichtige Aufgabe wäre, denn sehr häufig werden verschiedene Bedeutungen von Regel bzw. verschiedene Termini aus verschiedenen Theorien nur aufgrund der Verwendung von Regel gleichgesetzt, ohne die unterschiedlichen (theoretischen) Zusammenhänge zu berücksichtigen, was zu vielen Mißverständnissen und Kurzschlüssen führt und geführt hat. Stattdessen möchte ich mich mit einer sozusagen systematischen Ambiguität von Regel befassen, die nicht nur für eine bestimmte Auffassung des Regelbegriffs charakteristisch ist.

1. Diese Ambiguität läßt sich am besten an der Gegenüberstellung von Sätzen wie

(1) Im Deutschen gilt die Regel "Nach trotz muß der Genitiv stehen".

und

(2) Die Regel "Nach trotz muß der Genitiv stehen" besteht aus sechs Wörtern.

zeigen. Wenn ich statt (1)

(3) Im Deutschen gilt die Regel "Nach der Präposition trotz muß der Genitiv stehen".

oder

(4) Im Deutschen gilt die Regel "Nach trotz muß der zweite Fall stehen".

sagen würde oder die Regel auf englisch oder französisch oder in sonst einer Sprache ausdrücken würde, dann würde man doch wohl in allen Fällen von der gleichen Regel sprechen, von e i n e r Regel, auf die Bezug genommen wird, wenn auch die sprachlichen Ausdrücke verschieden sind. Auch die Wahrheitsbedingungen sind bei (1),(3) und (4) gleich, während die Einsetzungen der Regelformulierungen aus (3) und (4) in (2), nämlich

(5) Die Regel "Nach der Präposition trotz muß der Genitiv stehen" besteht aus sechs Wörtern.

und

(6) Die Regel "Nach trotz muß der zweite Fall stehen" besteht aus sechs Wörtern.

zeigen, daß Regel hier eine andere Bedeutung hat als in (1), denn in dieser Bedeutung von Regel wird in (2),(5) und (6) nicht auf die gleiche Regel Bezug genommen: (2) ist wahr, (5) und (6) sind falsch.[2] Der Grund hierfür liegt darin, daß in (2) unter einer Regel ein sprachlicher Ausdruck verstanden wird, in (1) nicht. Um diesem Unterschied Rechnung zu tragen, ist es deshalb wichtig, zwischen Regel einerseits und Regelformulierung bzw. Regelbeschreibung, also sprachlichen Ausdrücken andererseits zu unterscheiden.

2. Während die Notwendigkeit dieser Unterscheidung schon oft begründet und betont wurde[3] - der Unterschied trotzdem aber vielen immer noch nicht bewußt ist bzw. zwar theoretisch akzeptiert, in der Praxis aber dann oft doch nicht berücksichtigt wird, so daß es nicht überflüssig ist, noch einmal auf die Unterscheidung hinzuweisen -, gilt dies nicht für die Frage, mit der ich mich im weiteren Verlauf dieses Vortrags beschäftigen möchte, die Frage nämlich, ob Regelformulierung und Regelbeschreibung - beide Ausdrücke sind in der Literatur gebräuchlich - synonym oder zumindest fast synonym sind, ob sie nur stilistische Varianten sind oder ob ein Bedeutungsunterschied zwischen ihnen besteht. Ich will im folgenden versuchen, anhand einiger Beispielsituationen dieser Frage etwas genauer nachzugehen. Dabei werde ich mich auf Regeln für sprachliches Handeln beschränken, da die Verhältnisse bei Regeln anderer Art u.U. anders sind.

Die Autoren, die auf die Unterscheidung von Regel und Regelformulierung bzw. -beschreibung abheben, betonen häufig, daß Regelformulierungen nicht wahr oder falsch sein könnten, weil mit ihnen keine Tatsachen behauptet würden, sondern Anweisungen gegeben würden, wie man handeln kann bzw. soll, ähnlich wie bei Befehlen, die man auch nicht behaupten könne. Unsere erste Beispielsituation bestätigt diese Auffassung:

(A) Ein Linguist schreibt zu Beginn eines Buches: "Im weiteren Verlauf soll folgende Sprachregelung gelten: (7) Bedeutung wird verwendet wie Gebrauch."[4]

D.h. der Linguist stellt eine bestimmte Regel auf für den Gebrauch von Bedeutung in seinem Buch, er nimmt eine terminologische Festsetzung vor, und für terminologische Festsetzungen ist es zunächst gleichgültig, ob Bedeutung sonst auch so verwendet wird wie hier als Terminus. Es ist deshalb nicht möglich, diese Definition als wahr oder falsch zu bezeichnen, weil es nichts geben kann, womit sie übereinstimmen müßte. Ich sage "zunächst gleichgültig", weil auch Definitionen nicht völlig willkürlich sind: man beurteilt sie aber nicht nach wahr oder falsch oder richtig oder falsch, sondern danach, ob sie sinnvoll sind für bestimmte Zwecke oder weniger sinnvoll, ob sie bestimmten Mißverständnissen Vorschub leisten oder nicht, usw. Ähnlich ist es beim Erfinden eines neuen Spiels, wo man die aufgestellten Regeln auch nicht danach beurteilen kann, ob sie wahr bzw. richtig oder falsch sind, sondern danach, ob sie ein gutes, amüsantes, unterhaltendes Spiel ergeben, usw.

(7) kann jedoch auch in anderen Zusammenhängen verwendet werden, in denen man von Wahrheit und Falschheit reden kann. Nehmen wir folgende Beispielsituation:

(B) Ein Linguist beschreibt die Bedeutung von Bedeutung im Deutschen (oder einer bestimmten Gruppe, oder eines bestimmten Autors, o.ä.) mit: (7) Bedeutung wird verwendet wie Gebrauch.

Hier ist es durchaus sinnvoll, zwischen Wahrheit und Falschheit von (7) zu unterscheiden, je nachdem ob die Beschreibung mit dem Gebrauch von Bedeutung übereinstimmt oder nicht.

Es liegt deshalb nahe, und dies war auch meine erste Hypothese, bei Fällen wie in (A) von Regelformulierungen, bei Fällen wie in (B) von Regelbeschreibungen zu sprechen, und als Unterscheidungskriterium anzusehen, daß Regelformulierungen weder wahr noch falsch sein können, während Regelbeschreibungen nach wahr oder falsch beurteilbar sind, d.h. also den Unterschied von Regelformulierung und Regelbeschreibung als analog dem in der Definitionslehre gebräuchlichen Unterschied von festsetzenden und feststellenden Definitionen aufzufassen. Eine Modifikation ist hier allerdings noch nötig, da man bei Beschreibungen eigentlich nicht von wahr oder falsch, sondern von richtig oder falsch spricht.[5] Man kann dieses Problem aber dadurch beseitigen, daß man sagt, daß Beschreibungen dann richtig sind, wenn die jeweiligen Behauptungen die man gemacht hat, um etwas zu beschreiben, wahr sind, und daß Beschreibungen falsch sind, wenn diese Behauptungen falsch sind, oder genauer, daß die

Wahrheit der jeweiligen Behauptungen eine Voraussetzung ist für eine richtige Beschreibung.

Gegen die oben vorgetragene Hypothese scheint die folgende Beispielsituation zu sprechen:

(C) Ein Lehrer bringt einem Ausländer eine Regel des Deutschen bei mit:

(7) Bedeutung wird verwendet wie Gebrauch.

Auch hier wird wie in Beispielsituation (A) eine Regel, eine Anweisung gegeben, Bedeutung in einer bestimmten Weise zu verstehen bzw. zu verwenden, und als Anweisung, als Formulierung einer Regel ist (7) hier nicht nach wahr oder falsch beurteilbar. Dennoch ist es - im Gegensatz zu (A) - in gewisser Weise sinnvoll, hier zwischen richtig und falsch zu unterscheiden, nämlich je nachdem, ob die Formulierung eine Regel des Deutschen ausdrückt oder nicht. Man könnte dieses Problem dadurch lösen, daß man zwar sagt, daß (7) in (C) eine Regelformulierung sei und damit nicht nach wahr bzw. richtig oder falsch beurteilbar sei - ebensowenig wie andere Anweisungen oder Befehle danach beurteilbar seien -, aber hinzufügt, daß schon ein Unterschied bestehe, ob die Formulierung, wenn man sie als Beschreibung bzw. als Behauptung auffassen würde, eine richtige Beschreibung bzw. eine wahre Behauptung wäre oder nicht.

So plausibel die hier vorgetragene Hypothese für die Unterscheidung von Regelformulierung und Regelbeschreibung zunächst vielleicht auch scheint, halte ich sie aber dennoch für falsch. Sehen wir uns dazu zwei weitere Beispielsituationen an:

(D) Ein Lehrer bringt einem Ausländer die Regel für den Gebrauch von bezaubernd bei, indem er ihm Beispielsätze nennt, in denen man bezaubernd verwenden kann, etwa

(8) Ich finde dieses Mädchen bezaubernd.

(9) Cornelia hat sich ein ganz bezauberndes Kleid gekauft.

(10) Diese Melodie ist wirklich bezaubernd.

und andere, in denen man es nicht kann, wie in

(11) Ich habe gestern ein bezauberndes Filetsteak gegessen.

(12) Dieses Tor in der letzten Spielminute war bezaubernd.

(13) Die Ouvertüre schließt mit drei bezaubernden wuchtigen Fortissimoschlägen.

(E) Ein Linguist schreibt zu Beginn eines Aufsatzes: "Im weiteren Verlauf soll Regel und Regelformulierung so verwendet werden bzw. ist so zu verstehen, daß folgende Sätze wahr sind:

(1) Im Deutschen gilt die Regel "Nach trotz muß der Genitiv stehen".

(14) Die Regelformulierung "Nach trotz muß der Genitiv stehen" besteht aus sechs Wörtern.

und daß folgende Sätze falsch sind:

(15) Im Deutschen gilt die Regelformulierung "Nach trotz muß der Genitiv stehen".

(2) Die Regel "Nach trotz muß der Genitiv stehen" besteht aus sechs Wörtern."

Beide Fälle sind verwandt mit den Situationen (C) bzw. (A), denn sowohl in (C) und (A) als auch in (D) und (E) geht es um Anweisungen, etwas in bestimmter Weise zu verwenden bzw. zu verstehen, so daß man in all diesen Fällen nicht von wahr oder falsch sprechen kann, in allen Fällen wird ein bestimmter Gebrauch vorgeschrieben, aber nicht beschrieben oder behauptet. Dennoch würde man in den Fällen (D) und (E) wohl kaum davon sprechen, daß hier bestimmte Regeln f o r m u l i e r t würden, wenn auch das unterscheidende Merkmal dafür sprechen würde, sondern man würde eher sagen, daß hier Regeln b e s c h r i e b e n werden.

Es sieht nun also so aus, daß das, was man aufgrund des normalen Sprachgebrauchs als Beschreibungen bezeichnen würde, sowohl nach wahr bzw. richtig oder falsch als auch nicht danach beurteilbar ist, und daß auch Regelformulierungen nach richtig oder falsch beurteilbar sind. Ich halte die Ausgangshypothese, Regelformulierungen und Regelbeschreibungen seien dadurch zu unterscheiden, daß man Regelformulierungen nicht nach wahr bzw. richtig oder falsch beurteilen könne, dies bei Regelbeschreibungen aber möglich sei, deshalb für gescheitert.

3. Der Grund dafür, daß die hier vorgetragene Hypothese zuerst relativ plausibel schien, sich dann aber als doch nicht tragfähig erwies, liegt nach meiner Meinung in einer Ambiguität von beschreiben, die dazu verführt, zwei verschiedene Unterscheidungen zu vermischen, nämlich einerseits die Unterscheidung von Vorschreiben und Beschreiben - ich will diesen Gebrauch von beschreiben beschreiben_1 nennen -, andererseits die Unterscheidung von Formulieren und Beschreiben - ich nenne diesen Gebrauch beschreiben_2. Während die in 2. angeführten Kriterien wohl sinnvoll sind für die Unterscheidung von Vorschreiben und Beschreiben_1 - ich kann dieser Frage allerdings hier nicht weiter nachgehen -, sind sie - wie die Beispielsituationen gezeigt haben - nicht geeignet, den Unterschied von Formulieren und Beschreiben_2, und damit auch von Regelformulierung und Regelbeschreibung in den Griff zu bekommen.

Ich kann dies in diesem Rahmen aus Platzgründen nicht ausführlich erläutern und begründen; ich möchte aber wenigstens ansatzweise die beiden Unterscheidungen charakterisieren, um abschließend noch kurz auf ihr Verhältnis zueinander einzugehen. Den Unterschied zwischen Vorschreiben und Beschreiben$_1$ sehe ich entsprechend etwa dem Unterschied in den Verwendungs- bzw. Verständnisweisen von (7) in den Beispielsituationen (A) und (B), wo mit (7) einmal ein bestimmter Gebrauch eines Wortes vorgeschrieben wird, eine Regel als verbindlich eingeführt, festgelegt, vermittelt wird, eine Anweisung gegeben wird, ein Wort in einer bestimmten Weise zu verwenden bzw. zu verstehen, im andern Fall ein bestimmter Gebrauch nur beschrieben wird, sozusagen nur ein bestimmter Sachverhalt konstatiert wird. Diese Bestimmung ist aber nicht so zu verstehen, daß es sich nur bei neu eingeführten Regeln, bei Veränderungen des Sprachgebrauchs um Vorschreiben handelt, denn auch in (C) wird mit (7) ein bestimmter Gebrauch von Bedeutung vorgeschrieben, wird eine Anweisung gegeben. Entscheidend ist, ob man zwischen richtig oder falsch unterscheiden kann oder nicht: wenn ja, handelt es sich um eine Beschreibung$_1$, wenn nein, um ein Vorschreiben.[6] Ob der hier beschriebene Gebrauch von beschreiben sinnvoll ist bzw. dem normalen Sprachgebrauch von beschreiben entspricht oder von bestimmten Theorien beeinflußt und daher ein künstlicher Gebrauch ist, und es besser wäre, statt beschreiben feststellen, behaupten o.ä. zu verwenden, sei hier dahingestellt. Auf jeden Fall zeigt unser Beispiel (7) deutlich, daß der Unterschied von Vorschreiben und Beschreiben$_1$ - der ohne Zweifel viel problematischer ist, als es auf den ersten Blick erscheint - nicht - wie dies in den angesprochenen Theorien innerhalb der analytischen Philosophie getan wird - in irgendeiner Weise an den Ausdrücken, an den Sätzen, an den Wörtern festzumachen ist, sondern daß Vorschreiben und Beschreiben$_1$ unterschiedliche H a n d l u n g e n sind und verschiedene Arten der Verwendung von Sätzen bezeichnen, nicht verschiedene Klassen von Sätzen.[7]

Den Unterschied von Formulieren und Beschreiben$_2$ bzw. von Regelformulierung und Regelbeschreibung kann man in einer ersten Annäherung vielleicht so fassen, daß man sagt: Wenn man eine Regel formuliert, sagt man die Regel, wenn man eine Regel beschreibt, sagt man etwas ü b e r die Regel. Dieses "etwas über die Regel sagen" ist aber nicht so zu verstehen, daß etwa

(16) Diese Regel ist schwer zu erlernen.

oder

(17) Diese Regel gilt schon seit langem.

Regelbeschreibungen oder Teile von Regelbeschreibungen wären, weil sie etwas über die Regel sagen, ebensowenig wie

(18) Dieses Haus wird bald abgerissen.

oder

(19) Dieses Haus wurde vor hundert Jahren gebaut.

Beschreibungen oder Teile von Beschreibungen eines Hauses sind bzw. sein können, nur weil sie etwas über dieses Haus sagen. Sondern das "über" hat etwas mit dem unterschiedlichen Anspruch von (Regel)-Formulierung und (Regel)-Beschreibung zu tun: Wenn man eine Regel formuliert, so ist das, was man formuliert, die Regel, d.h. es wird durch die Regelformulierung explizit gesagt, wie man - um wieder auf die Beispielsituationen aus 2. zurückzugreifen - Bedeutung verwendet bzw. verwenden muß, und zwar so, wie es in der Regelformulierung ausgedrückt wird und nicht anders, so daß eindeutig festliegt, was aufgrund dieser Regelformulierung als Befolgung der formulierten Regel gilt und was nicht. In diesem Sinne haben Regelformulierungen den Anspruch der Vollständigkeit. Wenn man dagegen eine Regel beschreibt, hat man nicht den Anspruch der eindeutigen Festlegung und der Vollständigkeit, und insofern sagt man nicht die Regel, sondern etwas über die Regel, indem man - wie etwa in den Beispielsituationen (D) und (E) - Beispiele anführt, bestimmte Befolgungen der Regel, bestimmte Verwendungen etwa des Wortes bezaubernd gibt usw. und die Regel auf diese Weise erläutert, ohne zu beanspruchen, alle Befolgungen der Regel damit abgedeckt zu haben, gesagt zu haben, was bezaubernd e i g e n t l i c h bedeutet.[8] Deutlich wird der unterschiedliche Anspruch besonders dann, wenn man Beispiele anführt, die durch eine in einer $Beschreibung_1$ verwendete Regelformulierung oder Regelbeschreibung nicht erfaßt sind. Während eine Regelformulierung wegen ihres Anspruchs verändert werden müßte, ist dies bei Regelbeschreibungen nicht der Fall, da bei ihnen ja nicht der Anspruch erhoben wird, eine Wesensbestimmung zu geben, vollständig zu sein. Dies heißt allerdings nicht, daß Regelbeschreibungen, wenn sie in $Beschreibungen_1$ verwendet werden, nicht auch falsch sein können. Der unterschiedliche Anspruch von Regelformulierungen und Regelbeschreibungen darf auch nicht in der Weise mißverstanden werden, daß Regelbeschreibungen nur Vorstufen seien, aus denen durch Generalisierung bzw. Abstrahierung Regelformulierungen würden, sondern beide sind absolut gleichberechtigt; sie erfüllen nur unterschiedliche Funktionen.[9] Es kommt hinzu, daß es bei Regeln natürlicher Sprachen oft schwierig ist, sie zu formulieren - man denke nur an die Regeln für den Gebrauch von bezaubernd oder trotz oder anderer Präpositionen - und daß es in der Regel viel einfacher ist, sie nur zu beschreiben$_2$, womit man in den Situationen, in denen man Regeln erklären muß, normalerweise den gleichen Effekt erreichen kann, auf den es eigentlich ankommt, nämlich den, daß der, dem man die Regel erklärt, diese versteht bzw. u.U. selbst befolgen kann - ja, oft sind solche Beschreibungen$_2$ leichter verstehbar als abstraktere Formulierungen, die zudem bei Regeln natürlicher Sprachen normalerweise Idealisierungen des tatsächlichen Sprachgebrauchs darstellen, indem sie "dem tatsächlichen Bild dieses Gebrauchs, worin sozusagen die verschiedenen Farben ohne scharfe Grenzen ineinanderfließen, eines an die Seite [stellen] , dem ersten in bestimmter Weise ähnlich, aber aus klar aneinander grenzenden Farben bestehend."[10]

Schon aufgrund dieser knappen Andeutungen dürfte es deutlich geworden sein, daß Regelformulierungen und Regelbeschreibungen neutral sind hinsichtlich des Unterschiedes von Vorschreiben und Beschreiben$_1$, also nicht auf eine bestimmte Funktion festgelegt sind, daß <u>eine Regel formulieren</u> nicht synonym ist mit <u>eine Regel vorschreiben</u>, und daß <u>eine Regel beschreiben</u>$_1$ nicht synonym ist mit <u>eine Regel beschreiben</u>$_2$, sondern daß man sowohl mit Hilfe einer Regelformulierung als auch mit Hilfe einer Regelbeschreibung eine Regel vorschreiben bzw. beschreiben$_1$ kann. Die Ausdrücke sind auch deshalb nicht synonym, weil sie verschiedenen Ebenen angehören: Eine Regel vorschreiben heißt vorschreiben, daß eine bestimmte Regel gelte, gelten soll, und dabei kann man diese Regel formulieren oder beschreiben$_2$. Dabei ist die Handlung des Vorschreibens oft sprachlich nicht gekennzeichnet, sondern nur durch die jeweiligen Umstände erkennbar, was leicht verdeckt, daß es sich beim Vorschreiben und Formulieren (bzw. Beschreiben$_2$) um zwei unterschiedliche Handlungen handelt, die nur oft gleichzeitig vollzogen werden. Ebenso heißt eine Regel beschreiben$_1$ beschreiben, daß eine bestimmte Regel gilt, und auch diese Regel kann man bei der Beschreibung$_1$ sowohl formulieren als auch beschreiben$_2$, und auch die Handlung des Beschreibens$_1$ ist häufig nur durch die Umstände als solche erkennbar. Was man also genau genommen vorschreibt oder beschreibt$_1$, sind keine Regeln, sondern Gebräuche, indem man die den Gebräuchen zugrundeliegenden Regeln formuliert - wie etwa in den Beispielsituationen (A),(B) und (C)[11] - oder beschreibt - also etwa wie in (D) und (E).

Anmerkungen

1 Gegenüber der Vortragsfassung habe ich einige Änderungen vorgenommen, die besonders eine Verkürzung von 1. und eine Erweiterung von 3. betreffen. Für wertvolle Hinweise für die Überarbeitung danke ich Rudi Keller und Rainer Wimmer.

2 Der Einfachheit halber ist hier von wahren Sätzen die Rede, und nicht von wahren Behauptungen oder Propositionen.

3 So in BLACK 1962, SHWAYDER 1965: 241ff., WINCH 1966: 76f., HERINGER 1974a: 22ff., KELLER 1974. Eine ausführlichere Diskussion dieser Unterscheidung findet sich in ÖHLSCHLÄGER (erscheint).

4 Die "(7)" dient nur zur Identifizierung dieses Satzes im weiteren Verlauf und ist nicht als Teil dessen, was der Linguist schreibt, gedacht.

5 Vgl. KELLER 1974: 19 und HERINGER 1974b: 57f.

6 Zum Unterschied von Vorschreiben und Beschreiben (im Sinne von Beschreiben$_1$) bzw. zu dem dazu parallelen von Regel und Erfahrungssatz vgl. WITTGENSTEIN 1965: 97f., WITTGENSTEIN 1974: 324, 356, sowie WAISMANN 1965: 142ff.

7 Zur Genese der hier kritisierten Auffassung und zu ihrer Kritik sowie auch zur vorausgehenden Frage vgl. den ausgezeichneten Aufsatz TOULMIN/BAIER 1952.

8 Vgl. zum Unterschied von Formulieren und Beschreiben auch HERINGER 1974b: 53ff. und 67, wo allerdings nicht zwischen Beschreiben$_1$ und Beschreiben$_2$ unterschieden wird.

9 Vgl. zu diesem Komplex WITTGENSTEIN 1969: 119f.

10 WITTGENSTEIN 1969: 76.

11 Vgl. dazu WITTGENSTEIN 1969: 63; ausführlicher zum Unterschied von Regel und Gebrauch ÖHLSCHLÄGER (erscheint).

Literatur

BLACK, Max (1962): "The analysis of rules". BLACK, Max (1962): Models and metaphors. Ithaca, N.Y.: Cornell: 95-139.

HERINGER, Hans Jürgen (1974a): Praktische Semantik. Stuttgart: Klett.

--- (1974b): "Eine Regel beschreiben". HERINGER (ed.): 48-87.

--- (ed.) (1974): Seminar: Der Regelbegriff in der praktischen Semantik. Frankfurt: Suhrkamp.

KELLER, Rudi (1974): "Zum Begriff der Regel". HERINGER (ed.): 10-24.

ÖHLSCHLÄGER, Günther (erscheint): Linguistische Überlegungen zu einer Theorie der Argumentation.

SHWAYDER, D.S. (1965): The stratification of behaviour. London: Routledge.

TOULMIN, Stephen / BAIER, Kurt (1952): "On describing". Mind 61: 13-38. - Wieder in: CATON, Charles E. (ed.) (1963): Philosophy and ordinary language. Urbana, Ill.: University of Illinois Press: 194-219.

WAISMANN, Friedrich (1965): The principles of linguistic philosophy. London: Macmillan.

WINCH, Peter (1966): Die Idee der Sozialwissenschaft und ihr Verhältnis zur Philosophie. Frankfurt: Suhrkamp.

WITTGENSTEIN, Ludwig (1965): The blue and brown books. Preliminary studies for the "Philosophical investigations". New York: Harper Torchbook.

--- (1969): Philosophische Grammatik. Frankfurt: Suhrkamp.

--- (1974): Bemerkungen über die Grundlagen der Mathematik. Frankfurt: Suhrkamp.

ZUR EMPIRIE IN DER LINGUISTIK

Sven Frederik Sager

0. Die Frage, von der hier ausgegangen werden soll, ist folgende: Ist die Linguistik prinzipiell (und wenn ja, wie) als eine empirische Wissenschaft möglich? Eine positive Beantwortung dieser Frage hängt entscheidend davon ab, ob es möglich ist, den Nachweis darüber zu führen, inwieweit sich in der Linguistik aussagefähige Hypothesen formulieren lassen. Was heißt das? Zunächst muß eine Antwort auf die beiden folgenden Fragen gegeben werden:

(1) Was sind aussagefähige Hypothesen?

(2) Wie können solche aussagefähigen Hypothesen in der Linguistik formuliert und theoretisch begründet werden?

1. Zu Frage (1): Aussagefähige Hypothesen in der Linguistik sind Sätze über Entitäten und Prozesse des sozialen Vorgangs der Kommunikation, deren Formulierung folgenden Kriterien genügen muß:

I Die Sätze beziehen sich auf eine beobachtbare Realität.

II Die Sätze werden gestützt durch empirische, materiale Daten.[1]

III Die Sätze müssen prinzipiell falsifizierbar sein.

Daraus leiten sich für den weiteren Fortgang der Überlegungen die beiden folgenden Fragen ab:

(3) Welche Theorietypen existieren bisher?

(4) Läßt sich, damit man sich in der Linguistik für einen bestimmten Theorietyp entscheiden kann, ein Kriterium formulieren, das es ermöglicht, die Theorien in bezug auf den Grad ihrer Empirizität hin zu überprüfen und miteinander zu vergleichen?

1.1. Zu Frage (3): Die bisher existierenden Theorien lassen sich, grob gesprochen, in zwei Gruppen einteilen, welche durch eine Begriffsdichotomie gekennzeichnet werden können, die in Anlehnung an VON WRIGHT (1974) formuliert werden soll als teleologisch-mentalistisch versus kausal-mechanistisch. Diese Unterscheidung entspringt einem methodologischen Dualismus, der aus einer z.T. ontologisch begründeten Unterscheidung von Naturwissenschaften und Sozial-Geisteswissenschaften entspringt.

Die Naturwissenschaften, so wird argumentiert, beschäftigen sich mit einer natürlichen, vom erkennenden Subjekt unabhängig existierenden, materialen Realität, deren methodologisches Äquivalent kausal-mechanistische Theorien seien, die sogenannte nomothetische Aussagen, also Gesetzesaussagen, erlauben. Die Sozial-Geisteswissenschaften dagegen beschreiben eine soziale, bewußtseinsabhängige, also weitgehend mentale Realität, und zwar mittels teleologisch-mentalistischer Theorien, die ideographische Aussagen, also Aussagen über individuelle, einmalige Vorgänge, erlauben.

Dabei nehmen teleologisch-mentalistische Theorien ein Ziel, einen Zweck an, der beobachtbarem Verhalten vorausgeht und der etwa durch eine mentale Entität wie 'Intention' beschrieben werden kann. Kausal-mechanistischen Theorien geht es dagegen um Ursache - Wirkungs - Beziehungen, wobei hauptsächlich auf materiale, raum-zeitlich fixierbare Entitäten rekurriert wird.

1.2. Akzeptiert man derartige Unterscheidungen, stellt sich jetzt die Frage nach einem Vergleichskriterium (Frage (4)). Ein solches Kriterium ist durch den Begriff der Immunisierungsstrategie gegeben (BALLMER 1976).

Nach Ballmer sind Immunisierungsstrategien Verfahren von Vertretern des "alten Glaubens", d.h. von Vertretern bereits etablierter Theorien, berechtigte Angriffe von Opponenten zu neutralisieren, "um ihre Position unrechtmäßig zu wahren" oder sich gegen derartige Angriffe vollständig abzusichern, eben sich zu immunisieren (BALLMER 1976: 19).

Mit Hilfe dieses Begriffs lassen sich Theorien in ihrem Empiriegrad miteinander vergleichen. Die Ballmersche Definition des Empiriebegriffs lautet dann auch, sinngemäß: Eine wissenschaftliche Theorie T ist genau dann empirischer als eine wissenschaftliche Theorie T', wenn T den Wissenschaftlern, die T (eventuell gegenüber T') verteidigen, weniger Immunisierungsstrategien erlaubt als T', und zwar im Rahmen der anerkannten Spielregeln zum Aushandeln von Theorien (BALLMER 1976: 33).

1.3. Es soll nun einerseits an einem Ansatz von ÖHLSCHLÄGER (1974) gezeigt werden, welche Immunisierungsstrategien in teleologisch-mentalistischen Theorien prinzipiell möglich sind, warum sie deshalb nur einen relativ geringen Empiriegrad aufweisen. Andererseits soll eine Kritik von Bertrand RUSSELL (1952) vorgeführt werden, die er am Kausalprinzip geübt hat. Dabei läßt sich zeigen, daß Russells Kritik genau auf den Vorwurf der Möglichkeit zu Immunisierungsstrategien in kausalen Theorien abzielt, kausale Theorien also ebenfalls nur einen geringen Empiriegrad haben.

1.3.1. Öhlschläger bestimmt die Sozialwissenschaften[2] als einen Wissenschaftsbereich, der es hauptsächlich mit Interaktion zu tun hat, also soziale Handlungen untersucht. Das Interesse richtet sich dabei auf das Verstehen der Handlungen. Diesen Verstehensprozeß sieht Öhlschläger eingeordnet in eine gemeinsame interaktive Praxis von Beobachter und Beobachtetem, in der der Beobachter die Handlungen des Beobachteten zu verstehen versucht. Das wird ihm aber nur dann gelingen, wenn er, aufgrund der interaktiven Praxis, die Regeln der Beobachteten beherrschen lernt, sie mit ihnen teilt, wenn er, wie Öhlschläger sagen würde, das "Selbstverständnis der Handelnden" (ÖHLSCHLÄGER 1974: 99f)kennt, es erlernt hat. Oder anders formuliert: Wenn er die Intention des Handelnden kennt.

Es geht also um ein Verstehen, das darin besteht, daß durch interaktive Lernprozesse der Beobachter dazu befähigt wird, nach den Regeln, nach denen die Beobachteten handeln, ebenfalls zu handeln, und d.h. daß er in bezug auf eine bestimmte Situation dieselben Intentionen entwickeln kann.[3] Handeln kann dann als intentionales Verhalten beschrieben und erklärt werden.

Eine Theorie, die aufgrund einer derartigen Methode entwickelt wird, impliziert die Möglichkeit verschiedener Immunisierungsstrategien, von denen hier nur eine grundsätzliche, aber sehr wesentliche erwähnt werden soll.

Zur Verdeutlichung sei zunächst Öhlschägers Methode folgendermaßen näher charakterisiert: Öhlschläger verlagert die Situation des beobachtenden Wissenschaftlers von einem Beobachter, der bewußtseinsunabhängige Realität beobachtet, zu einem Beobachter, der bewußtseinsabhängige, mentale Realität beobachten kann. Der Wissenschaftler muß in sich durch einen partiellen Sozialisationsprozeß bewußtseinsabhängige, mentale Realität schaffen, die er dann sozusagen durch Introspektion beobachten kann. Sein eigentliches Beobachtungsobjekt ist somit das Selbstverständnis der beteiligten Interaktionsteilnehmer, das der Wissenschaftler in sich selbst erzeugt, indem er die Intentionen der Handelnden zu erfassen und in sich entsprechend zu reproduzieren versucht.

Die Immunisierung, die dadurch möglich wird, ist gegeben durch die Art der Daten: nämlich durch das Heranziehen von kurzfristig angeeigneter Intuition, die zudem noch sehr wahrscheinlich, aufgrund der ansonsten völlig andersgearteten Intuition des Wissenschaftlers, die er, aufgrund einer anderen (seiner eigenen) Sozialisation erworben hat, starke Interferenzerscheinungen aufweisen wird. Und d.h. die Daten, die der Wissenschaftler benutzt, können nicht mehr intersubjektiv nachgeprüft werden, weil sie völlig in den Wissenschaftler hinein verlagert werden. Derartige Theorien haben somit nur einen geringen Grad an Empirizität.

1.3.2. Ebenso lassen sich aber auch in kausalen Theorien Immunisierungsmöglichkeiten nachweisen. Wie RUSSELL (1952) zeigen konnte, führt das Kausalprinzip, faßt man es als ein universal gültiges Prinzip auf, zu etlichen Schwierigkeiten und Widersprüchen.

Russells Definition des Kausalprinzips lautet:

> Ist ein Ereignis e1 gegeben, dann treten ein Ereignis e2 und ein Zeitintervall τ ein, und zwar so, daß, wann immer sich e1 ereignet, e2 nach einem Intervall τ folgt. (RUSSELL 1952: 184)

Dabei wird dann e1 als Ursache, e2 als Wirkung bezeichnet. Ein solches Kausalprinzip führt nach Russell zu folgenden Schwierigkeiten:

Sind bestimmte Ereignisse gegeben, so müssen sie in der Zeit ablaufen, also zeitlich ausgedehnt sein. Nun ist die Zeit ein Kontinuum und nicht eine Kette aus diskreten, in sich statischen Elementen. Ist also ein Ereignis als Ursache gegeben, so muß diese Ursache ebenfalls zeitlich ausgedehnt sein. Damit aber gibt es einen Anfang und ein Ende der Ursache, und gilt das Kausalprinzip universell, so muß es auch zwischen diesen beiden Teilen der Ursache gelten. Dann aber ist nicht mehr verständlich, warum ich das ganze als Ursache bezeichne und nicht nur seinen letzten Teil.

Damit wird das möglich, was Ballmer Immunisierung durch "Argumenthüpfen" bezeichnet (BALLMER 1976: 20). Man kann, je nach dem Angriff des Opponenten, das Ursachenereignis anders definieren, nämlich weiter oder enger, je nachdem wie es gerade in die Argumentation paßt. Damit ist noch eine weitere Immunisierung möglich: Man kann auf die Existenz immer kleinerer und kürzerer Ereignisse hinweisen, auch wenn man im Augenblick noch nicht in der Lage ist, z.B. mangels exakter Meßinstrumente, diese zu erfassen. Damit wäre eine Immunisierung durch Vertrösten auf die Zukunft möglich.

Da zwischen den Ereignissen e1 und e2 immer ein Zeitintervall τ angenommen wird, so wäre innerhalb dieses Intervalls, so klein dieses auch immer angenommen wird, immer noch ein weiteres Ereignis möglich, durch welches das als Wirkung bezeichnete Ereignis verhindert werden könnte. Man muß also zur genaueren Bestimmung der Möglichkeiten des Eintretens der Wirkung alle Eventualitäten der Umgebung ausschließen. Das aber würde den Kreis der Antezedenzien ins Unermeßliche erweitern und Immunisierung durch versteckte Parameter zulassen, also Immunisierung durch den Hinweis auf weitere vom Opponenten noch nicht beachtete Parameter.

Aufgrund derartiger Immunisierungsstrategien sowohl in teleologisch-mentalistischen Theorien als auch in kausal-mechanistischen Theorien wird die Möglichkeit zur Überprüfung aussagefähiger Hypothesen, in dem eingangs definierten Sinne, stark eingeschränkt, wenn nicht sogar völlig unmöglich, wie etwa im Fall der teilnehmenden Beobachtung.

2. Daraus entsteht zwangsläufig die Frage, ob es die Möglichkeit zu Theorien gibt, die diese Schwierigkeiten überwinden können, womit zur Beantwortung der unter O. formulierten Frage (2) übergegangen werden soll.

2.1. Wegen der Schwierigkeiten, in die man gerät, wenn man Kausalzusammenhänge postuliert, schlägt Russel vor, den Begriff der

Ursache und damit das Kausalprinzip überhaupt fallenzulassen und dafür den Begriff der Funktion einzuführen. Man solle, so Russell, die Begriffe Ursache und Wirkung am besten ganz vermeiden, was zumindest in den Naturwissenschaften schon längst üblich sei. Dort gebe es nur Formeln, die bestimmte Entitäten in Relation zueinander setzten, und zwar in die eben spezielle Relation einer Funktion, die dann das Maß der wechselseitigen Veränderung angebe.

Genau das aber kann in dem hier dargestellten Zusammenhang nur von Interesse sein, denn nur das ist empirisch nachprüfbar.

2.2. Es soll nun im folgenden dieses Prinzip der Funktion benutzt werden, um mit ihm das, was unter 0. aussagefähige Hypothesen genannt wurde, zu formulieren.

Im mathematischen Sinne ist eine Funktion eine Menge, und zwar die Menge von geordneten Paaren zweier weiterer Mengen. (Abb. 1)

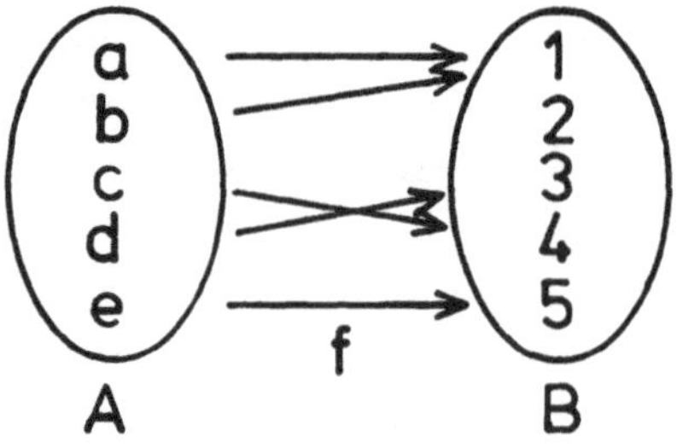

(Abb. 1)

Wie die einzelnen Elemente der Grundmengen miteinander zu solchen geordneten Paaren zusammengefügt sind, wird durch die Funktion festgelegt. Eine Funktion gibt also im weiteren Sinne ein Verfahren an, Elemente von zwei oder mehr Mengen in Beziehung zueinander zu setzen. Dabei bezeichnet man die Mengen, aus denen die Elemente der geordneten Paare bzw. der geordneten n-tupel stammen, als Urbildmenge (Argumentbereich) A und Abbildmenge (Wertebereich) B, und es gibt die Restriktion, daß zu jedem und nur einem Element der Urbildmenge mindestens ein Element der Abbildmenge zugeordnet werden muß. Man sagt, der Argumentbereich wird eindeutig in den Wertebereich abgebildet, und schreibt: $f: A \rightarrow B$ bzw. $f(a)=1$, $f(c)=4$, $f(d)=3$, etc.

2.3. Wie lassen sich nun mit Hilfe solcher Funktionen aussagefähige Hypothesen über kommunikative Prozesse formulieren?

Man kann z.B. eine Menge verschiedener Sprechakttypen aufstellen, etwa folgende Regulativa:

(1) befehlende Aufforderung

(2) bittende Aufforderung

(3) vorschlagende Aufforderung[4]

Andererseits kann man eine Menge unterschiedlicher Rangstufen von Personen aufstellen:

(a) übergeordnete Person

(b) gleichberechtigte Person

(c) untergeordnete Person (Abb. 2)

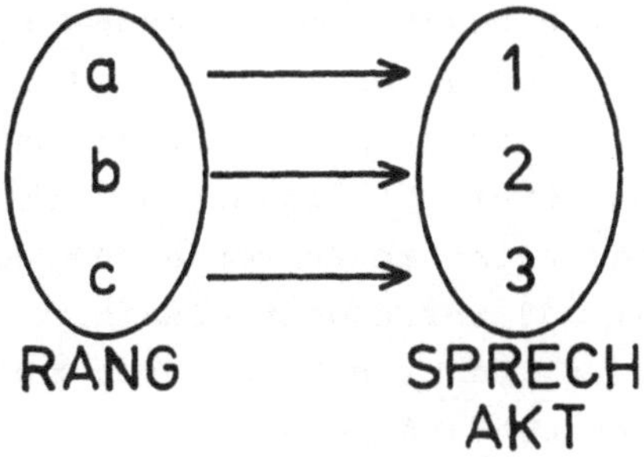

(Abb. 2)

Man kann dann einen bestimmten Sprechakt als Funktion des Personenrangs definieren, wobei folgende Paare entstehen: $\{(a,1), (b,2), (c,3)\}$. Die genaue Zuordnung der Paare könnte und müßte empirisch erhoben werden. Ist die Menge der geordneten Paare genau bestimmt, kann man sagen: Die Menge der Rangstufen wird eindeutig in die Menge der Sprechakte abgebildet.

Weiter kann man den Rang einer Person nun wiederum als Funktion anderer Fakten definieren, etwa Ort, Zeit, Handlungszusammenhänge oder dgl., so daß man schließlich zu dem kommt, was man in der Mathematik eine Funktionskomposition nennt, d.h.

eine Hintereinanderordnung von mehreren Funktionen. Dabei ist der Wertebereich der jeweils vorangehenden Funktion der Argumentbereich der jeweils nachfolgenden Funktion. In dem hier erwähnten Beispiel wäre also der Personenrang etwa als Funktion von Ort und Zeit definiert, der Sprechakt dann als Funktion des Personenranges.

2.3.1. Ein solches Modell verhindert Immunisierungen, wie sie durch intentionale Modelle möglich sind, weil es: (1) Explizit zu definierende Entitäten einer bewußtseinsunabhängigen, materialen und damit intersubjektiv nachprüfbaren Realität berücksichtigt; (2) wenn es auf mentale Entitäten rekurriert, nicht subjektiv einmalige, individuelle Bewußtseinszustände, wie sie Intentionen darstellen, berücksichtigt, sondern nur solche mentalen Entitäten, die einen allgemeinen, kategorialen Status haben, auf viele Fälle zutreffen und damit nur mit Hilfe empirischer Methoden, etwa der Statistik, bearbeitet werden können.

2.3.2. Dieses Modell verhindert Immunisierungen, wie sie in kausalen Modellen möglich sind, weil es: (1) Nicht Ursache - Wirkungszusammenhänge zu beschreiben versucht und damit unzulässige Vereinfachungen vornimmt, sondern nur zeitunabhängig formulierbare Relationen zwischen verschiedenen Elementen postuliert und lediglich das Maß ihrer wechselseitigen Veränderung untersucht; (2) dabei die gesamten zu untersuchenden Parameter vorher festzulegen gestattet und gerade die sogenannten versteckten Parameter dazu benutzt werden können, das Modell[5] zu falsifizieren.

2.4. Eine solche Funktionskomposition ließe sich in einem Funktionsgraphen wie dem in Abb. 3 angedeuteten darstellen.

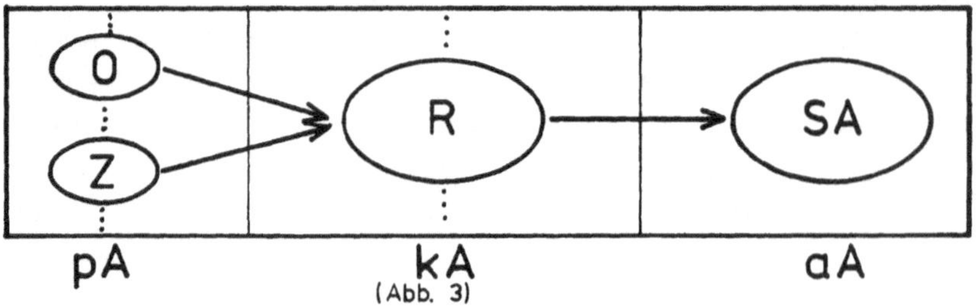

(Abb. 3)

Die drei integrativen Bereiche, aus denen sich ein solcher Funktionsgraph, der im konkreten Fall wesentlich komplizierter ist, zusammensetzt, sind der perzeptive, der kognitive und der soziative oder aktive Aspekt der Funktionskomposition, wobei generell definiert werden kann: Der aktive Aspekt ist Funktion des kognitiven Aspekts und der kognitive Aspekt ist Funktion des perzeptiven Aspekts.

Da Äußerungen selbst wiederum Teil der äußeren Situation sind, wäre es aufgrund eines solchen funktionalen Modells durchaus möglich, Entitäten wie etwa Personenrang als Funktion bestimmter Äußerungen oder bestimmter Indikatoren zu definieren. Man bekäme dann das, was in der Mathematik eine konstante Funktion genannt wird. D.h. alle Elemente des Argumentbereichs werden auf ein einziges Element des Wertebereichs abgebildet.

3. Aussagefähige Hypothesen über kommunikative Gesetzmäßigkeiten könnten nun in Form solcher Funktionsgraphen dargestellt werden, wobei man weitergehend definieren könnte, daß die Äquivalenzklassen aller isomorpher Graphen, also aller Graphen gleicher Struktur, eine soziale Regel darstellt.

Anmerkungen

1 BALLMER (1976: 11) unterscheidet eine ideologische, eine formale und eine materiale Realität. Letztere wird als die "raum-zeitlich-optische intersubjektive Verständigungsbasis" (BALLMER 1976: 12) empirischer Wissenschaft bestimmt, innerhalb derer dann die Daten als material reale Objekte angesiedelt werden.

2 Die Linguistik, insofern sie sich mit sprachlichem Handeln beschäftigt, wird von Öhlschläger, ebenso wie in dem hier behandelten Zusammenhang, zu den Sozialwissenschaften gezählt.

3 Dieses Verfahren wird in den Sozialwissenschaften als teilnehmende Beobachtung bezeichnet (FRIEDRICHS 1973: 288ff).

4 In der an dieses Referat anschließenden Diskussion wurde der Einwand erhoben, daß man, wenn man eine Menge von Sprechakttypen aufstellt, bereits Interpretationsleistungen vollzogen habe. Damit aber müßten die hier aufgeführten Elemente ebenfalls als intuitive, introspektive Daten angesehen werden. Zudem sei es doch wohl ohnehin kaum möglich, um derartige Interpretationsleistungen herumzukommen, wenn es um linguistische Daten gehe. Dazu ist folgendes zu bemerken: Ausdrücke

wie "befehlende Aufforderung" oder dgl., die bestimmte Sprechakttypen charakterisieren sollen, dienen in dem gegebenen Beispiel primär der Anschaulichkeit, sind aber theoretisch lediglich als Etikette von Mengen anzusehen, die genausogut mit beliebigen Variablen belegt werden könnten. D.h. das Etikett "befehlende Aufforderung", das genausogut mit x1 bezeichnet werden könnte, ist zunächst nichts weiter als ein Sammelbegriff oder Etikett, mit dem eine Reihe von bestimmten Äußerungen belegt wird. Dabei ist es gleichgültig, ob der Beobachter die Äußerung selber versteht wie in Machen Sie mal das Fenster zu oder sie nicht versteht wie in yurx blgözkt grumpfzr. Was lediglich mittels des funktionalen Zusammenhangs festgestellt wird und auch nur festgestellt werden kann, ist, inwieweit sich bestimmte Äußerungen in Relation zu bestimmten intersubjektiv bestimmbaren Situationsfaktoren verändern. Treten z.B. Äußerungen wie yurx blgözkt grumpfzr und zkylvw mpfohcz öäix ligtb immer im selben Kontext in Relation zu einer bestimmten Rangstufe einer Person auf, so kann man die kommunikative Funktion dieser Äußerung als Typ x1 bezeichnen, deren praktische nichtverbale Folgen völlig unabhängig davon beschrieben werden könnten. Damit ist prinzipiell genau dasselbe gemacht wie eine Zuordnung von Äußerungen wie Machen Sie mal das Fenster zu oder Ich befehle Ihnen, das Fenster zuzumachen zu dem Etikett "befehlende Aufforderung". Interpretative Prozesse sind so gesehen nichts anderes als eine konstante Funktion, in der eine Menge mit beliebig vielen Elementen auf eine Menge mit einem einzigen Element abgebildet wird. Das hat nichts mit Introspektion zu tun.

5 Falsifiziert wird dabei lediglich eine bestimmte Funktionskomposition, die als Modell oder Hypothese einer sozialen Regel aufgefaßt werden kann, nicht aber das Prinzip funktionaler Modellbildung. Falsifiziert werden können immer nur einzelne Hypothesen, niemals ganze Theorien. Zum Unterschied von Hypothesenfalsifikation und Theoriefalsifikation (vgl. STEGMÜLLER 1975: 483ff)

Literatur

BALLMER, Thomas T. (1976): "Inwiefern ist Linguistik empirisch?". WUNDERLICH, Dieter (ed) (1976): Wissenschaftstheorie der Linguistik. Kronberg: Athenäum: 6-53.

FRIEDRICHS, Jürgen (1973): Methoden empirischer Sozialforschung. Reinbek bei Hamburg: rororo.

ÖHLSCHLÄGER, Günther (1974): "Einige Unterschiede zwischen Naturgesetzen und sozialen Regeln". HERINGER, Hans J. (ed) (1974): Der Regelbegriff in der praktischen Semantik. Frankfurt/M: Suhrkamp: 88-110.

RUSSELL, Bertrand (1910): "On the notion of cause". RUSSELL, Bertrand (ed) (1910): Philosophical essays. London: Allen &

Unwin Ltd. - Übers.: "Über den Begriff der Ursache". RUSSELL, Bertrand (ed) (1952): Mystik und Logik. Philosophische Essays. Wien: Humboldt: 181-208.

STEGMÜLLER, Wolfgang (1975): Hauptströmungen der Gegenwartsphilosophie. II. Stuttgart: Kröner.

VON WRIGHT, Georg H. (1971): Explanation and understanding. Ithaca etc.: Cornell University Press. - Übers.: Erklären und Verstehen. Frankfurt/M.: Athenäum, 1974.

MISSING LINKS

Remarks on Chomsky and Ethology

Rüdiger Schreyer

1. In this paper I propose to discuss some ideas concerning the evolution of language. This is a problem which "lies far beyond the reach of legitimate scientific inference" (ROBINS 1964/ 1971: 14) for most linguists, whereas it has great interest for comparative ethology.

I will begin with a description of the ethological point of view, being fully aware of the risks the non-specialist runs when encroaching on foreign territory. But, as Haldane puts it, "the sciences are becoming specialized, and it is of immense importance for their healthy development that contact should be preserved among them. The price of such contact is a measure of inaccuracy and superficiality. But the cost of avoiding it is even more serious" (HALDANE 1965: 13).

2. Comparative ethology has become more and more interested in the communication systems of animals. This is clearly shown by the increasing amount of publications in this field. But the more one learnt about animal communication the more amazing it seemed that human language did not fit into the overall picture.

> Discussions of animal language are always a little embarrassing, I think, to people in animal behavior because all of us recognize the many important differences between animal communication and human language. (THORPE 1967: 11)

The almost universally adopted theory of evolution seemed to demand that human language should be included in the evolutionary process, or that it at least should be compatible with the theory. Therefore many students of animal communication felt they could not ignore human language, the most elaborate communication system we know of. An instance of this attitude may be found in Marler's article on "The study of animal communication", whose last chapter on animal and human language ends on the optimistic note:

> We are thus a step further towards confirming Darwin's conclusion that the faculty of articulate speech does not offer any insuperable objection to the belief that man has developed from some lower form. (MARLER 1959: 206)

This is a careful statement. Ethologists do not claim to know how human language evolved, but they do believe that it did and that there must be some collateral connexion between human and animal communication. The problem they are faced with is the problem of missing links. The hope is that the study of animal communication will afford clues about them.

3. Chomsky challenges this view. His discussion of the problem is to be found in "Language and Mind" and in an earlier paper on "The general properties of language" read at a conference

on "Brain Mechanisms Underlying Speech and Language". His arguments were clearly provoked by ethological research, since they explicitly criticise certain assumptions in Thorpe's "Animal vocalization and communication" read at the same conference. Before discussing Chomsky's arguments it will therefore be necessary to give a summary of the relevant parts of Thorpe's paper.

4. Thorpe proposes "giving a general introduction into the subject of how animals communicate" (1967: 2). Nevertheless his interest in human language is obvious. He begins his second paragraph with the following definition:

> I begin by assuming that human language is primarily a series of actions performed with the intention of altering the behavior of another individual. Human language is thus a series of actions which are themselves symbolic, or, much more often, actions of the vocal cords and associated structures which result in symbolic sound signals used for the purpose of communication. (THORPE 1967: 2)

He distinguishes three functions of language:

> A. . . . the first function of language is to induce immediately a given behavior in the recipient or hearer, with or without a corresponding emotional state.
>
> B. But secondly and more often, the effect of language is to induce an emotional readiness for behavior; and that is true of animals as well as it is of men.
>
> C. Then, of course, thirdly, language transmits information in the sense of being propositional: that is to say, it transmits definite numerical information about the environment or a particular situation in the environment with which the organism is concerned. (THORPE 1967: 2)

According to Thorpe "in human language most communications are usually both propositional and emotive". Furthermore they are "syntactic" and "purposive, in that there is nearly always in human speech a definite intention of getting something over to somebody else, altering his behavior, his thoughts or his general attitude toward a situation" (THORPE 1967: 2).

After this brief discussion of human language Thorpe proposes to "consider how far animal communication fits in with this scheme" (1967: 3). He feels certain that purposive communication takes place in higher animals, whereas with lower animals it is difficult to decide "whether there is deliberate intent to communicate" (1967: 3). And he quotes the waggle dance of the honeybee as an instance of propositional communication. Thorpe goes on to describe the gesture systems of some species of birds and of the wolf and the advantages of communication through sounds. He comes to the conclusion that "if you are going to have a really flexible language, it is bound to be a language of sound" (1967: 7). Birds communicate partly by using sounds. Moreover some of them have an amazing imitative ability (1967: 7), whereas "mammals are so incapable in this respect" (1967: 8). Thorpe argues that a very high ability for vocal imitation is the precondition for "a true vocal language, flexible and adaptable as is even the simplest of human languages . . ." (1967: 8). Since "apart from man, birds are incomparably better imitators than any other living beings" he suggests that "birds are the group which ought to have been able to evolve language in the true sense, and not mammals" (1967: 10). He ends with the rather puzzled question:

> What happened, then, to enable the ancestors of man suddenly to acquire the imitative ability without which they could not possibly have developed language as we know it? (THORPE 1967: 10)

5. Thorpe's conception of language is in many respects open to criticism. We shall, however, restrict ourselves solely to the criticism brought forward by Chomsky.

Chomsky does not believe that "it makes any sense" or that "there is any useful purpose served, in studying animal communication within the same framework as human language" (CHOMSKY 1967: 73). He offers several reasons for this opinion.

5.1. The description of animal and human communication as propositional, syntactic, and purposive is unsatisfactory, "since when we move to the level of abstraction at which human language and animal communication fall together, almost all other behavior is included as well" (CHOMSKY 1968: 60). This description would fit, for instance, walking as well.

> Clearly, walking is purposive behavior, in the most general sense of 'purposive'. Walking is also 'syntactic' in the sense just defined[1]. . . Furthermore, it can certainly be informative: for example, I can signal my interest in reaching a certain goal by the speed or intensity with which I walk. (CHOMSKY 1968: 60f.)

Note, however, that Thorpe does not use the term "purposive" in the most general sense. As we have seen "purposive" refers to the "intention of getting something over to somebody else". Although Chomsky is undoubtedly right in pointing out that "almost any system that contains discriminable stimuli can be used to modify behavior or to provide information" (1967: 75), it is clear that walking is not actually used in this way, even if it could be. If one adopts Thorpe's definition of "purposive" Chomsky's criticism of this point is invalid. People usually do not walk with the intent to communicate something, but with the intent of getting somewhere.

5.2 Chomsky stresses the differences between human language and animal communication. Animals have either "a finite population of available signals, or else, in the case where they have an infinite number of possibilities, there is a finite number of dimensions in the 'language' " (1967: 74), i.e. there exists a point by point correlation between the linguistic and the non-linguistic dimensions. Chomsky argues that this is true of the song of the robin, of bee dances and of human walking, not, however, of human language.

> When I make some arbitrary statement in a human language . . . I am not selecting a point along some linguistic dimension that signals a corresponding point along some non-linguistic dimension, nor am I selecting from a finite repertoire, innate or learned. (CHOMSKY 1968: 61)

5.3 Chomsky maintains that "it is wrong to think of human use of language as characteristically informative, in fact or in intention":

> Human language can be used to inform or to mislead, to clarify one's own thoughts

> or to display one's cleverness, or simply for play. (CHOMSKY 1968: 61f.)

Language is being used whether one speaks with the intention of modifying somebody's behavior or whether one does not.

> It is a mistake, or a bad habit, to approach the study of language by considering its 'characteristic' uses. For one thing, the general assumptions about what are 'characteristic uses' are highly suspect. Second, even if correct, these statistical guesses would suggest very little about the nature of language. The same kind of comment can be made about attempts to 'extrapolate' from experimental work with animals to conclusions about human language. (CHOMSKY 1967: 75)

For all the reasons mentioned Chomsky comes to the following conclusion:

> If we hope to understand human language and the psychological capacities on which it rests, we must first ask what it is, not how or for what purposes it is used. When we ask what language is, we find no striking similarity to animal communication systems. There is nothing useful to be said about behavior or thought at the level at which animal and human communication fall together. (1968: 62)

6. The misunderstandings which undoubtedly exist between Chomsky and Thorpe are not the main reason for their disagreement. They appear to be representatives of two different schools of thought, whose disagreement is about the nature of language:

> There are those who, like Darwin, believe in gradual evolution, but there have been others who have believed that speech is specifically a human attribute, a function de novo, different in kind from anything of which other animals are capable. (PUMPHREY 1951: 5)

Chomsky definitely belongs to the latter group. He believes that language is unique to man, that there is "no substance to the view that human language is simply a more complex instance of something to be found elsewhere in the animal world" (CHOMSKY 1968: 62). If this is true, if language is radically different from animal communication systems, it follows that there is no point in comparing the two.

But the premiss is by no means sufficiently certain. If, as Chomsky suggests, so far no striking similarities between both systems have been found, this does not mean that there aren't any. Linguists are still a long way from knowing what language actually is, and ethologists stress that "the existing knowledge about animal communication is so scanty that we have little to use as a basis" (MARLER 1971: 316). Further research in both fields may still yield results that could make it easier to decide about the sense or nonsense of comparing language and animal communication. As long as this cannot be done it will be unnecessarily limiting to exclude the possibility of some relation between them. Nevertheless, Chomsky's suggestion of reserving the term language for human language is certainly sensible, since this does not cloud from the start differences that may exist between language and other communication systems.

7. Comparability always demands that the things compared share at least one feature. To comparative ethology this feature is the communicative function of language and animal communication. This is where Chomsky seems to disagree. He does not deny that language may

be used for the purpose of communication, but his suggestion of looking at the structure and not at the uses of language (1967: 74) seems to endorse Searle's statement that he "sees language as a self-contained system used more or less incidentally for communication" (SEARLE 1972). If communication is only incidental and not essential to language, there is, indeed, no basis to the ethologist's comparison between language and animal communication.

There is, however, reason to assume that communication is a fundamental function of language, i.e. that language is primarily purposive in the sense described by Thorpe, even if not all uses of language involve communication.

Before embarking on a justification of these claims, it will be necessary to define more clearly what is meant by "communication". Chomsky makes the useful theoretical distinction between "intended effects" and "meaning of a discourse". He writes:

> Though consideration of intended effects avoids some problems, it seems to me that no matter how fully elaborated, it will at best provide an analysis of successful communication, but not of the meaning or of the use of language, which need not involve communication or even the attempt to communicate. If I use language to express or clarify my thoughts, with the intent to deceive, to avoid an embarrassing silence, or in a dozen other ways, my words have a strict meaning and I can very well mean what I say, but the fullest understanding of what I intend my audience (if any) to believe or to do might give little or no indication of the meaning of my discourse. (CHOMSKY 1971: 19)

Thus Chomsky seems to believe that communication is successful if the intended effects of a discourse have been achieved. And he claims further that understanding the intention of a discourse is something different from understanding the meaning of a discourse, and that therefore the study of intended effects is different from the study of meaning.

In lying, for instance, the hearer is intended to understand the meaning, not however the intention of a discourse. But one might well ask if the use of language for deception is not a secondary, albeit typically human, use which would not be possible if language were not generally used to say what we mean.

> "The devils", says Sir Thomas Brown, "do not tell lies to one another; for truth is necessary to all societies; nor can the society of hell subsist without it." (JOHNSON 1958ff., II: 362)

Continual lying would sever all bonds between language and the world of experience. Communication would break down, society collapse, and language acquisition would become impossible. The use of language for lying must therefore remain an exception and the same may hold true of other non-communicative uses of language. Perhaps they should be considered derived uses, possible only on the basis of a primary communicative use. Nevertheless, an inquiry into non-communicative uses will be worthwhile, precisely because they have no equivalent in animal communication (see BENNETT 1967).

8. Chomsky considers all uses of language to be equally important, and therefore makes a sharp distinction between the intention and the meaning of discourse. But the fact that there is no

necessary connection between the two does not mean that there is never any connection. Without denying the theoretical value of Chomsky's distinction, it is difficult to see how it can be maintained in practical linguistic analysis, for it appears that statements of linguistic "facts" typically presuppose the communicative use of language, i.e. a connection between intention and meaning. Take, for instance, the following statement by Chomsky himself:

> The central fact to which any significant theory of language must address itself is this: a mature speaker can produce a new sentence of his language on the appropriate occasion, and other speakers can understand it immediately, though it is equally new to them. (CHOMSKY 1964: 50)

This is obviously an inductive statement about communication and it can only be verified or falsified in communication. It presupposes, furthermore, the knowledge of the notion 'speaker of a language', which itself cannot be defined without recourse to the notion of communication. A speaker of a language must be capable of producing and understanding speech. A person A having to judge whether a person B is a speaker of a language is in a special type of communicative situation. The central question is: When will A be satisfied that B is a speaker of a language?

A's position is not much different from that of a researcher in animal communication. He must consider B as a black box and make his decision on the evidence of the outputs produced by B as a consequence of given inputs. Four different cases may be distinguished: non-verbal input – verbal output, verbal input – non-verbal output, verbal input – verbal output, non-verbal input – non-verbal output. The last of these possibilities can obviously be ignored here. A will judge that B is a speaker of the language if there is an adequate relation between input and output. It is difficult to say what an adequate output is, but it cannot be doubted that people are capable of making such decisions.

Only a limited number of non-verbal and verbal outputs will be considered satisfactory evidence to identify a speaker of a language. Even if B produced as outputs grammatically and semantically acceptable sentences, A could not be sure that he was a speaker, unless these outputs were adequately related to the inputs. Only from this can A conclude that B is not a mere production mechanism, but that he is capable of understanding a given language. Thus, any judgement to the effect that B can understand the meaning of verbal inputs is based on the observation of adequate outputs, i.e. on successful communication. This observation cannot conclusively prove that understanding has taken place, but it is the only evidence available.

Only through the experience of successful communication do we know that a given person can actually speak. If this is agreed, it follows that linguistic statements about speakers of a language cannot but presuppose the communicative function of language.

This is not to say that language is characteristically communicative. The non-communicative uses of language cannot be ignored. But the study of language can only proceed from the communicative function of language.[2] Consequently there is nothing illegitimate in the comparison between language and animal communication, even if it only brings out more clearly the differences (some of which Chomsky has described so lucidly) between the two systems.

9. I have tried to demonstrate that the Chomskyan and the ethologist approach are not mutually exclusive but rather complementary. Whether either of these approaches will lead to results that may have any bearing on a future theory of linguistic evolution remains to be seen. But it is certain that our present knowledge is too scanty to decide if language developed from a pre-human communication system or if it is something new, something that replaced the old communication system without developing from it. It is not impossible that further research in language as well as in animal communication may produce further evidence as to the probability of either of these theses. As long as this evidence does not exist the basis of a theory of linguistic evolution is uncertain and any attempt to set up such a theory premature. At present one can only try and show what facts such a theory will have to accommodate and what conditions are necessary for those facts to obtain.

Notes

1 Chomsky is referring to his definition of "syntactic" as that which possesses "an internal organization, with structure and coherence".

2 It is therefore the task of the linguist to enquire into the relationship between inputs and outputs. Some of the problems arising from this (e.g. relation between questions and answers, text cohesion) have been discussed in discourse analysis, but particularly in the area of semantics and pragmatics many problems are still unsolved.

Bibliography

BENNETT, Jonathan (1967): Rationalität. Versuch einer Analyse. Frankfurt: Suhrkamp.

CHOMSKY, Noam (1964): "Current issues in linguistic theory". FODOR, Jerry A./KATZ, Jerrold J. (eds.) (1964): The structure of language. Readings in the philosophy of language. Englewood Cliffs, N.J.: Prentice-Hall.

--- (1967): "The general properties of language". DARLEY, L.F. (ed.): Brain mechanisms underlying speech and language. New York, pp. 73–88.

--- (1968): Language and mind. New York: Harcourt, Brace and World.

--- (1971): Problems of knowledge and freedom. New York: Pantheon Books.

HALDANE, J.B.S. (1965): "The argument from animals to men: An examination of its validity for anthropology". Journal of the Royal Anthropological Institute of Great Britain and Ireland 86: 1–14.

JOHNSON, Samuel (1958ff.): The Yale edition of the works of Samuel Johnson. Several eds. Vols. 1–8. New Haven:Yale Univ. Press, London: Oxford Univ. Press.

MARLER, Peter (1959): "Developments in the study of animal communication". BELL, P.R. (ed.): Darwin's biological work. Cambridge, pp. 150–202.

MARLER, Peter (1961): "The logical analysis of animal communication". Journal of Theoretical Biology 1: 295–317.

PUMPHREY, R.J. (1951): The origin of language. Liverpool: Liverpool Univ. Press.

ROBINS, R.H. (1964): General linguistics. An introductory survey. 2nd ed. 1971. London: Longman.

SEARLE, John (1972): "Chomsky's revolution in linguistics". The New York Review of Books, June 29.

THORPE, W.H. (1967): "Animal vocalization and communication". DARLEY, L.F. (ed.): Brain mechanisms underlying speech and language. New York, pp. 2–12.

2. PHONOLOGIE UND MORPHOLOGIE

ZUR EXPLIZITEN DARSTELLUNG VON WORTSTELLUNG UND INTONATION

Jürgen Esser

Wortstellung und Intonation gelten gemeinhin als entscheidende Faktoren bei der Beschreibung von Äußerungen (utterances) auf der Ebene der parole. Trotz der verdienstvollen Arbeiten von FIRBAS (z.B. 1961 u. 1971) und anderen Forschern wurde wiederholt die Frage nach einem Modell gestellt, das die beobachtbaren Daten zur Wortstellung und Intonation systematisieren könnte, so z.B. FRANCIS (1966: 149) und WEISS (1975: 31).

Neben einem bislang fehlenden geeigneten distinktiven Intonationssystem hat sich m.E. die Tatsache als komplizierend erwiesen, daß Phänomene sowohl der Wortstellung als auch der Intonation einen unterschiedlichen theoretischen Status haben, unterschiedliche Sprachfunktionen ausdrücken und Bedeutungen unterschiedlicher Art vermitteln können, vgl. Tabelle. So kann man im Bereich der Wortstellung zwischen zwei Arten von Phänomenen unterscheiden. In einer Komponente "Semanto-Syntax" lassen sich erstens die Satzmuster (clause patterns) einer Sprache beschreiben. Es handelt sich hierbei um Oppositionen wie:

(1) She gave me presents ≠ He is running

Im System der Sprachfunktionen nach HALLIDAY (1970) wird hierbei lediglich die ideational function angesprochen, der Bedeutungsunterschied ist referentieller Art. Die synonymen Strukturen eines Satzmusters lassen sich zweitens in einer Komponente "Element-Anordnung" beschreiben. Sie wurden von DANEŠ (1964: 233) im Hinblick auf die Beschreibungsebene der utterance "allosentences" genannt. Bei Allo-Sätzen geht es um Oppositionen wie:

(2) She gave me presents ≠ She gave presents to me

Die Wahl eines Allo-Satzes hängt ab von der textual function bzw. der pragmatischen Bedeutung. Sowohl Semanto-Syntax als auch Element-Anordnung gehören zum System der langue,[1] während nur die Element-Anordnung aufgrund ihrer Funktion und Bedeutung zum System der Sprachrealisierung, also der parole gehört.[2]

Im Bereich der Intonation haben wir es mit den folgenden drei Komponenten systematischer Veränderungen zu tun.[3] Bei ihnen las-

Komponenten systematischer Veränderungen		System der		Funktion			Bedeutung		
								pragmatisch	
		langue	parole	idea-tional	textual	inter-personal	referen-tiell	allge-mein	TRG
Wortstellung	SEMANTO-SYNTAX	X		X			X		
	ELEMENT-ANORDNUNG	X	X		X			X	X
Intonation	FOKUSSIERUNG	(X)	X	(X)	X		(X)	X	X
	THEMATISCHE INTONIERUNG	(X)	X	(X)	X		(X)	X	X
	KONTEXTUELLE INTONIERUNG	(X)	X		X	X		X	

sen sich jeweils zwei Arten von Oppositionen feststellen. In der Komponente "Fokussierung" wird dasjenige Element einer Äußerung bzw. eines Sprechtaktes (vgl. unten) ausgewählt, das das Intonationszentrum erhalten soll:

(3a) I've instructions to leave ≠ I've instructions to leave

(3b) She gave me presents ≠ She gave me presents

In der Komponente "Thematische Intonierung" muß oder kann eine Äußerung mittels distinktiver steigender Tonbewegung in zwei Sprechtakte aufgeteilt werden:[4]

(4a) old↑ men and women ≠ old men↑ and women

(4b) She gave me presents ≠ She↑ gave me presents

Die Komponente "Kontextuelle Intonierung" betrifft die Wahl der Tonbewegung zwischen fokussiertem Element und Äußerungsende:[5]

(5a) Is John in the house↑ ≠ *Is John in the house↓

(5b) She gave me presents↑ ≠ She gave me presents↓

Oppositionstypen, wie sie in den (a)-Zeilen exemplifiziert werden, betreffen das System der langue; bis auf (5a) verwirklichen sie eine ideational function mit referentieller Bedeutung.[6] Die Oppositionstypen der (b)-Zeilen betreffen demgegenüber das System der Sprachrealisation (parole); sie verwirklichen jeweils eine textual function und haben pragmatische Bedeutung. Lediglich der Oppositionstyp (5b) ist noch zusätzlich der interpersonal function zuzurechnen, vgl. Anm. 5.

Bei der Behandlung von Wortstellung und Intonation kann man neben einer allgemein-pragmatischen auch von einer speziell-pragmatischen Bedeutung sprechen. Letztere betrifft im Sinne der Funktionalen Satzperspektive die Thema-Rhema-Gliederung (=TRG) einer Äußerung. Bei ihrer Erforschung hat sich neben anderen Faktoren auch das Fehlen vollständiger Daten nachteilig ausgewirkt. Wir wissen bis jetzt noch nicht, wieviele Allo-Sätze zu einem bestimmten Satzmuster im System einer bestimmten Sprache zur Verfügung stehen und wie sich diese Sätze dem System entsprechend intonationsmäßig verhalten. Um diese Fragen ansatzweise zu klären, habe ich alle mir bekannten Möglichkeiten der Komponenten Element-Anordnung, Fokussierung und Thematische Intonierung am Beispiel des SVOO-Satzes She gave me presents mit Hilfe von Informanten untersucht, vgl. Anhang.[7] Es ergaben sich außer dem Basis-Satz 55 weitere Allo-Sätze. Diese hohe Anzahl erklärt sich einmal dadurch, daß auch Allo-Sätze berücksichtigt wurden, die nur in gesprochener Sprache und mit bestimmten Intonationseigenschaften vorkommen. Zum anderen lassen sich mehrere (Oberflächen-) Transformationen in der Element-Anordnung miteinander kombinieren, vgl. ihre logische Anordnung im Anhang. Zum besseren Vergleich der Allo-Sätze habe ich die Abfolge der Elemente bei den Allo-Sätzen mit kleinen Buchstaben von a bis d vermerkt, wobei die Abfolge der Elemente in Satz (1)[8] zugrunde gelegt wurde. In geschweiften Klammern habe ich aufgrund von Informantenreaktionen die ursprüngliche lexikalische Besetzung geändert, vgl. z.B. (8), (12) etc. Dabei zeigten sich Restriktionen, z.B. im Bereich der determiner.

Aus Platzmangel kann ich nicht alle möglichen Intonationen eines jeden Allo-Satzes im Anhang aufführen, da zu jedem der 56 Allo-Sätze im Durchschnitt ungefähr fünf Intonationsmöglichkeiten bestehen. Ich möchte jedoch zeigen, wie bestimmte Transformationen der Element-Anordnung die Möglichkeiten der Intonierung und somit der kontextuellen Verwendungsfähigkeit einschränken. (Diese Einschränkung bezieht sich nicht auf die Dative- und Passive-Transformation.) Die Prepositional-Phrase-Shift- und Fronting-Transformation markieren vor dem letzten bzw. nach dem ersten Element eine Thema-Rhema-Grenze, die jedoch noch die Wahl der Thema-Rhema-Abfolge offenläßt.[9] Ähnlich liegen die Verhältnisse bei Pseudo-Cleft- und Cleft-Sätzen. Pseudo-Cleft-Sätze spalten das letzte Element bzw. die Elemente der Verbalphrase ab, während Cleft-Sätze nach dem ersten Element eine Thema-Rhema-Grenze erfordern.[10] Interessant ist die Transformation, die ich Fronting Plus Subject-Verb Inversion genannt habe. Sie ermöglicht es, Pseudo-Cleft-Sätze derart zu verändern, daß sie bezüglich der Abfolge der Elemente und der Thema-Rhema-Grenze den entsprechenden Cleft-Sätzen gleichen.[11] So ergeben sich die folgenden Paare kommunikativ gleichwertiger Allo-Sätze: (26), (37); (27), (38); (28), (39); (29), (40); (32), (41); (33), (42); (34), (45); (35), (46); (36), (47). Wegen der abgespaltenen Verbalphrasen, die nicht in Cleft-Sätzen vorkommen, haben (30) und (31) keine Dubletten; ebenso die Sätze (43), (44) und (48), die eine Präpositionalphrase abspalten, was nicht in Pseudo-Cleft-Sätzen möglich ist. Interessanterweise können die letztgenannten Sätze (43),

(44) und (48) nur die Abfolge Rhema-Thema realisieren. Bei den Sätzen (49) bis (56) liegt von vornherein fest, daß sie nur die Abfolge Thema-Rhema haben können.

M.E. zeigt die vorliegende Untersuchung, daß eine pragmatisch ausgerichtete strukturelle Analyse sprachlicher Gegebenheiten neue Perspektiven eröffnet.

Anhang

(DAT) (PASS)

(PP SHIFT) (FRONT)

(PSC-s)
(PSC-vp)
(PSC-io)
(PSC-do) -(FSVI)

(CLEFT-s)
(CLEFT-io)
(CLEFT-do)

(AS FOR-s)
(AS FOR-io)
(AS FOR-do)

DAT = Dative, PASS = Passive, PP SHIFT = Prepositional-Phrase Shift, FRONT = Fronting, PSC = Pseudo-Cleft, FSVI = Fronting Plus Subject-Verb Inversion, AS FOR = As-for Construction; s = subject type, vp = verbal-phrase type, io = indirect-object type, do = direct-object type.

(1) She gave me presents a b c d

(2) DAT:
She gave presents to me a b d c

(3) PASS:
I was given presents by her c b d a

(4) DAT + PASS:
Presents were given to me by her d b c a

(5) DAT + PP SHIFT:
She gave to me presents a b c / d

(6) PASS + PP SHIFT:
I was given by her presents c b a / d

(7) DAT + PASS + PP SHIFT:
Presents were given by her to me   d b a / c

(8) FRONT:
{The book / Presents} she gave me   d / a b c

(9) DAT + FRONT:
To me she gave presents   c / a b d

(10) PASS + FRONT:
By her I was given presents   a / c b d

(11) DAT + PASS + FRONT:
By her presents were given to me   a / d b c

(12) DAT + PP SHIFT + FRONT:
{The book / Presents} she gave to me   d / a b c

(13) PASS + PP SHIFT + FRONT:
{The book / Presents} I was given by her   d / c b a

(14) DAT + PASS + PP SHIFT + FRONT:
To me presents were given by her   c / d b a

(15) PSC-s:
The one who gave me presents was she   b c d / a

(16) DAT + PSC-s:
The one who gave presents to me was she   b d c / a

(17) PASS + PSC-s:
The one who was given presents by her was I   b d a / c

(18) DAT + PASS + PSC-s:
What was given to me by her was presents   b c a / d

(19) PSC-vp:
What she did was give me presents   a / b c d

(20) DAT + PSC-vp:
What she did was give presents to me   a / b d c

(21) PSC-io:
The one whom she gave presents was {I / me}   a b d / c

(22) DAT + PSC-io:
The one whom she gave presents to was {I / me}   a b d / c

(23) PSC-do:
{What / That which} she gave me was presents   a b c / d

(24) DAT + PSC-do:
{What / That which} she gave to me was presents   a b c / d

(25) PASS + PSC-do:
What I was given by her was presents   c b a / d

(26) PSC-s + FSVI:
She was the one who gave me presents   a / b c d

(27) DAT + PSC-s + FSVI:
She was the one who gave presents to me a / b d c

(28) PASS + PSC-s + FSVI:
I was the one who was given presents by her c / b d a

(29) DAT + PASS + PSC-s + FSVI:
{Books / Presents} was what was given to me by her d / b c a

(30) PSC-vp + FSVI:
Give me presents was what she did b c d / a

(31) DAT + PSC-vp + FSVI:
Give presents to me was what she did b d c / a

(32) PSC-io + FSVI:
I was the one whom she gave presents c / a b d

(33) DAT + PSC-io + FSVI:
I was the one whom she gave presents to c / a b d

(34) PSC-do + FSVI:
Presents was what she gave me d / a b c

(35) DAT + PSC-do + FSVI:
Presents was what she gave to me d / a b c

(36) PASS + PSC-do + FSVI:
Presents was what I was given by her d / c b a

(37) CLEFT-s:
It was she who gave me presents a / b c d

(38) DAT + CLEFT-s:
It was she who gave presents to me a / b d c

(39) PASS + CLEFT-s:
It was I who was given presents by her c / b d a

(40) DAT + PASS + CLEFT-s:
It was presents that were given to me by her d / b c a

(41) CLEFT-io:
It was me whom she gave presents c / a b d

(42) DAT + CLEFT-io:
It was to me whom she gave presents c / a b d

(43) PASS + CLEFT-io:
It was by her that I was given presents a / c b d

(44) DAT + PASS + CLEFT-io:
It was by her that presents were given to me a / d b c

(45) CLEFT-do:
It was presents that she gave me d / a b c

(46) DAT + CLEFT-do:
It was presents that she gave to me d / a b c

(47) PASS + CLEFT-do:
It was presents that I was given by her d / c b a

(48) DAT + PASS + CLEFT-do:
It was to me that presents were given by her c / d b a

(49) AS FOR-s:
As for her she gave me presents   a / b c d

(50) DAT + AS FOR-s:
As for her she gave presents to me   a / b d c

(51) PASS + AS FOR-s:
As for me I was given presents by her   c / b d a

(52) DAT + PASS + AS FOR-s:
As for the presents they were given to me by her   d / b c a

(53) AS FOR-io:
As for $\begin{Bmatrix}\text{John}\\ \text{me}\end{Bmatrix}$ she gave $\begin{Bmatrix}\text{him}\\ \text{me}\end{Bmatrix}$ presents   c / a b d

(54) AS FOR-do:
As for the presents she gave them $\begin{Bmatrix}\text{John}\\ \text{*me}\end{Bmatrix}$ d / a b c

(55) DAT + AS FOR-do:
As for the presents she gave them to me   d / a b c

(56) PASS + AS FOR-do:
As for the presents I was given them by her   d / c b a

Anmerkungen

1 Regeln zur Beschreibung von Satzmustern und Regeln zur Beschreibung des systematischen Verhältnisses zwischen Allo-Sätzen.

2 Regeln für den Gebrauch von Allo-Sätzen.

3 Die Komponenten Fokussierung, Thematische Intonierung und Kontextuelle Intonierung entsprechen annäherungsweise HALLIDAYs (1967) Systemen *tonicity*, *tonality* und *tone*. Hallidays Systeme sind jedoch phonetisch orientiert, vgl. Verf. (1975: 114-118). Den Begriff Sprechtakt übernehme ich von WODE (1966).

4 Zu den wenigen Linguisten, die Thematische Intonierung als gesonderte prosodische Funktion beschreiben, gehört DANEŠ (1967: 510). Der nach oben gerichtete Pfeil deutet darüberhinaus an, daß das letzte Wort eines so begrenzten Sprechtaktes auch das Intonationszentrum dieses Sprechtaktes erhält, sofern es nicht anders markiert ist, vgl. *I've instructions to leave↑ which are important*.

5 Während das rechte Beispiel in (5a) vom Sprachsystem nicht zugelassen wird (Ja-nein-Frage), deutet die steigende Tonbewegung in (5b) weitere Information seitens des Sprechers an und/oder weist auf eine *interpersonal function*, die eine gelassene Gesprächsatmosphäre erzeugen soll.

6 Intonationsoppositionen vom Typ (3a) und (4a) wurden vom Verf. (1975) als "Intonationszeichen grammatischer Relationen" behandelt, solche vom Typ (5a) als "Intonationszeichen der Makrosyntax". Die Notierung (X) in der Tabelle soll andeuten,

daß ihr tatsächliches Vorkommen geringer ist, als ihr theoretischer Status vermuten läßt. Im übrigen zeigen (3a) und (4a), daß sich der grammatische Aspekt (langue) und der pragmatische (parole, textual function) überlagern, vgl. Verf. (1975: Kap. 6).

7 Wegen der Multiplizität der Faktoren kann ich vorerst noch nicht die ebenfalls bei der TRG beteiligten Komponenten "Modalisierung" und "Adverbeinsetzung" berücksichtigen. Auch wurde das Satzmusterbeispiel so gewählt, daß jedes Element durch nur ein Wort repräsentiert wird; auf ein Adjektiv vor presents wurde also bewußt verzichtet.

8 Von nun an beziehe ich mich nur noch auf die Beispiele im Anhang.

9 Bei der Notierung der Abfolge der Elemente wird die Grenze durch einen Längsstrich markiert. Satz (8) im Anhang kann somit z.B. die Folge Thema-Rhema wie in The book ↑ she gave me haben oder die Folge Rhema-Thema wie in The book she gave me. Im Gegensatz zu den Arbeiten von Firbas rechne ich nicht mit einer transition, einem Übergang zwischen Thema und Rhema; zur Begründung vgl. Verf. (1976). Nicht jede Thema-Rhema-Grenze impliziert eine Sprechtakt-Grenze, jede Sprechtakt-Grenze impliziert jedoch eine Thema-Rhema-Grenze.

10 Im Gegensatz zu einer weit verbreiteten Auffassung sagt die Thema-Rhema-Grenze bei Cleft- und Pseudo-Cleft-Sätzen noch nichts über die Thema-Rhema-Abfolge aus, vgl. Verf. (1976).

11 Im Gegensatz zu AKMAJIAN (1970), der Cleft-Sätze aus Pseudo-Cleft-Sätzen ableitet, fasse ich beide als eigenständige Transformationstypen auf, weil 1. Pseudo-Cleft-Sätze keine Präpositionalphrase abspalten können und weil 2. Cleft-Sätze keine Verbalphrase abspalten können. Aus Platzmangel muß ich auf die detaillierte Beschreibung der einzelnen Transformationen verzichten. Fronting Plus Subject-Verb Inversion kann nur nach Pseudo-Cleft angewandt werden, was durch "-()" in der Darstellung im Anhang ausgedrückt wird.

Literatur

AKMAJIAN, Adrian (1970): "On deriving cleft sentences from pseudo-cleft sentences". Linguistic Inquiry 1: 149-168.

DANEŠ, František (1964): "A three-level approach to syntax". Traveaux du Cercle Linguistique de Prague 1: 225-240.

--- (1967): "Order of elements and sentence intonation". To Honour Roman Jakobson. The Hague: Mouton: I: 499-512.

ESSER, Jürgen (1975): Intonationszeichen im Englischen. Tübingen: Niemeyer.

--- (1976): "Comment zu einem kontroversen Topic". Linguistische Berichte 46 [im Druck].

FIRBAS, Jan (1961): "On the communicative value of the modern

English finite verb". Brno Studies in English 3: 79-104.

--- (1971): "On the concept of communicative dynamism in the theory of functional sentence perspective". Sborník prací filosofické fakulty brněnské university (Miscellanea of the Faculty of Philosophy, Brno) A 19: 135-144.

FRANCIS, Nelson W. (1966): "Rez. von Brno Studies in English 4". Language 42: 142-149.

HALLIDAY, M.A.K. (1967): Intonation and grammar in British English. The Hague: Mouton.

--- (1970): "Language structure and language function". LYONS, John (ed.) (1970): New horizons in linguistics. Harmondsworth: Penguin: 140-165.

WEISS, Daniel (1975): "Topic und ein seltsamer Comment". Linguistische Berichte 36: 24-36.

WODE, Henning (1966): "Englische Satzintonation". Phonetica 15: 129-218.

AMORPHE STRUKTUREN IM DEUTSCHEN SPRACHBAU

Fritz Pasierbsky

Die deutsche Gegenwartssprache gehört nach ihrem morphologischen Bau zu den flektierenden Sprachen. Damit steht das Deutsche heute innerhalb des Germanischen im Kontrast zu anderen Sprachen: Die vollflektive Konjugation des deutschen Verbs im Präs. Ind. Akt., z.B.:

ich komm - E
du komm - ST
er komm - T
usw.

kontrastiert interlingual u. a. mit der Uniflexion im modernen Dänischen:

jeg komm - ER
du komm - ER
han komm - ER
usw.

Die vollflektive (starke) Deklination des deutschen Substantivs steht u. a. im Kontrast zur Nullflexion niederländischer Substantive usw.

Da es in der interlingualen Forschung nützlich ist, maximale Kontraste herauszuarbeiten, ist es nicht nur sinnvoll, das Deutsche, das in der Flexion stark merkmalhaft ist, denjenigen Sprachen gegenüberzustellen, die in der Flexion schwach merkmalhaft sind - hierzu wären die verschiedenen Arten von Uniflexion und Nullflexion zu zählen -, sondern auch das Deutsche mit denjenigen Sprachen zu vergleichen, die in Bezug auf die Flexionsmorphologie merkmallos sind. Ein solcher maximaler Kontrast ergibt sich z.B. bei einem Vergleich des flektierenden deutschen Sprachbaus mit dem (weitgehend) amorphen chinesischen Sprachbau; man vergleiche z.B. den Satz von Fedin,

Das Herz gibt dem Herzen eine Nachricht.

in dem die Erscheinungen von Konjugation und Deklination stark merkmalhaft sind, mit dem amorph gebauten chinesischen Satz (Übersetzung nach È - HÀN chéngyǔ cídiǎn 1959: 496):

xīn xīn xiāng yìn
(Herz- Herz- einander- drück-)

Die durchgehend amorphe Struktur dieses Satzes ergibt sich nach B. A. USPENSKIJ (1965) daraus, daß hier reine Wortwurzeln aneinander gereiht werden.

Eine charakterisierende Typologie (siehe hierzu S. D. KAZNELSON 1974) des Deutschen kann sich jedoch mindestens aus den beiden folgenden Gründen nicht auf das eine typologische Merkmal der Flexion beschränken:
Erstens hat bereits E. SAPIR (1921) in seinem Buch "Language" deutlich gemacht, daß für die typologische Beschreibung jeder konkreten natürlichen Sprache eine Mehrfachcharakterisierung notwendig ist; z.B. sollte zusätzlich zu einer Beschreibung des Verknüpfungsgrades sprachlicher Mittel, die Unterscheidungen wie "amorph", "agglutinierend", "flektierend" usw. möglich macht, die dominierende Verknüpfungsart angegeben werden, wonach sich z.B. synthetisch von analytisch gebauten Sprachen unterscheiden lassen und wodurch sich u. a. die deutsche Gegenwartssprache als ein Mischtyp herausstellt.
Zweitens haben u. a. R. JAKOBSON (1966) und J. H. GREENBERG (1966) auf die Tatsache hingewiesen, daß alle Sprachtypen, wie differenziert und komplex man auch immer das Merkmalnetz ausgestalten mag, das man an eine Sprache anlegen will, nur Idealtypen sein können und daß eine jede natürliche Sprache in einem Stadium ihrer Entwicklung nur in bestimmter Hinsicht und in einem bestimmten Grade einem Sprachtyp zuzurechnen ist. Vergleicht man eine größere Anzahl von Sprachen unterschiedlicher genealogischer und klassifikatorischer Zugehörigkeit in der historischen Entwicklung ihres Baus, dann ist wohl nicht nur die Verallgemeinerung zulässig, daß sich alle Sprachen potentiell in alle möglichen Sprachtypen umformen können. Es kann m.E. sogar die These vertreten werden, daß alle Sprachen aktuell allen möglichen Sprachtypen angehören, wenn auch vielleicht nur spurenhaft und nur rudimentär oder fragmentarisch nachweisbar.

Dies läßt sich meiner Meinung nach umso einfacher zeigen, je großmaschiger das Merkmalnetz zur Sprachbeschreibung angelegt ist, d.h. je allgemeiner der angesetzte Sprachtyp gefaßt wird.

Für die deutsche Gegenwartssprache läßt sich z.B. ohne weiteres zeigen, daß sie all den von B. A. USPENSKIJ (1965) aufgestellten vier grundlegenden Sprachtypen amorph-agglutinierend-flektierend-inkorporierend, die eine Präzisierung des Schemas von Schlegel/Humboldt darstellen, aktuell mehr oder weniger angehört und von daher nicht ohne weiteres als nur flektierend charakterisiert werden kann. Bei einem Satz wie z.B.:

> Das versunkene Schiff hatte einmal zehn Mann Besatzung gehabt.

läßt sich bereits folgendes zeigen:

Der Satz hat a m o r p h e Formen in der Wortgruppe

> zehn Mann Besatzung,

die z.B. intralingual kontrastiert mit der Wortgruppe

> zehn Männer der Besatzung.

Der Satz weist eine a g g l u t i n i e r e n d e Wortform auf in dem Wortbildungspräfix <u>ver</u>- im Wort <u>versunken</u>. F l e x i o n findet sich sowohl am Verb <u>hatte</u> (im Kontrast zu <u>habe</u> usw.) als auch am Substantiv <u>das Schiff</u> (im Kontrast zu <u>des Schiffes</u>, <u>die Schiffe</u> usw.).

Schließlich weist der Satz auch ein i n k o r p o r i e r e n d e s Merkmal auf in Form der diskontinuierlichen verbalen Rahmenkonstruktion <u>hatte</u> ... <u>gehabt</u>, in die die adverbiale Zeitbestimmung <u>einmal</u> und die objektive Bestimmung <u>zehn Mann Besatzung</u> "einverleibt" werden.

Bereits an diesem einen Satz kann so gezeigt werden, daß das Deutsche den vier grundlegenden Sprachtypen von B. A. Uspenskij aktuell "mehr oder weniger" angehört. Gerade auf eine genaue Bestimmung dieses "Mehr oder weniger" kommt es nun aber bei einer charakterisierenden Typologie des deutschen Sprachbaus an.

Wenn ich nun in diesem Zusammenhang auf einige Besonderheiten amorpher Strukturen im Deutschen näher eingehe, dann muß angemerkt werden, daß damit noch keine befriedigende Bestimmung dieses "Mehr oder weniger" erreicht wird, sondern daß hier zunächst einmal anhand einigen Sprachmaterials angedeutet werden soll, welche Arbeit hier noch zu tun sein wird, um auf diesem Gebiet der sprachtypologischen Erforschung des Deutschen ein Stück weiter zu kommen. Da es das Ziel solcher Untersuchungen auch sein sollte, den Begriff "amorpher Sprachtyp" anhand von konkretem Sprachmaterial zu überprüfen sowie im besonderen den Anteil amorpher Strukturen im Bau der deutschen Gegenwartssprache zu ermitteln, geht es zunächst einmal darum, Struktur und Funktion einzelner amorpher Erscheinungen empirisch aufzuarbeiten. Als "amorph" will ich eine sprachliche Erscheinung im Deutschen - ich beschränke mich jetzt auf die Wortmorphologie - dann bezeichnen, wenn sie in der Form einer reinen Wurzel oder eines reinen Stammes auftritt.

Die häufigsten amorphen Formen innerhalb der sonst flektierenden Wortarten (wie Substantive, Adjektive, Verben) stellen die verschiedenen Fälle von Nullflexion dar.

Beim Verb ist das insbesondere der Imperativ Präs. Sg., z.B.:

Komm!
Geh!

Hier gibt es viele Parallelen in anderen indoeuropäischen Sprachen; man vergleiche z.B.:

Latein:	dic!	('sag!')
	fer!	('trag!')
	i!	('geh!')
Russisch:	bros'!	('wirf!')
	ver'!	('glaub!')
	pej!	('trink!')

Amorphe Formen im Bereich des Adjektivs finden sich im heutigen Deutschen vor allem in der prädikativen Funktion. Während es im Althochdeutschen noch das deklinierte Adjektivprädikat gab, z.B.

dër man ist blinter.,

neben der häufigeren Form (siehe W. SCHMIDT 1970: 208)

dër man ist blint.,

heißt es heute nur noch

Der Mann ist blind.

Auch hier gibt es wieder viele Parallelen in anderen indoeuropäischen Sprachen; man vergleiche z.B.:

Russisch:	On godami <u>star</u>,
	('Er (ist) an Jahren alt,
	a <u>molod</u> serdcem.
	aber jung im Herzen.')

Eine genauere sprachtypologisch begründete Untersuchung des Zusammenhangs zwischen syntaktischer Funktion, Bedeutungsgehalt und amorpher Strukturform des prädikativen Adjektivs wie auch des singularischen Imperativs steht aber in diesen Sprachen m.W. noch aus.

Dagegen finden sich bereits einige Versuche, u. a. in Brinkmanns "Die deutsche Sprache", amorphe Erscheinungen im Bereich des deutschen Substantivs unter Berücksichtigung des verallgemeinerten, abstrahierten Bedeutungsgehalts zu erklären. Ich will darauf gleich noch näher zu sprechen kommen.

Die amorphen Formen der Substantive in der deutschen Gegenwartssprache können nach meiner Meinung unter zwei verschiedenen Aspekten betrachtet werden: In h i s t o r i s c h e r Sehweise stellen sich viele amorphe Substantivformen im Deutsch von heute als f l e x i o n s v e r l u s t i g e Sprachformen dar. Es sind diejenigen Formen, für die sich flektierte Vorformen historisch nachweisen lassen. Es lassen sich in diesem Sinne im Laufe der deutschen Sprachgeschichte verschiedene Arten von Amorphisierungen aufzeigen, als deren Ergebnis dann die auf die Wortwurzel oder auf den Wortstamm reduzierte Sprachform auftritt.

In s y n c h r o n e r Sehweise dagegen, d.h. vom Funktionieren des heutigen Sprachsystems aus betrachtet, zeigt sich eine Anzahl f l e x i o n s a b w e i s e n d e r Sprachformen. Es sind diejenigen Formen, die nur in bestimmter funktionaler Hinsicht amorph sind, ohne daß hier - wie bei den flexionsverlustigen Sprachformen - Flexionsendungen abgefallen sind. Vielmehr lassen sich hier, in unterschiedlichen Stadien der Sprachentwicklung, Doppelexistenzen von sowohl flektierenden als auch amorphen Sprachformen nachweisen, die im Sprachsystem unterschiedliche Funktionen zu erfüllen haben. Bekanntlich sollte aber die Unterscheidung von "historisch" und "synchron" nicht zu einer starren, ausschließenden Gegenüberstellung führen. So müssen sich bei den folgenden Beispielen flexionsverlustige/historische und flexionsabweisende/synchrone Eigenschaften nicht unbedingt gegenseitig ausschließen.

Zu den flexionsverlustigen amorphen Sprachformen des Substantivs:

Die Umstrukturierungen, die die heute noch lebenden indoeuropäischen Sprachen - verglichen mit ihrem vorgeschichtlichen Rekonstrukt - erhalten haben, sind vor allem durch einen Abbau synthetischer und einen Ausbau analytischer Sprachformen gekennzeichnet. Die Formen des Substantivs der deutschen Sprache haben in diesem Prozeß des Abbaus von Flexionsendungen zwei Arten von amorphen Formen herausgebildet: Nullflexionen und Monoflexionen.

Von Nullflexion kann man im Anschluß an W. SCHMIDT (1967: 133, Anm. 2), W. ADMONI (1972: 68ff.) und andere sinnvoll dann sprechen, wenn bestimmte grammatische Beziehungen, wie z.B. die Kasusbeziehungen in morphologisch/syntaktischen Funktionen des Substantivs, "durch keine spezifischen Morpheme sichtbar gemacht sind, also morphologisch unbezeichnet bleiben" (W. SCHMIDT: ebd.). Nullflektiv sind z.B. alle Femina im Singular, die ihre früheren Kasusendungen verloren haben, z.B. die nhd. Form Gabe bzw. die mhd. Form gëbe, die amorph in den Kasus des Singular bleibt; es handelt sich um flexionsverlustige Nullformen gegenüber den ahd. Flexionsformen der o-Deklination:

Nom./Akk.: gëba
Gen.: gëba, -u, -o
Dat.: gëbu, -o

Bekanntlich ist die Amorphisierung zur Nullflexion nicht total, und in dichterischer Sprache bzw. in festen Wortverbindungen (siehe Duden-Grammatik 1973: 185) finden sich Fragmente der alten Flexion, wie z.B. in:

Röslein auf der Heiden,
das Heidenröslein, usw.

Daneben muß noch berücksichtigt werden, daß sich in der Geschichte der deutschen Sprache Amorphisierungen durchaus nicht in allen Entwicklungslinien durchgesetzt haben; vgl. z.B. die sog. Wurzelnomina, bei denen bereits amorphe Varianten existiert haben können, ohne daß sich diese Formen aber behauptet hätten, wie es beim Paradigma von man der Fall ist, für das im Mhd. bereits in allen Formen (Sg. und Pl.) die eine nullflektive Variante man existierte, wohingegen sich im Nhd. wieder flektierte Formen behauptet haben, z.B. im Gen. Sg. Mannes (s. W. SCHMIDT 1970: 263). Während die morphologischen Formen der deutschen Femina im Sg. nach der obigen Überlegung als "amorph" bezeichnet werden können, ist jedoch zu überlegen, ob diese Formen auch als "endungslos" aufgefaßt werden können, wie es u. a. die Duden-Grammatik (ebd.) tut, oder ob es sinnvoller ist, die sich scheinbar ausschließenden Begriffe "amorph" und "Flexion" miteinander zu verbinden und von "Nullflexion" zu sprechen.

W. ADMONI (1972: 68ff.) macht die beiden folgenden Gründe geltend, bei amorphen Substantiven im Deutschen von einem Kasussystem mit Nullflexion zu sprechen:
E r s t e n s werde die Flexion, die am Substantiv selbst nicht mehr erhalten geblieben ist, an den Begleitern des Substantivs ausgedrückt, z.B. am Artikel, am attributiven Adjektiv usw., z.B.

Sg. Nom./Akk.: d<u>ie</u> gut<u>e</u> Gabe,

Sg. Gen./Dat.: de<u>r</u> gut<u>en</u> Gabe.

Z w e i t e n s "besitzen die Wortklassen, die zu den Femina mit dem Pluralsuffix -<u>(e)n</u> eine genaue grammatische Parallele bilden, mehr oder weniger die Kasusendung" (W. ADMONI 1972: 69).

Diese Gründe, die Admoni für den Gebrauch des Begriffs "Nullflexion" anführt, gehen aber bereits über die typologischen Beobachtungen der vergleichend-historischen Sprachforschung hinaus, insofern diese nämlich den Sprachwandel an der einzelnen Wortform, am Morpheminventar des einzelnen Wortes, in einem gegebenen Stadium des Flexionsabbaus beschreibt.

Im Unterschied zur Nullflexion fand die Monoflexion, die erst zur Voraussetzung von Nullflexion werden kann, in der bisherigen Forschung viel geringere Beachtung.

Von W. SCHMIDT (1967: 133), W. ADMONI (1972: 68ff.) und anderen wird hierunter verstanden, "daß in bestimmten Substantivgruppen die formale Kennzeichnung eines Kasus nur einem Substantiv bzw. dem determinierenden Begleitwort (Artikel, Pronomen, Adjektiv) überlassen bleibt, während andere Substantive, die damit im Kongruenzverhältnis stehen, unverändert bleiben" (SCHMIDT: ebd.).

Vom Standpunkt des heutigen Deutsch aus handelt es sich um eine Art Gruppenflexion, die dadurch funktioniert, daß die amorphisierte Deklination bestimmter Substantive von anderen Substantiven oder von den Substantivbegleitern getragen wird; vgl. z.B.:

jede<u>m</u> <u>Mann</u>

das Gewicht eine<u>r</u> <u>Tüte</u> <u>Zucker</u>

Bundeskanzler <u>Schmidt</u><u>s</u> Erklärung

Eine genaue Erforschung monoflektiver Erscheinungen im Deutschen wird hier auf zahlreiche Parallelen in anderen Sprachen stoßen;

man vergleiche z.B. gruppenflektive Bildungen im Englischen wie

Lady Windermere's Fan.

Zu den flexionsabweisenden amorphen Sprachformen des Substantivs:
Im Unterschied zu den historisch amorphisierten, flexionsverlustigen Sprachformen des Substantivs gibt es in der deutschen Gegenwartssprache noch eine Reihe von Sprachformen, die flexionsabweisend sind in dem Sinne, daß sie nur in bestimmten Funktionen flektieren, in anderen jedoch amorph bleiben. Hierzu gehören im Deutschen vor allem die Bezeichnungen sogenannter Zähleinheiten. H. BRINKMANN (1971) macht hierzu im Anschluß an I. LJUNGERUD (1955) unter der Problemstellung der "Erstarrung" von Substantiven folgende Beobachtung:

> Heute bahnt sich im Bereich des Quantitativen eine Erstarrung der Gestalt des Substantivs an. So ist die Kennzeichnung des Plurals und des Genitivs unwirksam geworden, wenn die Menge bestimmt werden soll ... Zunächst sinken Zahlen, die substantivische Prägung hatten (Hundert, Tausend) auf die Stufe der anderen Zahlen zurück (hundert / tausend Menschen): Sie bleiben unverändert, und das folgende Substantiv tritt zwar im Plural auf, aber ohne Kennzeichnung des Kasus. (H. BRINKMANN 1971: 12)

Hierzu ist zu bemerken, daß es sich nur vom Standpunkt der Gegenwartssprache aus um "Erstarrungen" handelt (nämlich gegenüber den gleichzeitig bestehenden flektierenden Formen), hingegen nicht unbedingt um "Erstarrungen" in historischer Sicht; denn einmal waren bereits im Ahd. z.B. die Zahlwörter von vier (fior) bis zwölf (zwelif) amorph (s. MOSKALSKAJA 1969: 88), und zwar in der syntaktischen Stellung vor dem Substantiv (W. SCHMIDT 1970: 213); zum anderen lassen sich auch in älteren Stadien verschiedener indoeuropäischer Sprachen jeweils amorphe Substantivformen nachweisen, die eins gemeinsam haben: eine quantitative Semantik.

Während BRINKMANN (ebd.) vermutet, daß solche amorphen Bildungen wie

zehn Mann (statt: zehn Männer)
hundert Fuß (statt: hundert Füße)
usw.

nur Analogiebildungen zu entlehnten Bezeichnungen von Maß- und Zähleinheiten sind (wie Meter, Zentner, Prozent usw.), ist mit größerer Wahrscheinlichkeit anzunehmen, daß dieses morphologische

Oppositionsverhältnis semantisch motiviert ist. Dies wird von H. Brinkmann selbst bereits angedeutet, wenn er die komplementären flektierten und amorphen Substantivformen verschieden semantisch interpretiert. Er kontrastiert z.B. folgende Formen:

Ich trank zwei, drei, vier Glas Kognak hintereinander.

Joe hatte schon etliche Gläser hinuntergekippt.

Ich habe viel (= eine Menge) verloren.

Ich habe vieles (= zahlreiche Gegenstände) verloren.

Die in diesen Beispielen wirksame Sem-Opposition läßt sich mit Brinkmann auf den Nenner bringen: "Entweder wird g e m e s s e n oder e r l e b t ."

In den von mir untersuchten Beispielen flexionsabweisender amorpher Substantive, die sich u. a. bei H. Brinkmann, J. Erben, W. Admoni, W. Schmidt und in der Duden-Grammatik finden und die jeweils komplementär auftreten wie etwa bei

fünf Glas:	fünf Gläser
drei Stück Seife:	drei Stücke Seife
alle Mann an Bord:	alle Männer an Bord usw.,

kann durchgehend einem amorphen Grammem das Sem "gemessen" und einem entsprechenden flektierenden Grammem das Sem "erlebt" zugeordnet werden. Parallelen finden sich auch hier wieder in anderen Sprachen; man vergleiche

Englisch:	fifty head (of cattle):	fifty heads
	ten-year-old:	ten years old
Russisch:	pjat' celovek:	mnogo ljudej
	('fünf Menschen')	('viele Menschen')
	"Gen. Pl." = Nom. Sg.	Gen. Pl.

Meiner Meinung nach führen die bisherigen Überlegungen bereits über die Behandlung einiger morphologischer und semantischer Besonderheiten deutscher Substantive hinaus und berühren eine Reihe von Problemen, deren Lösung weitergehender Untersuchungen bedarf.

Hierzu gehört z.B. die Frage, inwiefern auch amorphe präpositionale Paarungen wie z.B.

von Mensch zu Mensch

zwischen Mann und Frau

semantisch motiviert sind.

Weiterhin ist der Frage nachzugehen, inwiefern ein quantitativer Gebrauch von Kasus, insbesondere des Akkusativs (des sog.

"quantitativen Akk.") im Deutschen wie in vielen anderen Sprachen zu tatsächlichen Erstarrungen und zu Erscheinungen von Kasussynkretismen führen kann. Auch ist u.a. für das Deutsche noch zu klären, inwiefern der Verwendung amorpher Formen auch der anderen Wortarten (z.B. des prädikativen Adjektivs) eine quantitative Semantik zugrunde liegt, wie sich das z.B. für gewisse Formen im Russischen nachweisen läßt (s. u.a. TAUSCHER/KIRSCHBAUM 1970:158).

Für die zu verwendende Methode läßt sich aber bereits absehen, daß zur Lösung solcher Probleme die bisherige klassifizierende Sprachtypologie allein nicht ausreichen wird, sondern daß vielmehr vergleichend-historische Forschungen wieder einen bedeutend breiteren Raum einnehmen werden.

Literatur

ADMONI, W. G. (1972): Der deutsche Sprachbau. 3. A. Leningrad.

BRINKMANN, H. (1971): Die deutsche Sprache. Gestalt und Leistung. 2. A. Düsseldorf.

Duden-Grammatik der deutschen Gegenwartssprache (1973). Bearbeitet von P. GREBE. 3. A. Mannheim.

È - HÀN chéngyǔ cídiǎn (1959): Russisch-Chinesisches Phraseologisches Wörterbuch. Harbin.

ERBEN, J. (1972): Deutsche Grammatik. Ein Abriß. 11. A. München.

GREENBERG, J. H. (1966): "Some universals of grammar with particular reference to order of meaningful elements." GREENBERG, J. H. (ed.) (1963): Universals of language. 2. A. 1966. Cambridge, Mass.: 58-90.

JAKOBSON, R. (1966): "Implications of language universals for linguistics." GREENBERG, J. H. (ed.) (1963): Universals of language. 2. A. 1966. Cambridge, Mass.: 263-278.

KAZNELSON, S. D. (1974): Sprachtypologie und Sprachdenken. Berlin.

LJUNGERUD, J. (1955): Zur Nominalflexion in der deutschen Literatursprache nach 1900. Lunder Germanistische Forschungen 31.

MOSKALSKAJA, O. I. (1969): Deutsche Sprachgeschichte. Leningrad.

SAPIR, E. (1921): Language. New York.

SCHMIDT, W. (1967): Grundfragen der deutschen Grammatik. Eine Einführung in die funktionale Sprachlehre. 3. A. Berlin.

--- (1970): Geschichte der deutschen Sprache. Mit Texten und Übersetzungshilfen. 2. A. Berlin.

TAUSCHER, E. / KIRSCHBAUM, E. G. (1970): Grammatik der russischen Sprache. 10. A. Düsseldorf.

USPENSKIJ, B. A. (1965): Strukturnaja tipologija jazykov (Strukturelle Sprachtypologie). Moskau.

INTRAKORPUSKULARE DIACHRONIE
Ein Problem für die Theorie des Sprachwandels

Dieter Stein

1. Schon zu den Oberhypothesen linguistischer Forschung gehört die Annahme, daß sich die einzelsprachliche Kompetenz, zumindest in denjenigen Teilbereichen der Grammatik, die von den im folgenden vorgelegten Ergebnissen betroffen sind - Verbalmorphologie und Verbalsyntax - nicht verändert. Als Ort der Sprachveränderung werden Erstspracherwerb und Adoleszenz angenommen. Dies gilt auch für Untersuchungen des diachronen Aspektes im Bereich sprachlicher Variation.

Im Rahmen einer größeren Untersuchung von Verbalflexion und Verbalsyntax im Elisabethanischen Englisch[1] wurde anhand der Shakespeare-Konkordanz von M. SPEVACK (1969) auch die diachrone Dimension des Shakespeare-Korpus untersucht. Dabei wäre - ausgehend von obiger Hypothese - zu erwarten gewesen, daß sich keine nennenswerten und systematischen Veränderungen für das Auftreten von alternativen und synonymen Formen ergeben. Im folgenden sollen nun drei voneinander unabhängige Beispiele solcher Sprachveränderungen in Form von systematischen Veränderungen der Auftretenswahrscheinlichkeiten von alternativen Formen beschrieben werden: wenn die Dramen des Shakespeare-Korpus in der chronologischen Reihenfolge ihrer Entstehung auf die Belegzahlen solcher alternativer Formen untersucht werden, läßt sich beobachten, daß das Verhältnis von Belegen je zweier alternativer Formen keinesfalls konstant bleibt, sondern es lassen sich in der diachronen Dimension des Korpus eindeutige Veränderungen feststellen.

Bei der gebotenen Kürze müssen wir uns im wesentlichen auf die Präsentation der drei Beispiele beschränken. Eine detailliertere Interpretation dieses empirischen Befundes unter dem Gesichtspunkt der Theorie des Sprachwandels, sowie auch im Hinblick auf spezielle Probleme der historischen englischen Sprachwissenschaft muß an anderer Stelle vorgenommen werden.

Wir gehen im folgenden von der Chronologie der Dramen Shakespeares nach CHAMBERS 1930 aus. Im Interesse eines möglichst formalen Vorgehens wird bei den folgenden Abbildungen auf eine Angabe der einzelnen Dramen verzichtet und nur die chronologische Zeitspanne ihrer Entstehungszeit von 1590 bis 1610 angedeutet.

Der sprachgeschichtliche Hintergrund wird durch die Feststellung charakterisiert, daß die Elisabethanische Zeit - die Zeit des Frühneuenglischen - eine Periode tiefgreifender und offensichtlich auch relativ schneller Sprachveränderung auf allen Ebenen der Sprache war. Die im folgenden beschriebenen intrakorpuskularen Sprachveränderungen reflektieren diese allgemeine Sprachentwicklung.

2. Eines der klassischen Probleme der englischen Sprachgeschichte ist der Ersatz von th durch s in der 3. Sing. Präs. (singeth entspricht einem späteren sings), der sich auf dem Weg vom Mittelenglischen zum Frühneuenglischen vollzieht. Im Shakespeare-Korpus kommt - mit Ausnahme von saith und quoth - bei Vollverben th nur noch bei solchen Verbstämmen vor, bei denen die Flexionsendung aufgrund der phonotaktischen Bedingungen des Englischen automatisch silbisch ist, d.h. nach sibilantischem Stammauslaut wie in loseth. Eine rein synchrone Analyse des Korpus würde für diesen Verbtyp freie Variation zwischen th und s (loseth und loses) angeben. Im folgenden soll nun in der diachronen Dimension des Korpus das Verhältnis von th zu s Belegen untersucht werden. Dazu wird für jedes Drama der Anteil in % der s Belege an der Summe von s und th Belegen errechnet. Wie aus Abb. 1 zu ersehen ist, bleibt das Verhältnis von s zu th Belegen keinesfalls gleich, sondern der Anteil der s Belege nimmt in der diachronen Dimension zu und erreicht in einigen Fällen 100%, d.h. in diesen Dramen kommen überhaupt keine th Formen mehr vor.

3. Das zweite Beispiel von korpus-interner Sprachveränderung betrifft ebenfalls den Ersatz von th durch s, diesmal jedoch in der 3. Sing. Präs. der Hilfsverben have und do. Auch hier schlägt sich die allgemeine sprachgeschichtliche Entwicklung im Ersatz von hath durch has und von doth durch does nieder. In den Abbildungen 2 und 3 wird, analog zu dem in § 2 angewendeten Verfahren, der %-Anteil der s Formen an der Summe der Belege von s und th Formen für jedes Drama berechnet.

Abb. 1 Anteil in % der s an der Summe von s und th in der 3. Sing. Präs. von Verben mit sibilantischem Stammauslaut.

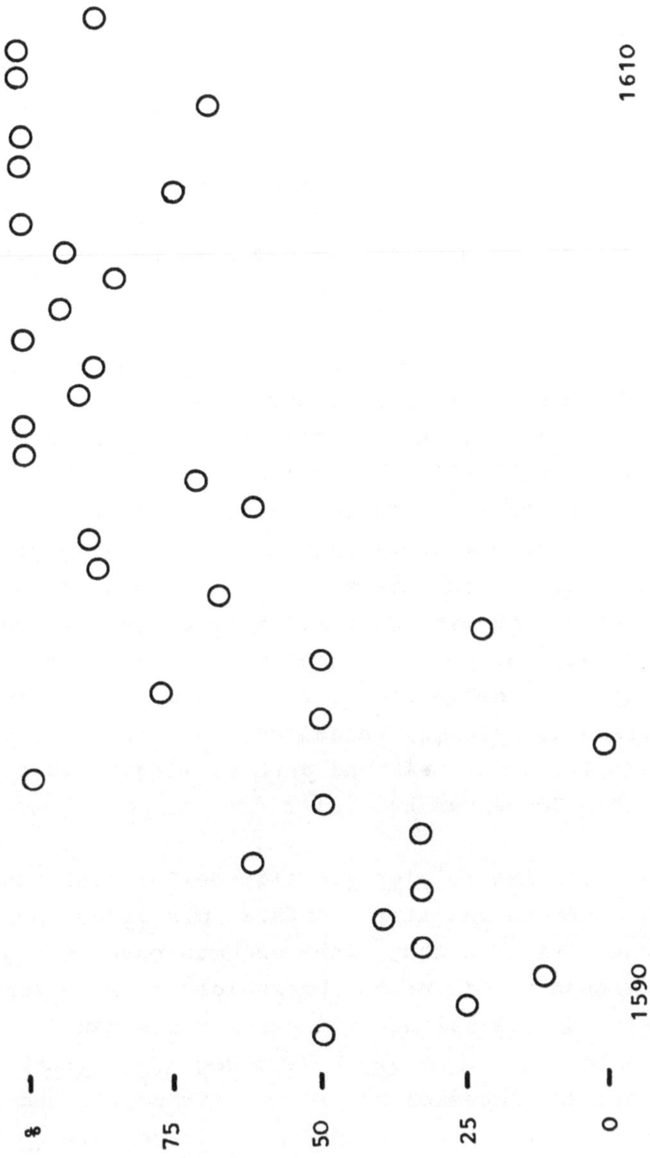

Bei *have* und *do* liegt eine korpus-interne Diachronie in der Form vor, daß in der chronologisch ersten Korpushälfte nur Einzelbelege von *s* Formen auftreten, in der zweiten Korpushälfte jedoch die *s* Formen teilweise Werte von über 50% erreichen. Bemerkenswert ist der Umstand, daß im Gegensatz zu der Entwicklung bei den Vollverben hier ein mehr punkthafter Ersatz zu beobachten ist. Von besonderem Interesse ist ferner die Tatsache, daß frühe Einzelbelege bei *have* und *do* in den gleichen Dramen auftreten.

Wie aus Abb. 2 und 3 ersichtlich, erfolgt in der zweiten Korpushälfte kein kategorialer Ersatz der *th* durch *s* Formen. Es liegt deshalb nahe, zu untersuchen, welche Umgebungstypen das Auftreten der einen oder der anderen Form begünstigen. Bei einer solchen Untersuchung ergab sich, daß bei beiden Hilfsverben sich das Eindringen der *s* Formen in die Sprache des Korpus in Form von sukzessiven Kontexterweiterungen vollzieht. Bei den um die Korpusmitte auftretenden größeren *s* Belegzahlen entfällt die Mehrzahl der Belege auf Personen niederen Standes, Ausländer und komische Personen. Diese soziolinguistische Determinierung der *s* Vorkommen äußert sich in einer Affinität der *s* Formen zur Prosa. Dieser Belegtyp wird bei den späteren Dramen beibehalten, es findet aber eine Kontexterweiterung in der Form statt, daß bei *have* ein weitgehend korpus-spezifisch bedingter Belegtyp hinzukommt, nämlich bei bestimmten metrischen Bedingungen und Kurzversen, daß sich aber bei *do* eine Spezialisierung von *doth* und *does* in der Weise ergibt, daß *does* weitgehend in denjenigen syntaktischen Kontexten steht, in denen die *do* Periphrase im modernen Englisch obligatorisch ist (Frage, Verneinung, außerdem bei *do* als Vollverb und als Pro-Verb), während *doth* vorwiegend in allen anderen syntaktischen Kontexten steht.

4. Das letzte hier zu zeigende Beispiel von intrakorpuskularer Diachronie betrifft ebenfalls die *do* Periphrase. Als Teiluntersuchung einer umfangreicheren Untersuchung - die zum gegenwärtigen Zeitpunkt noch nicht abgeschlossen ist - wurde untersucht, ob sich das Verhältnis von periphrasierten zu nicht-periphrasierten Belegen des Typs *you* + Verb gegenüber *you* + *do* + Verb in der diachronen Dimension des Korpus verändert, und zwar in einem derjenigen syntaktischen Kontexte, in dem die *do* Periphrase im

Abb. 2 Anteil in % der <u>has</u> an der Summe von <u>has</u> und <u>hath</u>.

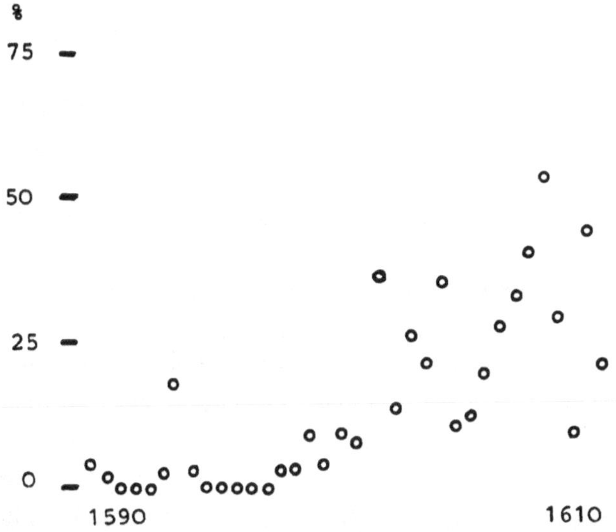

Abb. 3 Anteil in % der <u>does</u> an der Summe von <u>does</u> und <u>doth</u>.

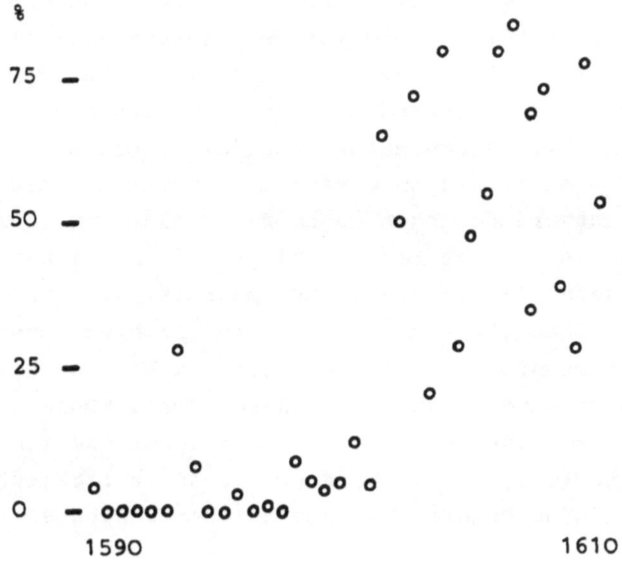

heutigen Englisch obligatorisch ist, nämlich bei Fragen mit Fragepronomen. Der Grund für die Beschränkung auf diesen Belegtyp liegt darin, daß nur für diesen Belegtyp zum gegenwärtigen Zeitpunkt sowohl die Zahl der periphrasierten als auch die Zahl der nicht-periphrasierten Belege vorliegt und somit beide in Beziehung gesetzt werden können. In Abb. 4 wird das Verhältnis von periphrasierten zu nicht-periphrasierten Belegen durch einen Periphrasengrad angegeben, der als Anteil in % der periphrasierten an der Summe der periphrasierten und der nicht-periphrasierten Belege berechnet wird.

Aus Abb. 4 geht hervor, daß der Periphrasengrad keineswegs - wie zu erwarten gewesen wäre - konstant bleibt, sondern dieser Belegtyp wird in der diachronen Dimension des Korpus zunehmend stärker periphrasiert. In der ersten Korpushälfte liegt der Durchschnittswert bei 18%, in der zweiten bei 40%. Insofern sprachgeschichtlich ein Übergang von <u>When come you</u>? zu <u>When do you come</u>? vorliegt, kann bei diesem Typ von intrakorpuskularer Sprachveränderung die beginnende Regulierung des <u>do</u> Gebrauchs beobachtet werden. Weitere Untersuchungen werden der Frage nachzugehen haben, ob sich in anderen syntaktischen Kontexten eine ähnliche Entwicklung nachweisen läßt.

5. Gegen die hier vorgelegten Ergebnisse könnte nun eingewendet werden, daß die Datenbasis - wie von der Shakespeare-Philologie erforscht (SCHABERT 1972: 194-242) - erheblicher Unsicherheit unterliege. Ein solcher Einwand kann aus zwei Gründen die Argumentierfähigkeit des hier vorgelegten Materials nicht beeinträchtigen. Zunächst sprechen allein schon Umfang und Systematizität der beschriebenen Sprachveränderungen gegen die Möglichkeit, eine solche Belegverteilung könne durch textgeschichtliche Einwirkungen zustandegekommen sein. Darüberhinaus muß beachtet werden, daß die chronologische Reihenfolge der Dramen, wie sie hier gegeben wurde, keineswegs der Reihenfolge der Dramen entspricht, in der sie in der Folio gedruckt wurden. Auch aus diesem Grund können Belegverteilungen bei verschiedenen sprachlich-distributionellen Parametern nicht auf textgeschichtliche Einwirkungen zurückgeführt werden. So hat auch eine Untersuchung textlicher Varianten ergeben,

Abb. 4 Periphrasengrad bei <u>when come you</u> und <u>when do you come</u>.

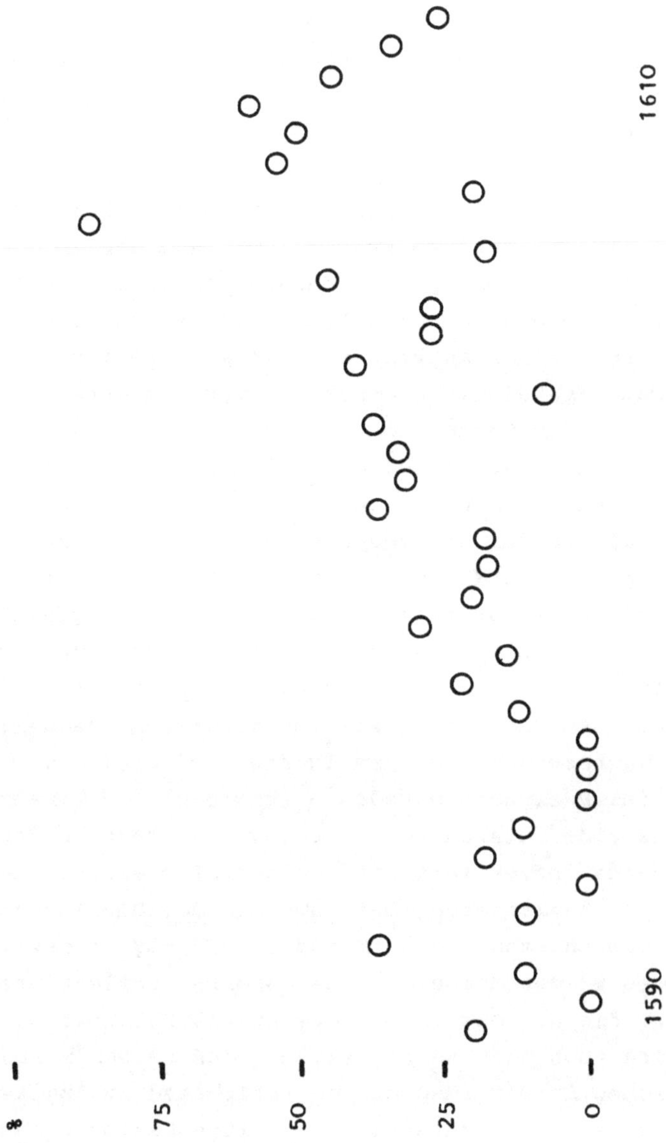

daß sich wohl für einzelne Dramen verschiedene Werte ergeben, die diachrone Gesamttendenz jedoch erhalten bleibt.

Andererseits kann die sprachlich-distributionelle Systemhaftigkeit, wie sie hier in einer diachronen Tendenz in bestimmten Teilbereichen der Grammatik nachgewiesen wurde, als starkes Argument bei der Klärung textgeschichtlicher Probleme gelten. So könnte etwa gefragt werden, ob die frühen s Belege bei have und do mit anderen Typen von Argumenten aus der textgeschichtlichen Forschung in Verbindung zu bringen sind.[2] In der Regel dürfte jedoch die Heranziehung weiterer sprachlich-distributioneller Parameter erforderlich sein.

6. Angesichts der beschriebenen intrakorpuskularen Sprachveränderungen stellt sich die Frage, inwieweit die im Korpus beobachteten Sprachveränderungen Veränderungen in der Sprache des Autors, also Veränderungen der einzelsprachlichen Kompetenz reflektieren. Jeder Versuch einer Antwort auf diese Frage ist natürlich in gewissem Maße spekulativ, jedoch bei verschiedenen Typen von Sprachveränderungen in verschiedenem Maße. Über die globale Feststellung der Möglichkeit der einzelsprachlichen Sprachveränderung hinaus kann wahrscheinlich nicht ohne weiteres davon ausgegangen werden, daß sich die in der Sprache des Shakespeare-Korpus - einem poetischen Korpus - beobachteten Sprachveränderungen auch in der Sprache Shakespeares zur gleichen Zeit und in der gleichen Weise abspielen. Es muß differenziert werden zwischen dem im Korpus sich punkthaft vollziehenden Auftauchen der s Formen bei have und do und den in den anderen Beispielen gezeigten graduellen Entwicklungen. Insbesondere bei dem letzten Beispiel - der graduellen Zunahme des Periphrasengrades - erscheint die Annahme, daß hier im Korpus eine tatsächliche Sprachveränderung in der Kompetenz Shakespeares reflektiert wird, plausibler als bei der mehr punkthaften Sprachveränderung bei have und do. Die Annahme, daß die im Korpus beobachteten Sprachveränderungen möglicherweise Sprachveränderungen in der Kompetenz Shakespeares reflektieren und somit nicht auf die Art des Korpus als poetischer Text zurückzuführen sind, wird auch dadurch plausibler, daß in dem Standardwerk zur historischen Entwicklung der do Periphrase im Englischen (ELLEGARD 1953) von dort untersuchten zeitgenössischen Schriftstellern

gesagt wird (ELLEGARD 1953: 166), daß periphrastische Formen umso häufiger benutzt werden, je älter die Autoren sind.

Was den Ersatz von th durch s angeht, so kann vermutet werden, daß hier wahrscheinlich der in der Umgangssprache schon vollzogene Ersatzprozeß im Korpus nachvollzogen wird. In diesem Zusammenhang ist bemerkenswert, daß in einer Untersuchung (BAMBAS 1947: 186) über das Vorkommen von s und th Formen bei zeitgenössischen Prosaschriftstellern für den gleichen Zeitraum (um 1600) ein ebenso punkthafter Umschlag von th zu s Formen konstatiert wird.

7. Wenn das Shakespeare-Korpus - und möglicherweise jedes Korpus mit einer größeren diachronen Dimension - nur rein synchron beschrieben wird, begibt man sich der Möglichkeit einer Beobachtung der Sprache zu gleicher Zeit unter dem Mikroskop und in Zeitlupe, und damit auch der Möglichkeit der Untersuchung von Direktionalität und Implikationalität von Sprachwandelvorgängen im Bereich der sprachlichen Variation. Es ist offensichtlich, daß die hier beschriebenen korpus-internen Sprachveränderungen sowohl bei der Verbalmorphologie als auch bei der Verbalsyntax in ihrer Direktionalität der Direktionalität der allgemeinen Sprachentwicklung folgen und damit im größeren Zusammenhang der historischen englischen Sprachgeschichte gesehen werden müssen. Sie setzen für diesen Aspekt der historischen Sprachwissenschaft neue empirische Daten, mit denen Hypothesen zur historischen Sprachentwicklung kompatibel sein müssen. In gleichem Maße gilt dies für die Theorie des Sprachwandels, wo der Aspekt der Möglichkeit der Sprachveränderung bei der einzelsprachlichen Kompetenz, worunter auch der Bereich der sprachlichen Variation in seiner Strukturiertheit verstanden werden muß, noch keiner systematischen Untersuchung unterzogen wurde. Insbesondere ist aus den vorgelegten Untersuchungsergebnissen die Forderung abzuleiten, zu untersuchen, wie allgemein ein solcher Befund ist, bei welchen grammatischen Teilsystemen und unter welchen Bedingungen mit korpus-internen Sprachveränderungen zu rechnen ist. Daß einer solchen Untersuchung das Problem der Datenbeschaffung im Wege steht, darauf werde hier nur kurz hingewiesen. Es bietet sich somit die Untersuchung von historischen Korpora als vorläufiger Ausweg an. Es ist offensichtlich, daß der Nachweis solcher korpus-interner Sprachveränderungen

nur auf der Basis von datenmäßig entsprechend aufbereiteten Korpora gelingen kann - im vorliegenden Fall mit der durch einen Computer hergestellten Shakespeare-Konkordanz von M. Spevack -, was für die Gegenwartssprache auf größere Schwierigkeiten stößt. Jedoch bietet sich der Rückgriff auf historische Korpora als Ausweg an. Insofern erweist sich hier - in Anlehnung an einen Titel Labovs - der Nutzen des Studiums der Vergangenheit für die Gegenwart.

Anmerkungen

1 Erste Ergebnisse wurden in STEIN 1974 und STEIN 1975 vorgelegt.

2 Zur Dialektik von sprachlich-distributioneller Analyse, literarischer Interpretation und Textgeschichte siehe auch STEIN 1974: 104-116.

Literatur

BAMBAS, Rudolph C. (1947): "Verb forms in -s and -th in early modern English prose". Journal of English and Germanic Philology 46: 183-187.

CHAMBERS, Edmund K. (1930): William Shakespeare. A study of facts and problems. Oxford: Oxford University Press.

ELLEGARD, Alvar (1953): The auxiliary do. The establishment and regulation of its use in English. Stockholm: Almqvist & Wiksell.

SCHABERT, Ina (1972): Shakespeare-Handbuch. Stuttgart: Kröner.

SPEVACK, Marvin (1969): A complete and systematic concordance to the works of Shakespeare. Hildesheim: Olms.

STEIN, Dieter (1974): Grammatik und Variation von Flexionsformen in der Sprache des Shakespeare-Korpus. München: TU-Druck- und Verlagsgesellschaft.

--- (1975): "Phonologie und Verbalsyntax". DRACHMAN, Gaberell (ed.) (1975): Salzburger Beiträge zur Linguistik. Tübingen: Gunter Narr.

STRANG, Barbara (1970): A history of English. London: Methuen.

PRÄFERENZREGELN IN DER ENGLISCHEN PHONOLOGIE

Alfred Wollmann

1. Zumindest auf einem Teilgebiet der Phonologie, nämlich der Akzentzuweisung in englischen Wörtern, ist mit CHOMSKY/HALLEs "The sound pattern of English" ein beachtlicher Durchbruch erzielt worden. Praktische Anwendungen sind allerdings bisher ausgeblieben. Noch GIMSON (1970) gibt Listen von Wörtern mit sogenannten *Word Accentual Patterns*, keine Regeln. Er folgt dabei KINGDON, dessen "Groundwork of English stress" eine Fundgrube für Datensammler, aber keine Phonologie ist.

HALLE/KEYSER bieten eine verbesserte Version der entsprechenden Abschnitte in CHOMSKY/HALLE. Dennoch bleiben noch manche Fragen offen. Die Verfasser weisen selbst darauf hin, daß z.B. die korrekte Betonung von $\overset{3}{e}x\overset{4}{a}lt\overset{1}{a}tion$ eine Strukturbeschreibung voraussetzt, in der *exalt* in der innersten Klammer steht, während die Betonung von $c\overset{3}{o}nsult\overset{1}{a}tion$ eben keine innere Klammerung duldet. Warum ist das so? - "... the answer to such questions is not likely to be found until deeper understanding is gained of the intricate topic of word formation, which, at present, is one of the least understood chapters in linguistics." (p.55)

Wir greifen ein anderes Problem auf, das nicht einmal formal mit dem zur Verfügung stehenden Regelapparat lösbar ist. Über Wortnebenakzente im Englischen finden sich in Wörterbüchern nur unvollständige und z.T. widersprüchliche Angaben. Wir nehmen jedoch an, daß die Daten des EPD und KENYON/KNOTT die Kompetenz des englischen Sprecher/Hörers in etwa widerspiegeln. Wie die dort aufgeführten Varianten - die mehr oder minder akzeptabel oder häufig sein mögen - zustandekommen, sollte erklärt werden können.

2. Eine morphologisch orientierte Ableitung der Akzentabstufung z.B. in *academician* führt in die Irre.[1] Geht man von $acad\overset{1}{e}mic$ aus, so erhält man $\overset{3}{a}cadem\overset{1}{i}cian$ und nicht, wie erhofft, $ac\overset{3}{a}dem\overset{1}{i}cian$. Prüft man nun eine andere Annahme und läßt das Wort unanalysiert, so müßte man auch bei einer nicht-zyklischen Ableitung

den Nebenakzent gemäß Auxiliary Reduction Rule - III(a) auf den ersten Vokal setzen. In beiden Fällen ist übrigens für die Zuweisung des Primärakzents eine abstrakte zugrundeliegende (oder historische) Form des Suffixes, wie sie die Schreibung andeutet, maßgebend und nicht die gegenwärtige Aussprache. Für die Strategie des Sprechers kann weder die ihm unbekannte historische, noch eine abstrakte Grundform von Bedeutung sein. Dennoch wird er keinen Fehler machen. Was er internalisiert hat, ist offenbar die Alternanz von -ic und -$\overset{1}{\text{i}}$cian, die nur noch historisch in Einklang gebracht werden kann mit MSR(a), einer synchron gemeinten Regel.

Ein dritter Versuch könnte auf ac$\overset{1}{\text{a}}$demy zurückgreifen. Dies setzt aber voraus, daß wir uns zu der etwas merkwürdigen Klammerung [[academy] cian] entschließen. Nun ist -cian nur als Reflex von -ic-ian denkbar, so daß wir eine Umstrukturierung (Haplologie) annehmen müssen etwa der Art academ-ician ⟶ academy-cian. Wir erhalten so ac$\overset{3}{\text{a}}$dem$\overset{1}{\text{i}}$cian im zweiten Zyklus durch Anwendung von MSR(a) und SAR. Leider können wir es bei diesem erwünschten Ergebnis nicht belassen, sondern müssen Auxiliary Reduction III (a) anwenden, wonach in diesem Fall der dritte Vokal vor [1stress] einen Tertiärakzent bekommt; dazwischen stehen

$$\begin{bmatrix}\text{-tense}\\ \text{V}\end{bmatrix} C_o^1 \begin{bmatrix}\gamma\text{stress}\\ \text{V}\end{bmatrix} C_o$$

wie es die Strukturbeschreibung vorsieht. Das heißt, daß wir letztlich zu $\overset{3}{\text{a}}$c$\overset{3}{\text{a}}$dem$\overset{1}{\text{i}}$cian mit zwei unmittelbar aufeinanderfolgenden Tertiärakzenten gelangen. Auch das kein befriedigendes Ergebnis.

3. Handelt es sich bei academician um einen Einzelfall? Offenbar nicht.

(1) [[impediment]a]

	1		MSR(a)
	2	1	MSR(a)
	3	1	SAR
*3	3	1	AUX III(a)(c)

(2) [[_amanuens_]_is_]

1	MSR(a)
2 1	MSR(a)
3 1	SAR
* 3 3 1	AUX III(a)

Zu derselben unerwünschten Verteilung kommt man bei *_t$\overset{3}{o}$t$\overset{3}{a}$lit$\overset{1}{a}$rian_, *_$\overset{3}{i}$ns$\overset{3}{e}$nsib$\overset{1}{i}$lity_, u.a.

Es liegt nahe, ein solches Ergebnis dadurch zu verhindern, daß das Wort im Lexikon hinsichtlich _AUX III_(_a_) negativ markiert wird. Die Ausnahmeregelung übersieht jedoch, daß dieselben Wörter Varianten haben mit einem Nebenakzent auf dem dritten Vokal vor dem Hauptakzent, der nur nach _AUX III_(_a_) zustandekommen kann. Außerdem geht uns mit der Notlösung [-_AUX III_(_a_)] eine Generalisierung verloren.

Die Verfasser haben für ein ähnliches Beispiel von Aussprachevarianten einen Vorschlag ausgearbeitet, der die Nichtanwendung von _AUX III_(_a_) garantiert, allerdings ohne auch nur den Schein einer natürlichen Motivation.

Nach KENYON/KNOTT (1944) hat _electricity_ zwei mögliche Akzentverteilungen, nämlich -31-- und 341--. Die erste Aussprache ergibt sich aus dem zugrundeliegenden _el$\overset{1}{e}$ctric_, dessen Primärakzent als Nebenakzent durchschlägt. Diese einfache Tatsache wird zum Problem, da durch eine vorher für _exaltation_ gefundene Regel jeder Tertiärakzent unmittelbar vor einem Hauptakzent zu [4_stress_] abgeschwächt wird. Es ist dies die namenlos gebliebene Regel (115). _El$\overset{3}{e}$ctr$\overset{1}{i}$city_ unterliegt nach HALLE/KEYSER eben nicht dieser Regel; es ist eine einfache Ausnahme. Außerdem unterliegt es nicht _AUX III_(_a_), d.h. das Wort bekommt keinen Nebenakzent auf den zweiten Vokal vor dem Hauptakzent, wie es Regel (109) eigentlich vorsieht. Sie wird jetzt modifiziert: der Vokal vor dem Primärakzent muß einen schwächeren Akzent als 3 haben. Diese Bedingung verhindert die Anwendung von _AUX III_(_a_) auf _el$\overset{3}{e}$ctr$\overset{1}{i}$city_. Sobald jedoch Regel (115) operiert, erhalten wir [4_stress_], _AUX III_(_a_) überspringt ihn, wie vorgesehen, und weist dem ersten Vokal [3_stress_] zu.

Was _exaltation_ betrifft, so wird dort ebenfalls durch (115) der Verbakzent von _exalt_ letztlich zu [4_stress_] reduziert. Dann erst operiert AUX III(a), so daß sich die korrekte Verteilung $\overset{3}{e}x\overset{4}{a}lt\overset{1}{a}tion$ ergibt.

4. Gegen dieses Verfahren sind gewisse Bedenken anzumelden. Schwankende Betonungen wie bei electricity sind häufiger, als es zunächst den Anschein hat. Die Markierung als Ausnahme der Regel (115) trifft nicht den Kern der Sache, sondern verdeckt eher das, was hier regulär ist. Entscheidend ist jedoch, daß viele Wörter nach den gegebenen Regeln überhaupt nicht ihre normalen Nebenakzente bekommen können.

Betrachten wir $\overset{3}{i}ndisp\overset{4}{e}nsab\overset{1}{i}lity$ (die numerischen Akzentwerte übersetzen die Angaben des EPD).

(3) [[indispensable]ity]

	1		MSR(a)
		i	i-INSERTION
	2	1	MSR(a)
	3	1	SAR
			(115) kann hier nicht angewandt werden, da 3 nicht unmittelbar vor [1stress] steht.
3	3	1	AUX III(c)
3	4	1	?

Für interchangeability finden wir im EPD die Akzentfolge 3-4-1--, während KINGDON keinen Unterschied zwischen den Nebenakzenten markiert, 3-3-1-- (?).

(4) [[interchangeable]ity]

	1		MSR(a)
		i	i-INSERTION
	2	1	MSR(a)
	3	1	SAR
			AUX III(a) vacuously
3	3	1	AUX III(c)
{ 3	4	1 }	?
{ 4	3	1 }	?

Bei improbability notiert das EPD -3-1-- an erster Stelle, 34-1- an zweiter. KINGDON gibt -3-1-- an.

```
(5)    [[improbable]ity]
           1                      MSR(a)
               i                  i-INSERTION
           2   1                  MSR(a)
           3   1                  SAR
       3   3   1                  AUX III(c)
      {3   4   1}                 ?
      {4   3   1}                 ?
```

Zwei Varianten gibt es auch für irreconcilability; nach dem EPD ist -3---1-- die häufigere, 34---1-- die seltenere. Keine der beiden Aussprachen kann mit Hilfe des HALLE/KEYSER'schen Regelapparats abgeleitet werden, da keine Vorkehrungen getroffen sind, die Akzentfolge 3 3 abzubauen. Nur in einem speziellen Kontext, nämlich dann, wenn ein [3stress] unmittelbar vor [1stress] zu stehen kommt, wird er reduziert (Regel (115)).

```
(6)    [[ir[reconcile]able]ity]
                1                 MSR(c)
           1    2                 ASR
           1    3                 MSR(b)
                     i            i-INSERTION
           2    4    1            MSR(a)
           3    5    1            SAR
       3   3    5    1            AUX III(c)
      {3   4    5    1}           ?
      {4   3    5    1}           ?
```

5. Angesichts der vorliegenden Beobachtungen erscheint das Problem, auf das wir bei academician gestoßen sind, von größerer Tragweite und die zunächst ins Auge gefaßte Lösung [-AUX III(a)] wäre völlig unzureichend. Gegen eine simple Ausnahme spricht die Tatsache, daß es eine Reihe von Wörtern gibt, die zwei Aussprachen haben, wovon eine zwar durch Nichtanwendung von AUX III(a) erklärt (?) werden kann, nicht aber die andere, die eine Reduk-

tion des zweiten Tertiärakzents erfordert. Dasselbe gilt, wie wir gesehen haben, für AUX III(c).

Statt nun, um zu den gewünschten Ergebnissen zu kommen, zwei ihrem Charakter nach durchaus verschiedene Regulative einzubauen - die Ausnahmeregel im Lexikon und eine neue Reduktionsregel - schlagen wir eine einzige Regel vor, die wir AUX IV nennen wollen. Sie ergibt sich ganz natürlich aus der generalisierten Beobachtung, daß es sich in jedem der erwähnten Fälle um die Veränderung der zugrundeliegenden Akzentfolge 3 3 handelt. AUX III ist somit ohne Ausnahme anzuwenden. Wenn dies dem Anschein nach nicht geschieht, dann liegt es daran, daß im regulären Ableitungsprozeß zwei gleichrangige Akzente nebeneinander zu stehen kommen und AUX IV operiert, wobei prinzipiell offen bleibt, welcher Akzent den Vorrang bekommt. Es sieht zunächst so aus, als ob es lediglich lexikalische Präferenzen in der einen oder der anderen Richtung gäbe.

Betrachten wir noch einen exemplarischen Fall.

(7)	[[experiment]al]				
		1		MSR(a)	
		2	1	MSR(a)	
		3	1	SAR	
	3	3	1	AUX III(a)(c)	
	{3	4	1}	AUX IV (a)	
	{4	3	1}	AUX IV (b)	"bevorzugt"

Weitere Beispiele:

(8) triangularity (a) KINGDON, (b) EPD. Es werden keine Varianten angegeben.

(9) posteriority (b) bevorzugt. KINGDON gibt nur (b) an. Ebenso exteriority, inferiority. Bei superiority ist (a) nicht belegt.

(10) consolidation (a) nicht belegt.

(11) electricity (a) EPD, (b) KENYON/KNOTT. Das EPD gibt an erster Stelle das Wort ohne Nebenakzent an:[ilek'trisiti], (b) überhaupt nicht, das jedoch in KENYON/KNOTT an erster Stelle erscheint.

(12) anticipation (b) bevorzugt.

(13) *municipality* (a) bevorzugt von KENYON/KNOTT, (b) bevorzugt im EPD.

AUX IV kann am besten als Transformationsregel gefaßt werden:

AUX IV

$$\begin{array}{llllll} \text{SD:} & \#\#\,X & [3stress] & Z & [3stress] & Y\#\# \\ & 1 & 2 & 3 & 4 & 5 \\ \hline \text{SC:} & \left\{ \begin{array}{l} 1 \\ 1 \end{array} \right. & \begin{array}{c} 2 \\ [4stress] \end{array} & \begin{array}{c} 3 \\ 3 \end{array} & \begin{array}{c} [4stress] \\ 4 \end{array} & \left. \begin{array}{c} 5 \\ 5 \end{array} \right\} \quad \begin{array}{l} (a) \\ (b) \end{array} \end{array}$$

Prefer (a) or (b).

Eine Konsequenz von *AUX IV* ist, daß wir die Regel (115) eigentlich nicht mehr brauchen. *El$\overset{3}{e}$ctr$\overset{1}{i}$city* ist also keine Ausnahme der Regel (115), sondern ein völlig normaler Fall. Des weiteren ersparen wir uns die [γ*stress*] Bedingung in *AUX III*(*a*), die eingeführt wurde, damit *el$\overset{3}{e}$ctr$\overset{1}{i}$city* möglich wird. (115) selbst sollte ursprünglich *exaltation*, *annexation* und ähnliche Wörter erklären. Tatsächlich gilt sie für einen Subkontext der Strukturbeschreibung von *AUX IV*, nämlich dann, wenn Z = Ø und Y mit C_o [1*stress*] beginnt. Es ist eine offene Frage, ob es aufwendiger ist, für diesen Kontext (a) obligatorisch zu machen oder (115) zu belassen, wo es ist. Daß die Reduktion von [3*stress*] zu [4*stress*] vor [1*stress*] durch (115) nicht unabhängig motiviert ist, geht schon daraus hervor, daß *AUX III*(b) und (c) gerade die Akzentfolge 31 fordern.

Anmerkung

1 Den Hinweis und zahlreiche Anregungen verdanke ich Walter Breu (München).

Literatur

CHOMSKY, Noam / HALLE, Morris (1968): The sound pattern of English. New York etc.: Harper & Row.

GIMSON, Arnold C. (1970): An introduction to the pronunciation of English. London: Edward Arnold.

HALLE, Morris / KEYSER, Samuel (1971): English stress. Its form, its growth, and its role in verse. New York etc.: Harper & Row.

JONES, Daniel (1967): Everyman's English pronouncing dictionary. London: Dent & Sons. (EPD)

KENYON, John S. / KNOTT, Thomas A. (1953): A pronouncing dictionary of American English. Springfield, Mass.: Merriam.

KINGDON, Roger (1958): The groundwork of English stress. London: Longmans.

3. SYNTAX

WORTSTELLUNGSTYPEN DES DEUTSCHEN UND KONTRASTIERUNG

Hans Altmann

1. In diesen Darlegungen soll nicht so sehr von Verfeinerungen bzw. grundlegenden Revisionen der Regeln Topikalisierung, Linksversetzung/Rechtsversetzung (Left Dislocation/Right Dislocation), Extraposition, Spalten und Spreizen (Clefting/Pseudoclefting) die Rede sein, obwohl auch hier viel Interessantes zu berichten wäre.[1] Hier soll eine andere Frage erörtert, keineswegs endgültig gelöst werden: die Frage nach dem Zusammenhang von Wortstellungstypen und Satzakzent. Es geht dabei vorrangig um eine möglichst genaue Skizze der Problemstellung sowie der Beweislage.

1.1. Zunächst einiges zum Akzent. In der bisherigen Forschungsdiskussion lassen sich hinsichtlich der Lage des Satzakzentes zwei Positionen ausmachen:
a. Der Satzakzent wird, abgesehen vom kontrastiven Akzent, vollständig von der Oberflächenstruktur determiniert (z.B. CHOMSKY/HALLE 1968, BRESNAN 1972).
b. Als ein Merkmal der Topic-Comment-Artikulation, aber keineswegs ihr Definiens, wird der Satzakzent nicht für eine Eigenschaft des Satzes, sondern seiner Äußerung, seines Gebrauchs gehalten.[2]

1.2. Wir wissen, daß der Wortakzent ansonsten gleichlautende Lexeme unterscheiden kann:

(1) Káffee/Café; übersetzen/übersétzen; úmfahren/umfáhren.

daß der Phrasenakzent syntaktisch ambige Konstruktionen disambiguieren kann:

(2) Man muß mit der Z e i t gehen, sonst muß man mit der Zeit g e h e n.[3]

Beide Erscheinungen sind ohne Zweifel Eigenschaften von Sätzen, nicht nur von Äußerungen, und als solche sinnvoll in die syntaktische bzw. phonetisch-phonologische Beschreibung einzubeziehen. Ein möglicher Einwand wäre, daß derartige Akzentmarkierungen in geschriebenen Äußerungen nicht auftreten und dennoch von jedem kompetenten Leser, wenn nur der Kontext groß (und gut) genug ist, erschlossen werden können, also ein Hinweis darauf, daß es sich um eine redundante Erscheinung handeln könnte. Resultiert das Wissen um den richtigen Wort- oder Phrasenakzent letztlich immer aus der Bedeutung der Gesamtäußerung (+ situationeller Kontext), so könnte man die entsprechenden Sätze als ambig betrachten und ihnen unterschiedliche Interpretationen zuordnen, die aber dann zwangsweise mit bestimmten Akzentversionen verbunden wären - also eine nicht sehr elegante (und intuitiv einleuchtende) Lösung. Andererseits würde diese Beschreibungsform auch den schriftlichen Äußerungen auf unkomplizierte Weise gerecht.

1.3. Die Fragestellung wiederholt sich auf der Ebene des Satzakzentes. Eine restriktive Position behauptet, daß der Satzakzent für die semantische Interpretation eines Satzes irrelevant ist, also auch nicht für die semantische Beschreibung zur Verfügung stehen, in sie eingehen muß. Diese Behauptung läßt sich in voller Schärfe nur aufrecht erhalten, wenn man absieht von Skopuserscheinungen bei semantischen Operatoren wie Negation und Quantifikatoren, obwohl auch in diesen Fällen der jeweilige Satzakzent nicht immer zur zweifelsfreien Skopusfestlegung hinreicht, manchmal nicht einmal im Zusammenwirken mit der Wortstellung, sondern nur durch entsprechende Kontexte, z. B. Kontrastschablonen.[4] Diese Einschränkung könnte sogar im Sinne eines Argumentes für die Abschiebung in den Bereich der Pragmatik verstanden werden. Dort allerdings muß die Akzentinformation (zusammen mit der pitch-Kontur, also Frageintonation, Befehlsintonation etc.) auf jeden Fall zur Verfügung stehen, soll eine sinnvolle Beschreibung von Sprechakttypen, Sprechaktsequenzen (wie Frage – Antwort, etwa im Sinne des Tests der natürlichen Antwort), Textprogression usw. möglich sein.

1.4. Bleiben als mögliches Gegenargument die sogenannten kontrastiven Äußerungen. Was man darunter zu verstehen hat, ist, trotz des Abschiebens vieler unangenehmer "Ausnahmen" in diese Rubrik, umstritten, auch nach den einschlägigen Veröffentlichungen von D. L. BOLINGER (1961), S. SCHMERLING (1974) und anderen. Ein Versuch sei erlaubt: es sind darunter Äußerungen zu verstehen, die nicht als Antwort auf eine Wortfrage (im Sinne des Fragesatztestes) folgen können, sondern dem Typ der Gegenbehauptung zu einer expliziten deklarativen Äußerung (aber auch zu einer sicheren Annahme) entsprechen.[5] Die Details dieser Kontrastierungs-Sprechakte sollen hier nicht weiter beschäftigen. Mich interessiert (zunächst) nur die Frage, ob jeder beliebige Satz des Deutschen für den Zweck einer Kontrastierungshandlung verwendet werden kann. Dieses Thema kann in Teilfragen aufgespalten werden:

a. Ist jeder akzeptable Satz des Deutschen frei bezüglich kontrastiver oder nichtkontrastiver Verwendung?

b. Gibt es Sätze, die nur nichtkontrastiv verwendet werden können?

c. Gibt es Sätze, die nur in kontrastiver Verwendung akzeptabel sind?

Daß diese Fragestellung aussichtsreich sein könnte, zeigt vielleicht der Aufsatz von S. KUNO (1972), wo er, wenn ich ihn recht verstanden habe, zeigt, daß im Japanischen bestimmte Konstellationen von thema- und rhemamarkierenden Partikeln Sätze auf kontrastive Verwendung festlegen. Ähnliches gibt es nun auch im Deutschen: nämlich Sätze mit Gradpartikeln. Sie lassen sich ohne Schwierigkeiten in kontrastive Zusammenhänge einbauen, doch resultieren aus der "zusätzlichen" (semantischen) Funktion dieser Partikeln so viele Störfaktoren, daß sie für eine schlüssige Beweisführung wenig geeignet erscheinen. Hierfür bieten sich die formal sehr streng festgelegten Wortstellungstypen des Deutschen an. Dazu aber später.

2. Zur Entscheidung der Frage, ob jeder Satz des Deutschen frei ist bezüglich kontrastiver oder nichtkontrastiver Verwendung, sind folgende Beweiswege denkbar:

2.1. Man könnte zeigen, daß es Akzentsetzungen gibt, die nur kontrastiv verwendbar bzw. interpretierbar sind:

(3) Das Material hat er v e r arbeitet (und nicht e r arbeitet).

In dieser Form ist (3) tatsächlich nur kontrastiv denkbar. Läßt man Satzakzent und Kontrastierungsformel weg, so hat man einen Normalsatz vor sich, der mit verschiedenen Satzakzentpositionen geäußert werden kann:

(4) Was hat er verarbeitet? - Das M a t e r i a l hat er verarbeitet.

(5) Was hat er mit dem Material gemacht? - Das Material hat er ver a r b e i t e t .

(6) Was hat er denn die ganze Zeit gemacht? - Das M a t e r i a l hat er verarbeitet.

Doch dieser "Beweis" ist wertlos. Denn zwischen den einzelnen Akzentvarianten kann man keine Unterschiede in den Wahrheitsbedingungen ausmachen, nicht einmal zwischen der Kontrastäußerung und den verschiedenen "Normaläußerungen". Der einzige Unterschied ist, daß die Gültigkeit bzw. Ungültigkeit von Äußerungen, die formal und semantisch in einer nur vage umschreibbaren Relation zur kontrastiven Äußerung stehen, nahegelegt wird, konkretisiert u.U. durch explizite Kontrastformeln, oder durch umfangreiches Vorwissen der Kommunikationspartner. Diese "Implikaturen" zählen aber nicht zu den Wahrheitsbedingungen des betreffenden Satzes, sind also für die semantische Beschreibung irrelevant.

2.2. Das Gegenstück zu diesem Argumentationsansatz wäre der Nachweis von Sätzen, die nur kontrastiv betonbar (und damit verwendbar) sind. Die hierfür einschlägigen Beispiele sind aber offensichtlich noch durch zusätzliche formale Kennzeichen bestimmt: Kontrastnegation (Satzgliednegation) und Gradpartikeln. In diesen Fällen ist jeweils der Wechsel des (kontrastiven) Satzakzentes verbunden mit einer Änderung der Wahrheitsbedingungen; zusätzlich sind derartige

Sätze bezüglich ihrer Wahrheitsbedingungen mit parallelen Sätzen ohne Negation oder Gradpartikeln nicht vergleichbar. - Andererseits ist aber der Kontrastakzent allein nicht immer hinreichend für die Abgrenzung des Skopus von Gradpartikeln und damit für die Festlegung der Wahrheitsbedingungen. Derartige Sätze werden auch nicht durch die Stellung der Gradpartikeln disambiguiert:

(7) Er b e r i e f sich nur auf die FDGO, er b e a c h t e t e sie sie aber nicht. (Skopus: Verbum)

(8) Er berief sich nur auf die F D G O ,
- er tat nichts anderes als sich auf die FDGO berufen. (Skopus: VP)
- er berief sich auf nichts anderes als die FDGO. (Skopus: Objekts-NP)
- es fand sonst überhaupt nichts statt. (Skopus: SATZ)

In allen diesen Fällen wäre also der Kontrastakzent ein teils redundantes, teils nur im Zusammenwirken mit Gradpartikelstellung, teils auch zusammen mit anderen formalen Merkmalen nicht hinreichendes Charakteristikum, um durch seine Aufnahme in die für die semantische Beschreibung relevante Grammatikstufe die adäquate Lösung zu sichern.

2.3. Es gibt aber noch einen Argumentationsansatz, der mehr Aussicht auf Erfolg verspricht. Wir müssen Fälle finden, in denen unterschiedliche Wahrheitsbedingungen nur durch den Akzent verursacht werden (sei er nun kontrastiv oder nichtkontrastiv). Die Krönung der gesamten Beweisführung wäre es aber, wenn - die Gültigkeit der generativen Transformationsgrammatik wenigstens für den syntaktischen Bereich vorausgesetzt - gleichzeitig nachweisbar wäre, daß eine bestimmte Akzentlage Bedingung für irgendeine syntaktische Regel, für eine Transformation bzw. für einen bestimmten Ableitungspfad wäre. Genauer formuliert: wenn unterschiedliche Positionen von Satzakzenten desselben Normalsatzes zu unterschiedlichen Ableitungspfaden von "markierten" Stellungstypen führen. Ein solches Vorgehen möchte ich exemplarisch an Cleft- und Pseudocleft-Sätzen vorführen - wie sich zeigen wird ohne Erfolg. Zur adäquaten Beschreibung dieser beiden Konstruktionen im Rahmen der generativen Transformationsgrammatik gibt es bekanntlich eine umfängliche Diskussion,[6] wobei für das Englische kaum einmal der Ansicht widersprochen wurde, daß Clefting und Pseudoclefting bedeutungs- und funktionsgleich sind und daß beide Konstruktionen von der Normalform eines entsprechenden Satzes höchstens geringfügig semantisch abweichen.

3. Ich will nun zunächst mit folgendem Cleft-Satz experimentieren:

(9) Juden waren es und sind es, die den Neger an den Rhein bringen.

a. Die zugehörige "Normalform" könnte lauten:

(10) Juden brachten und bringen den Neger an den Rhein.

b. Relativsatz mit Bezugs(pro)nomen (<u>head</u>) als Subjekt (= Pseudocleft-Satz):

(11) Diejenigen, die/Die/?Welche den Neger an den Rhein brachten und bringen, sind Juden.

c. Extraposition des Relativsatzes (= Pseudocleft-Satz):

(12) Die(jenigen) sind Juden, die den Neger an den Rhein brachten und bringen.

d. Extraposition des Subjektsatzes (obligatorisch ohne Bezugsnomen = <u>head</u>) unter Hinterlassung von <u>es</u> (= Cleft-Satz):

(13) Es sind Juden, die den Neger an den Rhein brachten und bringen/Juden waren und sind es, die den Neger an den Rhein bringen.

Damit haben wir in drei Schritten einem "Normalsatz" ohne die Verwendung einer eigenen Clefting-Transformation, nur basierend auf der gut abgesicherten Extrapositions-Transformation, die verschiedenen Cleft-Konstruktionen zugeordnet.[7] Die Verbindung zwischen Cleft- und Normalform-Sätzen wird durch die Annahme hergestellt, daß jede NP aus einem Relativsatz abzuleiten sei. Ob aber die Normalform des Satzes (10) am Anfang oder Ende des Ableitungspfades steht, ist für die weiteren Überlegungen nicht zentral. Entscheidend ist vielmehr, daß zwischen den beiden Pseudocleft-Formen einerseits und der Cleft-Form sowie der Normalform andererseits ein eindeutig nachweisbarer Bedeutungsunterschied besteht: während für den Ausdruck <u>Juden</u> in den Pseudocleft-Sätzen keine Existenz- und Numerus-Präsuppositionen nachweisbar sind, induziert er diese bei Cleft- und Normalsatz, nachweisbar durch den Negationstest.

3.1. Was ist nun die Ursache für diesen Bedeutungsunterschied und damit für den Unterschied in den Wahrheitsbedingungen? Naheliegend wäre, daß die Extrapositionsregel als nicht bedeutungsneutral eingestuft würde. Aber dann träfe dies nur für die Extraposition des gesamten Subjektsatzes zu, nicht für die Extraposition des Relativsatzes. Es wäre auch eine ungewöhnliche Annahme, da sonst nicht beobachtet werden kann, daß die Regel Extraposition einen Bedeutungsunterschied bedingt. Ein Schluß im Sinne des Beweiszieles wäre es, unterschiedliche Satzakzente als Ursache des Bedeutungsunterschiedes anzunehmen. Für deren Festlegung halten wir die umgekehrte Reihenfolge ein. Für den Cleft-Satz (13) wird ein Normalakzent auf der geclefteten Konstituente <u>Juden</u> angenommen. Der <u>nein</u>-Test bestätigt diese Annahme, ebenso wie der Fragesatztest:

(14) Nein. Es sind nicht J u d e n , die ... sondern (die) Armenier.
Wer ist es, der den Neger an den Rhein bringt?

Bei den Pseudocleft-Versionen (11) und (12) kann man den Satzakzent auf <u>Rhein</u> festlegen:

(15) Nein. Nicht diejenigen, die den Neger an den R h e i n brachten und bringen, sind Juden, sondern diejenigen, die ...
Was für/Welche Leute sind Juden?

Wollte man bei der Pseudocleft-Version (11) an einem Satzakzent auf Juden festhalten, so müßte die entsprechende Fragesatzformulierung lauten:

(16) ?Wer/Was sind diejenigen, die den Neger an den Rhein bringen?

Nun zur Normalform (10). Hier sind, wie die entsprechenden Tests ausweisen, prinzipiell beide Akzentpositionen möglich, wenn auch vielleicht der Satzakzent auf Rhein als "normaler" gelten kann.

(17) Nein. Juden brachten und bringen den Neger nicht an den R h e i n .
Wohin brachten und bringen Juden den Neger?

(18) Nein. Nicht J u d e n brachten ... den Neger an den Rhein.
Wer brachte und bringt den Neger an den Rhein?

Das Ergebnis scheint im Sinne der Annahmen: zwei unterschiedliche Ableitungspfade, gesteuert von unterschiedlicher Lage des Satzakzentes, der gleichzeitig den Bedeutungsunterschied bedingt. Doch dies scheitert schon daran, daß im Normalform-Satz der Ausdruck Juden bei beiden Satzakzent-Positionen Existenz- und Numerus-Präsuppositionen induziert. Die Ursache des Bedeutungsunterschiedes muß also wo anders liegen. Sie deutet sich in den Unterschieden der Fragesatzformulierungen zu Cleft und Pseudocleft an:

(19) Wer brachte und bringt den Neger an den Rhein?
Wer ist es, der den Neger an den Rhein brachte und bringt?

(20) Was sind diejenigen, die den Neger an den Rhein ... bringen.

Weitere Beobachtungen konkretisieren diesen Hinweis:

a. Im Cleft-Satz ist offensichtlich nicht es, sondern Juden das Subjekt. Es beherrscht die Kongruenzregel hinsichtlich Numerus (und Person, wie man beim Clefting von Personalpronomina feststellen kann).

b. Ergänzt man den Artikel die bei Juden, so ist beim Cleft-Satz sowie beim Normalsatz nur eine geringfügige semantische Verschiebung (von 'einige' zu 'alle') zu beobachten, die Pseudoclefts jedoch werden fühlbar weniger akzeptabel.

c. In den Pseudocleft-Formen verbindet die Kongruenzregel Kopula und Bezugs(pro)nomen (= head):

(21) (Diejenigen,) Die immer ihr Mäntelchen nach dem Wind hängen, sind das/ein Übel.

(22) Die(jenigen) sind das eigentliche Übel/ein großes Übel, die immer ihr Mäntelchen nach dem Wind hängen.

(23) *Es ist das eigentliche/ein großes Übel, die immer ihr Mäntelchen nach dem Wind hängen.

d. Zwischen Cleft- und Pseudocleft-Sätzen bestehen signifikante Unterschiede bei den Relativpronomina:

(24) Das, was meine Schritte hemmt, ist (die) Schwäche.

(25) Es ist die Schwäche, die meine Schritte hemmt.

(26) Das, was man hier fühlt, ist eine erste scheue Liebe.

(27) Es ist die/eine erste scheue Liebe, die man hier fühlt.

Daraus ergibt sich zwingend, daß die gecleftete Konstituente im Cleft-Satz die Funktion des Subjektes, im Pseudocleft-Satz die der prädikativen NP hat. Die Bedeutungsunterschiede resultieren aus diesem Funktionsunterschied, der auch zur Erklärung anderer Regularitäten bei Cleft-Sätzen herangezogen werden kann:

a. Es ist nicht möglich, eine prädikative NP zu cleften:

(28) Der gerissenste Teppichhändler in München ist ein Armenier.

(29) *Es ist ein Armenier/*Ein Armenier ist es, der der gerissenste Teppichhändler in München ist.

(30) Derjenige, der in München der gerissenste Teppichhändler ist, ist ein Armenier.

b. Die Unterschiede bei der Umformung in Fragesätze:

(31) Waren und sind es (die) Juden, die den Neger an den Rhein bringen?

(32) Sind diejenigen, die den Neger an den Rhein bringen, (*die) Juden?

(33) ?Sind (die) Juden diejenigen, die den Neger an den Rhein bringen?

c. Die Unterschiede in den Negationsformen (bei der Inkorporierung der Negation in den indefiniten Artikel):

(34) Die Leute, die den Neger an den Rhein brachten und bringen, sind *nicht die/keine Juden, sondern Armenier.

(35) Es sind nicht die/*keine Juden, die den Neger an den Rhein bringen.

(36) Es war nicht eine/*keine erste scheue Liebe, die ...

d. Die Probleme, die sich ergeben, wenn man gecleftete NPn in den Skopus von Gradpartikeln rückt.[8]

e. Schließlich die Probleme, die bei der Kombination von Pseudoclefting mit Topikalisierung auftreten:

(37) ?(Die) Juden sind die(jenigen), die den Neger an den Rhein bringen.

(38) ?Eine erste scheue Liebe war (das/die), was/die im Drucke des Geschäftslebens entschlummerte.

Dabei zeigt sich, daß die gecleftete NP, wo immer möglich, in die Interpretation als Subjekts-NP ausweicht: die Konstruktion ist dann zwar insgesamt unbefriedigend, doch kann sie nicht völlig ausgeschlossen werden. Die Folge wäre, daß man Pseudoclefting für in dieser Hinsicht konstruktionell ambig halten müßte.

3.2. Man könnte die Gesetzmäßigkeiten zusammenfassend so formulieren:
a. Clefting stellt die Möglichkeit dar, eine beliebige NP als Satzfocus zu markieren und ihr via Funktion als Subjekt die entsprechenden Existenz- und Numerus-Präsuppositionen zuzuweisen.
b. Pseudoclefting stellt die Möglichkeit dar, eine beliebige NP in prädikativer Funktion ohne Existenz- und Numerus-Präsuppositionen zu verwenden.
Beides ist wohlweislich nicht im Sinne einer transformationellen Ableitung (bei Beibehaltung des Postulats der Bedeutungsneutralität) gemeint. Man könnte sogar so argumentieren, daß in diese Konstruktionen deswegen ausgewichen wird, weil die entsprechenden Normalform-Sätze gerade diese Möglichkeiten nicht bieten.

4. Beim Nachzeichnen dieses Argumentationsganges haben wir also das eine oder andere über Clefting erfahren, aber nichts für unser Beweisziel gewonnen. Im Hinblick darauf kann sogar die Destruktion fortgeführt werden:
a. Die Cleft-Konstruktion legt keineswegs den Focus bzw. den Satzakzent restlos fest. Bei mehrgliedriger geclefteter Konstituente kann die Lage des Satzakzentes durchaus variieren, und dies ist wiederum vergleichbar mit den Erscheinungen beim Skopus von Gradpartikeln:

(39) A: Was für eine Liebe ist da entschlummert?
B: Es war eine s c h e u e Liebe, die da entschlummerte.

Ein schönes Beispiel dafür, wie bei einer vielgliedrigen Cleft-Konstituente der Focus durch Kontrastformeln festgelegt wird, bietet der folgende Beleg:

(40) Nicht die Angst, auf dem eigenen Höhepunkt ... zu v e r s a g e n sondern die Angst, erst überhaupt nicht e i n g e s t e l l t zu werden, ist es, die ...

b. Aber auch die gegenteilige Argumentation verfängt nicht. Bei einer ev. Ableitung aus einem Normalsatz ist für diesen keinesfalls die Angabe des Satzakzentes nötig, da durch die Cleft-Konstruktion allein schon die Focus-Position (wenigstens ungefähr) festgelegt ist. Und selbst wenn sie es nicht wäre: da keine Unterschiede in den Wahrheitsbedingungen auftreten, wären Schwankungen semantisch irrelevant (abgesehen von "exhaustive listing").
c. Gleiches gilt für die Pseudocleft-Konstruktion. Sie weist größere Variabilität bezüglich des Focus auf, aber dies ändert an den übrigen Faktoren nichts:

(41) Wessen Produkt ist das, was wir heute an menschlicher Kultur vor uns sehen? ... das Produkt des A r i e r s .

(42) Was ist nahezu ausschließlich schöpferisches Produkt des Ariers? ... die menschliche K u l t u r .

4.1. Nun zur Kontrastierung im Zusammenhang mit Cleft-Konstruktionen. Gegen den ersten Anschein lassen sich keine Beweise dafür finden, daß die Cleft-Konstruktion die Möglichkeiten zur Kontrastierung drastisch reduzieren würde, und zwar auf die gecleftete (= Focus-) Konstituente. Wenn diese auch geradezu zur Kontrastierung einlädt, fast jedes andere Element eines Cleft-Satzes kann ebenso kontrastiert werden:

(43) A: Juden haben die Gastarbeiter an den Rhein gebracht.
B: Aber nein, Juden waren und sind es, die den N e g e r an den Rhein bringen.

(44) A: Die Juden waren es, die den Neger an die Donau brachten.
B: Aber nein, Juden waren es, die den Neger an den R h e i n brachten.

Allerdings zeigen die spezifischen semantischen Eigenschaften von geclefteten Konstituenten (exhaustive listing etc.) erstaunliche Ähnlichkeiten mit verbürgten Kontrastkonstruktionen.

4.2. Diese vollkommen negativen Feststellungen lassen sich sinngemäß auch auf die Stellungstypen Topikalisierung und Linksversetzung/Rechtsversetzung übertragen. So gilt Topikalisierung meist als eine Möglichkeit, ein rhematisches Subjekt nach rechts bzw. ein thematisches Objekt oder Adverb nach links zu transportieren. Das genaue Gegenteil ist aber ebensogut möglich:

(45) A: Was bekommen wir denn (von Ihnen) für diese Drecksarbeit?
B: Dieses W e r t p a p i e r erhalten Sie von mir.

Auch die Kontrastierung einer topikalisierten Konstituente läßt sich ohne Schwierigkeiten bewerkstelligen:

(46) A: Du, Eva hat übrigens die Parterrewohnung genommen.
B: Aber nein, die L a d e n w o h n u n g hat sie genommen.

Aber selbst Links- und Rechtsversetzung, die in allen mir bekannten Beiträgen zu diesem Thema als typische Konstruktion für die Wiederaufnahme thematischer Konstituenten (bzw. als deren Explikation) interpretiert werden, sind keineswegs auf diese Funktion festgelegt:

(47) Die J u d e n , s i e waren und sind es, die den Neger an den Rhein bringen.

(48) Die erste scheue L i e b e , s i e war es, die im Drucke des Geschäftslebens entschlummerte.

Ebenso kann man zeigen, daß die vermeintlich thematischen Konstituenten auch kontrastiert werden können:

(49) A: Die Frau des Zirkusdirektors trieb Einsamkeit in den Tod.

(49) B: Aber nein: die T o c h t e r des F i l m königs, d i e trieb Einsamkeit in den Tod.

5. Man muß also abschließend feststellen, daß keinerlei Hinweise dafür zu finden waren, daß syntaktische Prozesse (Regeln, Transformationen) (ausschließlich) vom Satzakzent abhängig wären, oder daß Unterschiede in den Wahrheitsbedingungen gleicher Sätze (oder doch formal sehr ähnlicher Sätze) (ausschließlich) von unterschiedlichen Satzakzenten bedingt wären. In jedem geprüften Fall existieren zusätzliche formale Merkmale. - Andererseits kann als erwiesen angesehen werden, daß der Akzent in vielen Fällen für die Skopusmarkierung (und manchmal auch für die Skopusabgrenzung) ausreichend ist. Auf jeden Fall ist der Satzakzent entscheidend für die Gebrauchsbedingungen von Sätzen.

Anmerkungen

1 Dies hoffe ich im Rahmen einer größeren Arbeit zur Wortstellung nachzuholen.

2 Diese Ansicht kann man den Mitgliedern des Prager Linguistenzirkels, die sich mit der Thema-Rhema-Problematik beschäftigten, zuschreiben. Aber auch BOLINGER (1972) und SCHMERLING (1974) scheinen ihr zuzuneigen.

3 Das Beispiel stammt aus LIPKA (1976), S. 11.

4 Vergleiche zu den entsprechenden Gesetzmäßigkeiten bei den Gradpartikeln ALTMANN (1976).

5 Vergleiche hierzu die Dialoge (43) und (49).

6 Ich verweise hier nur auf MOTSCH (1970) und HIGGINS (1973).

7 Im Prinzip wurde eine solche Lösung schon bei AKMAJIAN (1970) entwickelt.

8 Sie werden verursacht durch die bei Subjekts-NPn vorwiegend auftretende quantifizierende Interpretation von Gradpartikeln, die mit spezifischen semantischen Eigenschaften der Cleft-Konstruktion (z.B. exhaustive listing) kollidieren kann. Im Gegensatz dazu verursacht die vergleichbare Operation bei Pseudocleft-Sätzen keine Schwierigkeiten, da bei prädikativen NPn im Skopus die jeweiligen Gradpartikeln zur skalierenden Interpretation wechseln und zusätzlich keine konstruktionsbedingten Numerus-Präsuppositionen vorliegen. Vgl. dazu ALTMANN (1976), und zwar die Abschnitte "3.2.1. Skopus: Einfache Nominalphrase" und "3.3.3. Skopustyp: Prädikatsnomen".

Literatur

AKMAJIAN, Adrian (1970): "On deriving cleft sentences from pseudo-cleft sentences." Linguistic Inquiry 1: 149-168.

ALTMANN, Hans (1976): Die Gradpartikeln im Deutschen. Untersuchungen zu ihrer Syntax, Semantik und Pragmatik. Tübingen: Niemeyer.

BOLINGER, Dwight L. (1961): "Contrastive accent and contrastive stress." Language 37: 83-96.

--- (1972): "Accent is predictable (if you are a mind-reader)." Language 48: 633-644.

BRESNAN, Joan W. (1971): "Sentence stress and syntactic transformations." Language 47: 257-281.

--- (1972): "Stress and syntax: a reply." Language 48: 326-342.

CHOMSKY, Noam/HALLE, Morris (1968): The sound pattern of English. New York etc: Harper & Row.

HIGGINS, Francis R. (1973): The pseudo-cleft construction in English. (masch. Diss. MIT)

KUNO, Susumo (1972): "Functional sentence perspective. A case study from Japanese and English." Linguistic Inquiry 3: 269-320.

LIPKA, Leonhard (1976): "Functional sentence perspective, intonation, and the speaker." To appear in: GUTKNECHT, Ch. (ed.): Strategien und Strömungen der modernen Linguistik. Hamburg: Hoffmann & Campe.

MOTSCH, Wolfgang (1970): "Ein Typ von Emphasesätzen im Deutschen." STEGER, Hugo (ed.) (1970): Vorschläge für eine strukturale Grammatik des Deutschen. Darmstadt: Wiss. Buchgesellschaft: 88-108.

SCHMERLING, Susan F. (1974): "A re-examination of 'normal stress'." Language 50: 66-73.

SUBJECT-OBJECT-VERB CONCORD IN LUISEÑO

John F. Davis

In this paper I shall attempt to show that in some areas of the grammar of Luiseño, a Californian Uto-Aztecan language, the category of number seems to operate independently at two different levels and that conflicts thus arise between grammatical number and what I shall call semantic number. To make this clear it will be necessary to explain the mechanics of concord between subject, object and verb. However, as the details of concord cannot easily be understood without prior knowledge of certain aspects of the Luiseño noun phrase, let us spend a few moments first on case and number marking in the noun.

The Luiseño language uses suffixes for marking its noun phrases for plurality and for at least five syntactic cases (accusative, dative, ablative, locative, instrumental). To these we could add the absolutive suffix. This produces the citation form of a noun, which is often used as a nominative but may be combined with some of the other cases (see Tables 1 and 2).[1] Interestingly, no Luiseño noun makes use of the full array of suffixes just mentioned. In this respect, there is a striking difference between the declension of animate and inanimate nouns.

Animate nouns are obligatorily marked for plurality by the addition of the suffix -<u>um</u>; of the case suffixes only the accusative -<u>i</u> can and must be directly added to the nominal stem. For all other cases a third person pronoun carrying the appropriate suffix follows the absolutive form of the noun. Table 1 makes this clear.

Table 1

Absol. Sg:	'awáa-l[2]		'dog'	Pl:	'awáa-l-um	
Acc.	'awáa-l-i				'awá-l-m-i	
Dat.	'awáa-l	póyk			'awáa-l-um	póomik
Abl.	'awáa-l	póongi			'awáa-l-um	póomungi
Loc.	'awáa-l	póotu			'awáa-l-um	póomunga
Instr.	'awáa-l	póotal			'awáa-l-um	póomutal

In contrast, inanimate nouns usually remain unmarked for plurality, adding all the case suffixes except accusative directly to the singular stem. When unmarked for plural they have zero marking for accusative, but in the marked plural with -um they add -i like animate plural nouns. The marked plural is only possible in the absolutive and accusative: unlike animate plurals, inanimate plurals cannot be formed by juxtaposing the absolutive plural with a third person plural pronoun. Table 2 makes this clear.

Table 2

Absol.	Sg: péshli-sh	'dish'	Pl:	péshli-ch-um
Acc.	péshli-sh-Ø			péshli-sh-m-i
Dat.	péshli-k			-
Abl.	péshli-ngi			-
Loc.	péshli-nga			-
Instr.	péshli-tal			-

Overt plural marking for inanimate nouns depends on a number of factors. It is rarely used when a determiner such as chóo'un 'all' or a numeral (e.g. wéh 'two') is present, since these in themselves are sufficient to convey the notion of plurality.

(1) ya'ásh chóo'un-Ø péshli-sh-Ø sásamsa
man-Abs all-Acc dish-Abs-Acc bought

= The man bought all the dishes.

(2) hingéema-l wéh qénxa-t-Ø 'u'yóot
boy-Abs two necklace-Abs-Acc stole

= The boy stole two necklaces.

It can optionally be used when nothing else in the sentence gives any hint of plurality but plurality needs to be stressed.

(3a) hingéema-l qáy péshli-sh-m-i sásamsa
boy-Abs not dish-Abs-Pl-Acc bought

= The boy did not buy the dishes.

In a situation where no emphasis is needed, 3a would be replaced by the ambiguous sentence 3b, where péshlish is unmarked for plural and has zero marking for accusative.

(3b) hingéema-l qáy péshli-sh-Ø sásamsa

= a. The boy did not buy the dish.
b. The boy did not buy the dishes.

The most interesting cases of marking and non-marking for plurality, however, occur in subject-verb and object-verb concord in connection with one particular group of Luiseño verbs. To understand these, we must quickly examine the mechanics of these two types of concord.

For object-verb concord no syntactic mechanism is available, though, as we shall see, it can be effected by other means. In the case of subject-verb concord, none of the eight or more tense/aspect suffixes attached to the verb stem shows any differentiation for person. So if no overt nominal subject is otherwise present in the sentence, either a discrete personal pronoun is used or an enclitic cross-referring to the person and number of the subject and to the tense of the verb is added to the first NP in the sentence.

(4a) cháam chóo'un-Ø péshli-sh-Ø sásamsa
we all-Acc dish-Abs-Acc bought

= We bought all the dishes.

(4b) chóo'un-Ø-chil péshli-sh-Ø sásamsa
all-Acc-ENCLITIC Remote Past of
1 Person sáamsa 'buy'
Plural
Remote Past

= 4a

Note that an enclitic is frequently added even when the sentence does have an overt subject:

(4c) cháam-chil chóo'un-Ø péshli-sh-Ø sásamsa
we-ENC
1 Pers
Pl
Rem Pst

= 4a

Although all the tense/aspect suffixes are invariable as to person, three of them agree in number with the sentence subject: Present Sg -g, Pl -wun; Past Present Sg -qat, Pl -qat-um (for past time back to and including last night); Immediate Future Sg -lut, Pl -katum.

We must now examine what happens when animate and inanimate nouns function as the subject of verbs in these three tenses. For simplicity of exposition I shall limit myself for the moment to Present. If the subject is animate, then both the enclitic and the verb agree in number with it, e.g.

(5) 'awáa-l-up[3] wá'i-q
dog-Abs-ENC bark-Sg
3 Pers Pres
Sg
Pres

= The dog is barking.

(6) 'awáa-l-um-pum wá'i-wun
dog-Abs-Pl-ENC bark-Pl
3 Pers Pres
Pl
Pres

= The dogs are barking

If the subject is an inanimate noun, the enclitic and the verb will agree with the overt, i.e. the grammatical, number of this noun, which is not necessarily identical with its semantic number. Sentences 7-9 will make this clear.

(7) péshli-sh-up múuya-q
dish-Abs-ENC be full-Sg
3 Pers Pres
Sg
Pres

= The dish is full.

(8) péshli-sh-up wéh múuya-q
dish-Abs-ENC two be full-Sg
3 Pers Pres
Sg
Pres

= The two dishes are full.

(9) péshli-ch-um-pum múuyaan (< múuyax-wun)
dish-Abs-Pl-ENC be full-Pl
3 Pers Pres
Pl
Pres

= The dishes are full.

Having seen the mechanics of plural marking for the noun and of number concord between subject and verb, we can now turn to the special group of Luiseño verbs referred to earlier. This consists of about 50 verbs, which can be divided into two subgroups: the first makes use of one stem for a singular subject and of a totally unrelated stem for a plural subject; the second uses suppletive stems in a similar way for plural objects. Except for this distinction between singular and plural, the suppletive stems are in both cases semantically identical with the singular stems.

Examples of the first subgroup appear in sentences 10 and 11.

```
(10a)  hingéema-l-up     yá'-qa
       boy-Abs-ENC       run-Sg
               3 Pers        Pres
               Sg
               Pres

       = The boy is running.

(10b)  hingéema-l-um-pum   ngóoraan  (< ngóorax-wun)
       boy-Abs-Pl-ENC                   run-Pl
                  3 Pers                    Pres
                  Pl
                  Pres

       = The boys are running.

(11a)  wuná'-up       yúy-la       s̸é'-qa
       there-ENC      spruce-Abs   stand-Sg
             3 Pers                      Pres
             Sg
             Pres

       = There is a spruce standing there.

(11b)  wuná'-up       yúy-la       túu-qa
       there-ENC      spruce-Abs   stand-Sg
             3 Pers                      Pres
             Sg
             Pres

       = There are spruces standing there.
```

Sentence 10a with a singular animate noun as subject is perfectly regular: the enclitic -<u>up</u> and the tense/aspect suffix -<u>qa</u> are both singular, agreeing with the singular subject <u>hingéemal</u> 'boy'. Sentence 10b has a plural animate subject <u>hingéemalum</u> 'boys', and again both the enclitic -<u>pum</u> and the verbal suffix -<u>wun</u> agree with it in number; however, now we have a suppletive verb stem <u>ngóorax</u>- (instead of <u>yá'</u>-), which collocates only with a plural subject.

Sentence 11a with a singular inanimate noun <u>yúyla</u> 'spruce' as subject also shows regular concord between this noun, the enclitic -<u>up</u> and the verbal suffix -<u>qa</u>. In sentence 11b, however, we have the odd situation of a verb syntactically showing singular concord with a singular subject <u>yúyla</u> and a singular enclitic -<u>up</u>, yet the verb root itself is semantically plural. Let me emphasize this point with one further example.

```
(12a)  qénxa-t-up              pée-nga    wíwa-q
       necklace-Abs-ENC        road-Loc   lie-Sg
                 3 Pers                       Pres
                 Sg/Pres
```

= The necklace is lying on the road.

(12b) qênxa-t-up pée-nga wícha-q
necklace-Abs-ENC road-Loc lie-Sg
3 Pers Pres
Sg
Pres

= The necklaces are lying on the road.

Here again we see the conflict between two different kinds of number: grammatical (or syntactic) number, which determines the shape of the inflectional apparatus in the sentence, and semantic (or lexical) number, which determines the lexical choice of the verb root.

Comparable with this type of sentence are sentences 13 and 14, where the choice of the verb root now depends on the number of the object.

(13a) hingéema-l-up 'awâa-l-i kwôti-lut
boy-Abs-ENC dog-Abs-Acc wake-Sg
3 Pers Imm Fut
Sg
Imm Fut

= The boy is going to wake the dog.

(13b) hingéema-l-up 'awá-l-m-i wurávi-lut
dog-Abs-Pl-Acc wake-Sg
Imm Fut

= The boy is going to wake the dogs.

(14a) hingéema-l-up péshli-sh-Ø laméesa-nga qâli-qat
dish-Abs-Acc table-Loc put-Pst Pres

= The boy put the dish on the table.

(14b) hingéema-l-up péshli-sh-Ø laméesa-nga límí-qat
dish-Abs-Acc put-Pst Pres

= The boy put the dishes on the table.

Again we see the clear division between animate and inanimate nouns. A comparison of 13b with 13a shows that the animate object is marked for both plural and accusative, and that whereas sentence 13a has a verb root which admits only a singular object, 13b has a verb root which must be accompanied by an object that is plural. In 14a and 14b, however, the object noun is grammatically singular in each case and carries a zero accusative morpheme, but again we have two different verb roots, the one in 14a being admissible only with singular objects and the one in 14b only with plural ones. So in these four sentences, as in the rest of the language, there is no grammatical concord between object and verb, but in the lexical choice of the verb root we here have a kind of semantic object-verb concord.

The phenomenon I have described above, where a set of Luiseño verbs shows suppletion of the root for plural inanimate subjects or objects while the subject or object nouns themselves remain grammatically singular, confronts us with an interesting problem. If verbs are subcategorized in terms of the features borne by their subject or object nouns, as has been suggested for at least one kind of transformational grammar[4], how does one generate sentences like 11b and 12b? Although at the beginning of this paper I talked about inanimate nouns as being unmarked for plural, i.e. implicitly plural, it is evident from the forms of the enclitics and the verbal suffixes that syntactically the language treats them as clearly singular. How then can a verb which carries a feature requiring a plural subject or a plural object be successfully matched with a noun that is grammatically singular? For the moment I see no simple solution to this problem. What does, however, seem quite clear is that the grammar of Luiseño operates with two types of number: one syntactic and the other semantic.

Notes

1 For fuller details of the absolutive and case suffixes see KROEBER/GRACE (1960: 69, 88-92).

2 The transcription used in this paper is that found in HYDE (1971). Instead of underlining for stress, however, an acute accent has been used.

3 By coincidence the same set of enclitics is used for Present, Past Present and Immediate Future. For further details see DAVIS (1971: 28 et seq.).

4 For example, CHOMSKY (1965: esp. Chapter 2.2).

Bibliography

CHOMSKY, Noam (1965): Aspects of the theory of syntax. Cambridge, Mass.: MIT Press.

DAVIS, John F. (1973): A partial grammar of simplex and complex sentences in Luiseño. Los Angeles: University of California Ph.D. Dissertation.

HYDE, Villiana (1971): An introduction to the Luiseño language. Banning, Calif.: Malki Museum Press.

KROEBER, A.L. / GRACE, George W. (1960): The Sparkman Grammar of Luiseño. Berkeley, etc.: University of California Press.

IF-ANTWORTEN AUF WH-FRAGEN

Günther Deimer

O. Ist zu erklären, wie es kommt, daß sich mit (1b) die Frage (1a) beantworten läßt?

(1a) Who is for another drink?

(1b) If you are buying

Wieso läßt sich mit (1b) auch

(2) Are you for another drink?

beantworten? - Zu erklären ist, daß (1b) als

(1c) Í am (for another drink (if you are buying)).

und als

(1d) Yes (, I âm (for another drink (if you are buying))).

verstanden wird.*

1. Englischsprecher stimmen darin überein, daß (1b) als geeignete Erwiderung auf (1a) und (2) zu verwenden ist. Das läßt sich an einer Bestimmung von "'natural' response" überprüfen:

> A 'natural' response to a given question must share the presupposition of the question, and must contain as focus an item which specifies the semantic variable of the question. (AKMAJIAN 1970: 197; vgl. AKMAJIAN 1973: 217-219, CHOMSKY 1971: 199, JACKENDOFF 1972: 230)

(1a) und (1b) haben die Präsupposition '*x* is for another drink'. In dem als Antwort verwendeten Satz liegt also die Präsupposition im nicht-realisierten Konsequens. Entsprechendes gilt für den Focus *I*. - Aus (2) ist die Präsupposition-Focus-Beziehung '[addressee is for *y*], [*y* = another drink]' zu ermitteln. Mit

(1e) If you are buying (, then I am for another drink)

läßt sich also auch (2) auf natürliche Weise erwidern. Daß (1b) eine natürliche Erwiderung auf (1a) und (2) ist, läßt sich somit nur begründen, wenn Focus und Präsupposition außerhalb des oberflächenmäßig realisierten Konditionalfragments liegen können.

Gewiß läge es nahe, die Gründe für die beiden Interpretationen von (1b) außerhalb von Syntax und Semantik in der Sprachverwendung zu suchen. Ein Konditionalbruchstück könne eben mindestens zwei verschiedene *Funktionen* übernehmen, wenn es als Antwort auf verschiedene Fragearten verwendet werde. - Syntaktische Tatsachen *bedingen* jedoch die verschiedenartige Verwendbarkeit. Was hier noch folgt, soll diese Behauptung stützen. Es wird sich dabei zeigen, daß für die Funktion einer Konstruktion wie (1b), angeschlossen an eine Konstruktion wie (1a), Verwandtschaften im syntaktischen Verhalten von Interrogativen und Konditionalen verantwortlich sind.

(1a)-(1b) und (2)-(1b) drücken gewiß keine unbeschränkte Beziehung zwischen Interrogativen und Konditionalen aus, wie (3a)-(3b) zeigen:

(3a) Whom can I buy another drink?

(3b) #If you are buying (= (1b))

(3b) ist eine unangemessene Antwort (#), da das Antecedens unverträglich ist mit dem Vorkommen von <u>buy</u> in (3a). Unverträglich ist es daher auch mit dem Inhalt des zu ergänzenden Konsequens von (3b). Stehen Antecedens- und Konsequensinhalt in keinem relevanten Bedingungszusammenhang, so können sie miteinander unverträglich sein. Für (1a)-(1b) läßt sich der relevante Bedingungszusammenhang so ausdrücken: <u>y</u> will <u>z</u>; daß <u>x</u> dem <u>y</u> <u>z</u> kauft, reicht aus dafür, daß <u>y</u> <u>z</u> bekommt; also wird <u>y</u> ein entsprechendes Angebot von <u>x</u> (= zweite Prämisse) *vernünftigerweise* annehmen.

(4a)-(4b) zeigt unangemessene Frage-Antwort-Folgen (QAs). Es besteht kein relevanter Bedingungszusammenhang zwischen Frage und 'Antwort':

(4a) Who is for another drink? (= (1a))

(4b) #If you are { (i) answering the boss / (ii) going to have a bath / (iii) leaving for Palmberg }.

Obwohl sich gewiß mit (4bi)-(4biii) idiosynkratische Bedingungsverhältnisse konstruieren lassen, ist keines der Fragmente in (4b) als angemessene Antwort auf (4a) zu verwenden. Ein "praktischer Syllogismus" wie oben für (1a)-(1b) läßt sich hier eben nicht ohne weiteres nachvollziehen.

2. Über die Ursachen für konditionale Interpretierbarkeit nichtkonditionaler Konstruktionen kann ich nicht spekulieren. Ich er-

wähne zwei dieser Erscheinungen (vertreten durch (5) und (6)) nur kurz; auf eine dritte (vgl. (7)) werde ich noch zurückkommen. Disjunktive und konjunktive Konstruktionen ((5), (6)) sowie pseudorestriktive Relativsätze ((7)) können als Konditionale interpretiert werden:

(5) Clean up your room <u>or</u> I'll take away your teddy bear. (GREEN 1975: 125 (49a)[Hervorhebung nicht im Original])

(6) Realize what you've said, <u>and</u> you'll never be able to finish the speech. (GREEN 1975: 125 (48b) [Hervorhebung nicht im Original])

(7) A lion <u>that</u> doesn't have enough to eat is a dangerous animal. (STOCKWELL et al. 1973: 429 (13a) [Hervorhebung nicht im Original])

(5) ist nur als Drohung konditional interpretierbar. Hierfür lassen sich also im Unterschied zu (6) und (7) funktionale Gesichtspunkte nicht ausschließen.

Auf der syntaktischen Ebene liegt dagegen die Beziehung zwischen (1b) und (1c):

(1b) <u>If you are buying</u>

(1c) I am for another drink <u>if you are buying</u>.

MORGANs (1973, 1975) Untersuchungen zu Satzfragmenten lassen sich auf (1b) übertragen. - Satzfragment-Eigenschaften veranschaulicht Morgan vor allem an <u>WH</u>-Fragen und ihren Antworten:

(8a) What does Mitchell have in his head?

(8b) Hydrogen sulfide. (MORGAN 1973: 720, (1), (2))

Neben NPs kommen auch VPs,[1] Adverben und Adjektive als Satzfragmente vor; häufig eben in Antwortfunktion. Entsprechendes gilt für Konditionale.

Daß Satzfragmente satzentsprechende Eigenschaften haben, zeigt Morgan an Beschränkungen der Complementizer-Wahl:

(9) What does Tricia enjoy most?

(10a) Being called "your highness".

(10b) *To be called "your highness".

(10c) *That she be called "your highness".

Die von Morgan untersuchten Satzfragmente zeichnen sich also durch Kontextabhängigkeit aus. Bei den hier zu untersuchenden Konditionalfragmenten ist eine entsprechende Abhängigkeit nicht zu beobachten.

3. Es sieht so aus, als wäre die Natürlichkeit eines Diskurses durch Kunos Überlegungen zur funktionalen Satzperspektive (FSP) durch das Kriterium "recoverability" indirekt mitbestimmt:

> A string in a given sentence represents 'old, predictable information' if the information is recoverable, with a high degree of reliability, from the p r e c e d i n g discourse context, and 'new, unpredictable information' if otherwise. (KUNO 1975: 276)

Ein Argument für die s y n t a k t i s c h e Bedeutsamkeit derart verstandener FSP entwickelt Kuno nicht zufällig an Hand der Angemessenheit von _if_-Antworten auf _WH_-Fragen. Nicht zufällig auch läßt sich mit solchen QAs gerade das von Kuno Beabsichtigte nicht zeigen.

Kunos Hypothese ist, daß das vorhersagbare Satzthema innersatzmäßig nicht pronominalisiert werden kann.

(11a) Speaker A: What will $John_i$ do this Sunday?

(11b) Speaker B: #If $John_i$ can, he_i will go to see a movie.
cf. If he_i can, $John_i$ will go to see a movie.

(KUNO 1975: 279, (2-12a, b))

KUNO (1975: 279) nimmt an, daß

> (2-12b) [unser (11b)] is unacceptable as an answer to (2-12a) [unser (11a)] because the noun phrase that **represents the predictable theme has been pronominalized** with the antecedent in the same sentence ...

Nicht nur solche Verallgemeinerungen über Pronominalisierbarkeit aus der Untersuchung von _if_-Antworten auf _WH_-Fragen sind ausgeschlossen; auch korrekt pronominalisierte Antworten auf einen bestimmten Fragetyp lassen sich so nicht erfassen. Nicht-Generalisierbarkeit läßt sich leicht durch Veränderung des Adverbialnebensatz-Typs erkennen:

(12a) What will $John_i$ do this Sunday? (= (11a))

(12b) _Since_ $John_i$ is a fool, he_i will go to see a movie.

Eine Verbesserung ist auch durch Vertauschung der Abfolge von Haupt- und Nebensatz zu erzielen:

(13a) What will $John_i$ do this Sunday? (= (11a))

(13b) $John_i$ will go to see a movie _if_ _he_i_ _can_.

Ganz offenbar jedoch ist auch die Beschaffenheit der pronominalisierten NP für Vorwärtspronominalisierung entscheidend.

(14a) What should _the_ _$banks_i$_ do about the question of service charges on small savings accounts?

(14b) If <u>the banks</u>$_i$ charge too much, <u>they</u>$_i$ go out of business, and if <u>they</u>$_i$ charge too little, <u>they</u>$_i$ go out of business, too.

Hier ist nicht der Ort zu untersuchen, was die Akzeptabilitätsunterschiede zwischen (11b) und (12b)-(14b) relativ zu (11a) bedingt. Immerhin anzudeuten ist, daß Kunos funktionale Syntax hier wenig erklärt, weil darin zwei oberflächenmäßige Erscheinungen unberücksichtigt bleiben, die für die relative Güte von (13b) und (14b) verantwortlich sind: Protasis-Nachstellung und "Entfernung" zwischen Haupt- und Nebensatzanfang.

4. Gleichgültig, welche Vorteile Kunos Diskurspronominalisierung sonst bietet: sie müßte wenigstens bei Konditionalen für oberflächenstrukturelle Tatsachen empfindlich gemacht werden. Diese Tatsachen sind abzuleiten durch Anwendung von Transformationsregeln auf eine Kette <u>if</u> <u>then</u> $\bar{S}$, die man etwa aus (15) erhält:

(15) $D_{cond} \rightarrow$ if then $\bar{S}$ (HALL [PARTEE] 1964: 9, P 2)

(D bezeichnet hier einen von S direkt dominierten Knoten 'Adverbial'.)

Die Begründung für das Aussehen dieser Regel ist bemerkenswert:

> Since the <u>then</u> is certainly closely connected with the <u>if</u>, probably the simplest solution is to generate the two together and adjust the order after the clause is embedded. (HALL [PARTEE] 1964: 9)

Genau so einfach ist natürlich eine transformationelle Einführung von <u>then</u>. Nur kommt dann nicht von vornherein die gewiß enge Bindung von <u>if</u> und <u>then</u> zum Ausdruck. Wenn wir nur daran interessiert sind, daß uns entsprechende Transformationsregeln (vgl. HALL [PARTEE] 1964: 9)[2] die im Englischen realisierten Oberflächenverteilungen von Konditionalen (If $\bar{S}$, (then) X; X if $\bar{S}$) liefern, dann sind Vorbehalte gegen die Begründung für (15) müßig. In bestimmten Umgebungen ist die Regel obligatorisch, die <u>then</u> in Zweitstellung tilgt. (Nehmen wir an, diese Regel sei wie c) in Anm. 2 formuliert.)

(16) If you were offered a position as Cabinet Minister, what would you choose to be?

(17) *If you were offered a position as Cabinet Minister, then what would you choose to be?

Eine Veränderung der Regel (15) derart, daß ein Platztausch zwischen Konsequens und Antecedens mit Ausfall von <u>then</u> stattfindet, würde <u>WH</u> --- <u>if</u>...-Konstruktionen "direkter" Rechnung tragen. Das sind oberflächenstrukturelle Kennzeichen. Aber auf die kommt es hier entscheidend an.

5. Wir können selbstverständlich nicht durchweg an der Oberfläche bleiben und behaupten, daß sich in der Akzeptabilität von Sätzen wie

(18) What would you choose to be if you were offered a position as Cabinet Minister?

schon in der oberflächlichen Anordnung das zeige, was in QAs wie (1a)-(1b) "zerlegt" sei: Da eine <u>WH</u>-Frage Konsequensfunktion haben könne, folge die Wirksamkeit des Konditionalfragments (etwa in (1b)) als "Belegung" von WH auch ohne die Satzfragmenttheorie, wenn man eine QA wie (1a)-(1b) als K o n d i t i o n a l interpretiert. Abgesehen davon, daß die Pronominalisierung in einem solchen Konditional entsprechend der Sprecherverschiedenheit der ursprünglichen QA anzupassen wäre, hätte dieses Verfahren einen schwerer wiegenden Fehler: Es arbeitet nur dann, wenn man **das rekonstruierte Konditional in der Rolle der A s s e r t i o n e i n e s K o n d i t i o n a l s** (zuweilen auch materiale Implikation genannt) sieht. (1b) wird aber sicher nicht so interpretiert, sondern als k o n d i t i o n a l e A s s e r t i o n d e s K o n s e q u e n s (vgl. BELNAP 1973: 48, der sich auf QUINE 1950 bezieht); im folgenden wird kürzer von "konditionaler Assertion" gesprochen. Dies ist auch - im Unterschied zur aussagenlogischen - die g e w ö h n l i c h e Auffassung von Konditionalen: "If ... the antecedent turns out to have been false, our conditional affirmation is as if it had never been made." (QUINE 1950 / 1964: § 3) Der entsprechende Teil in Belnaps Rekonstruktion der Semantik konditionaler Assertionen ist der folgende zweite Fall: "If A is true, then what (A/B) asserts is what B asserts. If A is false, then (A/B) is nonassertive." (BELNAP 1973: 50)

Bevor wir konditionale Assertion für die Interpretation von QAs benützen, soll noch angedeutet werden, wie sich "gemischte" Konditional-Interrogativgebilde verhalten. Neben konditionaler

Erst- und Zweitstellung (vgl. (16) und (18)) sind auch besondere konditionale Mitteleinbettungen in WH-Konstruktionen wohlgeformt:

(19) What, if anything, would you suggest?

Ein Vergleich mit (20) und (21) zeigt, worin die Besonderheit von parenthetischen Konditionalen wie (19) besteht:

(20) *What, if a reform, would you suggest?

(21) *Which, if a reform, would you suggest?

(20) und (21) sind natürlich merkwürdig, weil Tilgungsbeschränkungen im Konditionalteil verletzt wurden; und zwar so, daß die Zusammensetzung von AUX nicht zu ermitteln ist. (20) und (21) erlauben, anders als bei Tilgungen wie in

(22) If in doubt, say no

für den if-Satz keine eindeutige Rekonstruktion von Subjekt und Hauptverb. Dies geht einher mit konzeptionellen Schwierigkeiten, (20) und (21) überhaupt zu interpretieren. Diese Schwierigkeiten rühren daher, daß der Bedingungsbereich nicht umfangreicher ist als der Konsequensbereich.

Konditionale, die sich wie (19) zur Erfragung von Auswahlvorgängen eignen, nenne ich Auswahlkonditionale. Sie erlauben

- Mitteleinbettungen des if-Teilsatzes und
- Tilgungen der in (19) bezeichneten Art.

Hinzu kommt, daß

- der Konsequensteil von einem Interrogativ besetzt werden kann.

Das zweite Kennzeichen unterscheidet Auswahlkonditionale von hypothetischen Konditionalen. Vgl.

(23) What would you say to Schweppermann if you were near Ampfing?

gegenüber

(24) *What, if near Ampfing, would you say to Schweppermann?

(25) *If near Ampfing, what would you say to Schweppermann?

Nur gestreift werden kann hier die "Verwandtschaft" zwischen Auswahlkonditionalen und QAs wie (1a)-(1b). Diese "Verwandtschaft" ist natürlich nicht präzisierbar als Hypothese über die Ableitbarkeit der einen Konstruktion aus der anderen. - Auf Sätze wie (26) und (27) bezog sich eine Beobachtung Halls.

(26) If Homer gave Matilda any money yesterday, he'll never see it again.

(27) If Matilda had had any money yesterday, she would have bought a new dress.

(HALL [PARTEE] 1964: 15, (69), (70))

> ... it must be the case that the conjunction <u>if-then</u> permits the change from <u>some</u>$_3$to <u>any</u> in the same way that the interrogative marker does. No further connection of <u>if</u>-clauses to questions has seemed to be implied by any of the work done so far. (HALL [PARTEE]1964: 15)

6. <u>WH</u>-Interrogative kommen also als Konsequensteile von Auswahlkonditionalen vor. Wird <u>any</u> transformationell eingeführt, so ist über den Antecedensbereich zu quantifizieren:

(28) $\text{if (not)} \left\{ \begin{array}{c} \text{so} \\ \text{any} \end{array} \right\}$

Ausdrücke, auf die sich <u>so</u> und <u>any</u> beziehen können, sind Konsequensbestandteile. Das drückt

(29) $D_{cond} \rightarrow \text{if } \bar{S}$

anschaulicher aus als (15). Die natürliche Anordnung ist dann: Konsequens vor Antecedens.

Zweitstellung des Antecedens kommt der Definition von konditionaler Assertion entgegen: Die Fiktion, daß die bedingte Behauptung ungeschehen gemacht wird, wenn das Antecedens falsch ist ("If A is false, then (A/B) is nonassertive." [BELNAP 1973: 50]), kann veranschaulicht werden durch "Nachklappen" des Antecedens. Es sei A = Antecedens und B = Konsequens. Der Ausdruck

(30) Ø
↑
(B / A)
↖ ↓
⊥

veranschaulicht dann die Fiktion "as if it [the conditional assertion] had never been made" (Ø), wenn A nicht wahr (⊥) ist.

Gegen die Reihenfolge Konsequens vor Antecedens könnte der nicht-terminale (steigende) Intonationsverlauf von <u>if</u>-Teilsätzen geltend gemacht werden. Ein Argument gegen Protasis-Nachstellung ist dies aber nicht, da <u>if</u>-Teilsätze den terminalen Intonationsverlauf von Fragen haben können. Für (1b) veranschaulicht (31) den entsprechenden Intonationsverlauf.

(31) 
if you're buying

Die Verteilung der Affirmationspartikel (vgl. (32)) stützt die Annahme der Reihenfolge Konsequens vor Antecedens.

(32) Yes (, I am ...), if ...

Evidenz für die Anordnung der Konditionalbestandteile kommt also aus oberflächenstrukturellen Kennzeichen. Dies ist eine günstige Ausgangslage, um über die Analyse von Interrogativen durch Variablenbelegung einen Deklarativ zu gewinnen, der als Konsequens-Vorgänger der if-Antwort gilt.

In (33) sind die Beziehungen und das Zusammenwirken zwischen Interrogativen und Konditionalteilen veranschaulicht.

(33)

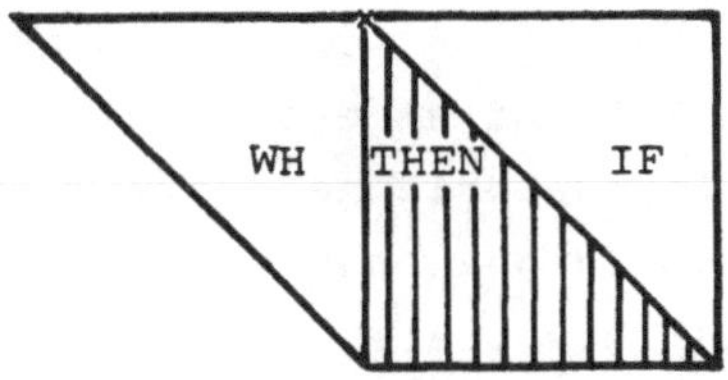

Entsprechendes Verhalten bezüglich der some-any-Suppletion stellt den in (33) mit × bezeichneten syntaktischen "Berührungspunkt" zwischen Interrogativen und dem if-Teilsatz dar. Es läßt sich an Hand von (33) auch nachvollziehen, wie sich der WH-Ausdruck in die Rolle des Konsequens bringen läßt. (Vgl. die Bemerkungen zu (16), (18) und (19).) Besonders anschaulich zeigt sich die Wirkung von konditionaler Assertion: Ist der if-Teilsatz falsch, so wird "nach vorne" die Streichung des Konsequens fingiert. Dadurch verlieren QAs wie (1a)-(1b) ihren in (33) schraffierten Verbindungsteil. Für die Interpretation von (1a)-(1b) z. B. haben wir so eine Erklärung dafür, daß ein negiertes Antecedens wie If you are not buying eine uninterpretierbare Situation schüfe: Interrogativ und negiertes Antecedens bleiben zueinander beziehungslos

Die Untersuchung von QAs wie (1a)-(1b) ist also wenigstens teilweise syntaktischen und semantischen Überlegungen zugänglich. Vielleicht wäre dies Anlaß, über die Funktion von Konditionalen etwa so wie Pope (Kuroda folgend) zu spekulieren: "Certain grammatical constructions, such as conditionals and disjunctions, allow one to avoid responsibility for the truth of a sentence." (POPE 1972: 22, fn. 23) Dies ist nicht richtig. Es ist falsch wenigstens bei den für QAs interessanten nicht-hypothetischen, nicht-imaginären und nicht-kontrafaktischen Konditionalaussagen, falls dafür eine Semantik für konditionale Assertionen zugrunde gelegt wird.

7. Vorhin wurden WH-Fragen als Konsequens von bestimmten Konditionalen analysiert. Aus Beobachtungen zu besonderen WH-Interrogativen, den sogenannten indirekten Fragen mit whether, glaubt HARMAN (1975: 8) Stützung für seine Annahme zu finden, daß das if in Konditionalen (nennen wir es $\underline{if}_1$) und das if, das wie whether in indirekten Fragen auftritt (nennen wir es $\underline{if}_2$), ein und dasselbe if seien. Das wäre bemerkenswert: Falls nämlich alle ifs WH-Complementizer sind, dann gehören if-Antworten erstaunlicherweise zu den WH-Interrogativen. (1b) und andere Konditionalfragmente wären dann ohne weiteres als rhetorische Fragen interpretierbar. (Vgl. die Bemerkungen zum Intonationsverlauf im Zusammenhang mit (31).) Die Konditionalinterpretation für QAs wie (1a)-(1b) wäre falsch; eine Frage-Gegenfrage-Deutung wäre richtig. HARMAN (1975: 8) macht entscheidenden Gebrauch von der Auffassung, daß "variants of indirect questions often appear as the a n t e c e d e n t s of conditionals" [Hervorhebung nicht im Original]. Diese Auffassung ist mit meinen Bemerkungen zu Auswahlkonditionalen nicht verträglich. Es zeigt sich jedoch, daß Harmans Ableitung fehlerhaft ist: Weder die WH-Complementizeranalyse von if noch die Antecedensanalyse von WH ist haltbar.

Eines von Harmans Beispielen für WH-Antecedens von Konditionalen ist

(34) Whether or not John goes to the party, Mabel will go. (HARMAN 1975: 8)

Auf den ersten Blick scheint sich (34) für Harmans Analyse zu eignen, wenn man dagegen die Verteilungsbeschränkungen für if in Konstruktionen wie (35) betrachtet.

(35) *If or not John goes to the party, Mabel will go.

Da also whether die Rolle von if ganz spielen könne, if dagegen nicht ganz die von whether (vgl. (35)), sei die WH-Funktion auch für if grundlegend. Was auch immer man von solchem Schließen halten mag - Harmans Argument beruht auf der Analyse von Gebilden wie (34) als Konditionale.

Als Konditional, das if-Anfangsstellung und kein WH-Wort im

Konsequens zeigt, dürfte die Wohlgeformtheit von (34) nicht beeinträchtigt werden durch Einsetzung des aus "stilistischen Gründen" (HARMAN 1975: 6) vorhandenen <u>then</u>:

(36) *Whether or not John goes to the party, then Mabel will go.

(36) ist beträchtlich merkwürdiger als (35). Ein Konsequens kann sich offenbar nicht auf eine Disjunktion der neutralisierenden Form <u>p</u> <u>oder</u> <u>nicht</u> <u>p</u> beziehen. Aber gewiß ist (36), entgegen Harmans Annahme, keineswegs ein Konditional. Das zeigt ein Vergleich von (36) mit (37):

(37) Whether or not John goes to the party, Mabel will go
$\left\{ \begin{array}{l} \text{\underline{anyway}} \\ \text{\underline{regardless of the answer to the question of whether}} \\ \text{\underline{or not John goes (too)}} \end{array} \right\}$.

<u>Whether</u> <u>or</u> <u>not</u>-Konstruktionen sollen doch gerade anzeigen, daß im Konsequens etwas U n b e d i n g t e s ausgedrückt wird. (Vgl. die unterstrichenen Fortsetzungsmöglichkeiten in (37).)

Um zu sehen, welche Festlegungen das Konzept B e d i n g t h e i t im Gegensatz zu der durch Konstruktionen wie (34) vertretenen Unbedingtheit erfährt, versuche man z. B. (34) in eine materiale Implikation zu übersetzen. Es geht also nicht wie bei Harman um eine Verminderung der <u>if</u>-Anzahl, sondern um die Beschreibung von deren Vielfalt. Einerseits lassen sich die verschiedensten Konstruktionen (konjunktive und disjunktive Konstruktionen sowie pseudorestriktive Relativsätze) auf verschiedenen Beschreibungsebenen als Konditionale interpretieren. Andererseits deutet man Konditionale häufig kausal (vgl. HALL [PARTEE] 1964: 11). Eine Befangenheit in Ursache-Wirkung-Zusammenhängen läßt gewiß eine "Konsequens vor Antecedens"-Analyse von Konditionalen als unnatürlich erscheinen. Das aber hieße, von einer A n w e n d u n g der Konditionale auf ihre Natur, also ihre Form zu schließen. Und schließlich ließe solches Vorgehen auch unser Problem, die Interpretierbarkeit von (1b) als Assertion, ohne Lösung.

Anmerkungen

* Ich danke Martin Pam für Bemerkungen zur ersten Fassung des Vorliegenden.

1 Vgl. "What does he want to do to the press? - Suppress it." (MORGAN 1973: 720, (3), (4))

2 $T_{\underline{then}}$

```
a) if then S̄ X
   1   2   3 4  ⇒  1  3  2  4
                (opt.)
   (where S̄ dominates 1 2 3 4)
b) if then S̄
   1   2   3    ⇒  1  Ø  3
              (oblig.)
c) if S̄ X
     1 2        ⇒  2  1
                (opt.)
   (where S dominates 1 2, 2 ≠ then + Z)
```

(HALL [PARTEE] 1964: 9)

3 Vgl.: You have <u>some</u> money. Do you have <u>any</u> money?

Literatur

AKMAJIAN, Adrian (1970): Aspects of the grammar of focus in English. Doctoral dissertation. Cambridge, Mass.: MIT.

--- (1973): "The role of focus in the interpretation of anaphoric expressions". ANDERSON, Stephen R. / KIPARSKY, Paul (eds.). A festschrift for Morris Halle. New York: Holt, Rinehart and Winston: 215-226.

BELNAP, Nuel D. (1973): "Restricted quantification and conditional assertion". LEBLANC, Hugues (ed.). Truth, syntax and modality. Amsterdam: North Holland: 48-75.

CHOMSKY, Noam (1971): "Deep structure, surface structure, and semantic interpretation". STEINBERG, Danny D. / JAKOBOVITS, Leon A. (eds.). Semantics. An interdisciplinary reader in philosophy, linguistics, and psychology. London: Cambridge University Press: 183-216.

COLE, Peter / MORGAN, Jerry L. (eds.). (1975): Syntax and semantics III. Speech acts. New York: Academic Press.

GREEN, Georgia (1975): "How to get people to do things with words". COLE / MORGAN (eds.): 107-141.

HALL [PARTEE], Barbara (1964): "Adverbial subordinate clauses". Working Paper W-07241/0000/00/0/00. Bedford, Mass.: MITRE Corporation.

HARMAN, Gilbert (1975): "<u>If</u> and modus ponens" (revised version). Bloomington, Ind.: Indiana University Linguistics Club.

JACKENDOFF, Ray S. (1972): Semantic interpretation in generative grammar. Cambridge, Mass.: MIT Press.

KUNO, Susumu (1975): "Three perspectives in the functional approach to syntax." GROSSMAN, Robin E. / SAN, James L. / VANCE, Timothy J. (eds.). Papers from the parasession on functionalism. Chicago: Chicago Linguistic Society: 276-336.

MORGAN, Jerry L. (1973): "Sentence fragments and the notion 'sentence'". KACHRU, Braj B. et al. (eds.). Issues in linguistics. Papers in honor of Henry and Renée Kahane. Urbana, Ill.: University of Illinois Press: 719-751.

--- (1975): "Some interactions of syntax and pragmatics". COLE / MORGAN (eds.): 289-303.

POPE, Emily (1972): Questions and answers in English. Doctoral dissertation. Cambridge, Mass.: MIT. [Bloomington, Ind.: Indiana University Linguistics Club (vervielf.), 1975].

QUINE, Willard V. O. (1950): Methods of logic. New York: Holt, Rinehart and Winston, 2. rev. A. 1964.

STOCKWELL, Robert P. / SCHACHTER, Paul / PARTEE, Barbara Hall (1973): The major syntactic structures of English. New York: Holt, Rinehart and Winston.

ZUM EINFLUSS DES "AGENS" AUF DIE WORTSTELLUNG DES DEUTSCHEN

Jürgen Lenerz

0. Am Beispiel der Stellung des Subjekts (SU) im Mittelfeld deutscher Sätze wird eine Bedingung für die Wortstellung des Deutschen herausgearbeitet, die wesentlich auf die semantische Bewertung des Subjekts als "Agens" Bezug nimmt.

1. SU OBJ und OBJ SU im Mittelfeld deutscher Sätze

1.1. Vorbemerkungen

Der Begriff "Mittelfeld" soll im folgenden im Sinne des DUDEN (1973: 622) als der Teil des Satzes aufgefaßt werden, der von der verbalen Klammer bzw. der Spannsatzklammer umfaßt wird, d.h. im wesentlichen im Hauptsatz zwischen dem finiten Verb und evtl. vorhandenen infiniten Verbteilen steht und im Nebensatz zwischen der satzeinleitenden Konjunktion und den Verbteilen am Satzende vorkommt.

Das Subjekt (SU), das in Hauptsätzen häufig im Vorfeld steht, kann im wesentlichen in folgenden Fällen im Mittelfeld stehen: in Nebensätzen, in Fragesätzen, in es-Sätzen und bei Topikalisierung eines anderen Satzgliedes in Hauptsätzen. Die im folgenden behandelten Phänomene finden sich gleichermaßen in all diesen Umgebungen. Als Testfall für die Stellung des SU im Mittelfeld ist hier der daß-Satz gewählt worden. Auf einen ausführlichen Kontext zu den jeweiligen Testsätzen ist verzichtet worden. Stattdessen ist die Thema-Rhema-Verteilung durch die Angabe des "normalen" Satzakzentes durch eine hochgestellte "1" angedeutet. Vom Einfluß der Thema-Rhema-Verteilung sowie von kontrastiver oder emphatischer Betonung einzelner Satzglieder auf die Wortstellung soll im weiteren abgesehen werden. (Zu dieser Problematik vgl. u.a. ESSER (1975) und FUCHS (1976).)

1.2. Das Vorherrschen der Abfolge SU OBJ

Wenn wir uns unter diesen Voraussetzungen die folgenden Sätze anschauen, dann fällt auf, daß die Abfolge Subjekt vor Objekt

(SU OBJ) sowohl bei der intonatorischen Hervorhebung des SU wie des OBJ deutlich besser klingt als die Abfolge OBJ SU, die (je nach Intuition) mehr oder weniger abweichend ist:

(1a) Ich glaube, daß der Patient das Medikament braucht.
(1b) *Ich glaube, daß das Medikament der Patient braucht.
(1c) Ich glaube, daß der Patient das Medikament braucht.
(1d)?*Ich glaube, daß das Medikament der Patient braucht.
(2a) Ich glaube, daß der Chef auf den Bericht gespannt ist.
(2b) *Ich glaube, daß auf den Bericht der Chef gespannt ist.
(2c) Ich glaube, daß der Chef auf den Bericht gespannt ist.
(2d)??Ich glaube, daß auf den Bericht der Chef gespannt ist.
(3a) Ich glaube, daß der Kritiker das Schauspiel mag.
(3b) *Ich glaube, daß das Schauspiel der Kritiker mag.
(3c) Ich glaube, daß der Kritiker das Schauspiel mag.
(3d) *Ich glaube, daß das Schauspiel der Kritiker mag.

Unabhängig davon, ob durch die Intonation das SU oder das OBJ als Rhema hervorgehoben ist, erweist sich die Abfolge SU OBJ als möglich. Die Verschiedenheit der Abweichung der Abfolge OBJ SU ist auf eine Bedingung zurückzuführen, auf die wir hier nicht eingehen wollen, die "Thema-Rhema-Bedingung" (vgl. LENERZ 1976).

Nun gibt es allerdings Fälle, in denen gerade die Abfolge OBJ SU leichter möglich erscheint als die umgekehrte Abfolge:

(4a) Ich glaube,daß das Schauspiel dem Kritiker gefallen hat.
(4b) Ich glaube,daß dem Kritiker das Schauspiel gefallen hat.
(4c)??Ich glaube,daß das Schauspiel dem Kritiker gefallen hat.
(4d) Ich glaube,daß dem Kritiker das Schauspiel gefallen hat.

Es stellt sich uns nun die Frage, unter welchen Bedingungen die Umstellung zu OBJ SU wie in (4) möglich ist bzw. unter welchen Bedingungen sie (wie in (1)-(3)) blockiert ist.

1.3. Personalpronomina

Bevor wir uns allerdings einer Erklärung dieses Phänomens zuwenden, wollen wir noch am Beispiel der Stellung der Personalpronomina die Bevorzugung der Abfolge SU OBJ nachweisen. Einzig in (5d) ist die Abfolge OBJ SU möglich,- also nur unter der speziellen Bedingung, daß das OBJ ein Personalpronomen ist, aber nicht das SU. Das hängt wahrscheinlich mit der Thematizität des OBJ zusammen, das sich ja deutlich auf Vorerwähntes bezieht und somit an den Satzanfang gezogen wird. Ansonsten ist aber nur SU OBJ möglich:

(5a) Ich glaube, daß er das Buch gelesen hat.
(5b) *Ich glaube, daß das Buch er gelesen hat.
(5c) Ich glaube, daß der Mann es gelesen hat.
(5d) Ich glaube, daß es der Mann gelesen hat.
(5e) Ich glaube, daß er es gelesen hat.
(5f) *Ich glaube, daß es er gelesen hat.

Wie sich leicht nachprüfen läßt, gilt entsprechendes auch für Sätze wie (4), in denen die Personalpronomina auch die Abfolge SU OBJ bevorzugen. Daraus folgt, daß die Regelung der Abfolge der Personalpronomina im wesentlichen von der Bedingung unabhängig ist, aufgrund derer die Abfolge OBJ SU in (1)-(3) nicht möglich ist, wohl aber in (4)!

2. Kasusmarkiertheit

Wie sieht nun diese Bedingung aus? Eine Begründung für das Vorherrschen von SU OBJ versucht BEHAGHEL (1929: 204) zu geben, der feststellt, daß der Akkusativ seltener vor dem Subjekt steht als der Dativ und zwar "wol deshalb weil es bei formaler undeutlichkeit nahe lag, das erste glied als subject zu fassen." Auf den ersten Blick scheint das eine einleuchtende Erklärung zu sein, denn im Deutschen weisen Nominativ und Akkusativ (außer bei Maskulina im Singular) keine unterscheidende Kasusmarkierung auf. Das Prinzip aber, das die Vermeidung einer möglichen Ambiguität als Grund für die Bevorzugung von SU OBJ ansieht, ist als solches nicht zu halten.

2.1. Die Abfolge SU OBJ ist nämlich auch bei eindeutiger Kasusmarkierung (sowie bei eindeutiger Kennzeichnung von SU und OBJ durch die Selektionsbeschränkungen des Verbs) die einzig mögliche Abfolge, wie (6) zeigt:

(6a) Ich glaube, daß unser Chef den Porsche[1] besitzt.
(6b)?*Ich glaube, daß den Porsche[1] unser Chef besitzt.

Umgekehrt ist dagegen die Abfolge OBJ SU in (7) möglich:

(7a) Ich glaube, daß der Porsche unserem Chef[1] gehört.
(7b) Ich glaube, daß unserem Chef[1] der Porsche gehört.

Aber auch ohne eindeutige Kasusmarkierung ist (im Gegensatz zu Behaghels Erklärung) die Abfolge OBJ SU möglich:

(8) Ich glaube, daß die Kritiker die Bücher beeindruckt haben.

Trotz fehlender Kennzeichnung als "Akkusativ" werden in (8) die Kritiker wohl kaum als Subjekt aufgefaßt.

Darüberhinaus gibt es Fälle, in denen beim Fehlen eindeutiger Kasusmarkierungen tatsächlich Ambiguität auftritt (- und auch das steht im Gegensatz zu Behaghels Erklärung, die ja voraussetzt, daß zur Vermeidung von Ambiguität jeweils eine Lesart ausgeschlossen würde):

(9) Die Mutter küßte die Tochter.

Je nach Kontext kann man nämlich die Mutter in (9) entweder als SU oder als OBJ auffassen.

Damit haben wir an mehreren Fällen gezeigt, daß das Fehlen einer eindeutigen Kasusmarkierung keine stichhaltige Erklärung für die Bevorzugung der Abfolge SU OBJ abgibt.

2.2. Permutation im Mittelfeld vs. Topikalisierung

In (9) ist die Topikalisierung von OBJ durch Voranstellung ins Vorfeld schon angedeutet. Man könnte annehmen, daß es sich bei der Umstellung von SU OBJ zu OBJ SU in (4) um eine solche Topikalisierung (allerdings im Nebensatz) handelt. Es läßt sich aber leicht zeigen, daß die Topikalisierung anderen Bedingungen unterliegt als die Umstellung im Mittelfeld. So ist z.B. in den Fällen, in denen keine Umstellung zu OBJ SU möglich ist, dennoch ohne Schwierigkeiten eine Topikalisierung möglich:

(10a) *Ich glaube, daß diese Oper mein Bruder mag.

(10b) Diese Oper mag mein Bruder.

Ebenso gibt es Fälle, in denen zusätzlich zu einer Topikalisierung eine Umstellung zu OBJ SU im Mittelfeld erfolgt:

(11) Aus diesem Grunde hat dem Kritiker das Buch mißfallen.

Damit ist gezeigt, daß die von uns behandelte Umstellung von SU OBJ im Mittelfeld eine von der Topikalisierung (ins Vorfeld) unabhängige Erscheinung ist.

3. Die "Agens"-Bedingung

3.1. Zu der grammatischen Bewertung der folgenden Beispielsätze sei folgendes vorausgeschickt: das Sternchen vor einem Satz soll hier bedeuten, daß der betreffende Satz, wenn überhaupt, dann nur in ganz speziellen Kontexten möglich ist, aber in den meisten Kontexten deutlich als weniger normal als der korrespondierende Satz (oder als völlig abweichend) empfunden wird. Der unbezeichnete Satz dagegen unterliegt wohl keinen besonderen Kontextbedingungen.

Der im folgenden verwendete Begriff "Agens" soll als rein semantische Kennzeichnung verstanden werden und nicht als (tiefenstrukturelle) Kasusbezeichnung (etwa im Sinne von FILLMORE 1968 u.a.).

3.2. Sehen wir uns nun die folgenden Beispielsätze an, in denen jeweils ein Dativ-Objekt und ein Subjekt in den Abfolgen SU OBJ und OBJ SU vorkommen. Das oben erwähnte Argument von Behaghel wird durch die Wahl von (deutlich kasusmarkierten) Dativ-Objekten zusätzlich widerlegt. Gleichzeitig wird durch die Wahl des gleichen Verbs in den folgenden Satzpaaren die Bedingung, unter der die Abfolge OBJ SU (eben auch bei Dativ-Objekten) nicht möglich ist, erkennbar:

(12a) Ich glaube, daß die Politiker dem Staat nur aus [1]Eigennutz dienen.

(12b) *Ich glaube, daß dem Staat die Politiker nur aus [1]Eigennutz dienen.

(13a) Ich glaube, daß die Reform dem Staat sehr [1]dienen wird.

(13b) Ich glaube, daß dem Staat die Reform sehr [1]dienen wird.

In dem Satzpaar (12) ist die Abfolge OBJ SU deutlich abweichend. Der Satzakzent zeichnet dabei ein anderes Satzglied als SU oder OBJ als Rhema aus, so daß die Abweichung nicht als Verstoß gegen die Abfolge von Thema und Rhema gewertet werden kann.

In einer leicht unterschiedlichen Verwendung des Verbs _dienen_ dagegen ist im Satzpaar (13) jede der beiden Abfolgen möglich. Hier läßt sich das Verb etwa als _dienlich sein_ umschreiben, - eine Paraphrase, die in (12) nicht möglich ist, und die die verschiedene Lesart von _dienen_ in (12) und (13) verdeutlicht. Nur in der Lesart *dienlich sein* ist OBJ SU genauso möglich wie SU OBJ. Worin aber besteht der Unterschied zwischen beiden Lesarten, der doch offenbar die Begründung für die Abweichung von OBJ SU in (12b) ergibt? Sehen wir uns dazu noch weitere Beispiele an:

(14a) Ich glaube, daß die Sozialisten der Wirtschaft sch$\overset{1}{a}$den wollen.

(14b) *Ich glaube, daß der Wirtschaft die Sozialisten sch$\overset{1}{a}$den wollen.

(15a) Ich glaube, daß dieses Gesetz der Wirtschaft sch$\overset{1}{a}$den wird.

(15b) Ich glaube, daß der Wirtschaft dieses Gesetz sch$\overset{1}{a}$den wird.

Wieder stellen wir fest, daß bei den zwei verschiedenen Verwendungen des Verbs *schaden* die Abfolge OBJ SU nur in einem Fall möglich ist, und zwar bei der Lesart, die sich etwa mit *schädlich sein* umschreiben läßt wie in (15).Wird dagegen, wie in (14), die "Agens"-Rolle des SU durch das Modalverb *wollen* hervorgehoben, so ist die Abfolge OBJ SU in (14b) im Vergleich zu (14a) abweichend. In (12) und (14) wird also das SU als "Agens" aufgefaßt, während das in (13) und (15) nicht der Fall ist. Die Paraphrasen durch *dienlich sein* und *schädlich sein* legen eine andere semantische Funktion des SU (etwa instrumental o.ä.) nahe. Wesentlich ist aber nicht die Interpretation des SU in (13) und (15), sondern die Bewertung des SU in (12) und (14) als "Agens", während in (13) und (15) das SU n i c h t als "Agens" aufgefaßt wird. Ein entsprechender Unterschied zeigt sich auch in den folgenden Sätzen:

(16a) Ich glaube, daß die Tänzerin dem Kritiker gef$\overset{1}{a}$llen wollte.

(16b) *Ich glaube, daß dem Kritiker die Tänzerin gef$\overset{1}{a}$llen wollte.

(17a) Ich glaube, daß die Tänzerin dem Kritiker gef$\overset{1}{a}$llen hat

(17b) Ich glaube, daß dem Kritiker die Tänzerin gef$\overset{1}{a}$llen hat.

Wiederum ist die Abfolge OBJ SU in dem Fall nicht möglich, in dem (durch das Modalverb *wollen* betont) die Verwendung des Verbs das SU eindeutig als "Agens" kennzeichnet. Wird dagegen, wie in (17), das SU nicht als "Agens" aufgefaßt (sondern etwa als "experiencer"), so ist die Umstellung zu OBJ SU leicht möglich. Diese Interpretation wird durch die Umschreibung durch Gefallen finden an verdeutlicht, in der ja gerade das OBJ von (17) zum SU wird, während das SU von (17) in dieser Paraphrase als Präpositionalobjekt auftritt.

Die Bedeutung der "Agens"-Rolle des SU für die Umstellbarkeit zu OBJ SU wird auch in folgenden Beispielen deutlich:

(18a) Ich glaube, daß die Schwester dem Patienten h$\overset{1}{e}$lfen will.

(18b) *Ich glaube, daß dem Patienten die Schwester h$\overset{1}{e}$lfen will.

(19a) Ich glaube, daß das Medikament dem Patienten h$\overset{1}{e}$lfen wird.

(19b) Ich glaube, daß dem Patienten das Medikament h$\overset{1}{e}$lfen wird.

Auch hier ist die Umstellung zu OBJ SU nicht möglich, wenn das Verb helfen in der Lesart (18) das SU eindeutig als "Agens" bestimmt. In der Lesart von Nutzen sein dagegen, wie in (19), wird das SU nicht als "Agens" aufgefaßt, - und eine Umstellung zu OBJ SU ist ohne weiteres möglich.

3.3. Diese Beobachtungen legen die Vermutung nahe, daß es die "Agenshaftigkeit" des SU ist, die die Umstellung zu OBJ SU verhindert. (Dabei muß man, wie ein Blick auf (5) erweist, von Personalpronomina absehen, deren Stellung dieser Bedingung nicht unterliegt.) Wir wollen deshalb folgende Bedingung formulieren:

(2o) Wenn SU und OBJ keine Personalpronomina sind, dann ist eine Umstellung von SU und OBJ zu OBJ SU im Mittelfeld eines deutschen Satzes nur möglich, wenn das SU nicht als "Agens" aufgefaßt wird.

Diese Formulierung geht nicht darauf ein, aus welchen Gründen eine solche Umstellung überhaupt vorgenommen wird. Es scheint mir, daß es sich bei der Voranstellung des OBJ im Mittelfeld um eine Art von Hervorhebung des Mitteilungszentrums des Satzes handelt, die sich von der Topikalisierung (durch Stellung ins Vorfeld) unterscheidet. Die speziellen Kontextbedingungen, unter denen eine solche Umstellung zu OBJ SU überhaupt vorgenommen wird, können hier nicht untersucht werden. Die Bedingung (2o) gibt lediglich an, unter welchen Umständen eine solche Umstellung n i c h t möglich ist!

Der Erklärungsgehalt der Bedingung (2o), der vermutlich in der "Agenshaftigkeit" des SU zu suchen ist, läßt sich erst voll ausschöpfen, wenn andererseits die Kontextbedingungen bekannt sind, die eine Umstellung zu OBJ SU überhaupt erst motivieren!

3.4. Die Bedingung (20) läßt sich an einer Reihe von Verben nachvollziehen, denen allen gemeinsam ist, daß sie das SU nicht als "Agens" bestimmen:

(21) gefallen, auffallen, begeistern, überraschen, anekeln, entsetzen, widerstreben, erfreuen, ... mir dient, hilft, schadet, ...

Das gilt zumindest für die wohl primäre Lesart dieser Verben, in der sie als sogenannte "psychische" Verben anzusehen sind, so daß das OBJ als "experiencer" fungiert wie in (22):

(22) Es hat <u>mich</u> {überrascht/begeistert/angeekelt ...}, daß soviele Linguisten silberne Halskettchen tragen.

Neben dieser Lesart gibt es eine andere, "aktive", in der das SU als "Agens" aufgefaßt wird. In dieser Lesart ist gemäß (20) keine Umstellung zu OBJ SU möglich, vgl. (23):

(23a) Ich glaube, daß der Polizist den Einbrecher auf frischer Tat überraschte.

(23b) *Ich glaube, daß den Einbrecher der Polizist auf frischer Tat überraschte.

Eine Reihe von Verben mit nahezu gleicher Grundbedeutung wie die Verben in (21) scheinen dagegen die Rolle des SU als "Agens" zu betonen:

(24) mögen, (aktiv) dienen, (aktiv) helfen, gefallen wollen, (aktiv) überzeugen, (aktiv) schaden, ...

Bei diesen Verben ist trotz z.T. ähnlicher Semantik eine Umstellung zu OBJ SU im Mittelfeld nicht möglich.

3.5. Eine Bestätigung für die Relevanz der "Agenshaftigkeit" für syntaktische Erscheinungen, wie sie in (20) ja angenommen wird, findet sich im Verhalten der Personalpronomina bei Topikalisierung (Stellung ins Vorfeld). Auf den ersten Blick handelt es sich hier um eine Erscheinung, die von der Umstellung zu

OBJ SU im Mittelfeld völlig unabhängig ist.

Personalpronomina, die nicht SU sind, lassen sich normalerweise nur unter besonderen Kontextbedingungen ins Vorfeld stellen, wie (25) zeigt:

(25a) *Ihn haben die Spieler beleidigt.

(25b) IHN haben die Spieler beleidigt.

(25c) *Ihn schlugen die Häscher in Bande.

(25d) IHN schlugen die Häscher in Bande.

Ein solches topikalisiertes Personalpronomen muß also etwa kontrastiv oder emphatisch hervorgehoben sein, um ins Vorfeld rükken zu können. Anders verhalten sich dagegen die entsprechenden Personalpronomina bei Verben wie (21) in der Lesart, in der das SU nicht als "Agens" aufgefaßt wird:

(26a) Mir ist nicht zu helfen.

(26b) Ihm gelingt heute gar nichts.

(26c) Uns ist aufgefallen, daß die Radioaktivität zunimmt.

In diesen Sätzen kann das topikalisierte Personalpronomen sogar in der unbetont-reduzierten Form (m'r, 'm usw.) auftreten.

Auch hier scheint also die "Agenshaftigkeit" des SU für die Wortstellung von entscheidender Bedeutung zu sein. Damit läßt sich vermuten, daß beide Phänomene (Umstellung zu OBJ SU im Mittelfeld und Topikalisierung von Personalpronomina) letztlich verwandte Erscheinungen sind, die einer Bedingung unterliegen, die umfassender als (2o) formuliert werden müßte.

4. Schlußbemerkungen

Mit der Herausarbeitung der Bedingung (2o) ist gezeigt worden, daß rein oberflächensyntaktische Erscheinungen wie die Wortstellung nicht nur kontextuellen Bedingungen (wie der Thema-Rhema-Verteilung) unterliegen, sondern auch durch rein semantische Faktoren gesteuert werden. Daß diese (m.W. für das Deutsche bisher nicht beachtete) Erscheinung kein Einzelfall ist, beweist die fast parallele Einschränkung, der die Passiv-Bildung im Navaho unterliegt, die auch im wesentlichen aus einer einfachen Umstellung von SU OBJ V zu OBJ SU V mit zusätzlicher Markierung des Verbs besteht. (Vgl. HALE 1972 und FRISHBERG 1972).

Literatur

BEHAGHEL, Otto (1929): "Zur Stellung des Subjekts im Nebensatz des Deutschen". Zeitschrift f. dt. Altertum u. Literatur, Wiesbaden, 66: 203-207.

ESSER, Jürgen (1975): Intonationszeichen im Englischen. Tübingen: Niemeyer.

FILLMORE, Charles J. (1968): "The case for case". BACH, Emmon / HARMS, Robert T. (eds.) (1968): Universals in linguistic theory. New York: Holt, Rinehart: 1-88.

FUCHS, Anna (1976): "'Normaler' und 'kontrastiver' Akzent". Lingua 38: 293-312.

FRISHBERG, Nancy (1972): "Navaho object markers and the great chain of being". KIMBALL, John P. (ed.) (1972): Syntax and semantics. I. New York: Seminar Press: 259-266.

HALE, Kenneth (1972): "A note on subject-object inversion in Navajo". KACHRU, Braj B. (ed.) (1972): Papers in linguistics in honor of Henry and Renée Kahane. Urbana, Ill.: University of Illinois Press: 300-309.

LENERZ, Jürgen (1976): Zur Abfolge nominaler Satzglieder im Deutschen. Tübingen: Narr.

NUMERUS UND DEIXIS

Die plurallose Kategorie der deiktischen Personen und der Plural der Personalpronomina.

Jesús Pérez-Alonso

1. Voraussetzungen

Die traditionelle Einteilung der Personalpronomina, so wie sie z.B. in der DUDEN Grammatik (1973: 274) dargestellt wird, unterscheidet zwischen einem Singular und einem Plural bei jeder der drei Personen, wobei die markanteste Korrelation bei den Formen der 1. und 2. Person stattfindet:

ich - wir
du - ihr.

Der theoretische Hintergrund dieser Einteilung wurde schon von A. Meillet kritisiert, und zwar indem er darauf hinwies, daß ich "ne peut être mis au pluriel", denn ich ist per Definition Singular (TESNIÈRE 1969: 123). Diese Tatsache wird immer wieder angesprochen, ohne daß aber eine Erklärung für die Fakten angeführt wird. Sehr oft wird es als eine Besonderheit der Personalpronomina angesprochen, und zwar einfach als Wiederholung der ursprünglichen negativen Formulierung:

wir ≠ ich + ich + ...

2. Kritik der vorhandenen Theorien

Die Positionen, die die Gelehrten in dieser Hinsicht einnehmen, lassen sich in den drei folgenden Absätzen beispielhaft darstellen:

a) L'opposition entre le singulier et le pluriel se fait à la troisième personne, nous et vous ne pouvant être considérés comme des pluriels au sens strict du terme. (DUBOIS 1967: 190)

b) Le singulier s'oppose au pluriel, non sans nuances entre l'opposition unité/pluralité de la troisième personne (lui/eux; ...) et les oppositions les plus complexes des deux premières personnes (je/nous; tu/vous).

c) Comme il ne peut y avoir d'autres moi que moi-même, nous est forcément moi + un autre, c'est-à-dire moi + toi, ou

> moi + lui. De même, quand on emploie l'antiontif en s'adressant à un seul interlocuteur, vous ne peut, hormis le cas de pluriel de politesse, être toi + toi et est forcément toi + lui, elle, eux, ou elles. Ce n'est donc que par une abstraction si forte qu'elle en sort même de la réalité que l'on peut concevoir un véritable pluriel de l'autoontif moi ou de l'antiontif toi. (TESNIÈRE 1969: 123)

Der Versuch, die Beziehungen zwischen Pronomen und Verb durch das Substantiv zu erklären, ist schon alt. Dabei gibt es zwei verschiedene Ansätze:

a) Das Pronomen ist ein Teil des Nomens, und dies ist vom Verb abhängig (BROCENSIS 1587 / 1761: 17-18 u. 80):

> Pronomina itidem non dubiis rationibus a Partibus orationis rejiciemus. Primum omnium, si Pronomen differret a Nomine, ejus natura per definitionem posset ostendi. At vero nulla est definitio Pronominis; neque potest vera et propria investigari: nullum igitur Pronomen est. Quid?, quod definitio nominis non excludit pronomina? Nam quum dicis, Nomen declinari per casus, nec significare cum tempore, cur non apponas pro exemplo, Ut Ego, Tu?... Nomina enim personam non habent, sed sunt alicujus personae verbalis.

b) TESNIÈRE (1969: 122) versteht das Pronomen als substantif personnel und sagt:

> Les variations de nombre apparaissent dans le substantif personnel, ce qui est tout naturel, puisqu'il s'agit d'un substantif,

und weiter sagt er, daß der Numerus vom Substantiv auf das Verb übertragen worden ist, womit er meint, daß das Pronomen eine wichtige Rolle in dieser Verbreitung gespielt haben kann. Als Bestätigung dieser These führt er folgende türkische Korrelation an:

Substantiv: ev - ev-ler / = 'Haus' - 'Häuser'
Verb: sever - sever-ler / = 'er liebt' - 'sie lieben',

wo das Suffix -ler Pluralmorphem sein soll, in der Art etwa, wie:

Substantiv: Formel - Formeln
Verb: (ich) nehme - (wir) nehmen.

Gegen diese Erklärungen können wir hier die Analyse von BRØNDAL (1939: 176)[1] heranziehen, der gerade das Pronomen und das Verb als entgegengesetzte Wortklassen versteht; außerdem sieht er in der Tatsache, daß die Person sich in beiden Klassen realisieren läßt, den Beweis dafür, daß die Person eine autonome Kategorie ist.

Von anderer Seite können wir gleich zwei wichtige Anmerkungen gegen diese Erklärungsversuche beifügen:

1) Das Paar nehme-nehmen läßt sich aufgrund seiner geschichtlichen Entwicklung ganz anders als der Typ Formel-Formeln erklären:

nimu - nemamês.

2) Durch die synchronische Analyse kann man feststellen, daß (wir) nehmen genausowenig Plural von (ich) nehme ist, wie wir von ich. Wir nehmen enthält in der Tat eine Pluralität von Aktionen, die von verschiedenen Teilnehmern einer Gruppe durchgeführt werden, aber das ist nicht der Plural von ich nehme; denn dieser kann nur in folgender Weise ausgedrückt werden:

ich nehme + ich nehme + ich nehme...

KURYŁOWICZ (1972: 176-177) hat versucht, verschiedene Pluraltypen neu zu differenzieren und zum Teil zu definieren:

a) Kollektiver Plural oder Urplural, der sich langsam in den folgenden umwandelte (durch den dritten Typ c).

b) Mathematischer Plural, der eine Pluralität von Personen oder Objekten enthält, die zu ein und derselben Klasse gehören, wie das spanische padres, das als padre + padre verstanden werden kann.

c) Elliptischer Plural, der individuell verschiedene Elemente der Pluralität enthält, wie auch das spanische padres, das auch als padre + madre interpretiert werden kann.

Nōs und vōs versteht KURYŁOWICZ (1972: 177) nicht als kollektive, sondern als elliptische Plurale mit individuell verschiedenen Elementen der Pluralität. Allerdings zeigt sich ein wichtiger Unterschied zwischen dem Typ wir und dem Typ padres, auch wenn man beide als elliptisch definieren will. Dieser Unterschied wird deutlich daran, daß in padres eine der im Singular existierenden Formen enthalten ist, mit dem Pluralmorphem; dagegen ist aber bei wir durch kein Zeichen zu erkennen, welche die verschiedenen Elemente im Singular waren. Danach ist es also möglich, drei verschiedene Pluraltypen festzustellen:

a) Das Semem vom Singular bleibt: Tisch - Tische.

b) Eins der in der Kollektivität enthaltenen Sememe bleibt erhalten: padres = padre + madre.

c) Ein neues Semem, das in den Elementen der Kollektivität nicht enthalten war, entsteht als neue Einheit: _wir_ = _ich_ + ...

Beide Analysen lassen sich in ein binäres Schema folgendermaßen einordnen:

a) Repetitive Plurale: z.B. _Tische_.

b) Agglutinierende Plurale, bei denen die beiden folgenden Subklassen zu unterscheiden sind:

- kongruente Plurale: _padres_ = _padre_ + _madre_;
- inkongruente Plurale: _parents_ = _père_ + _mère_,
  wir = _ich_ + _du_ + ...

Was nun _wir_ und _ihr_ betrifft, ist es nötig, einen Katalog der möglichen Elemente aufzustellen, für die diese Personen anaphorisch stehen können:

a) für _wir_:
- ich + du
- ich + er
- ich + sie
- ich + er + sie
- ich + du + er
- ich + du + sie
- ich + du + er + sie
- ich + du + du
- ich + ihr
- ich + er + er
- ich + sie + sie
- usw.

b) für _ihr_:
- du + er
- du + sie
- du + er + sie
- du + du
- du + du + er
- du + du + er + sie
- du + du + sie
- usw.

Danach sind beide Formen - _wir_ und _ihr_ - als agglutinierende Plurale der Subklasse 2, d.h. als inkongruente Plurale zu klassifizieren. Es gibt also keine Möglichkeit, die Plurale _wir_, _ihr_ als deiktisch[2] zu verstehen, da man in jedem Kontext jeweils wissen muß, welche und wie viele Elemente ihrer Pluralität bezeichnet werden. Sie sind in dieser Hinsicht Anaphorika mit demselben Wert wie die Formen alle, beide, sie usw. Anders als die letzteren anapherieren sie jedoch immer auf Personen und können deshalb als Plurale der Personalpronomina angesehen werden.

Bevor wir zur Analyse von sich im letzten Abschnitt dieser Abhandlung kommen, ist es nötig, ein besonderes Thema anzusprechen, das von GARCIA CALVO (1972: 269-302 u. 1974) ans Licht gebracht wurde. Es handelt sich dabei um das Verbot der Typen:

(1) wir lieben mich

(2) ich liebe uns

(3) ihr liebt dich

(4) du liebst euch.

Diese Typen sind grammatisch korrekt und völlig akzeptabel, aber werden vermieden und durch Paraphrasen ersetzt:

(1a) sie liebt mich und ich liebe mich

(2a) ich liebe sie und mich auch

(3a) du liebst dich und sie liebt dich

(4a) du liebst sie und dich auch.

Der Grad dieses Verbots ist je nach Sprache verschieden, auch wenn es sich um dasselbe Sem handelt: Auf Spanisch z.B. haben folgende Typen denselben Akzeptabilitätsgrad:

(1b) me queremos

(1c) me compramos un pantalón;

aber im Deutschen besteht für die zweite Form eine größere Wahrscheinlichkeit, vom Hörer als akzeptabel empfunden zu werden:

(1) wir lieben mich

(1d) wir kauften mir eine Hose,

obwohl auch im Deutschen der Gebrauch der Paraphrase

(1e) wir kauften eine Hose für mich

vielleicht "normaler" erscheint.

Die Erklärung für das Verbot liegt nicht - zumindest nicht nur - in der Synsemantisierung der Gruppen liebe + mich, liebe + uns, liebt + euch, liebst + dich als reflexive Sememe, sondern in einer Bedingung des Personen-Systems: die Vermeidung der Kollision zwischen Sememen, die in Bezug auf die Kategorie Person verschieden charakterisiert sind: d.h. (ich) liebe erklärt sich als

Semem lieb + Semem Person-ich,

und die Zusammensetzung mit <u>uns</u> wird vermieden, weil <u>uns</u> das

Semem <u>Person-ich + andere(n)</u>

enthält, so daß eine Kollision zwischen der reflexiven und der direkten Bedeutung entstehen kann, denn eins der Elemente, die die Pluralität des Objekts bzw. Subjekts bilden, befindet sich auch im Subjekt bzw. Objekt.

3. Neue Hypothese und ihre Verifizierung

Nach den vorhergehenden Erklärungen wird es möglich sein, folgende Hypothese zu formulieren: bei den personalen Deiktika gibt es keinen Plural.

Um diese Hypothese zu verifizieren soll untersucht werden, ob die Form <u>sich</u> als Plural verstanden werden kann oder nicht. Angenommen, <u>sich</u> könnte einen pluralen Gebrauch haben: weiß man nicht genau, auf welche Elemente ein solches pluralisches <u>sich</u> referieren könnte.

Im folgenden Satz:

(5) Peter und Michael schreiben sich den Erfolg zu

gibt es drei mögliche Interpretationen:

a) beide schreiben den Erfolg beiden zu:

(6) $(S_1 + S_2) \longrightarrow (S_1 + S_2)$;

b) jeder schreibt sich selbst den Erfolg zu:

(7) $(S_1 \longrightarrow S_1) + (S_2 \longrightarrow S_2)$;

c) Peter schreibt Michael den Erfolg zu und Michael schreibt Peter den Erfolg zu:

(8) $(S_1 \longrightarrow S_2) + (S_2 \longrightarrow S_1)$.

Bei der Analyse dieser möglichen Interpretationen stellen wir fest, daß in b) und c) keine Pluralität unter <u>sich</u> zu verstehen ist, denn in beiden Fällen erscheint jeweils ein Subjekt im Singular.

Für die Klärung von a) ist es wichtig zu berücksichtigen, daß die gemeinte Interpretation nur einen Sinn hat, wenn man eine exklusive Wertung hineinnimmt:

(9) Peter und Michael sehen sich im Gegensatz zu anderen (Mitgliedern einer Gruppe), indem sie sich den Erfolg zuschreiben.

Das würde aber bedeuten, daß Peter und Michael als eine kleinere

Einheit im Rahmen einer größeren Einheit gesehen werden. Damit steht sich in Korrelation mit dieser Einheit, d.h. nicht mehr mit den beiden Elementen, sondern mit der Einheit, die sie gemeinsam bilden.

An einem anderen Satztyp kann man diese Analyse verdeutlichen:

(10) Alle Teilnehmer hoffen, sich waschen zu können,

der sich auf:

(11) Jeder Teilnehmer hofft, sich waschen zu können

zurückführen läßt, und damit folgende Analyse ermöglicht:

(7a) $(S_1 \longrightarrow S_1) + (S_2 \longrightarrow S_2) + (S_3 \longrightarrow S_3)\ldots$

Der Sprecher setzt - durch eine Prolepsys psychologischer Natur - eine Quantifizierung seiner Beobachtung voraus, und so wird die Formel:

(11a) jeder Teilnehmer hofft zu:

(10a) alle Teilnehmer hoffen.

Diese Struktur zu analysieren wird schwieriger, wenn die Fakten durch die von der Kompletivität verlangte Consecutio verdunkelt werden, wie in:

(12) Alle Teilnehmer hoffen, daß sie sich waschen können,

wo sich in direkte Korrelation mit sie gestellt wird. Wenn der gesamte Satz in seiner ursprunglichen Form erscheint, wird die singulare Bedeutung von sich deutlicher.

4. Schlußbemerkungen

Zum Schluß ist zu bemerken, daß es beim Gebrauch des Deiktikums sich kein Verbot von der Art gibt, wie es bei

(1) wir lieben mich

vorliegt. Es existiert nämlich kein Plural, bei dessen Bildung sich zusammen mit anderen Elementen für die Bildung einer Pluralität - wie im Fall von wir und ihr - mit einbezogen würde.

Die existierenden Typen:

(13) er liebt sich oder

(14) sie lieben sich

(15) sie waschen sich

bieten damit keine Möglichkeit zur Kollision, egal ob man den **Typen (14) und (15) die Interpretation (7) oder die Interpretation (6) (bzw. (9)) geben will.**

Damit zeigt sich, daß die deiktischen Personen (ich, du, sich) eine plurallose Kategorie bilden und daß der Rest der traditionell für personal gehaltenen Formen der Kategorie der Personalpronomen gegenübersteht, und zwar in einer binaren Opposition durch das Merkmal des Numerus.

Anmerkungen

1 Auch MEILLET (1975: 178 u. 180) hatte diese Unterschiede schon 1920 kategorisch festgelegt.

2 Die Begriffe "deiktisch" und "anaphorisch" werden hier im Sinne der Apollonischen Auffassung gebraucht. Vgl. dazu PEREZ ALONSO (1976).

Literatur

BROCENSIS, Franc. Sanctius (1587): Minerva seu de causis linguae latinae Commentarius. Amstelaedami: Fatr. de Tournes, 7. A. 1761.

BRØNDAL, Viggo (1939): "Le concept de personne en Grammaire". Journal de Psychologie Normale et Pathologique 36: 175-182.

DUBOIS, Jean (1967): Grammaire structurale du français. Le verbe. Paris: Larousse.

DUDEN (1973): Grammatik der deutschen Gegenwartssprache. GREBE, Paul (ed.). Mannheim: Bibliographisches Institut, 3. A.

GARCÍA CALVO, Agustín (1972): Lalia. Madrid: Siglo XXI.

--- (1974): "La prohibición de los sintagmas del tipo Nos amo y Me amamos". Revista Española de Lingüística 4 (2): 327-346.

KURIŁOWICZ, Jerzy (1972): "The role of deictic elements in linguistic evolution". Semiotica 5: 174-183.

MEILLET, Antoine (1975): Linguistique historique et linguistique générale. Paris: H. Champion.

PEREZ ALONSO, Jesús (1976): "Personalpronomina: tertia persona sustinenda!" BRAUNMÜLLER, Kurt / KÜRSCHNER, Wilfried (eds.) (1976): Akten des 10. Linguistischen Kolloquiums. Tübingen 1975. II: Grammatik. Tübingen: Niemeyer: 177-185.

POHL, J. (1970): "Animaux et pronoms". Le Français Moderne 38: 97-104.

TESNIERE, Lucien (1969): Éléments de syntaxe structurale. Paris: Klincksieck.

PERZEPTUELLE VEREINFACHUNG ALS QUELLE SEKUNDÄRER SUBJEKTIVIERUNG

Rüdiger Zimmermann

0. Die Theorie des Sprachwandels hat in den letzten Jahren aus zwei Richtungen wesentliche neue Impulse erhalten, die über die Beschreibung hinaus eine genauere Erklärung sprachgeschichtlicher Erscheinungen ermöglichen, nämlich aus der Soziolinguistik im Anschluß an Labov, wobei allerdings der Einfluß des Spracherwerbs zu gering veranschlagt wird, und aus der Psycholinguistik, besonders der Spracherwerbsforschung, die allerdings bislang vom sozialen Kontext absieht. Die Übertragung dieser Ansätze von heute beobachtbarem Sprachwandel auf weiter zurückliegende historische Entwicklungen ist aufgrund der eingeschränkten Quellenlage äußerst schwierig und wird immer stark hypothetisch bleiben müssen.

1. Dieser Beitrag ist ein Versuch, eine neue Hypothese über die Entstehung und Entwicklung sekundärer Subjektivierungen im Englischen[1] mit Ergebnissen aus der Forschung zum Spracherwerb und zu Perzeptionsstrategien bei der Sprachverarbeitung zu begründen. Es geht um Sätze der Typen (1) und (2).

(1) The book sells (well).

(2) The book is printing.

Die Darstellung erfolgt am zweiten Typ, wobei wesentliche Argumente für den ersten übernommen werden können, was im Detail freilich einer gesonderten Darstellung bedarf.

Sekundäre Subjektivierungen werden in sprachgeschichtlichen Darstellungen im allgemeinen bestenfalls beschrieben, aber nicht erklärt. Visser hält für Typ (1) folgende Ableitung für möglich:

I boiled the water. ⟶ The water was boiled by me. ⟶
The water was boiled. ⟶ The water boiled.

Auf Einzelheiten des dritten Schritts wird nicht eingegangen.[2]

Jespersen meint, Typ (2) "may have assisted in making" Typ (1).[3]

Die sekundäre Subjektivierung in Typ (2) wird meist im Rahmen der Entstehung der normalen Expanded Form behandelt.

(3) The man is a-hunting.

(4) The man is huntiende.

(5) The man is hunting.

(5) soll durch Wegfall des Präfixes in (3) entstanden oder eine Mischung dieses gerundialen Typs mit dem altenglischen bzw. frühmittelenglischen Typ (4) sein.[4]

Selbst wenn diese Hypothese nicht jüngst widerlegt oder zumindest schwer erschüttert worden wäre[5], so müßte immer noch die Berechtigung ihrer Übertragung auf den hier besprochenen Typ nachgewiesen werden, bei dem das 'grammatische' Subjekt eben nicht das 'psychologische' ist.

STRANG nimmt eine strukturelle Einbettung des Phänomens vor, wenn sie sagt, aufgrund des durchgängigen Aktiv-Passiv Kontrasts in der Simple Form werde ein Mangel empfunden[6], der auch in der Expanded Form zur Entstehung dieses Kontrasts führe.

(6) The man builds the house.

(7) The house is built by the man.

(8) The man is building.

(9) The house is building.

Dieser psychologisierende Erklärungsansatz wird aber ebenfalls nicht im einzelnen erläutert.

2. Die hier vertretene Hypothese lautet: Die sekundären Subjektivierungen in den Typen (1) und (2) gehen auf altenglische bzw. mittelenglische Satzstrukturen mit Objektfrontierung bei späterer Deletion des agentiven Subjekts zurück.

Die semantische Struktur von Sätzen wie (1) und (2) kann in Anlehnung an die Kasusgrammatik folgendermaßen dargestellt werden:

Sätze mit Agentiv

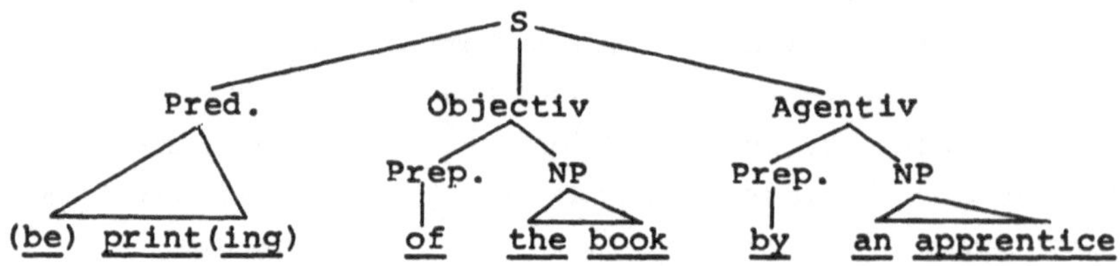

Sätze mit Instrumental ('Force')

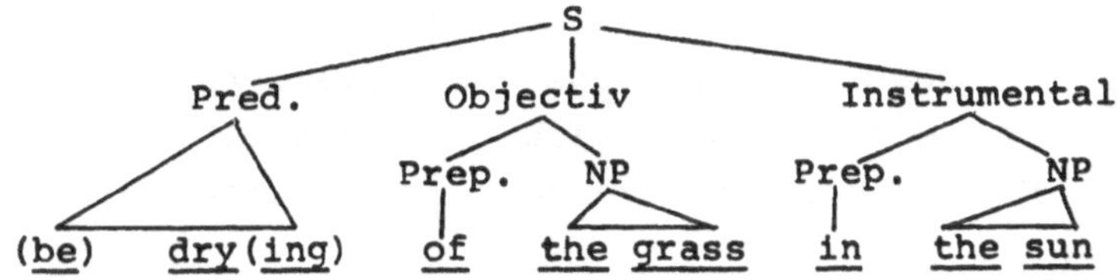

Zu verschiedenen Zeiten in der Entwicklung der englischen Sprache konnten diese semantischen Strukturen in vier syntaktischen Realisierungen auftreten[7]:

(10a) An apprentice is printing the book.

(10b) The sun is drying the grass.
(normale Wortstellung)

(11a) The book is printing an apprentice.

(11b) ?The grass is drying the sun.
(Objektfrontierung)

(12a) The book is printing by an apprentice.

(12b) The grass is drying in the sun.
(Pseudo-Passiv)[8]

(13a) The book is printing.

(13b) The grass is drying.

(12a) ist im Gegensatz zu (12b) im heutigen Englisch ungrammatisch, war aber zwischen dem 14. und 19. Jahrhundert nicht ungewöhnlich.

Der entscheidende Schritt in der Entwicklung dieser sekundären Subjektivierungen war die Deletion des - im jeweiligen Kontext wohl als unspezifiziert zu denkenden - agentiven Subjekts, die in der Zeit nach dem Wegfall der morphologischen Differenzierung zwischen Subjekts- und Objektskasus zur Neuinterpretation der ursprünglichen Objekts-NP als Subjekts-NP (sekundäre Subjektivierung, "Pseudo-Subjekt") führte.[9] (12a) kann hierbei psychologisch, aber nicht chronologisch als Zwischenform gesehen werden.[10] Die Agentiv-Deletion erscheint hier somit nicht weniger natürlich als in auch formal passivischen Sätzen.

3. Die vorgelegte Hypothese kann auf zwei Wegen begründet werden, nämlich als Ergebnis des Zusammenspiels von Sprachperzeption und Sprachstruktur und im Kontext der Entwicklung ähnlicher sprachlicher Erscheinungen. Hier wird die erste Art der Beweisführung versucht, deren prinzipielle Fruchtbarkeit BEVER und LANGENDOEN (1972) an der Entwicklung der englischen Relativsätze gezeigt haben.

3.1. Die Argumentation geht von folgenden allgemeinen Voraussetzungen aus:

3.1.1. Es gibt Gesetzmäßigkeiten (vielleicht Universalien) des Spracherwerbs zumindest in dem Sinn, daß sie übereinzelsprachlich und langfristig historisch konstant wirksam sind, jedenfalls soweit es sich um typologisch ähnliche Sprachen handelt.

3.1.2. Besonders wichtig für den Sprachwandel sind dabei Performanzrestriktionen im rezeptiven wie im produktiven Bereich.

3.1.3. Diese Performanzrestriktionen sind bei Erwachsenen und Kindern qualitativ weitgehend gleich.

3.1.4. Im kindlichen Spracherwerb bestehen höchstens geringfügige Unterschiede zwischen Perzeptionsstrategien und Produktionsregeln.[11]

3.2. Die Entwicklung sekundärer Subjektivierungen wird in Zusammenhang mit Verarbeitungsstrategien gesehen, die dem Hörer eine gegenüber der Sprecherintention vereinfachte syntaktisch-semantische Interpretation - zumindest zeitweise - suggerieren.

3.2.1. Kinder und Erwachsene haben die Tendenz, längere Äußerungen mit mehreren Nominalphrasen und Verben zunächst in Folgen von Subjekt und Prädikat zu segmentieren, wenn Numeruskongruenz besteht und keine deutlichen semantischen Blockierungen vorliegen.[12]

3.2.2. Kleine Kinder (unter 4 Jahren) berücksichtigen dabei nur die erste NP-V-Sequenz und interpretieren sie, vor allem in Aktivsätzen, als Agens-Aktions-Sequenz.[13]

3.2.3. Vorschulkinder sehen (stärker als jüngere) grundsätzlich in der ersten NP den Handelnden und im ersten Verb die Handlung, und zwar auch in Passiv- oder Clefting-Sätzen, d.h. sie interpretieren alle Äußerungen nach dem Schema der vorherrschenden Wortstellung.[14]

Das scheint auch für Sprachen mit freierer Wortstellung und erhaltener Nominalflexion wie das Deutsche zu gelten[15] und wäre damit auch auf das Altenglische und Mittelenglische übertragbar, zumal der unmarkierte Wortstellungstyp SVX schon im frühen Englisch stark überwog.

3.3. Es kommen also Äußerungen von Sätzen wie (14) - (17) als Input für reinterpretierende Perzeptionsstrategien und damit im Sinn von 3.1.4. als Quelle für die innovatorische Produktion von sekundären Subjektivierungen in Frage.

O be Ving S (ØVX)[16]

(14) The book is printing // somebody /

(15) The book is printing // somebody / liveth in X

(16) The book is printing // somebody / (is) living in X

SVO (Ø be Ving S)

(17) ?I knew // the book / was printing // somebody /

Bei (14) würde nach 3.2.2. "falsch" segmentiert und nach 3.2.3. das Objekt als Subjekt uminterpretiert.

Bei (15) und (16) würde nach 3.2.1. segmentiert und die Interpretation der ersten Nominalphrase als Agentiv nach 3.2.3. gestützt.

Auch bei (17) kommen die Strategien 3.2.1. und 3.2.3. in Frage, doch ist unklar, ob solche Sätze tatsächlich vorgekommen sind.

3.4. Die postulierte Entstehung der passivischen Sätze mit der Expanded Form scheint besonders einleuchtend bei der Frontierung von Objekten, die auf belebte Wesen referieren.

(18) The king is dressing // a servant /

Es handelt sich hierbei um einen ambigen Satztyp, dessen Auftreten im Kontext jeweils desambiguiert gewesen sein dürfte.

3.5. Im früheren geschriebenen Englisch bestand außerdem eine stärkere Tendenz zur Weglassung des Subjekts als heute. In vielen

Texten ist es unklar, ob ein Subjekt (häufig ein Pronomen in der 3. Person) aus dem Vortext zu ergänzen ist. Das mag einen Leser oder Kopisten oft dazu veranlaßt haben, das Objekt eines Autors oder Schreibers als sekundäres Subjekt zu interpretieren, besonders in festen Kollokationen wie book - print, tax - pay, house - build usw.

Dieses Argument würde allerdings nur dann relevant, wenn man ähnliche Verhältnisse für das gesprochene Englisch früherer Perioden nachweisen könnte.

4.1. Wenn, wie unter 3.1.1. vorausgesetzt, die genannten Perzeptionsstrategien weitgehend uneingeschränkt wirksam sind, so folgt, daß es im Lauf der Entwicklung der englischen Sprache, zumindest bei kleinen Kindern, schon immer eine Tendenz gegeben haben müßte, auf der Basis der inkorrekten Analyse gehörter grammatischer Äußerungen Sätze dieser neuen Typen zu produzieren. Warum gibt es dann im Altenglischen und Frühmittelenglischen keine sicheren Belege dafür?[17] Ich vermute, daß es sich hierbei nicht um einen Zufall handelt, sondern daß diese syntaktischen Neuerungen in Perioden mit einem relativ stabilen System von Satzstrukturen für wesentliche Sprechergruppen oder den überwiegenden Teil der Sprachgemeinschaft tatsächlich nicht akzeptabel waren. In die geschriebene Sprache konnten sie demnach erst vordringen, als es zu einer generellen Lockerung der satzstrukturellen Normen kam, also in der Zeit zwischen dem Mittelenglischen und Neuenglischen, besonders aber im Spätmittelenglischen und Frühneuenglischen, einer Periode syntaktischer Umstrukturierung großen Ausmaßes.[18] Unter den Schreibern und wohl erst recht den Sprechern scheint es eine gewisse Unsicherheit darüber gegeben zu haben, was akzeptabel war. Diese Unsicherheit könnte sich darin geäußert haben, daß Innovationen der beschriebenen Art nun nicht mehr korrektiv beseitigt wurden.

4.2. Ein Indiz für diese Unsicherheit dürften auch syntaktische Mischformen wie (21) und (22) sein, die eine schwindende Differenzierung zwischen dem Gebrauch der Expanded Form und der Gerundialfügung zeigen und damit den Wegfall der letzteren einleiten.[19]

Normale Typen:

(19) The apprentice is printing the book.

(20) The apprentice is a-printing of the book.

Mischtypen[20]:

(21) The apprentice is printing of the book.

(22) The apprentice is a-printing the book.

Auch Sätze wie (23) und (24) können als Belege für diese strukturellen Auflockerungserscheinungen gelten, wobei (23) allerdings nur für unser heutiges Sprachgefühl ungewöhnlich wirken, früher aber ein normaler Passivsatz gewesen sein mag.

(23) The book is printing by an apprentice.

(24) The book is a-printing by an apprentice.

4.3. Für die vorgetragene Hypothese besonders relevant ist die Tatsache, daß sich sogar Fälle von Objektfrontierung mit der Deletion des agentiven Subjekts in Sätzen mit dreiwertigen Verben finden, wie sie m. W. keine historische Grammatik erwähnt.

(25a) (To) the man is giving a book.

(25b) (To) him is giving a book.

(26) A book is giving (to) him.

Angesichts solcher Sätze scheint auch (27) keine unmögliche Struktur zu sein, obwohl ich keinen Beleg dafür kenne:

(27) ??Him is dressing.

Da Herausgeber im allgemeinen eine Tendenz zur "Verbesserung" zu ungewöhnlicher Formen gehabt haben, scheint hier eine Suche nach dem "missing link" nicht hoffnungslos.

4.4. Eine weitere empirische Stützung der vorgetragenen Hypothese könnte in der Numeruskongruenz zwischen Nominalphrase und Verbalphrase liegen. Sie scheint bis zum Spätmittelenglischen lockerer als heute gewesen zu sein. Wir finden nicht nur (28), sondern auch (29) und (30).

(28) The book and the pamphlet are printing.

(29) The book and the pamphlet i s printing.

(30) The books i s printing.

Wenn sich für (30) mehr Belege finden lassen[21], so würde das die Interpretation nahelegen, daß die frontierte NP ein Objekt ist und das Subjekt ergänzt werden muß.

5. Zur Chronologie der besprochenen syntaktischen Neuerungen und zu ihrer Einbettung in die Entwicklung anderer morphologisch-syntaktischer Erscheinungen folgen hier aus Platzgründen nur einige Thesen.[22]

5.1. Die diskutierten sekundären Subjektivierungen treten während des Rückgangs der nominalen Kasusdifferenzierung, aber vor dem völligen Wegfall der Möglichkeit von Objektfrontierungen auf.

5.2. Mit dem Verlust der Numerusdifferenzierung beim Verb und der damit verbundenen Unmöglichkeit der Objektfrontierung und Notwendigkeit der Setzung von Relativpronomen nach postverbalen Nominalphrasen gibt es kaum noch Quellen für die beschriebene perzeptionsbedingte Entstehung von sekundären Subjektivierungen, die damit nur noch in Analogie zu bestehenden Typen gebildet werden könnten.

5.3. Die Expanded Form im Passiv (<u>the book is being printed</u>) füllt eine Systemlücke, da sekundäre Subjektivierungen nur bei bestimmten Verbgruppen möglich sind und die Gerundialfügung im Standard wegfällt.

5.4. Mit dem Aufkommen der Expanded Form im Passiv besteht für den Typ (23) keine funktionelle Motivation mehr.

6. Die vorgelegte Hypothese bedarf weiterer empirischer Fundierung. Für einige Erscheinungen, besonders die Mischtypen, habe ich z.T. nur sehr wenige Belege, aber diese stammen aus Visser und anderen historischen Grammatiken, deren Material zu anderen Zwecken gesammelt wurde.

Weiterhin sind mir kaum Untersuchungen zur perzeptuellen Verarbeitung von Frontierungen im Erwerb von Sprachen mit Nominalflexion und flexibler Wortstellung bekannt.[23]

Schließlich habe ich die Ergebnisse der psycholinguistischen Forschung übernommen, ohne zu überprüfen, ob in allen Fällen der Perzeptionsprozess unter genügend realistischen Bedingungen untersucht worden ist.

Anmerkungen

1 Zu Definition und Beschreibung im heutigen Englisch vgl. ROHDENBURG (1974).

2 Vgl. VISSER (1966): 153.

3 Vgl. JESPERSEN III (1927 / 1954): 351.

4 Vgl. BRUNNER (1951 / 2.A. 1962): 376, BAUGH (1935 / 1959): 362f., JESPERSEN IV (1931 / 1954): 205, TRAUGOTT (1972): 143 u.a.

5 Vgl. NEHLS (1974): 166ff.

6 "... a deficiency is felt ..." (STRANG 1970: 98).

7 Die Sätze sind wie immer standardisiert gegeben. Vgl. "Originalbelege" und Übersicht im Anhang.

8 Einzelheiten der Transformationsgeschichte dieser Sätze können hier außer Betracht bleiben. Zu einem Vorschlag aus psycholinguistischer Sicht, besonders für (12), vgl. BEVER (1971 / o.J.): bes. 101-105.

9 Diese These ist schon kurz formuliert in ZIMMERMANN (1972): 116.

10 Zur Begründung der Ableitung von (11a) und nicht von (12a) vgl. ZIMMERMANN (in Vorb.).

11 Vgl. BEVER (1971 / o.J.): 71ff., 108ff.; bes. SLOBIN (1973 / o.J.): 146-49 und passim.

12 Vgl. BEVER/LANGENDOEN (1972): 45f.

13 BEVER (1971 / o.J.): 73.

14 BEVER/LANGENDOEN (1972): 48, SLOBIN (1973 / o.J.): 151.

15 ROEPER (1973): 543f.

16 / = ursprüngliche, vom Sprecher intendierte Struktur,
// = (zeitweilige) neue Segmentierung,
(...) = Relativsatz,
Ø = fehlendes Relativpronomen. - Vgl. hierzu BEVER/LANGENDOEN (1972): bes. 69f. - Die Sätze sind konstruiert, doch kann nach den Regeln der frühmittelenglischen Syntax an ihrer Gramatikalität kein Zweifel bestehen.

17 Von VISSERs frühesten Belegen aus dem Altenglischen und Mittelenglischen kommen für eine Diskussion nur ganz wenige in Frage. Er scheidet die meisten auch selbst aus. Erst im Mittelenglischen hat er Belege, die "less uncertain" sind (VISSER 1973: 2010).

18 Zur Chronologie einiger dieser Entwicklungen und zur Periodisierung vgl. die Übersicht im Anhang.

19 Vgl. NEHLS (1974): 166ff., bes. 171.

20 Originalbelege im Anhang.

21 Ich habe hier nur einen Beleg; vgl. Anhang.

22 Eine ausführlichere Darstellung erfolgt in ZIMMERMANN (in Vorb.).

23 ROEPER (1973) geht zwar auf bestimmte Topikalisierungen ein, untersucht aber nicht die Frontierung von (direkten) Objekten

Literatur

BAUGH, Albert C. (1935): History of the English language. New York: Appleton, Century, Croft, 2.A. 1959.

BEVER, Thomas G. (1971): "The integrated study of language behaviour". MORTON, John (ed.): Biological and social factors in Psycholinguistics. London: Logos Press: 158-209.- Übers.: "Ansätze einer integrativen Wissenschaft vom Sprachverhalten". LEUNINGER, Helen / MILLER, Max H. / MÜLLER, Frank (eds.) I: 66-115.

--- / LANGENDOEN, Terence (1972): "The interaction of speech perception and grammatical structure in the evolution of language". STOCKWELL, Robert / MACAULAY, Ronald (eds.): Linguistic change and generative theory. Bloomington: Indiana UP: 32-100.

BRUNNER, Karl (1951): Die englische Sprache. II: Die Flexionsformel und ihre Verwendung. Tübingen: Niemeyer, 2.A. 1962.

FERGUSON, Charles A. / SLOBIN, Dan I. (eds.) (1973): Studies of child language development. New York etc.: Holt, Rinehart and Winston.

JESPERSEN, Otto (1927, 1931): A modern English grammar on historical principles. III und IV: Syntax. Heidelberg: Winter. Neudruck London etc.: Allen and Unwin, 1954.

LEUNINGER, Helen / MILLER, Max H. / MÜLLER, Frank (eds.) (o.J.): Linguistik und Psychologie. Ein Reader. I: Psycholinguistische Untersuchungen sprachlicher Performanz. II: Zur Psychologie der Sprachentwicklung. Frankfurt: Athenäum.

MUSTANOJA, Tauno, F. (1960): A Middle English syntax. I: Parts of speech. Helsinki: Société Néophilologique.

NEHLS, Dietrich (1974): Synchron-diachrone Untersuchungen zur Expanded Form im Englischen. Eine struktural-funktionale Analyse. München: Hueber.

ROEPER, Thomas (1973): "Theoretical implications of word order, topicalization and inflections in German language acquisition". FERGUSON, Charles A. / SLOBIN, Dan I. (eds.): 541-554.

ROHDENBURG, Günter (1974): Sekundäre Subjektivierungen im Englischen und Deutschen. Bielefeld etc.: Cornelsen, Velhagen und Klasing.

SLOBIN, Dan I. (1973): "Cognitive prerequisites for the development of grammar". FERGUSON, Charles A. / SLOBIN, Dan I. (eds.): 175-208. - Übers.: "Kognitive Voraussetzungen der Sprachentwicklung". LEUNINGER, Helen / MILLER, Max H. / MÜLLER, Frank (eds.) II: 122-165.

STRANG, Barbara (1970): A history of English. London: Methuen. Neudruck 1976.

TRAUGOTT, Elizabeth (1972): A history of English syntax. New York etc.: Holt, Rinehart and Winston.

VISSER, F. Th. (1966,1973): An historical syntax of the English language. I: Syntactical units with two verbs, III,2: Syntactical units with two and with more verbs. Leiden: Brill.

ZIMMERMANN, Rüdiger (1972): "Structural change in the English auxiliary system". Folia Linguistica 6: 107-117.

--- (in Vorb.): "Origin and development of the English sentence types <u>the book is printing</u>, <u>the book sells well</u>".

Anhang

Originalbelege aus historischen Texten

(12b) Now he was in fyre brenand, And now in colde ise fresand (ca. 1400).

(18) That every sergeaunt and maister ... kepe good ... rule ... whyles the Kinge specially shal be asserving (1475).

(21) I was writing of my epitaph (Shakespeare).

(22) I kill'd the slave that was a-hanging thee (Shakespeare).

(23) the search must be making by Manfred and the strangers (1765).

(24) aunsweres were a making ... by diverse very great cunning menne (1533).

(25a) But of it thay wold take ryght no-thyng, But to men off armes All was yeuyng (1475).

(25b) þof him be scrift and husel grantand (frühes 14. Jh.).

(26) so huge A stroke geuyng hym was (1475).

(29) þat contre he tok þat hight Waille; Of Corni & Waille þat was wynnyng, Hadde Cornewaille þe name gynny(n)g (ca. 1330).

(30) in litil speche & right meche heryng, Many grete vertues is conquering (1463).

Zu Beispielen mit fehlendem Relativpronomen, Typen (15)-(17), vgl. BEVER/LANGENDOEN (1972: 55-58); zu Beispielen für (20) vgl. NEHLS (1974: 167f.).

Überblick über einige Entwicklungen in der englischen Sprachgeschichte

	Ae. (-1100)	Me. (1100-1400)	Spme. (1400-1550)	Frne. (1550-1700)	Ne. (1700-1900)	Mod.E. (1900-)
(O be Ving S ⇒) sS_{inan} be Ving the book is printing	-?	iK	iK/+	+	+	begrenzt
(O be Ving S ⇒) sS_{an} be Ving the king is dressing	-	?	+	+	?	-
sS be Ving by NP_{ag} the book is printing by a prentice	?	?	+	+	+	-
S be being Ved the book is being printed	-	-	-	-	+	+
Kasusdifferenzierung Nomen	+	iA	-	-	-	-
Oblig. Relativpronomen nach postverbaler NP	-	-	-	iK	+	+
Frontierung OVS	+	+	iA	iA/-	-	-
Numerusdifferenzierung Verb	+	+	iA	iA/-	-	-

Abkürzungen: sS = sekundäre Subjektivierung; ag = Agentiv; iK = im Kommen; iA = im Abnehmen; (in)an = (un)belebt.

4. SPRACHVARIANTEN UND KONTRASTIVE LINGUISTIK

DER STEIGENDE EINFLUSS DES AMERIKANISCHEN ENGLISCH AUF DIE DEUTSCHE ZEITUNGSSPRACHE IN "DIE WELT" (1954/1964)

Barbara Engels

Der starke Einfluß des amerikanischen Englisch (AE) auf das Deutsche seit dem Kriege hat in wissenschaftlicher und polemischer Hinsicht viel Aufmerksamkeit auf sich gezogen (vgl. die Bibliographie in GALINSKY 1957 /3. erw. Aufl. 1975). Es wird dabei immer wieder auf das Ansteigen des Einflusses während dieses Zeitraumes hingewiesen. Bei den bisher vorliegenden Untersuchungen wird der gesamte Zeitraum nach 1945 mehr oder weniger absichtlich als synchron betrachtet (abgesehen von einzelnen Untersuchungen, die kleinere Zeiträume beobachten). Der weitverbreitete Eindruck, daß die Zahl der Amerikanismen in den Wirtschaftswunderjahren besonders angestiegen ist, läßt die Vermutung zu, daß man innerhalb dieses Zeitraumes diachronische Schnitte anlegen kann, um die Veränderung der Sprache in diesem kurzen Zeitraum zu beobachten. Wir beschränken uns in diesem Aufsatz auf das Ansteigen der lexikalischen Amerikanismen und ihrer morphologischen Anpassung an die in "Die Welt" (1954 und 1964) verwendete Sprache. Mit WEINREICH (1953 / 1968: 53 ff.) nehmen wir an, daß "only the most concrete loanwords ... can be thought of as mere additions to the vocabulary", daß aber die Fremdwörter oft die semantischen Felder der sie umgebenden Wörter beeinflussen. Es muß also eine tiefergehende Veränderung des Wortschatzes angenommen werden. (Hinweise auf semantische Veränderungen finden sich in meiner Dissertation (1976: 68-71).) Man kann davon ausgehen, daß der AE Einfluß im Lexikon am stärksten ist und sich Veränderungen in dieser kurzen Zeit dort am besten zeigen lassen. Ein Ansteigen der morphologischen Anpassung der Fremdwörter kann dabei als Indiz für beginnende Einbürgerung und Akzeptierung des AE Einflusses gewertet werden.

Die sprachliche Entlehnung ist natürlich nur ein Aspekt eines viel größeren, verwobenen Komplexes des Kontaktes zwischen zwei Sprachgemeinschaften und Kulturen. Die Verbindung psychologischer, soziologischer, politischer, wirtschaftlicher und kultureller Faktoren mit dem linguistischen Faktor der Entlehnung als einem Indiz für Akkulturation wäre ein sehr lohnendes, allerdings auch ein sehr weitläufiges Forschungsthema. Wir beschränken uns hier bewußt auf den linguistischen Aspekt des Ansteigens der lexikalischen Entlehnungen und ihren Einfluß auf die betroffene Sprache. Ziel ist es, zu demonstrieren, wie schnell das Deutsche unter dem Druck des AE Fremdwörter aufnehmen und Lehnübersetzungen produzieren kann. Die Aufdeckung sprachinterner, die Verwendung von Amerikanismen fördernder oder behindernder Faktoren kann wegen der in diesem Beitrag erforderlichen Kürze hier nicht behandelt werden. Sie findet sich in ENGELS 1976: 74-114.

1. Der wirtschaftliche Einfluß Amerikas

Das Anlagevermögen der USA hat sich in den 6 ursprünglichen EWG Ländern zwischen 1950 und 1961, also während der Zeit, die wir untersuchen wollen, verfünffacht. Die BRD ist für die US-Anleger dabei am attraktivsten: dort haben sich die Anlagen versechsfacht. In der Tabelle findet sich zum Vergleich auch das US-Anlagevermögen in Frankreich, dem zweitattraktivsten Land.

	1950	1961
EWG insgesamt	637	3041 Mill.Dollar
BRD	204	1170
Frankreich	217	804

(Zitiert nach HERM 1964: 444). Natürlich ist bei der Entlehnung der ökonomische Einfluß nicht allein ausschlaggebend; hinzu kommen noch viele andere Faktoren (vgl. WEINREICH 1953 / 1968).

2. Methode der Untersuchung und ihre Effektivität

Folgende Überlegungen sind bei einem quantitativen Vergleich zu beachten: (a) Ein Fremdwort wird nicht als entliehen betrachtet, wenn es von einem zweisprachigen Sprecher im Deutschen nur einmal benützt wird, sondern wenn es viele Sprecher gebrauchen. Das heißt, daß seine Frequenz beim Entlehnungsvorgang steigen müßte. (b) Der größte Teil der Amerikanismen gehört zu den seltenen Wörtern; diese zu finden hängt aber sehr stark vom Zufall ab.

(c) Da wir den steigenden Einfluß feststellen wollen, müssen wir mit begrenzten Korpora arbeiten. Das Auffinden seltener Wörter hängt aber stark von der Thematik ab. Die Themen sind in einem begrenzten Korpus beschränkt, d.h. wir können nur erwarten, einen Teil der seltenen Amerikanismen innerhalb zweier Jahre nachweisen zu können.

Wir begnügen uns also damit, das Ansteigen der Amerikanismen-f r e q u e n z e n, des Amerikanismengebrauchs, nachzuweisen. Das ermöglicht es, eine neue Methode der Suche nach Amerikanismen auszuprobieren und ihre Effektivität zu überprüfen. Es ist einsichtig, daß bei der üblichen Suche nach Fremdwörtern durch Durchlesen großer Textmengen aufgrund der leicht ermüdbaren menschlichen Aufmerksamkeit Fremdwörter überlesen werden. Eine Suche durch den Komputer wäre also eine Hilfe.

Eine kurze Bemerkung zur Interpretation der Frequenzen: Der Frequenzanstieg e i n e s Wortes wird nicht als sicheres Anzeichen seiner Einbürgerung angesehen. Zur endgültigen Einbürgerung eines einzelnen Wortes gehören viele verschiedene Faktoren, deren Menge und Zusammenspiel noch unzureichend bekannt ist. Der Frequenzanstieg soll nur in seiner Gesamtheit interpretiert werden.

Wir haben die Wortliste der Dissertation von FINK (1968), die aus einem Korpus von geschätzt 7 Millionen Wörtern erstellt worden ist und die die Frequenzen der einzelnen Amerikanismen enthält, mit der Hand nach Amerikanismenlexemen lemmatisiert. Dies erwies sich als wünschenswert, da Amerikanismenlexeme überaus zusammensetzungsfreudig, viele ihrer Zusammensetzungen aber Eintagsfliegen sind: vgl. z.B. <u>Do-it-yourself-Artikel</u>, <u>Do-it-yourself-Bereich</u>, <u>Do-it-yourself-Bewegung</u> (FINK 1968: 514) etc. <u>Do-it-yourself</u> wird, da es in Zusammensetzungen im Deutschen unanalysiert Verwendung findet, als e i n Amerikansimenlexem betrachtet. Die Lexeme wurden mit dem Programm T4H der Universität Regensburg kumuliert. Die Amerikanismenlexeme, die zweimal oder öfter vorkamen, wurden mit dem Programm FASTSCAN der Universität Cornell eingegeben. Das Programm suchte die beiden Korpora ab und druckte die gefundenen Wörter in einem Kwikindex aus. Ein Lauf mit 100 Lexemen dauerte ca. 20 Minuten. Da wir die über 3 000 Amerikanismen von Fink auf 348 Eingabelexeme reduzieren konnten, haben wir Stunden an Komputerzeit gespart. Da bei der Arbeit mit dem Komputer wirtschaftliche Gesichtspunkte eine nicht unwichtige Rolle spielen, sei erwähnt, daß wir für eine Minute den relativ günstigen Preis von 9 Dollar bezahlten. Wir konnten also durch die Lemmatisierung billig arbeiten.

Ein Vergleich mit der Zahl der gefundenen Amerikanismen in anderen Untersuchungen, die ebenfalls die Zeitungssprache zugrundelegen, zeigt, daß die Suche über Erwarten erfolgreich war. In unserem Korpus fanden wir 1954 pro Seite 6 Amerikanismentokens (also Frequenzen) und 3 Amerikanismentypes (also einzelne neue Wörter), Fink fand 1963 pro Seite 4 Tokens und 2 Types. Hans-Günter MEYER (1974) fand in zwei regionalen Zeitungsausgaben 1972 pro Seite 14 Anglizismen (die alle Varianten des Gesamtenglischen einschließen). Wir fanden 1964: 19 Amerikanismentokens und rund 7 Amerikanismentypes pro Seite, mehr als Fink 1963 und Meyer 1972. Trotz der Schwierigkeiten, die Anzahl der Amerikanismen pro Zeitungsseite zu berechnen und die Zeitungsseiten miteinander zu vergleichen, kann man doch davon ausgehen, daß unsere Suche überraschend erfolgreich war.

3. Das Material

Die größte Schwierigkeit bei einem quantitativen Vergleich bietet die Suche nach passendem Material, dessen Erstellung weder zu kostspielig noch zu zeitraubend sein darf, da es sich um ein begrenztes Projekt handelt. Die untersuchte Sprache sollte Teil der Gemeinsprache sein, sie sollte keine einseitigen Kumulationen seltener Wörter aufweisen, die sich aus einer beschränkten Thematik ergeben und die das Bild der Amerikanismen verfälschen könnten. Die Thematik sollte möglichst vielseitig sein, um der Streubreite der Amerikanismen gerecht zu werden. Die Sprache muß irgendwo festgehalten sein, da wir diachron vorgehen wollen. Hiermit scheidet die gesprochene Sprache bereits aus. Wir haben aus den oben genannten Erwägungen heraus die beiden in einem Stichprobenverfahren vom Institut für deutsche Sprache in Bonn erstellten Korpora der "Welt" 1954 und 1964 unserer Untersuchung zugrunde gelegt. Wir wählten die "Welt", da Fink festgestellt hat, daß sie im Gebrauch der Amerikanismen die Mitte hält zwischen der "Frankfurter Allgemeinen Zeitung" mit den geringsten

Werten und der "Süddeutschen Zeitung" mit den höchsten Werten.

Die IdS Korpora der "Welt" umfassen den Versuch, der regelmäßig wechselnden Thematik in der Woche und im Jahr, sowie der an die Seiten gebundenen Thematik eine proportionale Darstellung zu geben. In der Woche wird z.B. montags schwerpunktartig der Sport ausführlich behandelt, während des Jahres nehmen zum Jahresende politische und wirtschaftliche Prognosen einen breiten Raum ein, im Sommer dagegen die Reiseberichterstattung etc., außerdem sind Politik, Wirtschaft und Sport usw. meist an bestimmte Seiten gebunden. Die Untersuchungsergebnisse zur Struktur der "Welt" sowie der Auswahlmodus wird in HELLMANN (1968: 39-125) beschrieben. Die Korpora sind rund 500 000 Worte lang und liegen auf Magnetbändern vor. Soweit man es abschätzen kann, sollten diese Korpora für die beiden Jahre der "Welt" repräsentativ sein. Außerdem sind sie von der Menge und der Struktur der Thematik her vergleichbar, was bei der versuchsweise angedeuteten Komplexität der Zeitungssprache nicht selbstverständlich ist.

4. Definition des Amerikanismus

Wir unterscheiden 4 Hauptgruppen von Amerikanismen und subsumieren darunter unübersetzte und übersetzte oder übertragene Amerikanismen:

Amerikanismen aufgrund ihres amerikanischen Ursprungs,
Amerikanismen aufgrund ihres häufigeren Gebrauchs in Amerika als in anderen Varianten des Gesamtenglischen,
Amerikanismen kraft amerikanischer Vermittlung eines gesamtenglischen Ausdrucks,
Amerikanismen kraft Gebrauchssteigerung eines schon früher entlehnten Britizismus oder Anglizismus (Ausdruck aus dem Gesamtenglischen).

Britizismen würden sich analog scheiden.

Wir bezeichnen den größten Teil des englischen Einflusses auf das Deutsche nach 1945 als Amerikanismen, um den Ursprung dieser Entlehnungen oder Verstärkungen deutlich zu machen. Der Ausdruck "Englisch" wird auch heute noch hauptsächlich mit "England" in Verbindung gebracht. Daß der Einfluß des BE (britischen Englisch) heute im Vergleich zum AE (amerikanischen Englisch) gering ist, zeigt die Welle von Amerikanismen, die fast alle Industrienationen der Welt (und nicht nur diese) überrollt, und zwar einschließlich Großbritanniens. Die Klagen über die Amerikanismen im britischen Englisch zeigen am deutlichsten, woher der Hauptimpetus der Entlehnungswelle heute kommt. Über den ständig wachsenden Einfluß des BE auf das AE sind bis jetzt jedenfalls noch keine Klagen laut geworden.

5. Das Ansteigen der Amerikanismen

Amerikanismentokens (also Frequenzen) waren 1964 rund 3mal (genauer 2,8) häufiger als 1954. Das Vorkommen einzelner Amerikanismentypes stieg ebenfalls überraschend um das 2,5fache. Wir fanden 1954: 889 und 1964: 2624 Tokens. An Types wurden 1954: 395 und 1964: 1021 lokalisiert. Der prozentuale Anteil der Amerikanismen am Text ist dabei, entgegen den Klagen der Sprachkommentatoren, relativ gering. Er beträgt 1954 rund 0,2% und 1964 rund 0,6% (Fink nahm noch an, daß der Anteil der Amerikanismen bei 0,1% liegt).

6. Grenzen der Interpretation

Um zu wissen, was die obigen Zahlen ausdrücken, müssen wir uns über die Dichte des Zeitungswortschatzes im Verhältnis zum Wortschatz anderer schriftlicher Medien Gedanken machen. Gert MÜLLER (1965: 218) zitiert Victor Gracia Hoz, der im "Vocabulario usual, vocabulario común y vocabulario fundamental", Madrid 1953, folgende Werte für das Spanische festgestellt hat. Bei Textmaterial von je 100 000 Wörtern enthalten

Briefe insgesamt ca. 3 900 verschiedene Wörter (also Types)
Amtliche Mitteilungen ca. 6 000
Zeitungen ca. 7 000
Bücher ca. 8 000.

Die Werte für das Deutsche dürften ähnlich aussehen. Daraus folgt, daß weniger Amerikanismen in anderen schriftlichen Medien zu finden sein werden. Klaus HELLER bestätigt diese Vermutung in einer Untersuchung zum Gebrauch des Fremdwortes allgemein in "Das Fremdwort in der deutschen Sprache der Gegenwart" (1966). Unsere Aussagen über das Ansteigen der Amerikanismen beziehen sich natürlich nur auf die Zeitungssprache der Korpora der "Welt".

7. Die Verdeutschung der unübersetzten Amerikanismen

1954 waren 85,7% aller Amerikanismenfrequenzen unübersetzte Fremdwörter, 1964 waren es 74,1%. Da die Sprache kein lebloses Gebilde ist, muß man sich fragen, wie sie auf das massive Eindringen von Fremdwörtern reagiert. Der Wortschatz ist der Erfahrung nach eines der sich am schnellsten ändernden Teile der Sprache. Wie reagieren andere Teile in Bezug auf den Wortschatz? Es ist anzunehmen, daß in den relativ starren wortformalen Aspekten die Einbürgerung langsamer vor sich geht.

7.1. Wechsel der Wortklasse

Da die allermeisten Entlehnungen von Wörtern in AE Form (unübersetzte Fremdwörter) in Form von Substantiven stattfinden, würde ein vermehrter Gebrauch in anderen Wortklassen ein Anzeichen beginnender Verarbeitung sein. Der Anteil der Adjektiv- und Verbtokens an der Gesamtfrequenz stieg von 1954: 4,4% (34 Tokens) auf 1964: 5,2% (101 Tokens). Man ersieht die Steigerung auch daraus, daß der Anstiegsfaktor geringfügig über dem Gesamtanstiegsfaktor liegt (nämlich bei dem 3,0fachen gegenüber dem 2,8fachen des Ansteigens der Gesamtfrequenz und dem 2,6fachen der Fremdwortanstiegsfrequenz). D.h., daß die Fähigkeit, die Wortklasse zu wechseln, höher ist als der Gebrauch von Fremdwortamerikanismen oder von Amerikanismen überhaupt.

7.2. Deklination

Sie stieg langsamer als die Frequenzen, aber immerhin um das 2,4 fache von 1954. D.h., der Anteil der deklinierten Amerikanismen ging von 6,4% auf 6,0% zurück. Die Deklination kommt also nicht ganz mit dem Gebrauchsanstieg der Fremdwortamerikanismen mit.

7.3. Initialwörter

Man nimmt an, daß die Verwendung von Initialwörtern durch den AE Einfluß starken Auftrieb bekommen hat. Das läßt sich jedoch nicht bei den Frequenzen der eingegebenen Initialwörter nachweisen. Sie stiegen zwischen 1954 und 1964 nur um das 1,7fache. D.h., ihr Anteil an den Gesamtfrequenzen geht von 22,0% auf 13,2% zurück.

7.4. Scheinentlehnungen

Sie sind ein äußerst interessantes Phänomen, da sie bewußt der Anpassung entgegenlaufen. Scheinentlehnungen sind Wörter, die es im AE gar nicht gibt, die im Deutschen aus amerikanischem Morphemmaterial gebildet wurden. Gefunden wurden 1964: Dancing Bar, Hi-Fi-Bar, Skybar, Cottonova, Hobbydress, Kontakter, Texter, Twen, topfit, Sexbombe (Gesamtfrequenz 13). 1954 fand man nur Whiskyparty (Frequenz 1). Scheinentlehnungen sind der höchste Tribut, den eine Sprache einer anderen zollen kann. Jedoch ist man gelegentlich nicht sicher, ob sich der Autor der Fremdheit der Form noch bewußt war. Scheinentlehnungen sind um das 13fache angewachsen, ihr Anteil stieg am Gesamtvolumen der Amerikanismen von 0,1% auf 0,5%.

7.5. Schreibung

Auch hier handelt es sich um einen Aspekt der Sprache, wo die Fremdartigkeit des entlehnten Wortes im Deutschen zunehmend gesucht wird. Während 1954 die deutsche Schreibung von solchem AE Graphemmaterial wie c (im Deutschen ersetzt durch k oder z) noch 7 mal häufiger war (7 Tokens) als die AE Schreibung (1), erreichte 1964 die deutsche Schreibung (78 Tokens) nur noch den 4,3fachen Wert der AE Schreibung (18 Tokens). Die AE Schreibung stieg um das 18fache, nimmt aber 1964 nur 0,9% der Gesamtfrequenz der Amerikanismen ein.

8. Zusammenfassung

Wir haben kurz einen Teil des Hintergrundes, vor dem der Entlehnungsprozeß von Amerikanismen stattfindet, dargestellt, nämlich den wirtschaftlichen Einfluß Amerikas. Es wurde eine neue Methode, Frequenzsteigerungen nachzuweisen, eingeführt und ihre Effektivität im Vergleich zur üblichen Suche dargestellt. Betrachtet man den Einfluß des AE nach 1945 diachron am Beispiel der Sprache der "Welt" 1954 und 1964, so zeigt sich, daß der Gebrauch von Amerikanismen innerhalb von nur 10 Jahren um das rund 3fache gestiegen ist. Amerikanismen in Fremdwortform wurden im Verhältnis zum Ansteigen des Gesamtgebrauchs relativ schnell der Deklination unterworfen, die Fähigkeit von Fremdwortamerikanismen, die Wortklasse zu wechseln, stieg sogar etwas schneller als der Gebrauch aller Amerikanismen. Das Ansteigen des Gebrauchs amerikanischer Initialwörter war mit dem 1,7fachen dagegen relativ gering. Besonders interessant ist dabei, daß unübersetzte Amerikanismen nicht nur sich schnell in die Deklination und in andere Wortklassen einfügen können, sondern daß die fremde, vom Deutschen abweichende Form bewußt gesucht wird. Dies zeigt sich in dem überraschenden Ansteigen der Scheinentlehnungen und der 1964 deutlich bevorzugten AE Schreibung von Fremdwörtern - sicher unter dem Einfluß einer gewissen Mode.

Es konnte hier jedoch nur ein Teil des Gesamtbildes der Entlehnung von Amerikanismen gezeigt werden. Es ist möglich nachzuweisen, daß es sprachinterne, die Entlehnung hemmende und sie fördernde Faktoren gibt (ENGELS 1976: 74-114). Diese Faktoren begünstigen, im ganzen gesehen auch heute noch, die Einfuhr formal nicht als fremd auffallender Amerikanismen. Deutlich wird das bereits im Absinken des Gebrauchs unübersetzter Amerikanismen um 11,6% im Jahre 1964 (s. Abschnitt 7.). Da wir aus Platzgründen nicht auf diese Aspekte eingehen können, möge diese Zusammenfassung des Ansteigens der Amerikanismen und ihrer Anpassung sowie der Hinweis auf in ihrer Wirkung isolierbare, die Entlehnung hemmende und fördernde sprachinterne Faktoren genügen.

Anmerkungen

Herrn Dr. Hellmann möchten wir für die freundliche Überlassung der beiden "Welt"korpora herzlich danken.

Literatur

ENGELS, Barbara (1976): Gebrauchsanstieg der lexikalischen und semantischen Amerikanismen in zwei Jahrgängen der "Welt" (1954 und 1964). Eine vergleichende computerlinguistische

Studie zur quantitativen Entwicklung amerikanischen Einflusses auf die deutsche Zeitungssprache. Band VI der Mainzer Studien zur Amerikanistik. Bern: Lang.

FINK, Hermann (1968): Amerikanismen im Wortschatz der deutschen Tagespresse dargestellt am Beispiel dreier überregionaler Zeitungen (Süddeutsche Zeitung, Frankfurter Allgemeine Zeitung, Die Welt). Mainz: vervielf. Diss. Teilabdruck mit demselben Titel als Band XI der Mainzer Amerikanistischen Beiträge. München: Hueber, 1970.

GALINSKY, Hans (1957): Amerikanisches und Britisches Englisch. Einführung in Einheit und Verschiedenheit einer Weltsprache, mit umfassender Arbeitsbibliographie (1945-1974). 3. Aufl. München: Hueber, 1975. 1. Aufl., München: Hueber (mit entsprechend kürzerer Bibliographie).

HELLER, Klaus (1966): Das Fremdwort in der deutschen Sprache der Gegenwart. Leipzig.

HELLMANN, Manfred (1968): "Zur Dokumentation und maschinellen Bearbeitung von Zeitungstexten in der Außenstelle Bonn." ENGEL, Ulrich (ed.): Forschungsberichte des Instituts für deutsche Sprache 2: 39-125.

HERM, Gerhard (1964): Amerika erobert Europa. Düsseldorf: Econ.

MEYER, Hans-Günter (1974): "Untersuchungen zum Einfluß des Englischen auf die deutsche Pressesprache." Muttersprache 84: 97-134.

MÜLLER, Gert (1965): "Sprachstatistik und Feldstruktur." Die Neueren Sprachen 14: 211-225.

VALENCY THEORY AND CONTRASTIVE LINGUISTICS

Colin Foskett

1. The term valency[1] is used in linguistics to refer to relationships of dependency between linguistic elements and in particular to the number and kind of elements a unit combines with. The term has been applied to various kinds of unit, including verbs and adjectives, but this paper is concerned with valency as applied to verbs in English and German. As a first approximation we can say that valency has to do with the number and kind of elements (e.g. NPs) that a verb can combine with, in other words with syntactic features. The following examples show that *enjoy* combines with two NPs and is therefore bivalent, whereas *sleep* combines with one NP and is monovalent:

(1) I enjoyed the party enjoy_2

(2) He was sleeping sleep_1

The term valency is particularly associated with the French linguist Tesniere (TESNIÈRE 1953 and 1959), who saw the valency of a verb as its potential for combining with one, two or three NPs, which he termed "actants", and which in traditional terminology are subject, direct object and indirect object. One of the most important features of Tesnière's analysis is that the verb is seen as the core of the sentence, determining the number and kind of NPs that can occur. And since each of these NPs is equally dependent on the verb there is no special status accorded to the subject. This could be represented diagrammatically as follows:

(3) Everyone likes John

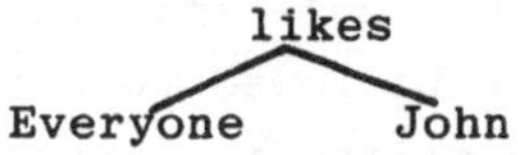

(4) She gave me a present

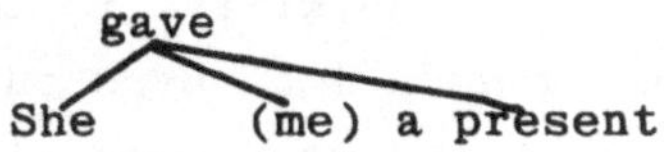

The verb *like* has two associated syntactic roles, semantically a liker and a liked. The verb *give* has three associated syntactic roles - semantically a giver, a recipient and a gift -

of which one - the recipient - is optional. Although some linguists have worked within a valency theory but given the subject a special status[2] this does not seem to me necessary. There are advantages to be gained from regarding the subject NP as equal in status to any other NP, particularly when dealing with conversions (such as passives, causatives and recessives) and it does replace the traditional subject predicate division, based ultimately on logic, with a specifically linguistic criterion.

Although I have given semantic interpretations to the NP roles associated with like and give, they are intended merely as convenient labels for the moment. Tesnière and others have tried to give more or less constant semantic interpretations to morphological cases and although it may be possible to link cases to semantic roles (e.g. dative for recipient or beneficiary), the extent to which this is possible would seem to be limited.[3] In German, for example, we can say ich friere, mich friert and mir ist kalt; we must say ich gratuliere dir but ich beglückwünsche dich, ich helfe dir but ich unterstütze dich. Tesnière restricted his valency scheme to subject, direct object and indirect object and also distinguished between these "actants" (NPs) and "circonstants", the latter being unlimited in number and usually represented by adverbs, particularly adverbs of time and place. More recently the line has been drawn not between those NPs constructing directly with the verb and those that do not, nor between NPs and adverbials, but between mandatory and optional elements, no matter what these elements may be.[4] This seems to be a more fruitful line of approach in that it is concerned to find just those elements necessary to produce a grammatical sentence, isolating minimum structures before going on to state what can be added to these skeleton sentences.

write$_{1,2,3}$ He writes me letters regularly

The minimal grammatical structure of this sentence would be he writes, but let us look more closely at the other elements. Regularly is an optional element with considerable freedom of occurrence. It stands in paradigmatic relationship to many other adverbs of frequency and can be inserted into a wide range of sentences. Me and letters are also optional[5] but not in the same way, since the potential for their occurrence is determined by the verb, by writes.[6] There are, therefore, three different kinds of element to be accounted for; mandatory elements, optional elements that are syntactically determined by the verb, and completely optional or free elements.

2. I shall now try to indicate how valency theory might operate on a contrastive basis, applying the framework I have outlined to selected verbs of English and German and taking semantic equivalents. A valency approach can be used to illustrate differences in morphological and or syntactic potential, and in doing this I have represented the different morphological forms by means of subscript symbols:[7]

$helfen_{1,2}$ $NP_{nom.}$ $NP_{dat.}$ $help_{1,2}$ $NP_{nom.}$ $NP_{acc.}$

$bedürfen_{2}$ $NP_{nom.}$ $NP_{gen.}$ $need_{2}$ $NP_{nom.}$ $NP_{acc.}$

$beschuldigen_{2,3}$ $NP_{nom.}$ $NP_{acc.}$ $NP_{gen.}$

$accuse_{2,3}$ $NP_{nom.}$ $NP_{acc.}$ PP_{of}

These examples show well-known and obvious morphological differences; difficulties for the English speaker learning German that are given special treatment in courses, grammars and dictionaries. Less obvious, but no less important for the foreign language learner, are differences in syntactic potential of the kind shown, for example, by gratulieren/congratulate and telefonieren/telephone.

$gratulieren_{1,2,3}$ $NP_{nom.}$ $NP_{dat.}$ PP_{zu}

$congratulate_{2,3}$ $NP_{nom.}$ $NP_{acc.}$ PP_{on}

$telefonieren_{1,2}$ $NP_{nom.}$ PP_{mit}
PP_{nach}

$telephone_{1,2,3}$ $NP_{nom.}$ $NP_{acc.}$ PP_{for}

Gratulieren but not congratulate is monovalent - ich gratuliere. And whereas the bivalent construction with the English verb consists of $NP_{nom.}$ $NP_{acc.}$ gratulieren has two bivalent structures - $NP_{nom.}$ $NP_{dat.}$ and $NP_{nom.}$ PP_{zu},[8] although I have not attempted to represent this in the notation. Telefonieren and telephone also show a slight difference in valency potential; there are two alternative bivalent constructions in both English and German but English also allows the $NP_{acc.}$ and PP_{for} to co-occur:

(5) I telephoned the doctor for advice

Although there is broad correspondence between English and German with the verbs of saying and telling, for example between the pairs sagen/say, reden/talk and erzählen/tell, I'd like to look more closely at sprechen and speak:

$sprechen_{1,2,3}$	$NP_{nom.}$	PP_{mit}	$PP_{über}$
		$NP_{acc.}$	
$speak_{1,2,3}$	$NP_{nom.}$	PP_{to}	PP_{about}
		$NP_{acc.}$	

These two verbs behave in a syntactically similar way, but there is a difference to be found in the $NP_{acc.}$ that can occur in each case:

(6) Ich spreche die Wahrheit (6a) I am speaking the truth

(7) Ich spreche ihn (7a) I am speaking to him

For German the $NP_{acc.}$ can be an abstract (e.g. die Wahrheit, zwei Sprachen) or a person, but for English only an abstract. This is the kind of case where some semantic information would be useful; for example the restriction could be indicated by a semantic feature - for German $NP_{acc.}$ (abstr. hum.)

and for English $NP_{acc.}$ (abstr.)

3. Finally I should like to consider the notion of conversions in valency theory and briefly outline some applications. In theory, at least, valency can readily account for various kinds of conversion, such as passives, causatives and recessives, by means of an alternative filling of available valencies (passive) or an increase or decrease in valency. There is no need to derive passive sentences from active ones, and the only syntactically significant consequence of a passive is that it may change a mandatory valency into an optional one:

(3) Everyone likes John

(3a) John is liked (by everyone)

From an English/German contrastive point of view one of the significant features of passive conversions is that in English any of the NPs can appear as the subject of verbs of giving, showing or telling, although the number of associated mandatory and optional NPs may vary:

(4) She gave me a present

(4a) A present was given (to me) (by her)

(4b) I was given a present (by her)

In German however it is only the $NP_{acc.}$ of active sentences that can fill the $NP_{nom.}$ valency of a passive sentence.

(4c) Sie gab mir ein Geschenk

(4d) Ein Geschenk wurde (mir) (von ihr) gegeben

Causative relationships can be expressed in valency terms as an increase in valency of one. Although neither English nor German makes extensive use of synthetic causatives, English does have a small number of verbs with one or two valencies and showing a causative relationship. The NPs associated with these verbs are normally animate:

$drown_{1,2}$	drown someone	=	cause someone to drown
$gallop_{1,2}$	gallop a horse	=	make a horse gallop
$march_{1,2}$	march someone	=	make someone march
$starve_{1,2}$	starve someone	=	cause/allow someone to starve

The German equivalents of these causatives are constructions with <u>lassen</u>, (which adds a semantic causer and a syntactic valency to a construction) except in the case of <u>drown</u>, where German has two historically derived verbs which together function as a causative pair - <u>ertrinken</u>$_1$ and <u>ertränken</u>$_2$.

The term recessive[9] is used to characterize a reduction in valency and English has a fairly large class of verbs with two or one mandatory valencies on a recessive pattern. This class includes <u>begin</u>, <u>bend</u>, <u>break</u>, <u>change</u>, <u>cook</u>, <u>decrease</u>, <u>empty</u>, <u>end</u>, <u>fill</u>, <u>fly</u>, <u>increase</u>, <u>move</u>, <u>open</u>, <u>plunge</u>, <u>smash</u>, <u>stop</u>, <u>turn</u>. These verbs construct typically with one inanimate and one normally animate NP, e.g.

(8) He filled the tank

(9) The tank filled

The verb fill can have one or two valencies and there is a clear relationship between the example sentences above, one that has been discussed as ergative.[10] The German equivalents of these English verbs tend however not to behave in the same way. There are German recessives that construct according to this pattern, e.g. anfangen, beginnen, brechen, enden, fliegen, halten, kochen, wenden, but the majority of these English verbs are represented in German by bivalent verbs, for example füllen.

(10) Er füllte den Tank

(11) Der Tank füllte sich

Füllen is always syntactically bivalent, even though the reflexive pronoun in (11) makes no semantic contribution to the sentence, as it does, for example, in Er verteidigte sich. It contracts no paradigmatic oppositions but is necessary to fill a surface structure valency. In view of this and the causatives discussed briefly above, it would seem that English verbs show greater flexibility in valency than their German equivalents and that this is a feature worth investigating on a contrastive basis.

4. As I have tried to indicate, there are still theoretical and practical problems facing the applications of valency theory to contrastive linguistics, and in fact to date the notion of valency has generally been applied to one language at a time. However, contrastive valency studies are likely to prove fruitful, and we might ultimately aim at producing a two-language valency dictionary. Such a dictionary could prove invaluable for language teachers and learners and could bring to those dictionaries at present available that much needed element of precision that linguistics can provide.

Notes

1 Some writers use the term "valence" (e.g. HOCKETT 1958: 248) but I have here preferred "valency".

2 See e.g. BRINKMANN 1962: 68.

3 This might well prove a fruitful area for investigation, possibly linking with Fillmore's case grammar.

4 See e.g. HELBIG/SCHENKEL 1969: 31 and Duden-Grammatik 1959/ 3.A. 1973: 484 f.

5 Where they do not occur these NPs may be recoverable from the context since write is like eat in allowing object deletion.

6 In British English the situation is more complex in that me is dependent for its occurrence on letters - there is no *he writes me.

7 The subscript symbols for English are chosen for convenience and ease of comparison. PP stands for prepositional phrase, the preposition being indicated by a subscript.

8 The syntactically optional element may well be recoverable from the context, as in the case of the object deletion verbs already referred to.

9 See TESNIÈRE 1959: 272.

10 See e.g. LYONS 1968: 351f.

Literature

BRINKMANN, Hennig (1962): Die deutsche Sprache. Gestalt und Leistung. Düsseldorf: Schwann.

Duden-Grammatik (Der große Duden 4). GREBE, Paul (ed) (1959) Mannheim: Bibliogr. Institut. 3.A. 1973.

HELBIG, Gerhard/SCHENKEL, Wolfgang (1969): Wörterbuch zur Valenz und Distribution deutscher Verben. Leipzig: Bibliogr. Institut.

HERINGER, Hans-J. (1967) "Wertigkeiten und nullwertige Verben im Deutschen". Zeitschrift für deutsche Sprache 23: 13-34.

HERINGER, Hans-J./ÖHLSCHLÄGER, Günther "Wertigkeitstheorie und Sprachunterricht". NICKEL, Gerhard (ed) (1973): Angewandte Sprachwissenschaft und Deutschunterricht. Munich: Hueber.

HOCKETT, Charles F. (1958): A course in modern linguistics. New York: Macmillan.

LYONS, John (1969): Introduction to theoretical linguistics. Cambridge: University Press.

TESNIÈRE, Lucien (1953): Esquisse d'une syntaxe structurale. Paris: Klincksieck

--- (1959): Elements de syntaxe structurale. Paris: Klincksieck.

EIN FORMALES MODELL ZUR BESCHREIBUNG VON SPRACHVARIATIONEN

Binnenstruktur durch Satzbewertung

Christopher Habel

1. Die Diskussion über den Begriff Sprache ist derartig ausgedehnt und noch so weit von einem Abschluss entfernt, dass hier kein neuer Beitrag zu diesem Thema geleistet werden soll. Allerdings ist es notwendig, im Zusammenhang dieser Untersuchungen eine Explikation des Begriffes zugrunde zu legen.

In der modernen - theoretischen - Linguistik weitverbreitet ist der Definitionstyp, den man abgekürzt mengentheoretisch nennen kann, obwohl "nach mengentheoretischer Art" oder ähnliches korrekter wäre. BLOOMFIELD definiert z.B. die Sprache einer Sprachgemeinschaft als die Gesamtheit der Äusserungen, die innerhalb dieser Sprachgemeinschaft hervorgebracht werden können:

> The totality of utterances that can be made in a speech-community is the _language_ of that speech-community.

CHOMSKY (1957) beginnt seine Ausführungen in den "Syntactic Structures" damit, dass er Sprache als Menge von Sätzen festsetzt:

> From now on I will consider a _language_ to be a set (finite or infinite) of sentences, each finite in length and constructed out of a finite set of elements. All natural languages in their spoken or written form are languages in this sense,...

Wenn man auf diesen "klassischen" Zitaten aufbauend Sprache definiert, so geschieht dies in erster Näherung dadurch, dass man festlegt: "Eine Sprache L ist eine Menge von Objekten wohlbestimmter Art." Um diese Definition zu vervollständigen, muss geklärt werden, von welcher Art diese Objekte sind. Hier kommen z.B. in Frage: Sätze, Äusserungen, Kommunikationsakte, und vielleicht noch anderes; auch was man sich unter diesen Begriffen vorzustellen hat, müsste natürlich geklärt werden. Da aber im weiteren nur die Beziehung Objekt-Menge wesentlich sein wird, geschieht hier keine Festlegung auf eine bestimmte Interpretation der Objekte; sie werden hier als Sätze bezeichnet werden, abgekürzt durch die Variable s; die weiteren Überlegungen gelten mutatis mutandis natürlich auch für Äusserungen etc.

Die Definition nach mengentheoretischer Art besitzt einige bekannte Vor- und Nachteile. Die beiden wesentlichen Vorteile sind:

(1a) sie ermöglicht mathematisch formalisierte Untersuchungsmethoden,

(1b) alle (oder zumindestens die wichtigsten anderen) Definitionen sind auf die mengentheoretische abbildbar.

Die funktionale Definition, darunter will ich hier "Sprache als Instrument der Kommunikation" verstehen, ist z.B. über die Menge der vermittels der Sprache möglichen Kommunikationsakte mit der mengentheoretischen Definition verbunden.

Gerade diese zweite Eigenschaft, die der Abbildbarkeit, rechtfertigt die weite Anwendung der mengentheoretischen Definition.

Die Nachteile[1] beruhen im wesentlichen darauf, dass die Abbildung nicht unbedingt alle für die Linguistik relevanten Aspekte überträgt; durch eine Mehrstufigkeit der Explikation kann dieser Mangel aber behoben werden.

2. Einer der wesentlichen und folgenreichsten Kritikpunkte (innerhalb der generativen Grammatik) an Chomskys Theorie der Grammatik (so wie sie in den "Aspects" (1965) entwickelt wurde) richtet sich gegen die H o m o g e n i t ä t s a n n a h m e, d.h. dagegen, dass eine Grammatik die Kompetenz des idealen Sprecher-Hörers in der homogenen Sprachgemeinschaft beschreibt. Folgenreich ist diese Kritik deswegen zu nennen, weil hier ein Paradigmenwechsel im Sinne KUHNs seinen Ursprung haben könnte.[2] Wenn aber - darüber dürfte wohl weitgehende Einigkeit herrschen - Sprache inhomogen ist, so muss diese Tatsache in der linguistischen Theorie - insbesondere im grammatischen Formalismus - berücksichtigt werden.[3]

Der ALTHAUS-HENNE-Ansatz (1971) versuchte durch einfache mengentheoretische Operationen (Vereinigung, Durchschnitt, Kombinationen hiervon) die Inhomogenität zu berücksichtigen; dass dies nicht adäquat gelang, hat Wunderlich an verschiedenen Stellen (1971,1974) dargelegt.

Zwei interessante weitergehende Ansätze stammen von KANNGIESSER (1972) und KLEIN (1974):

Kanngießer verwendet eine Familie von Grammatiken - also ein System -; diese Grammatiken erzeugen "Teilsprachen". Eine Gesamtsprache ist allenfalls durch eine Vereinigung der Teilsprachen zu bilden. Dies geschieht bei Kanngießer kaum; seine Theorie ist eine Theorie über Teilsprachen bzw. Sprachsysteme, die Gesamtsprache wird nicht hinreichend berücksichtigt.

Kleins Ansatz basiert auf LABOVs variablen Regeln. Jeder Regel der Grammatik ist eine Anwendungswahrscheinlichkeit bezüglich jeder "Varietät" (Teilsprache, Soziolekte etc.) zugeordnet. Sätze mit positiver Ableitungswahrscheinlichkeit bezüglich einer Varietät, z.B. L_i, bilden diese Varietät. Klein sagt: "...dann kann man (theoretisch) die Vereinigung L^+ aller L_i bilden."

Beiden, Kanngießer und Klein[4], ist ein Unbehagen darüber, dass ihre Ansätze eine sinnvolle Konstruktion der Gesamtsprache nicht zulassen, anzumerken.

Man sollte die Schwierigkeiten, die sich bei Untersuchungen der Gesamtsprache ergeben, nicht zum Anlass nehmen, diese Untersuchung für unsinnig zu halten; Hinweise der Art, dass das Deutsche in Aachen zur Zeit Karls des Grossen und die Sprache eines heutigen Industriearbeiters aus dem Ruhrgebiet nichts gemeinsam hätten, dokumentieren eine ablehnende Haltung zu derartigen Untersuchungen; sinnlos ist es vielmehr, die Varietäten nebeneinander zu stellen, ohne eine Beziehung herzustellen.

Jetzt soll die Frage untersucht werden, warum sich einfache mengentheoretische Operationen nicht dazu eignen, die Gesamtsprache adäquat darzustellen; dass man die Gesamtsprache darstellen kann, wenn man die Teilsprachen vernachlässigt, ist trivial.

Die Antwort ist sehr einfach: die einfachen mengentheoretischen Operationen führen zum V e r l u s t v o n I n f o r m a t i o n. Es handelt sich um Informationen, die erst mühsam durch die Konzepte, die Variation in der Sprache berücksichtigen, gewonnen wurden. Hier und im folgenden ist der Begriff Information stets intuitiv zu verstehen; eine Präzisierung im Sinne der Informationstheorie ist ohne Schwierigkeiten möglich. Ein Beispiel verdeutlicht den Informationsverlust: Seien etwa L_1=Bairisch und L_2=Plattdeutsch zwei Dialekte des Deutschen aus der Gesamtheit der Dialekte $\{L_i\}$, $i \in I$. Das Deutsche selbst, im Sinne einer Gesamtsprache, kann man dann als Vereinigung der Dialekte darstellen: $L = \bigcup_{i \in I} L_i$. Gilt $s_1 \in L_1$ bzw. $s_2 \in L_2$, so bedeutet dies auch die Information "s_1 ist ein Satz des Bairischen" bzw. "s_2 ist ein plattdeutscher Satz". Die Beziehung $s_i \in L$ enthält nur noch die Information, dass s_i ein Satz des Deutschen ist.

Die Betrachtungen über den Informationsverlust basieren auf folgender Forderung, die an jede Grammatiktheorie gestellt werden sollte:

> Eine Grammatiktheorie muss berücksichtigen, dass es Teil der Kompetenz eines Mitglieds einer Sprachgemeinschaft ist, zu wissen w o i n L ein Satz einzuordnen ist.

Die Fähigkeiten der Mitglieder einer Sprachgemeinschaft sind sicherlich auch in dieser Hinsicht unterschiedlich weit entwickelt (wie wohl in fast jeder Hinsicht): Ein Dialektforscher wird vermutlich eine sehr feine Einteilung des Deutschen vornehmen können; die gröbste Gliederung: "das ist Deutsch, aber der ist bestimmt nicht von hier." wird jedes Mitglied der Sprachgemeinschaft durchführen können.

Auf das obige Beispiel zurückkommend: Sicherlich ist es möglich, aus der Information $s_1 \in L$ "s_1 ist ein Satz des Deutschen" weiter zurückgehend eine Information über die Dialektzugehörigkeit zu erhalten, und zwar dadurch, dass man die Entscheidungsverfahren für alle L_i - und falls natürliche Sprachen entscheidbar sind, gibt es solche - nacheinander oder simultan ablaufen lässt; dass dieses Verfahren ineffektiv und inadäquat ist, muss kaum betont werden. Vielmehr scheint es notwendig zu sein, davon auszugehen, dass die Information "Satz des Bairischen" e x p l i z i t mit s_i verbunden ist.

3. Ist Sprache also - wie oben angenommen - ein inhomogenes Gebilde, so muss die Menge L, die ein Explikat des Explikandums "Sprache" ist, ebenfalls i n h o m o g e n sein. Da Mengen per Definition homogen sind, denn kein Element einer Menge ist den anderen gegenüber ausgezeichnet, kann eine Inhomogenität der Menge nur durch eine zusätzliche Strukturierung erreicht werden. Derartige "Strukturierungen von Mengen" bilden - vereinfacht gesagt - innerhalb der Mathematik das Gebiet der Topologie. Methoden, die verwandt zu solchen der mengentheoretischen Topologie sind, werden hier ansatzweise für die Menge L entwickelt.

3.1. Ist L eine Sprache, so wird mit $\mathcal{P}(L)$ die Potenzmenge von L bezeichnet. Eine Binnenstruktur BS über L ist ein nicht-leeres System von Teilmengen von L, d.h.:

$$BS \subseteq \mathcal{P}(L) \quad ; \quad B \in BS \Rightarrow B \subseteq L$$

Ist z.B. L das Deutsche, so ist eine sprachwissenschaftlich interessante Binnenstruktur BS = {Niederdeutsch,Hochdeutsch}[5], wobei,wie stets im weiteren, Dialektnamen und die Sätze dieser Dialekte (d.h. deren Menge) identifiziert werden.

Einen weiteren wichtigen Typ von Binnenstrukturen stellen die diachronen dar, gegeben etwa durch:

$$BS_{diachr} = \{L_{1000}, L_{1100}, \ldots\ldots, L_{1900}\} \quad ,$$

wobei der Index das Jahr des diachronen Schnitts angibt. Dieses Beispiel zeigt unter anderem, dass Binnenstrukturen weder disjunkt zu sein brauchen, so gibt es bestimmt gemeinsame Sätze um 1800 und 1900 ($L_{1800} \cap L_{1900} \neq \emptyset$), noch dass die Gesamtsprache L vollständig von den Elementen einer Binnenstruktur ausgeschöpft werden muss, so gilt sicher: Deutsch $\neq \bigcup_{t=1000,\ldots,1900} L_t$, denn Neubildungen der zweiten Hälfte unseres Jahrhunderts werden durch diese Binnenstruktur nicht erfasst. Unter allen möglichen Binnenstrukturen die relevanten zu spezifizieren[6], ist eine Aufgabe der Linguistik.

Durch die Angabe von Gesamtsprache und zusätzlicher Binnenstruktur werden sowohl Gesamtsprache als auch Teilsprachen adäquat behandelt. Durch die Binnenstrukturen wird hinreichend Information über die Teilsprachen bereitgestellt; Kanngießers Teilsprachen und Kleins Varietäten sind Elemente von Binnenstrukturen; die innere Zusammengehörigkeit der Elemente einer Binnenstruktur, die durch die Zusammenfassung zur Menge gegeben ist, findet sich in den bisherigen Ansätzen nicht.

3.2. Es soll nun eine Methode eingeführt werden, die Binnenstrukturen bereitstellt: Sei L eine Sprache und B eine beliebige nicht-leere Menge (Bewertungsbereich). Eine Abbildung $\varphi: L \rightarrow B$ heisst Bewertung der Sprache bzw. Satzbewertung. φ und B linguistisch zu interpretieren, ist eine Aufgabe, die am Ende dieser Arbeit angerissen werden wird; jetzt sei nur schon gesagt, dass der Terminus Bewertung mathematisch zu verstehen ist, es handelt sich z.B. nicht um Bewertungen im Sinne der Attitüdenforschung, obwohl diese als Spezialfälle auftreten können.

Mit diesem Apparat lassen sich nun Teilsprachen definieren: Ist $b \in B$, so gelte: $L_b := \{ s \in L \,/\, \varphi(s) = b \} \subseteq L$. L_b ist gerade die Menge der Elemente von L, die durch φ gleich, nämlich mit b, bewertet werden.

Dies sei am Beispiel der Dialekte veranschaulicht: φ ordnet jedem Satz s als Markierung (=Bewertung) die Namen der Dialekte zu, zu denen s gehört. Ist s ein Satz des Bairischen, so gilt $\varphi(s)$ = Bairisch. Schwierigkeiten treten dann auf, wenn ein Satz zu mehreren Dialekten gehört, da das eben beschriebene Verfahren dann wegen der Wohldefiniertheitsforderung für Abbildungen nicht angewendet werden darf. Dieser etwas komplexere Fall wird später behandelt werden.

Durch die Bewertungsabbildung φ wird eine Binnenstruktur induziert: Ist $B' \subseteq B$, so wird durch

$BS(B') := \{ L_b \,/\, b \in B' \} \subseteq P(L)$ die i n d u z i e r t e Binnenstruktur bezeichnet.

Im Hinblick auf die oben erwähnten Fälle der Mehrdeutigkeiten in der Zuordnung eines Satzes zu verschiedenen Dialekten und unter Berücksichtigung der induzierten Binnenstruktur kann das obige Beispiel abgeändert werden. Sei DN die Menge der Dialektnamen; Bewertungsbereich wird $B := P(DN)$, d.h. B besteht aus sämtlichen "Kombinationen" von Dialektnamen. Die Dialektbewertung φ_{dial} ordnet jedem Satz s die Menge aller Dialektnamen zu, zu denen s gehört, d.h.:

$$\varphi_{dial}: \begin{cases} L \longrightarrow P(DN) \\ s \longmapsto \{dn\ DN \,/\, s \text{ ist aus } dn\} \end{cases}.$$

Ein Satz, der ausschliesslich zum Bairischen und Tirolerischen gehört, erhält die Bewertung $\varphi_{dial}(s) = \{$Bairisch, Tirolerisch$\}$. Verwendet man als Menge B' bezüglich der die Binnenstruktur induziert werden soll, den Bewertungsbereich B selbst, so erhält man als induzierte Binnenstruktur die disjunkte Dialektzerlegung des Deutschen.[7] Eine Methode, die ohne Verwendung der nicht immer sehr gut zu überblickenden Potenzmenge auskommt, wird in 4.1. angedeutet werden.

3.3. Den oben am Beispiel der Dialekte gezeigten Vorgang, nämlich von einer Binnenstruktur ausgehend eine Bewertung zu konstruieren, lässt sich verallgemeinern: Ist BS eine Binnenstruktur, so heisst $\varphi: \begin{cases} L \longrightarrow B:=P(BS) \\ s \longmapsto \{b\in BS \;/\; s\in b\} \end{cases}$ i n d u z i e r t e

Bewertung. Einem Satz s wird also die Menge aller "Teilsprachen" (= Elemente der Binnenstruktur) zugeordnet, in denen s enthalten ist.[8]

Geht man von einer Binnenstruktur aus, induziert die Bewertung und induziert anschliessend wieder eine Binnenstruktur, so erhält man die "selbstinduzierte" Binnenstruktur; ein Beispiel stellt die oben erwähnte disjunkte Dialektzerlegung dar.[9]

3.4. Die wesentliche Aufgabe der Binnenstrukturen ist - wie schon der Name sagt - zu strukturieren oder auch, Verwandtschaften aufzuzeigen. Liegt eine Binnenstruktur BS vor, so heissen s und s' B S - v e r w a n d t , genau dann, wenn

$\exists\, b\in BS : s,s'\in b.$

Ist z.B. $BS:=\{$Niederdeutsch, Hochdeutsch$\}$ und

$BS':=\{$Niederfränk.,Westniederd.,....,Alemannisch,Bairisch$\}$

so sind beliebige Niederdeutsche Sätze untereinander BS-verwandt, zwei bairische Sätze untereinander sowohl BS'-verwandt, als auch BS -verwandt(einmal via Bairisch, einmal via Hochdeutsch); ein bairischer und ein alemannischer Satz, die nicht im Durchschnitt dieser Dialekte liegen, sind nicht BS'-verwandt, aber über das Hochdeutsche BS-verwandt.[10] Wegen der hierarchischen Strukturen BS und BS' gilt, dass aus BS'-Verwandtschaft BS-Verwandtschaft folgt, aber nicht umgekehrt.

Diese hierarchische Ordnung ist ein Spezialfall einer wichtigen Beziehung zwischen Binnenstrukturen:

$BS \prec BS'$ (BS' feiner als BS bzw. BS gröber als BS')

genau dann, wenn $\forall b'\in BS' : \exists b\in BS : b' \leq b$

Falls BS' feiner als BS, so folgt aus BS'-Verwandtschaft auch BS-Verwandtschaft, aber nicht notwendigerweise umgekehrt.

4.1. Die Bewertungen werden häufig übersichtlicher, falls m e h r d i m e n s i o n a l e Bewertungsräume zugelassen sind. Eine Vereinfachung wird dadurch erreicht, dass durch die Verwendung der Projektionen π_i, die die i-te Komponente der Bewertung "herausfiltern", neue Teilprachen und Binnenstrukturen definiert werden können:

$$\varphi: L \longrightarrow B_1 \times \cdots\cdots\cdots \times B_n \xrightarrow{\pi_i} B_i$$

$$L_{b,i} := \{ s \in L \,/\, \pi_i \circ \varphi(s) = b \}$$

Hiermit lässt sich zum Beispiel die Dialektbewertung vereinfachen; etwa dadurch, dass jedem Satz des Bairischen eine Bewertung mit der j-ten Komponente 1 und jedem Satz, der nicht zum Bairischen gehört, die Bewertung 0 dieser Komponente zugeordnet wird. Somit wäre das Bairische die Teilsprache

$$L_{1,j} = \{ s \in L \,/\, \pi_j \circ \varphi(s) = 1 \}$$

Weitere Erweiterungen in dieser Hinsicht sollen hier nicht mehr durchgeführt werden.

4.2. Geht man von einer regelgeleiteten Ableitung bzw. Generierung der Sätze aus, so ist die geeignetste Methode, die Regeln zu bewerten und dann sämtliche bei einer Ableitung verwendeten Regeln und deren Bewertungen bei einer Gesamtbewertung zu "berücksichtigen". Dieses Berücksichtigen ist teilweise ein sehr komplexer Vorgang, in den einfachsten Fällen z.B. aber die Summation.[11]

4.3. Bewertungen sind auf verschiedene Weise linguistisch interpretierbar und verwendbar.

(1) Sprachvariationen (Dialekte, Soziolekte etc.) werden durch Markierungen ausgezeichnet und sortiert (s.o.).

(2) Diachrone Prozesse sind durch Bewertungen darstellbar; einige Sprachveränderungen sind als Umbewertungen interpretierbar.

(3) Grammatikalitäts- und Akzeptabilitätsurteile sind Bewertungen.

(4) Situative Kontexte und Adäquatheitsbedingungen werden durch Markierungen mit Sätzen "verknüpft".[12]

5. Zum Abschluss sei noch davor gewarnt, den Apparat der Satzbewertung unvorsichtig zu verwenden; Vorsicht ist deswegen geboten, da Bewertungen ein äusserst starkes Mittel der Sprachbeschreibung darstellen; derartig stark, dass einschränkende Bedingungen formuliert werden müssen.

Dies sei an einem Beispiel aus dem Bereich der formalen

Sprachen und der Berechenbarkeit demonstriert. Bekannt ist, dass eine Sprache L genau dann entscheidbar ist, wenn ihre charakteristische Funktion χ_L entscheidbar ist.[13] V^* (das Kleene-Produkt über dem Vokabular V) ist durch folgende äusserst einfache Typ-3 Grammatik $G:=(\{S\}, V, P, S)$ mit

$$P := \{S \rightarrow \varepsilon\} \cup \{S \rightarrow aS / a \in V\} \quad \text{erzeugbar, d.h. } L(G) = V .$$

Somit gilt aber: $L = L_{1,\chi_L}$

Betrachtet man bewertende Grammatiken (s.u.) , so ist der Sachverhalt in folgendem Diagramm beschreibbar:

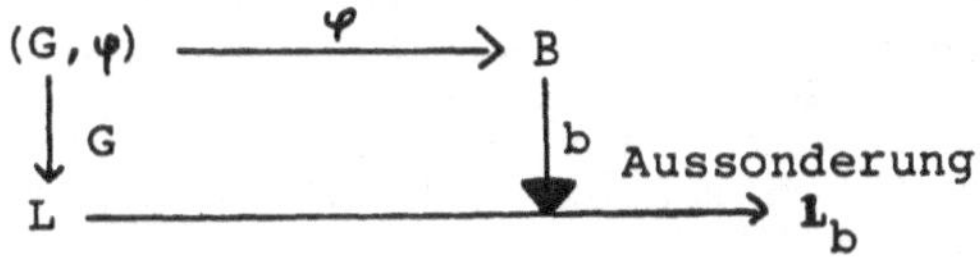

Das Paar (G,φ) generiert über G eine Sprache L(G) und gleichzeitig durch φ eine Bewertung im Bewertungsbereich. Durch die Wahl eines $b \in B$ wird anschliessend eine Teilsprache L_b ausgesondert.

Für das Beispiel der entscheidbaren Sprache bedeutet dies, dass die Spezifizierung der Sprache durch eine eventuell sehr komplexe Abbildung χ_L und eine triviale Grammatik G erfolgt.

Wichtig ist es also, eine angemessene und ausgewogene "Aufgabenteilung" zwischen Bewertung und Grammatik zu erreichen. Dies ist nur unter l i n g u i s t i s c h e n Gesichtspunkten möglich.

Anmerkungen

1 Siehe z.B.: **WUNDERLICH** (1974: 219f)

2 Siehe: **BAILEY** (1971)

3 Ein zum hier vorgestellten Ansatz verwandter von BIERWISCH geht im wesentlichen von der Homogenitätsannahme aus, bemüht sich aber, die bekannten Schwächen zu vermeiden.

4 Zum Vergleich der Ansätze siehe auch: **HABEL** (1976)

5 Diese und alle weiteren dialektologischen Beispiele basieren auf **PUTSCHKE** (1974).

6 Irrelevant vom linguistischen Standpunkt sind z.B. die "Zementsätze" im Anhang zu **WUNDERLICH** (1974). Vom mathematischen Standpunkt, da informationslos: $\emptyset$ und $\mathcal{P}(L)$.

7 Disjunkt insofern, als z.B. $L_{Bairisch}$ nur die Sätze enthält, die ausschließlich zum Bairischen gehören, andere Kombinationen, wie etwa $L_{Bairisch,Tirolerisch}$ aber auch existieren.

8 In diesem Zusammenhang muss erwähnt werden, dass es relevant ist, bezüglich welcher Binnenstruktur bzw. Bewertung induziert wird. Wenn die Möglichkeit von Verwechselungen besteht, wird durch indizieren von BS bzw. φ abgeholfen.

9 Die selbstinduzierte Binnenstruktur besitzt einige für Untersuchungen interessante Eigenschaften, die der Leser leicht ableiten kann; insbesondere im Hinblick auf Disjunktheit, Verwandtschaft (s.u.) und die gröber-feiner-Ordnung (s.u.).

10 An dieser Stelle sei, um Fehlinterpretationen des Ansatzes vorzubeugen, darauf hingewiesen, dass es sich - wie der Titel schon besagt - um ein Beschreibungsmodell handelt; Erkenntnisse, die nicht durch die Dialektologie (z.B.) bekannt **sind**, können nicht durch einen Beschreibungsformalismus neu erschlossen werden.

11 Ein derartiger Formalismus für Phrasen-Struktur-Grammatiken wird in **HABEL** (1977b) vorgestellt. Es ist dies ein Spezialfall der bewertenden Grammatik (siehe Abschnitt 5.)

12 Siehe: **HABEL** (1977a)

13 Siehe: **SALOMAA** (1974)

Literatur

ALTHAUS, Hans / HENNE, Helmut (1971): "Sozialkompetenz und Sozialperformanz. Thesen zur Sozialkommunikation". Zeitschrift für Dialektologie und Linguistik 38: 1-15.

BAILEY, Charles-James N. (1971): "Trying to talk in the new paradigm". Papers in Linguistics 4: 312-38.

BIERWISCH, Manfred (1976): "Social differentiation of language structure". KASHER, Asa (ed.) (1976): Language in focus. Dordrecht: D.Reidel: 407-56.

BLOOMFIELD, Leonard (1926):"A set of postulates for the science of language". Language 2: 153-64.

CHOMSKY, Noam (1957): Syntactic structures. The Hague: Mouton.

--- (1965): Aspects of the theory of syntax. Cambridge,Mass: M.I.T. Press.

HABEL, Christopher (1976): "Kritik von KLEIN (1974)". Zeitschrift für Germanistische Linguistik 4: 79-84.

--- (1977a): "Unpolite asterisk". Linguistische Berichte 46.

--- (1977b): "Phrasen-Struktur-Grammatiken mit bewerteten Ableitungen". HABEL, Ch./ KANNGIESSER, S. (eds.) (1977): Sprachdynamik und Sprachstruktur.

KANNGIESSER, Siegfried (1972): Aspekte der synchronen und diachronen Linguistik. Tübingen: Niemeyer.

KLEIN, Wolfgang (1974): Variation in der Sprache. Kronberg-Ts.: Scriptor.

KUHN, Thomas S. (2.A. 1970): The structure of scientific revolutions. Chicago: University of Chicago Press.

LABOV, William (1972a): Language in the inner city. Philadelphia: University of Pennsylvania Press.

--- (1972b): Sociolinguistic patterns. Philadelphia: University of Pennsylvania Press.

PUTSCHKE, W. (1974): "Dialektologie". ARNOLD/SINEMUS (eds.) (1974): Grundzüge der Literatur- und Sprachwissenschaft, Band 2: Sprachwissenschaft. München: dtv: 328-69.

SALOMAA, Arto (1973): Formal languages. New York, London: Academic Press.

WUNDERLICH, Dieter (1971): "Althaus und Henne über Semiotik und Sozialkommunikation". Zeitschrift für Dialektologie und Linguistik 38, 313-18.

--- (1974): Grundlagen der Linguistik. Reinbek bei Hamburg: Rowohlt.

SOZIOLINGUISTIK UND SPRACHWANDEL
Neue Aspekte eines alten Themas

Matthias Hartig

Das Problem des Sprachwandels rückt in letzter Zeit wieder stärker in den Mittelpunkt des linguistischen Interesses. Ursache dafür ist einerseits die Kritik am Postulat der generativen Transformationsgrammatik von der sprachlichen Homogenität, und damit von einer idealen Sprachsituation, die einen idealen Sprecher-Hörer impliziert, wie andererseits die immer umfangreicher werdenden Forschungen im Bereich der Soziolinguistik, die aufzeigen, daß die Vorstellung der Einheitlichkeit der Sprache revidiert werden muß und durch eine Konzeption der sprachlichen Unterschiedlichkeit ersetzt werden muß. Beobachtungen an Phänomenen des Sprachkontakts, der Pidginisierung und Kreolisierung, des Bi- und Multilingualismus, der Diglossie und vor allem auch der Sprachplanung haben die bedeutung der These von der Variabilität der Sprache deutlich gemacht. Konsequent fordert BAILEY (1973) daher den Paradigmenwechsel im Sinne von Kuhn von einer statisch ausgerichteten Sprachtheorie hin zu einer dynamisch ausgerichteten Sprachtheorie.

Die beiden genannten Ursachenbündel reflektieren genau die Aspekte der internen und externen Faktoren des Sprachwandels. Das eigentliche Problem der Beschreibung und Erklärung des Sprachwandels liegt nämlich in der Frage nach der Verknüpfung von Faktoren, die in der Struktur der Sprache selber vorhanden sind, mit Faktoren, die durch die soziale Situation der Sprachverwendung gegeben werden, begründet.[1] Die Frage nach dem graduellen oder dauernden Sprachwandel ist von der Entscheidung hinsichtlich der internen und externen Faktoren des Sprachwandels abhängig. Mögliche Antworten auf diese Frage hängen also entscheidend von der Wahl des Bezugskonzepts ab. Fällt der Schwerpunkt auf die innersprachstrukturellen Faktoren, dann erscheint ein dauernder, kontinuierlicher Wandel vorstellbar, wird der Schwerpunkt in den Bereich der sozialen Struktur gelegt, dann kann man sich eher einen graduellen Wandel vorstellen. In dieser Arbeit wird auf den zweiten Bezugsrahmen abgestellt und davon ausgegangen, daß der Sprachwandel seine primäre Ursache im Sprachvariationspotential einer Gesellschaft hat. Dieses Variationspotential zeigt sich in der Verteilung der verschiedenen Varietäten und im Kontakt zwischen diesen Varietäten auf allen Ebenen des gesellschaftlichen Verkehrs. Durch die Veränderungen innerhalb der Sozialstruktur ergibt sich die Tendenz der Veränderung der Varietäten durch Verlust von Varietäten, Neuentstehung von Varietäten und Umbildungen in den bestehenden Varietäten. Daß die soziale Situation auf die Sprachsituationen einen Einfluß hat, wird bei den Sprachveränderungen durch eine Prestigesprachform deutlich. Sprachvarietäten mit geringem Prestige werden nämlich häufig der Varietät mit hohem Prestige angeglichen. Einen Beleg für diese These liefert LABOV (1966) in seiner Untersuchung der Sprache in New York City. Die Untersuchung der Sprache von aufwärtsmobilen Menschen zeigt am Beispiel der /r/-Aussprache, daß sie eine Angleichung noch über das Maß der Orientierungsgruppe vornahmen und damit ganz deutlich eine Überkorrektheit im Verhältnis zur Orientierungsvarietät aufwiesen. In der Untersuchung von Marthas Vineyard konnte LABOV (1963) zeigen, daß der Sprachwandel durch die Untersuchung von unterschiedlichen Altersgruppen bestimmt werden kann. Der Wechsel der Generationen wird in vielen Fällen von einem Wandel der Sprache begleitet oder aber durch diesen markiert. Entgegen den Erwartungen konnte Labov allerdings nur eine geringe Rate an kategorialen Innovationen und auch kaum eine Tendenz zum Auslassen bestimmter Formen feststellen, sondern weit stärker einen Wandel in den Proportionen der realisierten Varianten. Daß der Wechsel der Generationen eine Beschreibungsplattform für den Sprachwandel sein kann, hat sich auch in einer bislang unpublizierten Untersuchung des Dialektverhaltens von Siebenbürger Sachsen und Sudetendeutschen gezeigt. Bei dieser Untersuchung, bei der ich selbst mitgearbeitet habe, sollten die raum-zeitlichen Varianzen in der Anwendung von Dialekt und Standardsprache bei zwei gleichgroßen Gruppen gemessen werden.

Dabei stand vor allem die Frage nach der Funktion bzw. dem Funktionsverlust des Heimatdialekts im Vordergrund. Eine allgemeine Abnahme der Fähigkeiten gegenüber dem Dialekt zeigte sich über drei Generationen hinweg. Während die Großeltern den Dialekt meist noch sehr gut sprechen und verstehen konnten und ihn auch häufig noch verwendeten, konnte ihn die Generation der Eltern zwar meist auch noch gut verstehen und teilweise auch noch sprechen, allerdings wurde er überwiegend auf den Kontakt mit den eigenen Eltern (Großeltern) und die informellen Situationen beschränkt. Die Kinder konnten den Heimatdialekt meist nur noch teilweise verstehen und kaum mehr sprechen, sie verwendeten den Dialekt weder im Gespräch mit ihren Eltern noch im Gespräch mit den Großeltern. In dieser Generation zeigte sich dann auch schon der Einfluß von regionalen Dialekten sehr deutlich, vor allem in der Tendenz, den Heimatdialekt immer weiter zu verdrängen. Gerade bei der Elterngeneration konnte aber als Zeichen für einen offenbar vorhandenen sprachlichen Identitätskonflikt eine deutliche Tendenz zur Sprachloyalität beobachtet werden. Diese Sprachloyalität äußerte sich in deutlichem Interesse an landsmannschaftlichen Organisationen, Heimatabenden, Mundartdichtung etc. Der Verlust der sprachlichen Situation, verbunden mit dem Funktionsverlust des muttersprachlichen Dialekts, zeigt sich in der Kompensation durch erhöhte sprachloyale Aktivitäten.

Der Sprachwandel stellt sich damit als ein sukzessiver Adaptionsprozeß an die Erfordernisse der gesellschaftlichen Kommunikation dar. Eine Form der Adaption haben wir in der Angleichung von untergeordneten Varietäten an die übergeordnete Prestigevarietät beschrieben, eine andere in der Angleichung an die veränderte soziale und sprachliche Situation. Solche Adaptionen zeigen sich auch in den stabilen Formen der gesellschaftlichen Mehrsprachigkeit und vor allem auch im Verhältnis der Diglossie. Diese stabile situationsspezifische Verbindung von Dialekt und Standardsprache wird nach der Verwendung der beiden Sprachen in verschiedenen Domänen sozialen Handelns differenziert. Dies gilt für das Beispiel Paraguay mit den beiden Sprachvarietäten Spanisch und Guarani (RUBIN 1968), wie für das Beispiel Schweiz mit den Sprachvarietäten Standarddeutsch und Schwyzertütsch (WEINREICH 1953). Wie RUBIN zeigt, wird in Paraguay im formalen Gesprächsrahmen vorwiegend Spanisch gesprochen, während im informellen Rahmen Guarani gesprochen wird. So muß ein Mann seiner zukünftigen Frau in Paraguay einen Heiratsantrag in Spanisch machen, wird aber dann die Details der Hochzeitsvorbereitung wenig später mit ihr in Guarani abwickeln.

Gerade die Kontakte zwischen den einzelnen Gesellschaften und damit auch zwischen den einzelnen Sprachen scheinen eine dauerhafte Ursache für den Sprachwandel zu sein. Daß die Sprachvermischung einen gewichtigen Einfluß auf den Sprachwandel hat, unterstellt TODD (1974) und liefert dazu die eindrucksvolle Hypothese, daß sich auch der Sprachwandel innerhalb einer Standardsprache als Einfluß von Prozessen der Pidginisierung und Kreolisierung beschreiben läßt. TODD stellt die Hypothese auf, daß zunächst die Pidginisierung durch eine umfangreiche Simplifikationsbewegung der Sprache gekennzeichnet ist. Als zweite Phase sieht TODD dann die Ausweitung im Gebrauch einer Pidginsprache als Hinentwicklung zur Kreolsprache an. Der hochinteressante Umkehrschluß lautet nun: immer dann, wenn in der Entwicklung einer Sprache massive Simplifikationsbewegungen zu beobachten sind, müssen im Hintergrund Einflüsse von Pidginisierungsprozessen und Kreolisierungsprozessen die Ursache gewesen sein. Als Beispiele für solche Entwicklungen nennt TODD das Französische und das Englische. Das Englische soll sich danach aus einem kreolisierten Angelsächsischen und das Französische aus einem kreolisierten Lateinischen entwickelt haben. Obwohl die Hypothese, daß sich das Französische aus dem Lateinischen auf Grund einer Kreolisierung entwickelt hat, schon bei SCHUCHARDT (1928) auftaucht, kann damit noch nicht generell einsichtig gemacht werden, daß Prozesse der Pidginisierung und Kreolisierung für alle Formen des Sprachwandels relevant sein sollen. Um die Bedeutung dieser These von TODD näher zu bestimmen, muß man sich über die Natur der Pidgins Aufschluß geben. Obwohl bei der Bestimmung von Pidgins und Kreolsprachen nach wie vor terminologische Schwierigkeiten auftauchen[2], kann doch generell davon ausgegangen werden, daß sie als Kontaktphänomen von zwei oder mehreren Sprachen entstanden sind. Die Pidgins haben dabei die Funktion von Hilfssprachen zur Erleichterung der Kommunikation in eingeschränkten Kommunikationssituationen. Bemerkenswert ist, daß die Pidgins als Formen von Sprachvermischungen oft zwischen Kolonialsprachen und Eingeborenendialekten entstanden sind. In der Tradition der frühen Untersuchungen zur Pidginisierung und Kreolisierung denkt man sich die Entwicklung einer Kreolsprache als Folge der Ausweitung im Gebrauch der Pidginsprache und schließlich die muttersprachliche Verwendung der Pidginsprache. Diese Vorstellung findet sich noch bei HALL (1962,1966). Allerdings ignoriert diese These doch, wie gerade in jüngster Zeit von DECAMP (1971), SANKOFF und LABERGE (1974) und BICKERTON (1973) eingewandt wird, daß sich hinter der Kreolisierung vor allem auch sprachstrukturelle Entwicklungen verbergen. Es läßt sich zwar feststellen, daß die Pidginisierung vor allem durch die Reduktionen und Simplifikationen der Grammatik ausgezeichnet ist, doch kann daraus nicht sicher abgeleitet werden, daß die Kreolisierung als eine Ausweitung und Komplexitätszunahme der Grammatik beschrieben werden kann. HYMES (1971) bestimmt als spezifische Merkmale der Pidgins, daß sie durch eine Invarianz der Form gekennzeichnet sind, sie keine allomorphischen Varianten haben, sie durch invariante Relationen zwischen Form und grammatischer Funktion bestimmt sind, sie also keine Ableitungs- oder Flexionsdeklination und auch keine Konjugationsvariation haben. Darüberhinaus haben sie hauptsächlich monomorphemische Wörter und eine überaus häufige Verwendung von Reduplikationen aufzuweisen. Allerdings erheben sich gegenüber solchen rein oberflächenstrukturellen Bestimmungen in jüngster Zeit von der Position der Transformationsgrammatik her Einwände. So argumentieren KAY und SANKOFF (1974), daß die Pidgins im Sinne der Transformationsgrammatik ableitungsmäßig weniger tief sind als die natürlichen Sprachen. Sie entsprechen damit in gewissem Sinne den Kindersprachen, die in ihren frühen Formen auch eine direktere Verbindung von Tiefenstruktur und Oberflächenstruktur aufweisen.[3] Der Prozeß der Kreolisierung besteht dann in der Auffüllung der grammatischen Komplexität durch die nachträgliche Einführung von Transformationen in eine Pidginsprache. Als Belege für ihre These führen KAY und SANKOFF die Gleichförmigkeit von Aussagesätzen im Englischen und Französischen und die Unterschiede bei den Fragesätzen in den beiden Sprachen an. Argumente für die transformationelle Einfachheit der Pidgins finden sich auch in Labovs Hinweis, daß die temporale Deixis in den Pidgins durch sententiale Adverbien ausgedrückt wird, oder auch in Untersuchungen von AGHEYISI (1971) am Westafrikanischen Pidginenglisch, die aufzeigen, daß in dieser Sprache wie in vielen anderen Pidgins die Tendenz herrscht, die Negation nicht an eine Konstituente zu binden, sondern die Negationspartikel außerhalb des Prädikats auftreten zu lassen. Schließlich weisen KAY und SANKOFF darauf hin, daß auch im Chinook Jargon[4] die Beobachtung gemacht wurde, daß Bestimmungen der Zeit, der Art und Weise, des Ortes etc. außerhalb des Prädikats und der mit dem Prädikat verbundenen Nominalphrasen stehen. Damit lassen sich zwar sprachstrukturelle Beschreibungen für die Veränderungen von Sprachen erzielen, doch fehlen noch Erklärungen für die verschiedenen beobachtbaren Übergangsstufen vom sogenannten "Basilekt" über die verschiedenen "Mesolekte" bis hin zur Standardsprache.[5] Gerade die Beobachtung eines postkreolischen Übergangs zur Standardsprache liefert in jüngster Zeit neue Orientierungspunkte der Diskussion der Sprachwandlung hin zur Standardsprache. Ob es sich dabei um die Vorstellung von überlappenden Systemen wie bei TSUZAKI (1971) handelt oder um ein postkreolisches Kontinuum wie bei DECAMP (1971b), ist vielleicht gar nicht ausschlaggebend, viel gewichtiger erscheint mir die generell im Hintergrund stehende Vorstellung, daß jeder Sprecher-Hörer einer Sprachgemeinschaft über eine polylektale Grammatik verfügt, die den in der Gesellschaft verfügbaren Varietäten entspricht. Die bei den Pidgins beobachtbaren Formen der Simplifizierung und Reduktion lassen sich darüberhinaus auch in der Umgangssprache und in mündlichen Gesprächsäußerungen finden. So lassen sich in umgangssprachlichen Äußerungen Belege für Reduktionen von grammatischen Komplexitäten auf reine Wortstellungen ebenso finden, wie die Tilgung von redundanten Elementen.

Auf Grund dieser Charakterisierung der inneren und äußeren Aspekte des Sprachwandels können wir die Umrisse einer Konzeption des soziolinguistischen Wandels bestimmen. Der soziolinguistische Wandel muß die Aspekte des äußeren und inneren Wandels verbinden, wobei die Adaption von Veränderungen der gesellschaftlichen Situation durch die Sprachvarietäten den Wandlungsdruck ausmacht. Der Wandel hat seine Ursache in der Verteilung der Sprachvarietäten über die Gesellschaft und der Veränderungen im Gefüge einzelner gesellschaftlicher Gruppen, Institutionen und Rollenmuster, die sich als adaptiver Druck auf das Kommunikationsmedium auswirken. Wenn wir davon ausgehen, daß jeder Sprecher die für seine Kommunikationsbedürfnisse wichtigen Sprachvarietäten in seinem Sprachrepertoire integriert hat, dann spielt es für die aktuelle Kommunikation eine große Rolle, daß der Sprecher nicht nur schnell zwischen den Varietäten wechseln kann, sondern sie auch zielsicher auswählen kann. Falls allerdings durch die Anforderungen der veränderten sozialen Situation eine solche Varietät funktionslos wird oder durch räumliche und/oder soziale Mobilität ihre Funktion einbüßt, dann wandelt sich zunächst das Sprachrepertoire des einzelnen Sprechers durch die Eliminierung der funktionslosen Varietät, beziehungsweise durch die Übernahme der Funktion durch eine neue Varietät. Langfristig wird die immer breiter werdende Funktionsveränderung von Varietäten, wenn wir hier beispielsweise an den Funktionsverlust von Dialekten im Bereich der öffentlichen Kommunikation denken, einen gesamtgesellschaftlichen Sprachwandel nach sich ziehen. Es gibt also keine diffusen allgemeinen Sprachwandlungsprozesse, sondern einen von Varietät zu Varietät verlaufenden Sprachwandel. Daher können wir auch eine Antwort auf die Frage nach einem graduellen oder kontinuierlichen Sprachwandel geben. Es gibt dauernde Notwendigkeiten des sprachlichen Wandels, die sich an den graduellen Möglichkeiten der Sprachstruktur orientieren müssen. Es gibt daher zwar durchaus die Möglichkeit, Veränderungen im Apparat der grammatischen Regeln vorzunehmen, doch ist es nicht denkbar, daß der Sprachwandel über die Grenzen des Sprachsystems hinaus operieren kann. HYMES (1971) charakterisiert in diesem Sinne die Pidgins und Kreolsprachen. Er schlägt vor, die

Pidgins als Ergebnis eines Wandels anzusehen, der eine Reduktion der inneren Form mit einer enthaltenen Konvergenz im Rahmen eines eingeschränkten Gebrauchs darstellt. Die Kreolisierung stellt dagegen einen Prozeß dar, bei dem eine Expansion der inneren Form mit Konvergenz im Kontext der Ausweitung des Gebrauchs verbunden ist.

Es erscheint daher gerechtfertigt, für das Konzept des soziolinguistischen Wandels eine polylektale Grammatik zu unterstellen, da eine solche Grammatikkonzeption einerseits die grammatiktheoretische Herleitung der Varietäten aus dem Rahmen einer Grammatik heraus ermöglicht, und andererseits als sprachstrukturelles Korrelat zur Bestimmung eines individuellen, sprachlichen Repertoires angesehen werden kann. Auch aus psychologischen Gründen erscheint es kaum vorstellbar, daß die Variation im Gehirn in der Form von verschiedenen diskreten Sprachen repräsentiert werden kann, plausibel erscheint eher, daß die verschiedenen Varietäten dadurch im Gehirn repräsentiert werden, daß sie auf einer Grammatikkonzeption basieren, die eine Kerngrammatik mit Wechselmöglichkeiten der Regeln enthält. Dieser Wechsel der Regeln könnte ähnlich angeordnet sein wie die Unterschiede zwischen den transformationellen Ableitungen bei verschiedenen Sprachen. Nur dürften die Unterschiede dann in differenten Ableitungen nahe der Oberflächenstruktur zu suchen sein und nicht so weit in die Tiefenstruktur dringen. Die verschiedenen Varietäten einer Gesellschaft sind einerseits im sprachlichen Repertoire der einzelnen Sprecher-Hörer aufgespeichert, wobei sie hier durch soziale Markierungen wie Situation, Kommunikationsrollen, Themen, Gesprächsmedium abgerufen werden. Andererseits werden diese Varietäten durch die Klammer eines Grammatikmodells zusammengehalten, das zwischen einer Kerngrammatik und verschiedenen Expansionsregeln unterscheidet, die als Transformationsregeln für die Unterschiede zwischen den Varietäten verantwortlich sind.

Folgende Schlußfolgerungen lassen sich aus den oben angestellten Überlegungen zusammenfassen: Die primäre Ursache der Veränderung der Sprache ist in der Reaktion auf Veränderungen in der sozialen Situation zu sehen. Dabei kann als qualifizierender Maßstab die Wandlung in Richtung auf stabile Sprachverteilungen genannt werden, wie dies beispielsweise im Fall der Diglossie vorliegt. Die Angleichungen der Sprachvarietäten an die Veränderungen in der sozialen Situation vollziehen sich als Simplifikationsbewegungen. Diese Simplifikation ist nicht als oberflächenstrukturelle Vereinfachung zu verstehen; diese Simplifikation orientiert sich an der Ausbildung einer Verbesserung und möglichen Optimierung der Grammatik. Darunter verstehen wir im Sinne der generativen Transformationsgrammatik die Forderung, die Produktion und das Verständnis von Sätzen durch die geordneten Regeln auf die einfachste und effektivste Weise zu bewerkstelligen. Daß diese Simplifikationstendenz auch im Spracherwerb zu beobachten ist, haben gerade die von der generativen Transformationsgrammatik ausgehenden Psycholinguisten wie MCNEILL (1966) betont. Ob diese Simplifikationstendenz als Programm angeboren ist oder als Reaktion auf die immer komplexer werdende soziale Umwelt erlernt wird, bleibt hier noch unbeantwortet. Jedenfalls lassen sich die in der Grammatik deutlich werdenden Wandlungen mit den Mitteln der Transformationsgrammatik als Einführung neuer Regeln, Tilgung von Regeln und Restrukturierung von Regeln, schließlich auch noch Abwandlungen in der Reihenfolge der Anwendungen der Regeln beantworten. Vor allem die beiden Klassen der optionalen Transformationsregeln, die wohlgeformte Sätze auf wohlgeformte Sätze abbilden, und der obligatorischen Transformationsregeln, die zur Herleitung wohlgeformter Sätze erst nötig sind, zeigen in der Möglichkeit der Kategorisierung einer optionalen Regel zur obligatorischen Regel die Möglichkeiten des Wandels in der Grammatik auf.[6] Diese Rückbeziehung des Sprachwandels auf die Veränderungen in der Gesellschaft, womit die Veränderungen in den einzelnen Strukturbereichen der Gesellschaft angesprochen sind, ermöglicht uns nicht nur die Einbeziehung von vielen verschiedenen Phänomenen aus dem Bereich der sprachlichen Variation, des Sprachkontakts, der Diglossie, der Mehrsprachigkeit etc., sondern macht auch eindringlich deutlich, daß die Sprache als soziales Phänomen angesehen werden muß.

Anmerkungen

1 Darauf weist auch CHERUBIM (1975) hin.

2 Man vergleiche hierzu DECAMP (1971), BAILEY (1974).

3 Siehe zu diesem Problem MCNEILL (1966).

4 Chinook Jargon ist die pidginisierte Form einer Indianersprache; siehe dazu HYMES (1971).

5 Hier wird die Terminologie von DAY (1974) aufgegriffen.

6 Zur Frage der Beschreibung der Sprachvariation durch den Wechsel von optionalen Regeln zu obligatorischen Regeln vergleiche man HARTIG (1976a) und HARTIG (1976b).

Literatur

AGHEYISI, Rebecca (1971): West African Pidgin English. Stanford: Stanford University.

BAILEY, Charles-James N. (1973): Variation and linguistic theory. Arlington, Va.: Center for Applied Linguistics.

--- (1974): "Some suggestions for greater consensus in creole terminology". DECAMP / HANCOCK (eds.): 88-91.

BICKERTON, Derek (1973): "The nature of a creole continuum". Language 49: 640-669.

CHERUBIM, Dieter (ed.) (1975): Sprachwandel - Reader zur diachronischen Sprachwissenschaft. Berlin: de Gruyter.

DAY, Richard R. (1974): "Decreolization: coexistent systems and the post-creole continuum". DECAMP / HANCOCK (eds.): 38-45.

DECAMP, David (1971a): "The study of pidgin and creole languages". HYMES (ed.): 13-39.

--- (1971b): "Toward a generative analysis of a post-creole speech continuum". HYMES (ed.): 349-370.

--- / HANCOCK, Ian F. (eds.) (1974): Pidgins and creoles. Washington: Georgetown.

HALL, Robert A., Jr. (1962):"The life cycle of pidgin languages". Lingua 11: 151-156.

--- (1966): Pidgin and creole languages. Ithaca: Cornell.

HARTIG, Matthias (1976a): "Overdetermination and underdetermination as characteristics of variable language use". Linguistics 168: 17-26.

--- (1976b): "Language variation and social interaction". Leuvense Bijdragen 65/3: 277-289.

HYMES, Dell (ed.) (1971): Pidginization and creolization of languages. London: Cambridge University Press.

KAY, Paul / SANKOFF, Gillian (1974): "A language-universals approach to pidgins and creoles". DECAMP / HANCOCK (eds.): 61-72.

LABOV, William (1963): "The social motivation of a sound change". Word 19: 273-309.

--- (1966): The social stratification of English in New York City. Washington, D.C.: Center for Applied Linguistics.

MCNEILL, David (1966): "The creation of language". Discovery 27: 34-38. - Wieder in: OLDFIELD, Robert C. / MARSHALL, John C. (eds.) (1968): Language. Harmondsworth: Penguin: 21-31.

RUBIN, Joan (1968): "Bilingual usage in Paraguay". FISHMAN, Joshua A. (ed.) (1968): Readings in sociolinguistics. Den Haag: Mouton: 512-530.

SANKOFF, Gillian / LABERGE, Suzanne (1974): "On the acquisition of native speakers by a language". DECAMP / HANCOCK (eds.): 73-84.

SCHUCHARDT, Hugo (1928): Schuchardt-Brevier: Ein Vademecum der allgemeinen Sprachwissenschaft. Ed. Leo SPITZER: Halle: Niemeyer.

TODD, Loreto (1974): Pidgins and creoles. London: Routledge.

TSUZAKI, Stanley (1971): "Coexistent systems in language variation". HYMES (ed.): 327-340.

WEINREICH, Uriel (1953): Languages in contact. New York. 2. A., 1963. Den Haag: Mouton.

ABWEICHUNG UND KREATIVITÄT IN DER UMGANGSSPRACHE

Krystyna Pisarkowa

Wir definieren das Wunder der Sprache seit Chomsky gerne als einen verzauberten Mechanismus, der fähig ist, unendliche Mengen von noch nie gebildeten Sätzen zu generieren. Wir müßten uns aber dabei auch bewußt sein, daß diese Unendlichkeit weder durch ein theoretisch aufgebautes Modell, noch durch unsere Erwartungen genau vorausgesehen werden kann.

Die Mühe und der Aufwand, den Sprachwissenschaftler betreiben, wenn sie bei der Adäquatheitsüberprüfung einer Theorie sich selbst Abweichungen ausdenken, ist erstaunlich. Dabei ist dieses künstliche Ausdehnen der eigenen sprachlichen Kompetenz über ihre natürlichen Grenzen hinaus unnötig; denn die in der natürlichen, im Alltag verwendeten Sprache konkret vorkommenden Abweichungen gehen weit über das hinaus, was die Vorstellungskraft des Linguisten hervorzubringen vermag. Sehen wir die Abweichung - wie es heute üblich ist - in einem weiteren Sinne als grammatischen Fehler an (z.B. falsche Satzgliederung, Nichtübereinstimmung der grammatischen Kategorie, falsche Rektion usw.) und beziehen wir in die Klasse der Abweichung Inkohärenz, umgekehrt metaphorische Wendungen und wörtliche Deutung von Metaphern mit ein, werden wir sicherlich auch durch die in der Umgangssprache zu beobachtende Fülle der Abweichungen zufriedengestellt.

Es gibt kaum einen native speaker, der unsere und seine Gewohnheiten, auf die sich der statistisch bestätigte Durchschnitt der Regelgerechtheit (Norm) stützt, nicht alltäglich überschreitet. Tut er das bewußt oder wenigstens teilweise absichtlich, kann seine abweichende sprachliche Handlung Kreativität manifestieren. Dies kann den Erfolg der Kommunikation garantieren oder aber auch zunichte machen. Die Kreativität der Abweichung des anonymen native speakers und des Dichters haben aber ungleiche Chancen. Sie hängt nämlich nicht nur von den Ausdrucksmöglichkeiten des Senders, sondern auch von der Aufnahmebereitschaft und vom Aufnahmevermögen des Empfängers ab (NAVRATIL 1971: 16). Die Elastizität der Sprache erlaubt das ständige Verändern unserer Vorstellungen über ihre Normen und sichert somit den Entwicklungsweg, der zwischen Abweichung, Fehler und Kreativität des Individuums verläuft. Vom synchronen Standpunkt aus gesehen ist jede Abweichung wider die Norm. Vom diachronischen Standpunkt aus ist jede Veränderung der Sprache sowohl ein Element der Geschichte als auch eine Folge der im Laufe der Zeit durch die Gesellschaft akzeptierten Abweichung von der Norm. Am sichtbarsten tritt diese Elastizität im Bereich der Semantik hervor, sie braucht jedoch nicht allein auf diese beschränkt zu bleiben. Grammatik und Semantik sind untrennbar miteinander verbunden, weil sie sich gegenseitig beeinflussen und durchdringen; beide sind nicht scharf voneinander abzugrenzen. Da jedoch die Semantik anscheinend vielschichtigeren und lockereren Regeln unterworfen ist als die Grammatik, kommt eher hier die deutliche, kreative Abweichung zustande als in der Grammatik, bei der die Wahl der möglichen Abweichungen beschränkter ist. Angebracht scheint eine Unterscheidung zwischen semantisch-syntaktischen und semantisch-lexikalen Abweichungen: die semantisch-syntaktischen lassen sich in Entgleisungen, in objektive Abweichungen und in eigentliche, subjektive Abweichungen einteilen; semantisch-lexikale Abweichungen lassen sich auch in Entgleisungen und in eigentliche Abweichungen einteilen. Gerade unter den eigentlichen semantisch-lexikalen Abweichungen finden wir die meisten kreativen, semantischen Sprünge.

Eine Entgleisung stellt keinen kreativen Wert dar. Auf der syntaktischen Ebene tritt sie als objektive Inkohärenz z.B. bei falschem Gebrauch von Adversativen, Alternativen oder Konjunktionen auf, wo Identitäten in Opposition gestellt und sich ausschließende Bereiche verbunden werden, z.B.:

(1) Es geht mir nicht um die öffentliche Meinung, aber was sagen die Leute dazu?

(2) A: Das mußte ein Betrunkener sein.
B: Aber im Gegenteil: es war ein junger Bursche.

(3) Ich bin mit fünf Jahren zur Schule gegangen. Ich bin im Dezember geboren, da mußte ich in dem Jahr, in dem ich geboren wurde [in dem ich sechs wurde] zur Schule.

Eine gemeinsame Eigenschaft dieser Strukturen ist, daß sie den Eindruck erwecken, sie wären falsch und es läge eine unbeabsichtigte Abweichung vor.

Subjektive Inkohärenzen, d.h. eigentliche Abweichungen, erwecken diesen Eindruck nicht. Sie sind nicht zufällig und sind auch keine Versprecher. Es kann z.B. das Verhältnis zwischen Negation und Affirmation getrübt sein:

(4) [A singt die Melodie der Internationale zum Text "Rote Fahne":]
B: Nicht doch, doch nicht diese Melodie.
A: Ist ja egal, Hauptsache man singt.

Oder eine Frage wird mit einer aggressiven Gegenfrage beantwortet:

(5) A: Warum zupfst du an der Gardine?
B: Darf ich nicht?

Die Ursache der subjektiven Abweichung kann in der Strategie des Senders liegen. So führen Strategien zur Abweichung vom Thema:

(6) A: Was machst du bei C?
B: Ich unterhalte mich mit ihr.
A: So leise?
B: Ich muß leise, weil C lernt.
A: Stör sie doch nicht.
B: Sie hat mich gebeten, bei ihr zu sein. Nicht wahr, C?
C: Um Gottes willen, ich lese Englisch.
B: Gott, ich rede doch POLNISCH.

Im Gespräch (6) gebraucht C eine Perlokution, anstatt zu fordern, "Laßt mich in Ruhe". B benimmt sich so, als ob sie die Aussage von C wörtlich verstanden hätte. Ihr Protest ist anscheinend kohärent. Sie stellt Antonymenpaare in Opposition: C - B, (C) liest - (B) spricht, (C) Englisch - (B) Polnisch. Alle Sätze sind wahr. Die Abweichung erfolgt durch die Umwandlung des Randthemas in das Hauptthema des Streites. Eine solche Abweichung kann dazu führen, daß der Teilnehmer, der Recht hat, nicht Recht bekommt: er "verliert".

Subjektive Inkohärenzen spiegeln auch die "un-" oder "überlogische" Struktur der natürlichen Sprachen wieder, in der falsche Gedankengänge und falsches Urteilen typische umgangssprachliche Erscheinungen sind, obwohl sie nicht den typischen logischen Fehlern (wie petitio principii, circulus vitiosus, Paralogismus, materieller Fehler usw.) entsprechen. Sie entstammen entweder natürlichen Strategien oder natürlichen Homonymien der Sprache. So ist z.B. wegen der Homonymie der Konjunktion wenn ('Temporalsatz', 'Konditionalsatz') das Verhältnis zwischen Vordersatz und Folgesatz unklar ausgearbeitet. Eine scharfe Grenze zwischen diesen Bedeutungen könnte Störungen in der natürlichen

Kommunikation hervorrufen, weil sie ja zu ständigen Entscheidungen darüber zwingen würde, was ein "einfacher" oder "gewöhnlicher" Vordersatz und was die Ursache oder Bedingung ist. Diese Sicherheit ist uns im Alltag selten gegeben, da die alltägliche Kommunikation ja nicht aus dem Austausch von logisch präzisen, wissenschaftlich begründeten Urteilen besteht. Deswegen finden wir in der Umgangssprache Strukturen wie:

(7) A: Die Mädchen waren auch artig, als sie klein waren, nicht wahr?
B: O ja.
A: Wann sind sie denn so ungezogen geworden?
B: Als sie gescheiter geworden sind.

Das logische Verhältnis zwischen Vordersatz (Ursache) und Folgesatz (Folge) kann durch Elision des redundanten Modalrahmens "ich behaupte das, weil ich es weiß" zerstört werden.

(8) Ihr Mann lebt natürlich nicht, weil sie Witwe ist.

(9) XX: Kein Wasser mehr da.
AA: Koch doch auf.
XX: Auch nicht da.
AA: Nichts kannst du ohne mich. Tatsächlich ...
XX: Nicht da, weil es nicht läuft.
AA: Es läuft nicht, weil es nicht da ist, du Idiot.
(S. Mrózek, Die Emigranten)

Elision aus strategischen Gründen liegt vor bei (10),

(10) A: Nach J könnte man die Ballschläger mitnehmen. Die, die es dort gibt, sind kaputt.
B: Wenn schon welche dort sind, wozu sollte man diese mitschleppen?

wo nach dem Weglassen der wesentlichen prädikativen Bestimmung die Kopula als eigentliches, existenzielles Prädikat fungiert. Wenn strategische Gründe bei ungleichen Rollen der Partner mitspielen und wenn sich das Mißachten der Intention des Empfängers auf die Struktur auswirkt, entstehen subjektiv inkohärente Satzverbindungen mit einem Quasifolgesatz:

(11) A: Mittagessen auf dem Tisch.
B: Ich kann nicht essen.
A: D a n n komm, komm zu Tisch.

(12) A: Wie mögt ihr das Gelee? Locker oder fest? Ich mag kein festes. Es wird locker sein. Was magst du, B?
B: Ich mag überhaupt nicht.
A: Dann m u ß t du essen.
B: Warum?
A: Weil es da sein wird.

Solche Inkohärenzen sind Störungen, die das Gefühl der Hoffnungslosigkeit des Kommunizierens vertiefen (verstärken) oder auch hervorrufen können. Die Folge kann Resignation sein oder aber auch ein Versuch, die Wiederbelebung zu ermöglichen. Diesem Ziel soll u.a. die teilweise bewußt angewandte semantisch-lexikale Abweichung dienen.

Die semantisch-lexikale Abweichung ist ein bewußter oder halb beabsichtigter Austausch einer gebräuchlichen Bezeichnung durch eine ungewöhnliche, unerwartete Benennung. Es ist eine Abweichung von der Norm, die zur aktiven Kommunikation zwingen soll. Es ist zugleich auch ein Spiel. Der Wechsel der semantischen Konvention ist nicht als konstanter Wechsel programmiert. Die Aufgabe des Spiels ist die Lösung des aufgegebenen Rätsels. Die semantische Motivation des Rätsels ist eine Assoziation zwischen dem Begriff oder dem Gegenstand und seiner neu eingeführten Benennung. Die identifizierende Assoziation beruht auf Berührung oder Ähnlichkeit der Benennungen oder des Sinns. So würde sie Ullmann zu erklären versuchen. Doch ist es unmöglich, die Einteilung Ullmanns konsequent durchzuführen. Die Ursachen der Assoziation können nämlich sehr locker, flexibel und zufällig sein. Es kann eine gemeinsame, sogar subjektiv als gemeinsam empfundene Eigenschaft ausreichen. So kann z.B. eine konkrete Farbe metonymisch für die Eigenschaft der "Buntheit" überhaupt stehen:

(13) [Im Haushalt, wo nur ein Messer einen bunten Plastikgriff hat]
A: Gib mir das blaue Messer!
B: Welches blaue?
A: Da, das gelbe selbstverständlich!

(14) [Studenten in der Prüfungszeit]
A: Gib mir den Unterstreicher!
B: Wieso "Unterstreicher"?
A: Weil man jetzt in der Prüfungszeit nur noch unterstreicht, es wird beim Lernen nichts mehr geschrieben!

Es wirken mehrere Faktoren zugleich: die Situation (vgl. Satz (14): Prüfungszeit), Gedächtnisstörungen, Eile, aber auch der Wille, zu einer Änderung der abgestumpften Gewohnheiten des automatischen Kommunizierens zu gelangen. Der übliche Name wird in dieser Situation als schwierig, langweilig, verbraucht, redundant, ja tot empfunden. Wenn der als verbraucht empfundene Name keine lebendige, blitzschnelle Assoziation mit dem Objekt herstellt, verliert er die Motivation für seine Existenz, da man ihn ja sowieso im Gedächtnis suchen muß. An seine Stelle tritt ein neuer Begriff. Ein Spiel fängt an. Der Sender sucht die Form für sein Rätsel, der Empfänger muß die Lösung finden. Es werden Unbekannte und Verzierungen ins Spiel gebracht.

Bei der Identität von phonetischen oder morphologischen Eigenschaften ist die identifizierende Assoziation auf Grund äußerlicher Ähnlichkeit möglich, ohne jedoch den Sinn der verwechselten Bezeichnung zu berühren. Der rein äußerlichen Verwechslung unterliegen am ehesten Fremdwörter, wie z.B. assekurieren - konservieren:

(15) A: Du wirst dort wohl trinken?
B: Nein, ich bin mit dem Wagen.
A: Da hast du dich aber gut konserviert ['assekuriert'].

Bei der identifizierenden Assoziation auf Grund der Berührung und Ähnlichkeit der Bedeutungen erschöpft sich die Ersatzsuche öfters in nicht ausreichend objektiv begründeten Assoziationen. Die Identifizierung erfolgt nach den Prinzipien der poetischen Technik. Es stoßen entfernte Verwandtschaften zusammen. In freien Sprüngen der Phantasie werden Abkürzungen der Gedankenwege von einem semantischen Feld zum anderen gemacht. Die Subjektivität der Empfindung, unerwartete Schlüsse und Nonchalance gegenüber der usuellen Norm bestätigen die Kreativität des Vorgangs. Alles zusammen kann eine "Entdeckung" sein, aber der Austausch der Bezeichnung ist nicht immer kreativ, z.B. nicht bei der Identifikation des Namens mit dem Gegenstand:

(16) [Beim festlichen Mittagessen]
A: Hast du gemerkt, daß der Kalbsbraten mit Rosinen gefüllt ist?
B: Ist doch Eierkuchen! Soll ich das aufschreiben?
A: Nein, um diese Zeit gibt es immer Kalbsbraten, das ist also kein Irrtum, es ist die "reine Wahrheit"!

Das Spiel mit der neuen Benennung dauert eine Weile:

(17) [Im Lebensmittelgeschäft]
A: Geben Sie mir bitte diese [*]P i e r g e l c h e n!
B: Welche?
A: Diese da!
B: Das sind doch Pastetchen!
A: Egal!
C: Wie haben Sie das genannt?
A: Zu spät!

Dies ist fast ein Versprecher. Es ist keine kreative Abweichung, weil sie erstens zufällig, d.h. zu wenig überlegt ist, und weil zweitens die Entfernung vom alten zum neuen Namen zu klein ist, wie z.B. auch bei exakten Antinomien:

(18) Er hat zwei Frauen und eine Tochter, ah, was red ich nur!

(19) Wenn ich kaufe ['verkaufe'] , können Sie immer ohne Schlange zu stehen zu mir kommen.

(20) Ich werde so angezogen sein, wie ich es morgen war.

Die verwechselten Termini (Benennungen) schließen sich komplementär aus: Frau - Tochter, gestern - morgen, kaufen - verkaufen usw.

Die kreative Abweichung muß ein Sprung sein; je größer der Sprung, desto größer sind die Schwierigkeiten bei der Lösung des Rätsels, wie z.B. im Falle von Metonymie:

(21) Wir leben wie zwei Nudisten im Hotelzimmer zusammen. [= Garantie für die Vertrauenswürdigkeit: wir haben keine Geheimnisse voreinander.]

Physische Entblößung funktioniert hier als allgemeine, auch psychische, intellektuelle Entblößung. Das Rätsel m u ß nicht gelöst werden, aber die Verschleierung war nötig. Für den der Lösung unwürdigen Empfänger bleibt es verschleiert.

Kreativ ist eine Kreuzung von semantischen Eigenschaften, z.B. zwischen Raum-, Zeit- und anderen Maßen:

(22) A: Wie alt bist du?
B: 2276. ['Kilometerstand']
A: Ich frage doch nicht nach Geld!
B: Ach so! Es ist 8.23, teuer, was? ['spät']

Ambiguität wegen Kreuzung beim bildhaften Denken liegt vor bei:

(23) Milizei mit Tee 'Briefträger mit Post' [Polizist+Kellner]

(24) Vierbeiniger Drachen 'Mutter und Tochter' [Mobilität eines vierbeinigen Geschöpfes - Ersatz für den im Polnischen fehlenden Begriff (ital.) ciociara]

(25) Das war die, die vier Beine hatte? Denn es waren ja Schwestern.

(26) Fünfbeiniges Krokodil 'Streichhölzer'

Diese Abweichungen entstehen auf der Flucht vor der Stereotypie, vor einer Kommunikationsschablone. Der Sender sucht nach verdeckten Benennungsmotivationen. Er zerstört zwar die Konvention, um eine neue aufzubauen, aber der Empfänger wird gezwungen mitzuspielen. Ohne seine kreative Mitwirkung gelingt die Kommunikation nicht. Der Sender verzichtet dann auf ihn. Entweder wird das Verhältnis zwischen Sender und Empfänger und auch zwischen Objekt und Benennung wiederbelebt - oder die Kommunikation ist zwecklos.

So ist die kreative Abweichung eine Abweichung von der leeren, starren, toten Arbitrarität des Zeichens. Sie entstammt sowohl der Dichterwerkstatt, als auch den anonymen, alltäglichen Sprechakten, in denen ein Streit in der Sprache und m i t der Sprache um das Ausbreiten ihrer normalisierten natürlichen Grenzen geführt wird.

Literatur

CHOMSKY, Noam (1957): Syntactic structures. The Hague: Mouton.

IMHALSY, Bernard (1974): Der Begriff der sprachlichen Kreativität in der neueren Linguistik. Linguistische Arbeiten 20. Tübingen: Niemeyer.

NAVRATIL, Leo (1971): a + b leuchten im Klee. Psychopathologische Texte. München: Carl Hanser.

PISARKOWA, Krystyna (1977): Odchylenie a kreatywność w jezyku potocznym. Polonica III.

ULLMANN, Stephan (1957): The principles of semantics. Oxford: Basil Blackwell.

WEINREICH, Uriel (1963): "On the semantic structure of language". GREENBERG, Joseph H. (ed.) (1963): Universals of language. Cambridge, Mass.: MIT Press: 114-171.

--- (1966): "Explorations in semantic theory". SEBEOK, Thomas A. (ed.) (1966): Current trends in linguistics. Vol. III: Theoretical foundations. The Hague: Mouton: 395-477.

BEMERKUNG ZUM OBJEKTBEREICH EINER THEORIE DES SPRACHWANDELS

Ulrich Püschel

1. In der Behandlung des Begriffs des Sprachwandels unterscheidet Eugenio Coseriu drei Komplexe:

a) das rationale Problem, das die Veränderlichkeit als Eigenschaft betrifft, die natürlichen Sprachen immanent ist;
b) das allgemeine Problem, das die Arten der Veränderung und ihre Bedingungen thematisiert;
c) das historische Problem, das in der Beschäftigung mit tatsächlichen Sprachwandelerscheinungen in konkreten Einzelsprachen besteht (vgl. dazu COSERIU 1974).

Das Thema der folgenden Überlegungen gehört in den zweiten Problemkreis. Es handelt sich dabei um die Frage nach dem Objektbereich, den eine Theorie des Sprachwandels abzudecken hat, d.h. um die Frage, welche Veränderungen in natürlichen Sprachen im Rahmen einer solchen Theorie erfaßt und erklärt werden müssen. Die Antwort auf diese Frage kann an sich nur lauten, daß selbstverständlich alle sprachlichen Veränderungen den Gegenstand einer Theorie des Sprachwandels ausmachen. Gegen diese Antwort steht aber die Beobachtung, daß die sprachlichen Veränderungen, die herkömmlicherweise in Sprachwandeltheorien berücksichtigt werden, nur eine Auswahl aus der Gesamtheit möglicher Arten von Veränderungen darstellen. Dieser Widerspruch bildet den Anstoß dafür, der Frage nach dem Objektbereich einer Theorie des Sprachwandels erneut nachzugehen.

2. Theorien des Sprachwandels und Untersuchungen von konkreten Sprachwandelerscheinungen beziehen sich traditionellerweise auf die folgenden Bereiche, die hier gleichwertig nebeneinandergestellt erscheinen ohne die Berücksichtigung der unterschiedlichen Intensität ihrer Behandlung:

a) phonemischer/graphemischer Wandel
b) morphemischer Wandel
c) wortbildungsmäßiger Wandel
d) syntaktischer Wandel

e) Bedeutungswandel.
Obwohl diese Aufstellung nicht auf der Sichtung der gesamten Literatur zu Fragen des Sprachwandels basiert, kann sie doch einen gewissen Anspruch auf Vollständigkeit erheben. Ein gutes Instrument für die Nachprüfung dieser Behauptung bieten z.B. die Reader zum Sprachwandel von Dieter Cherubim und Gudula Dinser (CHERUBIM 1975; DINSER 1974). In einer zusammenfassenden Bewertung läßt sich sagen, daß der Begriff des Sprachwandels für die Bezeichnung solcher Veränderungen in natürlichen Sprachen verwendet wird, die das System einer Sprache im engeren Sinne ausmachen und dementsprechend den Gegenstand der sog. Systemlinguistik bilden.

Die Berechtigung für diese Einschränkung des Objektbereichs einer Sprachwandeltheorie muß aus mehreren Gründen bezweifelt werden. Eine erste allgemeine Überlegung knüpft an das rationale Problem des Sprachwandels an. Veränderlichkeit gilt danach als den natürlichen Sprachen immanente Eigenschaft, und dementsprechend unterliegen (lebende) Einzelsprachen einem ununterbrochenen Prozeß der Veränderung. Dieses Prinzip trifft auf Sprache insgesamt zu und nicht nur auf ausgewählte Bereiche; es erlaubt also keinesfalls, bestimmte sprachliche Phänomene auszugrenzen, ihnen Veränderlichkeit zuzusprechen und sie damit zum Gegenstand einer Sprachwandeltheorie zu erheben, während andere Erscheinungen mit dem Argument der Unveränderlichkeit ausgeschlossen werden.

Wahrscheinlich ist vom Standpunkt einer historischen Sprachwissenschaft aus nicht behauptet worden, daß Sprache in sich verändernde und sich nicht verändernde Bereiche zu unterteilen sei. Die Gründe für die festgestellte Beschränkung des Objektbereiches müssen also anderswo gesucht werden. Das führt zur zweiten Überlegung. Es scheint so, daß die Frage nach dem Gegenstandsbereich einer Theorie des Sprachwandels eng zusammenhängt mit der Frage, was unter dem Gegenstand der Sprachwissenschaft verstanden wird. Eine Erweiterung oder auch Verengung des Gegenstandsbereiches der Sprachwissenschaft hat dann eine entsprechende Korrektur des Objektbereiches einer Sprachwandeltheorie im Gefolge. Unter diesem Vorzeichen spiegelt die oben vorgestellte Liste nur den Interessenhorizont von Sprachwissenschaftlern im Hinblick auf ihren Gegenstand wider. Die Begrenzung des Objektbereiches für Sprachwandeltheorien ist demnach wissenschaftstheoretisch erklärbar; sie entspricht nicht einer aus dem Phänomen Sprache ableitbaren Notwendigkeit, sondern entspringt letztlich dem Zufall. Dieser Sachverhalt läßt sich illustrieren durch die in der jüngeren Vergangenheit zu beobachtende Ausweitung der Sprachwissenschaft um z.B. die Textlinguistik (im Sinne der Textgrammatik/Textphrastik), die Textsortentheorie oder die Beschreibung von Handlungstypen (im Rahmen der Sprechakttheorie). Erste Konsequenzen aus dieser Entwicklung für die Sprachwandelproblematik zeichnen sich ab, wenn etwa gefordert wird, daß eine "Theorie der Textsorten ... anwendbar sein muß für eine Sprachgeschichte unter soziologischem Aspekt" (SANDIG 1972: 113) oder wenn für eine "historische Analyse von Sprechakten" plädiert wird (SCHLIEBEN-LANGE 1976). Solche Tendenzen würden sicherlich noch deutlicher hervortreten, wenn das Interesse an sprachhistorischen Fragestellungen und damit auch an Sprachwandelproblemen und -erscheinungen stärker wäre.

Interessant für die hier diskutierte Frage ist auch das Verhältnis von Aussagen über den Objektbereich von Sprachwandeltheorien und die Praxis der Sprachgeschichtsschreibung. Das führt zu einer dritten Überlegung. Tatsächlich haben die Verfasser von Darstellungen der Sprachgeschichte sich durchaus nicht auf die Behandlung von solchen sprachlichen Veränderungen beschränkt, die oben als die traditionellen Gegenstände von Sprachwandeltheorien aufgezählt wurden, sondern sie gehen in der Beschreibung und Erklärung der Geschichte und damit der Entwicklungen und Veränderungen in Einzelsprachen weit darüber hinaus. Dabei thematisieren sie Wandlungserscheinungen, die von der vorgeschlagenen Erweiterung des Gegenstandsbereiches um neue, das Interesse der Sprachwissenschaft weckende sprachliche Bereiche und Phänomene gar nicht berührt werden. Leider ist es an dieser Stelle nicht möglich, im Detail der Frage nachzugehen, ob und wie dieses Vorgehen in den einschlägigen Sprachgeschichten z.B. des Deutschen im einzelnen begründet wird oder welche Stellung theoretische Äußerungen über Probleme der Sprachgeschichtsschreibung dazu beziehen. Es sollen jedoch wenigstens zwei Autoren zitiert werden, um zu zeigen, daß zwischen der Behandlung von Sprachwandelerscheinungen und anderen Veränderungen in einer Einzelsprache unterschieden wird. Adolf Bach kennzeichnet die Fragestellung der Sprachgeschichte folgendermaßen:

> Die Geschichte der deutschen Sprache ist die Zus.-fassung der Ergebnisse der verschiedenen unter geschichtl. Gesichtspunkten bearbeiteten Einzelfelder der Wissenschaft und der Versuch einer Deutung der Gesamtentwicklung nach den in ihr wirksamen Kräften. Als Einzelfeld der gen. Art treten uns die histor. Laut-, Formen-, Wortbildungs- und Satzlehre entgegen (die sog. "histor. dt. Grammatik" also), ferner die Wortforschung (d.h. die Summe der Bemühungen um die Aufhellung der Entwicklung des Wortschatzes, der Herkunft, Verbreitung und der Bedeutung der Wörter, sowie der festgewordenen Ausdrücke, der Topoi und festen Wendungen), schließlich die Geschichte des dt. Stils, der dt. Verskunst u.a. (BACH 1970: 17).

Die Sprachgeschichte beschäftigt sich danach mit den Sprachwandelerscheinungen, die gegenüber den oben genannten um die Bereiche Stil und Vers erweitert sind und insgesamt noch zusätzlicher Ergänzung bedürfen (zu denken wäre z.B. an die Geschichte der Namen). Daneben tritt die Betrachtung der Gesamtentwicklung einer Sprache, bei der insbesondere die Bedingungen für ihre Entwicklung untersucht werden sollen. Es liegt aber auch nahe, daß damit Sprachveränderungen anderer Art angesprochen werden wie die Entwicklung von Sondersprachen oder die Entfaltung einer Hochsprache; Erscheinungen also, die Bach neben anderen in seiner Sprachgeschichte behandelt. Eine ähnliche Trennung findet sich auch in der Sprachgeschichte Hugo Mosers. Er spricht davon, daß "die Änderungen auch Sprachwandel" genannt würden (MOSER 1969: 50). Als der Veränderung unterworfene Erscheinungen zählt er auf:

> Nicht nur die Laute und Lautgruppen, die Formen der Wortbeugung und Wortbildung und der Wortschatz wandeln sich, nicht nur der Sprachkörper ist in ständiger Veränderung, sondern auch die Sprachinhalte, die Vorstellungen und Begriffe (MOSER 1969: 50).

Diese Erscheinungen allein bilden aber nicht den Gegenstand von Mosers deutscher Sprachgeschichte, sondern sie enthält die Darstellung auch anderer Veränderungen des Deutschen wie z.B. die Entstehung einer einheitlichen Schriftsprache.

Da die angeführten Meinungen nur in der groben Tendenz miteinander vergleichbar sind und die Heranziehung weiterer Äußerungen das Spektrum der Auffassungen in den Einzelheiten erheblich erweitern würde, soll hier nur der ganz pauschale Schluß gezogen werden, daß viele Arten von Veränderungen in Einzelsprachen, die in Sprachgeschichten dargestellt werden, einerseits nicht unter den geltenden Begriff des Sprachwandels fallen und daß für sie andererseits aber auch keine anderen theoretischen Begriffe entwickelt worden sind. Ein erster Grund dafür könnte darin liegen, daß die Darstellung der Fakten selber als eine erschöpfende Behandlung betrachtet wurde. Ein zweiter Grund ließe sich in der Wirkung der festgeschriebenen Vorstellung sehen, was als Sprachwandelerscheinung gilt und was nicht. Sicherlich spielt bei der Ausklammerung bestimmter sprachlicher Veränderungen aus dem Sprachwandelbereich auch eine Rolle, daß diese Veränderungen - gemessen an den traditionellerweise zum Sprachwandel gerechneten - sehr komplizierte Verhältnisse darstellen, deren Beschreibung und Erklärung keine einfache Aufgabe bedeutet. Es sollten aber auch solche Veränderungen, die eine Einzelsprache insgesamt betreffen (wie die Entwicklung einer überregionalen Verkehrssprache) oder in einem Teilbereich einer Einzelsprache wirksam sind (wie die Entwicklung einer Fach- und Wissenschaftssprache), in einen theoretischen Rahmen eingeordnet und damit im Rahmen einer Theorie erklärt werden können. Dieses Ziel läßt sich dadurch erreichen, daß der Objektbereich einer Theorie des Sprachwandels erweitert wird.

Eine zumindest indirekte Stütze findet diese Behauptung in den Ausführungen von Peter von Polenz über die Aufgabe der Sprachgeschichtsschreibung. Von Polenz stellt fest, daß die Sprachgeschichte sich mit einer Auswahl aus den "für die Entwicklung einer Sprache wesentlichen Erscheinungen des Sprachwandels" (VON POLENZ 1970: 6) zu beschäftigen habe, wobei sie sich im besonderen deren "möglichen außersprachlichen Ursachen oder Wirkungen" (ebd. 6) widmen solle. Weiterhin führt von Polenz aus, daß die Sprachgeschichte sich nicht auf Literatur- und Hochsprache beschränken dürfe, sondern sich auch der "sprachsoziologischen und stilistischen Schichtenbildung" (ebd. 7) anzunehmen habe. Schlägt man von dieser Forderung den Bogen zurück zum Ausgangspunkt der Überlegungen zur Sprachgeschichtsschreibung, so läßt sich schließen, daß auch "sprachsoziologische und stilistische Schichtbildung" eine Sprachwandelerscheinung darstellt; andernfalls wäre sie nämlich nicht Gegenstand der Sprachgeschichte. Eine sprachliche "Schichtbildung" ist sicherlich nicht durch phonemische, morphemische oder lexikalische Erscheinungen usw. allein ausreichend zu beschreiben, sondern es ist eine Vielfalt von sprachlichen Erscheinungen, die in einer besonderen Weise aufeinander bezogen sind, zu berücksichtigen. Deshalb erscheint es auch gerechtfertigt, weitere spezifische Typen von Veränderungen in Sprachen anzunehmen.

3. Als ein Ergebnis, das die stichprobenartige Prüfung von Ansichten über den Gegenstandsbereich einer Theorie des Sprachwandels erbracht hat, kann festgehalten werden, daß in sprachgeschichtlichen Darstellungen schon immer bestimmte Veränderungen in Einzelsprachen behandelt wurden, ohne daß man dabei auf den Begriff des Sprachwandels zurückgegriffen hätte. Die Einbeziehung auch solcher Arten von Veränderungen in die Sprachwandelproblematik erfordert eine eingehende theoretische Begründung, da so auffallend unterschiedliche Erscheinungen wie ein konkreter Lautwandel und die Entwicklung einer überregionalen Verkehrssprache in gleichartiger Weise als Sprachwandelerscheinungen betrachtet werden sollen. Leider kann die Begründung hier nicht in der nötigen Ausführlichkeit, sondern nur ansatzweise entwickelt werden.

Der Regelbegriff, wie er in einer handlungstheoretisch fundierten Sprachtheorie verstanden wird, stellt eine Basiskategorie für die Beschreibung und Erklärung des sprachlichen Handelns dar (vgl. zum Regelbegriff z.B. HERINGER 1974). Seine Nützlichkeit liegt u.a. darin, daß er es erlaubt, diese menschliche Aktivität in ihrer Gesamtheit und im Hinblick auf viele ihrer Aspekte einheitlich zu erfassen, da jede sprachliche Handlung nach spezifischen Regeln vollzogen wird. Das bedeutet jedoch nicht, daß alle Regeln, die sprachliches Handeln leiten, gleichartig und gleichwertig sind. So gibt es z.B. phonemische/graphemische Regeln, morphemische, wortbildungsmäßige, syntaktische und textgrammatische Regeln, es gibt weiterhin Referenz- und Prädikationsregeln, es gibt textsortenspezifische Regeln und Regeln zur Vermittlung von Illokutionspotentialen usw. Einige der genannten Typen von Regeln bilden traditionellerweise den Gegenstand der Beschäftigung mit Sprachwandelfragen.

Der Regelbegriff läßt sich auch zur Erfassung von ganz anders gearteten Erscheinungen als den eben genannten verwenden. Wenn sich ein Sprecher z.B. der überregionalen standardisierten Verkehrssprache bedient anstelle einer regional gefärbten Umgangssprache bzw. einer lokal gebundenen Mundart oder aber wenn er sich als Standardsprachensprecher der Wissenschaftssprache bedient anstatt der Sprache des privaten alltäglichen Verkehrs, dann folgt er ebenfalls bestimmten Regeln des sprachlichen Handelns. Diese Typen von Regeln unterscheiden sich von den oben genannten ganz eindeutig durch den Grad ihrer Komplexität. Es handelt sich bei ihnen um Regelbündel oder Generalregeln, die spezifische Kombinationen von Regeln aus verschiedenen, weniger komplexen Regeltypen darstellen (vgl. PUESCHEL 1976: 225). Das allgemeinste Kriterium zur Kennzeichnung einer Generalregel "überregionale standardisierte Verkehrssprache" könnte ihr hoher Grad an kommunikativer Reichweite sein, während die Fach- und Wissenschaftssprache sich (nach der Prager Theorie der Schriftsprache) durch eine sachlich/fachlich mitteilende Funktion auszeichnen würde. Für das Deutsche läßt sich sagen, daß weder eine standardisierte überregionale Verkehrssprache noch eine Fach- und Wissenschaftssprache zu dem Zeitpunkt existiert haben, mit dem man die Geschichte des Deutschen beginnen läßt (und zwar unabhängig von verschiedenen Auffassungen über diesen Zeitpunkt). Der Beginn ihrer Entwicklung liegt also in historischer Zeit, er ist fixierbar, und die jeweiligen Entwicklungen sind nachvollziebar (auch dies ungeachtet der kontroversen Anschauungen darüber und der zahlreichen Kenntnislücken). Es ist offensichtlich, daß solche Veränderungen Rückwirkungen auf die ganze Einzelsprache zeitigen, in der sie sich vollziehen: Es werden die Möglichkeiten des sprachlichen Handelns verändert, die in einer Einzelsprache angelegt sind, indem z.B. besondere Formen der überregionalen oder sachlich/fachlichen Kommunikation entstehen.

Der Regelbegriff läßt sich nun dazu verwenden, den Gegenstandsbereich einer Theorie des Sprachwandels genauer zu umschreiben. Danach beschäftigt sich eine Theorie des Sprachwandels mit der Veränderung von Regeln des sprachlichen Handelns bzw. eine jede solche Veränderung stellt eine Sprachwandelerscheinung dar. Regelveränderungen finden sich aber bei Regeln eines jeden Typs und damit auch bei Generalregeln. Die Erweiterung des Regelinventars um die Generalregeln erlaubt es also, sowohl die Veränderungen von Regeln der weniger komplexen Typen als auch von Regeln sehr komplexer Beschaffenheit als Formen des Sprachwandels zu interpretieren und damit den Objektbereich einer Theorie des Sprachwandels zu erweitern.

4. Die Wandlungsprozesse, denen Generalregeln unterliegen, sind sehr komplizierter Natur, und ihre Beschreibung ist dementsprechend schwierig. Auch wenn man davon ausgeht, daß die Veränderung einer Generalregel als Veränderung derjenigen Regeln zu fassen ist, die die Generalregel konstituieren, bleibt neben anderen Fragen das Problem, wie man sich die Veränderung von Generalregeln vorstellen kann. Auf dem Hintergrund einer Auffassung von dem Prozeß des Sprachwandels soll noch auf diese Frage eingegangen werden.

Eugenio Coseriu lokalisiert den Prozeß des Sprachwandels in der verbalen Interaktion. Den Ursprung des Wandels sieht er "im Übergang sprachlicher Verfahren vom Sprechen des einen Gesprächspartners zum Wissen des anderen" (COSERIU 1974: 67). Ein erster Interaktionspartner bedient sich in seinen Äußerungen neuer sprachlicher Mittel, deren Neuheit im Kontrast mit von ihm beherrschten Mustern oder Regeln zu sehen ist. Mindestens ein zweiter Interaktionspartner übernimmt diese Neuerung, indem er sie als Muster oder Regel zur Bildung weiterer Äußerungen akzeptiert. Findet eine Neuerung keine weitere Beachtung, tritt sie also nur einmal auf, so spielt sie für den Sprachwandel auch keine Rolle. Denn nicht die Neuerung macht den Sprachwandel aus, sondern ihre Ausbreitung in Form von Übernahmen (COSERIU 1974: 68). Sprachlicher Wandel besteht also aus einem Zusammenspiel von Neuerung und Übernahme, von Regelveränderung und deren Akzeptieren als neue Regel. Obwohl der Prozeß des Sprachwandels sozialen Charakter besitzt, da er an eine Gruppe von Sprachteilhabern gebunden ist, besitzt er auch einen individuellen Aspekt. Die Neuerung, die einer möglichen Übernahme vorausgehen muß, manifestiert sich in einer konkreten sprachlichen Handlung eines konkreten Interaktionspartners: "A l l e Sprachneuerungen sind notwendigerweise individuell" (COSERIU 1974: 127). Für die weniger komplexen

Regeltypen ist diese Deutung prinzipiell nachvollziehbar, da man es sich gut vorstellen kann und sogar im alltäglichen Sprachgebrauch beobachten kann, wie ein Sprecher z.B. mit einem Ausdruck auf ein Objekt referiert, auf das normalerweise mit diesem Ausdruck nicht referiert wird. Diese Neuerung im Gebrauch eines Ausdrucks kann unter bestimmten Voraussetzungen zur Etablierung einer neuen Referenzregel - zu einem Sprachwandel also - führen. Diese Vorstellung läßt sich aber nicht auf die Veränderung von Generalregeln übertragen, da ein einzelner Sprachhandelnder durch eine oder auch mehrere sprachliche Handlungen keine Neuerungen zu schaffen vermag, die eine Generalregel als ganze betreffen und deren Übernahme ihren Wandel insgesamt bewirkt. Die Schwierigkeit beruht also darin, wie das Verhältnis von individuellen Neuerungen und deren Übernahmen, die sich immer nur auf Teile von Generalregeln beziehen können, und die Veränderung von Generalregeln insgesamt zu sehen ist. Obwohl die Neuerungen in individuellen Sprachhandlungen auftreten und damit die sprachlichen Veränderungen sich losgelöst voneinander vollziehen, bewirken sie zusammen die Veränderung einer Generalregel. Welches Prinzip sorgt dafür, daß die Veränderungen sich in einer einheitlichen Richtung entwickeln?

Die Antwort auf diese Frage kann aus der Auffassung abgeleitet werden, daß Sprachwandelerscheinungen motiviert sind und aus dem Kontext heraus, in dem sie stattfinden, erklärt werden können. Die Faktoren, die zur Beschreibung solcher Kontexte dienen, sind sprachinterner wie sprachexterner Natur. Was den sprachexternen Bereich angeht, so kann der Begriff des Ausdrucksbedürfnisses für seine allgemeinste Kennzeichnung verwendet werden (vgl. PAUL 1970: 32). Soweit Sprachwandelerscheinungen sprachextern motiviert sind, sind sie in Abhängikeit von sich wandelnden Ausdrucksbedürfnissen zu beschreiben. Zugleich lassen sich die jeweiligen Ausdrucksbedürfnisse als diejenigen Faktoren betrachten, die den vielfältigen Wandlungserscheinungen, die insgesamt die Veränderung einer Generalregel ausmachen, eine einheitliche Richtung geben. Der Wandel einer Generalregel stellt dann das Ergebnis einer großen Zahl von Veränderungen dar, die die Generalregel konstituierenden Regeln betreffen. Im Gegensatz zum Wandel einer weniger komplexen Regel, die durch eine individuelle Neuerung eines Sprachteilhabers hervorgerufen wird, handelt es sich bei einer Generalregel um eine größere Zahl individueller Neuerungen, die durch die Mitglieder einer ganzen Gruppe von Sprachteilhabern geschaffen werden. Während der Sprachwandel prinzipiell sozialen Charakter besitzt, da zumindest zwei Interaktionspartner an Neuerung und Übernahme beteiligt sein müssen (und normalerweise die Übernahme sich auf eine ganze Gruppe ausdehnt), zeichnet sich die Veränderung einer Generalregel dadurch aus, daß an den verschiedenen vorausgehenden Neuerungen eine Gruppe von Sprachteilhabern mitwirkt. Als tertium comparationis für eine Vielzahl von Veränderungen, die beispielsweise zur Entwicklung einer Generalregel "überregionale standardisierte Verkehrssprache" führen können, ließe sich das Bedürfnis nach einer Varietät einer Einzelsprache mit überregionaler kommunikativer Reichweite anführen.

5. Wie die vorstehenden Bemerkungen erkennen lassen, kann es angebracht sein, auch durch eine starke Tradition gefestigte sprachwissenschaftliche Anschauungen einer kritischen Betrachtung zu unterziehen. Die vorgetragenen Überlegungen zum Gegenstandsbereich einer Theorie des Sprachwandels, die Hinweise zu dessen Revision geben wollten, zielten hauptsächlich in zwei Richtungen. Zum einen wurde darauf verwiesen, daß veränderte Auffassungen vom Gegenstandsbereich der Sprachwissenschaft Rückwirkungen auf die Betrachtung von Sprachwandelerscheinungen haben. Zum anderen wurde vorgeschlagen, bestimmte Erscheinungen, die in der Sprachwissenschaft schon immer Beachtung gefunden haben, dem Objektbereich einer Sprachwandeltheorie explizit zuzuordnen. Es scheint so, daß sich auch hier Interessenverlagerungen in der Sprachwissenschaft auswirken. Damit ist die erneute verstärkte Beschäftigung mit der (nicht-individuellen) Variation in der Sprache gemeint, die auch unter dem Wandlungsaspekt erfolgen kann.

Literatur

BACH, Adolf (1970): Geschichte der deutschen Sprache. 9., durchges. A. Heidelberg.

CHERUBIM, Dieter (ed.) (1975): Sprachwandel. Reader zur diachronischen Sprachwissenschaft. Berlin: de Gruyter.

COSERIU, Eugenio (1974): Synchronie, Diachronie und Geschichte. Das Problem des Sprachwandels. Übers. von Helga Sohre. München: Fink.

DINSER, Gudula (ed.) (1974): Zur Theorie der Sprachveränderung. Kronberg: Skriptor.

HERINGER, Hans Jürgen (ed.) (1974): Seminar: Der Regelbegriff in der praktischen Semantik. Frankfurt: Suhrkamp.

MOSER, Hugo (1969): Deutsche Sprachgeschichte. Mit einer Einführung in die Fragen der Sprachbetrachtung. 6., überarb. A. Tübingen: Niemeyer.

PAUL, Hermann (1970): Prinzipien der Sprachgeschichte. Studienausgabe der 8. A. Tübingen: Niemeyer.

POLENZ, Peter von (1970): Geschichte der deutschen Sprache. 7., völlig neu bearb. A. Berlin: de Gruyter.

PUESCHEL, Ulrich (1976): "Überlegungen zu einer Stiltypologie". WEBER, Heinrich / WEYDT, Harald (eds.) (1976): 223 - 234.

SANDIG, Barbara (1972): "Zur Differenzierung gebrauchssprachlicher Textsorten im Deutschen". GÜLICH, Elisabeth / RAIBLE, Wolfgang (eds.) (1972): Textsorten. Differenzierungskriterien aus linguistischer Sicht. Frankfurt: Athenäum: 113 - 124.

SCHLIEBEN-LANGE, Brigitte (1976): "Für eine historische Analyse von Sprechakten". WEBER, Heinrich / WEYDT, Harald (eds.) (1976): 113 - 119.

WEBER, Heinrich / WEYDT, Harald (eds.) (1976): Sprachtheorie und Pragmatik. Akten des 10. Linguistischen Kolloquiums. Bd. 1. Tübingen: Niemeyer.

ZUR STATISTISCHEN BESCHREIBUNG DER SPRACHVARIATION

Fritjof Werner

1.0. Ich möchte in meinen Bemerkungen zur Sprachvariation und ihrer statistischen Beschreibung drei Punkte ansprechen: Erstens die Leistung der Variablenregel für den Aufbau der Sprachstruktur, zweitens eine Kritik am Variablenbegriff im Hinblick auf die empirische Sprachbeschreibung und drittens einige vorläufige Vorschläge für die Beschreibung von Sprachvarietäten mit Hilfe von Variablen.

Ich möchte mich auf die L a u t v a r i a t i o n beschränken und dabei vor allem auf den Ansatz von Labov. Die meisten Arbeiten zur Lautvariation gehen entweder davon aus oder fallen dahinter zurück. Labov hat besonders die Faktoren Schichtzugehörigkeit und Sprechstil oder Kontextstil in ihrer Auswirkung auf die Lautvariation untersucht, sowie den Lautwandel anhand von Altersgruppen. Hier sollen nicht seine Ergebnisse dargestellt werden, sondern nur das theoretische Konzept der Variablenregel kurz behandelt werden, das für diese Untersuchungen zentral ist.

1.1. Durch Variablenregeln können q u a n t i t a t i v e R e l a t i o n e n von Sprachformen, die aus einer empirischen Sprachbeschreibung gewonnen werden, in die Sprachstruktur aufgenommen werden. Sowohl der Einfluß sprachlicher Bedingungen der Lautumgebung, der Silbenposition und der grammatischen Funktion der Variablen als auch der Einfluß bestimmter nichtsprachlicher Bedingungen auf die Lautformen wird durch die Variablenregel berücksichtigt und nicht mehr als freie Variation oder als Performanzfaktor aus dem Sprachsystem ausgeschlossen.

Die quantitativen Relationen der verschiedenen Werte eines variablen Lautes werden in der Variablenregel durch Beschränkungen der Anwendung der Regel erfaßt. Mit mehreren Variablenbeschränkungen zusammen wird ausgedrückt, daß bestimmte phonetische Werte einer Variablen in der Häufigkeit ihres Vorkommens mit sozialen Faktoren der Schichtzugehörigkeit, des Geschlechts, des Alters und der Sprechweise korrelieren.

1.2. Die V a r i a b l e n b e s c h r ä n k u n g e n beziehen sich auf die Sprachformen einer ganzen Sprachgemeinschaft und nicht auf die eines Individuums. Das wird formal dadurch ausgedrückt, daß die relativen Verhältnisse der s p r a c h l i - c h e n Variablenbeschränkungen einer Regel in verschiedenen Untersuchungen untereinander ziemlich gleich bleiben.

Ebenso bleiben die relativen Verhältnisse der sprachlichen und n i c h t sprachlichen Variablenbeschränkungen in einer Untersuchung für die Sprachgemeinschaft gleich. Dadurch wird die Tendenz der Häufigkeitswerte und der relativen Unterschiede zwischen ihnen ausgedrückt, und Gemeinsamkeiten der regelmäßigen Lautvariation werden erfaßt, die auf der Ebene der absoluten Unterschiede des individuellen Sprechens nicht so bestehen.

Hier sei nebenbei darauf hingewiesen, daß der Begriff des Idiolekts methodisch von dem der sozialen Variation abzuleiten ist und die Variation in sozialen Gruppen weder als Durchschnitt noch als Vereinigung individueller Variation, wie in bestimmten Ansätzen geschehen, zu bestimmen ist.

Daß durch Variablenregeln auf einer abstrakteren Ebene Gemeinsamkeiten der sozialen Variation bestimmt werden, schließt nicht aus, daß spezifisch abweichende Varietäten bestimmter sozialer Gruppen beschrieben werden können, indem eine Variablenregel verändert oder in eine andere Regel umgeformt wird durch die verschieden starke Gewichtung von Variablenbeschränkungen, durch die Umordnung von Variablenbeschränkungen und durch die Auswirkung zusätzlicher Variablenbeschränkungen.

Da Labov Variablenregeln als Erweiterung der generativen Grammatik versteht, werden durch sie die Gemeinsamkeiten der verschiedenen Lautformen in der Sprachvariation durch die Annahme z u g r u n d e l i e g e n d e r F o r m e n hervorgehoben. Sprachvariation wird damit zugleich als der Oberflächenstruktur zugehörig definiert. Hier stellt sich die grundsätzliche Frage, auf die ich aber nicht eingehen möchte, welchen Bezug diese zugrundeliegenden Formen zur Beschreibung der Sprachausübung haben, ob sie implizit Standardformen bzw. sogar solchen der schriftsprachlichen Norm entsprechen oder nur ein Artefakt des Sprachstrukturaufbaus sind, wie weit es z.B. für verschiedene Dialekte zutreffend ist, von einer gemeinsamen Tiefenstruktur auszugehen, wenn diese im Sinne der generativen Grammatik verstanden wird.

1.3. CEDERGREEN/SANKOFF 1974 ordneten in ihrer Arbeit über "Variable rules" den ausgezählten Häufigkeiten der Variablenwerte W a h r s c h e i n l i c h k e i t e n der Anwendung bzw. Nichtanwendung der Variablenbeschränkungen zu und machten damit einen Schritt von der soziolinguistischen zur statistischen Sprachbeschreibung. Sie stellten fest, daß die sprachlichen Variablenbeschränkungen viel höhere Wahrscheinlichkeiten als die nichtsprachlichen haben. Allerdings sind die Wahrscheinlichkeiten der nichtsprachlichen Variablenbeschränkungen nicht so klein, daß sie vernachlässigt werden könnten. Sie konnten auch nachweisen, daß die einzelnen Variablenbeschränkungen einer Regel im statistisch-mathematischen Sinn voneinander unabhängig sind. In einem Fall der Interaktion zwischen Variablenbeschränkungen hat das dazu geführt, zusätzliche sprachliche Bedingungen (die Kombination von Betonung und folgendem Vokal) in die Variablenregel aufzunehmen, um dadurch die Unabhängigkeit der Variablenbeschränkungen wiederherzustellen.

Die konstanten relativen Verhältnisse zwischen den sprachlichen Variablenbeschränkungen wurden von CEDERGREEN/SANKOFF 1974 bestätigt. Die Veränderungen in den Lautformen der sprachlichen Daten, die z.B. mit der Schichtzugehörigkeit der Sprecher korrelieren, werden formal durch veränderte Inputwahrscheinlichkeiten ausgedrückt und zusätzlich zu den Wahrscheinlichkeiten der sprachlichen Variablenbeschränkungen in die Regel aufgenommen.

2.0. Ich möchte nun einige kritische Anmerkungen machen, nicht zur Regelform der Variablenregel, sondern zum Begriff der Variablen selbst und zu seiner Adäquatheit für die empirische Sprachbeschreibung.

2.1. V a r i a b l e n sind definiert durch den Bereich ihres sprachlichen Kontexts und durch ihre phonetischen Werte, denen dann Indexwerte zugeordnet werden. Der s p r a c h l i c h e K o n t e x t ist die größte Klasse von Lautumgebungen, in der alle Subklassen von Lauten, also die phonetischen Werte, in der gleichen Weise variieren. Durch diese Bestimmung werden eine Reihe von Lauten und Lautumgebungen aus der Beschreibung ausgeschlossen, z.B. Laute, die nur in bestimmten Lexemen vorkommen, in unbetonbaren Wörtern oder in der Umgebung bestimmter anderer Laute.

Durch diese Festlegung des sprachlichen Kontexts wird also nur die im Sinne der Variablen regelmäßige Variation in die Variablenregel aufgenommen. Ob diese Auswahl empirisch gerechtfertigt ist, wird nicht überprüft. Es wird jetzt auch deutlich, warum Variablenregeln scheinbar so gut geeignet zur Beschreibung der Sprachvariation sind. Die überaus regelmäßigen Unterschiede in der Sprachvariation werden dadurch erreicht, daß von allen unsauberen Fällen abstrahiert wird. Das mindert jedoch nicht den Wert von Variablenregeln für die Beschreibung der sprachlichen Daten, die durch sie erfaßt werden.

Labov bestimmt alle phonetischen Werte der Variablen als diskrete Einheiten. Die Zuordnung von phonetischen Werten und Lauten durch die Transkription ist jedoch nicht immer eindeutig möglich. Trudgill hat deswegen mehrere Typen der Lautvariation unterschieden, neben der alternativen Realisierung von Lauten und neben der Realisierung oder Tilgung eines Lautes das Festlegen der Grenzwerte des phonologischen oder phonetischen Raumes, in dem ein Laut variiert. Dadurch wird die Kontinuität der Lautvariation besser berücksichtigt und eine feinere Zuordnung möglich.

2.2. Statistisch gesehen ist die mehr oder weniger willkürliche Zuordnung von Indexwerten zu den Werten einer Variablen problematisch, weil unklar bleibt, welche Relation zwischen den resultierenden Zahlenverhältnissen, die in die Tabellen eingehen, und den Lautverhältnissen besteht. Solange nur die Tendenz in der Größenordnung der relativen Häufigkeiten von Variablenwerten interpretiert wird, ist daran nicht viel auszusetzen. Es ist jedoch unzulässig, von absoluten Unterschieden der Zahlenwerte der relativen Häufigkeiten auf den Stellenwert sprachlicher Unterschiede zwischen sozialen Gruppen oder Kontextstilen zu schließen. Zu den besonderen statistischen Problemen der Signifikanzprüfung dieser Unterschiede sind mir leider keine Arbeiten bekannt.

Die Kontextstile Labovs sind: sorgfältiges Sprechen (careful speech) in der mehr formalen Interview-Situation, flüssiges Lesen, Lesen von Wortlisten und zwangloses Sprechen (casual speech) z.B. in den Interviewpausen oder in Diskussionen von peer groups. Als Variablen sind nun die isolierten Lautklassen ausgewählt worden, die zwischen diesen sprachlichen Daten am meisten differenzieren. Andererseits sind die Kontextstile so aufgebaut, daß die Lautvariation in ihnen möglichst groß ist. Bei aller Kritik an dieser Vorgehensweise ist jedoch hervorzuheben, daß der durch Labov herbeigeführte Fortschritt in der linguistischen Theorie darin besteht, daß die aufgestellten Regeln viele der häufig vorkommenden Sprachformen betreffen und nicht an eventuell selten oder vereinzelt auftretenden Sprachformen orientiert sind. Die intuitive Auswahl von variierenden Lauten wird dadurch relativiert.

3.0. Labov hat die nichtsprachlichen Variablenbeschränkungen der Schichtzugehörigkeit, des Kontextstils, des Alters und Geschlechts statistisch als unabhängige Variablen genommen und damit den Output der sprachlichen Variablenbeschränkungen statistisch als abhängige Variablen. Er hat auf diese Weise vor allem sprachliche Unterschiede abhängig von sozialer Schicht und Kontextstil feststellen können.

Von einer etwas anderen Fragestellung ausgehend möchte ich nun abschließend einige Veränderungsvorschläge zu den linguistischen Variablen machen, die allerdings erst noch empirisch überprüft werden müssen. Man kann vielleicht über Labov sagen, daß er die sprachliche Differenzierung untersucht hat, um überhaupt erst einmal *sprachliche Unterschiede* sozialer Gruppen nachzuweisen und durch Regeln zu erfassen. Dafür ist sein Variablenbegriff ausreichend. Wenn man aber Ausschnitte der meisten in der gesellschaftlichen Sprachausübung vorkommenden Sprachformen untersuchen will, ist das nicht mehr der Fall. Auch die Frage der sozialen Bestimmtheit dieser sprachlichen Differenzierung läßt sich im Zusammenhang damit präziser stellen. Die Beschreibung empirisch beobachtbarer Sprachformen und ihrer Verteilung im Sprechen sozialer Gruppen könnte dadurch weiterentwickelt werden, daß man versucht, diese Sprachformen zu Varietäten zusammenzufassen. Damit sind an die linguistischen Variablen und an ihre Beschreibungsadäquatheit allerdings größere Anforderungen als bisher gestellt.

3.1. Die Auswahl von Variablen wird objektiver, wenn man, nachdem alle häufig vorkommenden Lautunterschiede durch Transkription erfaßt sind, die phonetischen Werte potentieller Variablen nach einem vorgegebenen R a s t e r m ö g l i c h e r L a u t - r e a l i s i e r u n g e n bestimmt, um die schrittweise Veränderung von Lauten, wie sie in einem bestimmten Korpus vorkommen, damit zu vergleichen. Wenn man sich z.B. bei der Beschreibung von Nichtstandardvarianten dafür entschieden hat, die von der gesprochenen Standardvariante und von der schriftsprachlichen Norm abweichenden Sprachformen zu untersuchen, kann man einen solchen Raster aufstellen, indem man für die einzelnen variierenden Laute eine Skala aufstellt. Diese Skala würde von den in der Schriftsprache fixierten Lauten über die Standardlautformen bis hin zu den am meisten abweichenden Lautformen gehen. Der Sprung von den schriftsprachlich fixierten Lauten zu den transkribierten Lauten der gesprochenen Sprache wäre für die Beschreibungszwecke in diesem Fall unerheblich, würde aber die große Vereinfachung bringen, variierende Standardformen nicht als Grundlage der Beschreibung nehmen zu müssen.

In dieser Skala würden zusätzlich artikulatorische Parameter berücksichtigt, um festhalten zu können, wann ein artikulatorisch notwendiger Übergangslaut fehlt, so daß wir es in solchen Fällen mit einem höheren Abweichungsgrad zu tun hätten. (Diesen Vorschlag verdanke ich H. Richter.) Als Beispiel für derartige Skalen seien hier die zunehmende Spirantisierung von g am Silbenende nach vorderem Vokal oder die Zentralisierung und Rundung von kurzem i im Berlinischen genannt.

Als wesentlicher Unterschied zur Vorgehensweise von Labov ist damit verbunden, daß die sprachlichen Unterschiede als unabhängige Variablen der Ausgangspunkt für die Bestimmung sozial bedingter Unterschiede im Sprechen sind und nicht nur soziale Unterschiede auch sprachlich nachgewiesen werden.

3.2. Als nächster Schritt können in einem Pretest die Lautformen potentieller Variablen durch eine einfache Form der F a k t o - r e n a n a l y s e korreliert werden, um festzustellen, welche von ihnen meist zusammen vorkommen und so als charakteristisch für die Lautvariation angesehen werden können. Da die einzelnen Lautformen nicht willkürlich variieren, lassen sich wahrscheinlich S c h w e l l e n w e r t e ihres Zusammenvorkommens bestimmen, die es erlauben, sie zu Varietäten zusammenzufassen. Es genügt dann, für die Analyse eines größeren Korpus d i e variierenden Laute zu wählen, die einerseits stellvertretend für die mit ihnen korrelierenden Laute und damit für Varietäten der gesprochenen Sprache stehen und die andererseits über den ganzen Bereich der Varietäten variieren und somit als Variablen geeignet sind. Standard- und Nichtstandardvarietäten würden, wenn sich das als durchführbar erweist, durch solche Variablen bestimmt werden können und quer zur Variation innerhalb der Variablen verlaufen.

Erst jetzt sollten die Werte dieser diagnostisch verwendbaren Variablen mit sozialen Faktoren korreliert und z.B. mit dem Chi^2-Test geprüft werden, um festzustellen, welche sprachlichen Unterschiede für soziale Gruppen, Alter und Geschlecht signifikant sind. Wenn sich außerdem ein Maß für den A b w e i c h u n g s - g r a d von der schriftsprachlichen Norm festlegen läßt, würden die Aussagen über die Lautvariation über eine bloße Sprachbeschreibung hinausgehen und besser als Grundlage für Untersuchungen der bewußten und unbewußten Bewertung von sprachlichen Unterschieden dienen können als das bisher möglich ist. Ebenso würden Aussagen über das Verhältnis von geschriebener und gesprochener Sprache sich auf eine solidere empirische Basis stützen können. Beides dürfte für Deutschlehrerausbildung und Schulunterricht nicht folgenlos bleiben.

Literatur

BAILEY, Charles-J. N. / SHUY, Roger W. (eds.) (1973): New ways of analyzing variation in English. Washington, D.C.: Georgetown University Press.

CEDERGREEN, Henrietta J. (1973): "On the nature of variable constraints". BAILEY / SHUY (eds.): 13-22.

--- / SANKOFF, David (1974): "Variable rules: performance as a statistical reflection of competence". Language 50: 333-355.

LABOV, William (1972a): Sociolinguistic patterns. Philadelphia: Pennsylvania University Press.

LABOV, William (1972b): Language in the inner city: studies in the Black English vernacular". Philadelphia: Pennsylvania University Press.

MATTHEIER, K. J. (1975): "Diglossie und Sprachwandel". Rheinische Vierteljahresblätter 39: 358-371.

TRUDGILL, Peter (1972): "Sex, covert prestige and linguistic change in the urban British English of Norwich". Language in Society 1: 179-195.

--- (1973): "Phonological rules and sociolinguistic variation in Norwich English. BAILEY / SHUY (eds.): 149-163.

5. SPRACHERWERB UND SPRACHUNTERRICHT

SELEKTIONSFUNKTION VON SPRACHNORMEN IN DER SCHULE AM BEISPIEL DER RECHTSCHREIBUNG

Helga Andresen

Mit meinem Referat will ich Überlegungen zu einem Forschungsansatz vorstellen, mit denen ich noch ziemlich am Anfang stehe. Es geht mir darum, zunächst einmal einen Untersuchungsrahmen abzustecken, Thesen zu Forschungsdesideraten und zu möglichen Forschungskonsequenzen zu formulieren und - vor allem - durch dieses Referat Kontakte anzuknüpfen zu Kollegen, die an ähnlichen Problemen arbeiten.

Um keine Mißverständnisse aufkommen zu lassen: es handelt sich hier nicht um den Plan eines größer angelegten, mit finanziellen Mitteln ausgestatteten Forschungsprojektes, sondern eher um einen Versuch meinerseits, Erfordernisse der Lehre mit Forschungsarbeit zu verbinden. Ich weise darauf hin, daß wir in Osnabrück Lehrer aller Schulstufen, also auch der Primarstufe, ausbilden.

1. Mein Thema schränke ich so ein, daß ich mich nur auf die Grundschule beziehen werde.

Die These, daß Beherrschung von Sprachnormen ein wesentliches schulisches Selektionskriterium ist, ist mittlerweile fast zu einem Allgemeinplatz geworden. Trotzdem bleibt die Analyse von Normenvermittlung und Normenanforderung in der Schule ein Desiderat. Mir erscheint es sinnvoll, mit einer solchen Untersuchung im Primarstufenbereich zu beginnen. Denn hier werden Kinder zum ersten Mal so direkt mit schulischen (Sprach-)Normen konfrontiert, daß mangelnde Erfüllung der Normen "spürbare" negative Folgen nach sich zieht, wie z.B. schlechte Zensuren, möglicherweise Sitzenbleiben, ungünstige Einschätzung durch den Lehrer, niederer sozialer Rang in der Klasse, bis hin zu negativen Einflüssen auf das Selbstwertgefühl. Beherrschen und Nicht-Beherrschen der in der Grundschule geforderten Sprachnormen sind von entscheidender Bedeutung für die weitere Schullaufbahn, und zwar in doppeltem Sinne: 1. findet die Kanalisierung in die verschiedenen Schultypen auch nach dem Kriterium der Sprachnormbeherrschung statt, 2. scheint es gerade im sprachlichen Bereich so zu sein, daß vieles, was in den Grundschuljahren nicht erlernt wird, auch später nicht mehr erworben wird. Z.B. schätzen viele Lehrer den Erfolg des sehr zeitaufwendigen Rechtschreibunterrichts in der Hauptschule außerordentlich gering ein.

Aus dem Bereich des Sprachunterrichts nehme ich mir zunächst den Rechtschreibunterricht heraus, da seine Bedeutung für Schul- und sogar Berufserfolg unbestritten ist (vgl. DREWITZ/REUTER 1974), da er als Untersuchungsbereich relativ leicht abgrenzbar ist und - vor allem - weil in den letzten Jahren aus psycholinguistischen Forschungsarbeiten völlig neue Aspekte für den Erstschreib- und -leseunterricht resultieren.

2. In den letzten Jahren haben Forscher wie C. Chomsky, K.S. Goodman und Ch. Read Arbeiten vorgelegt, deren Thesen man etwa so zusammenfassen kann, daß der Prozeß des Lesen- und Schreibenlernens als im Prinzip dem Primärspracherwerb analog anzusehen ist, d.h., daß Kinder eigenständig Strategien entwickeln zum Erwerb der verschriftlichten Sprache. Wenn Kindern entsprechende Freiräume zugestanden werden, dann entwickeln sie Spontanschreibungen, die sich vom geltenden Orthografiesystem ihrer Sprache unterscheiden, die jedoch - obwohl unabhängig voneinander entstanden - systematische Gemeinsamkeiten aufweisen und sich mit dem Älterwerden des Kindes nach bestimmten, angebbaren Regeln entwickeln. Wichtig ist, daß alle Kinder, deren Spontanschreibungen analysiert wurden, nicht im Schreiben unterrichtet wurden. Erwachsene spielten insofern eine Rolle, als sie auf Fragen der Kinder antworteten. Aber die Fragen formulierten die Kinder selbst und die Antworten verarbeiteten sie gemäß ihren Schreibregeln.

Um zu verdeutlichen, welche Revolution eine weitere Erhärtung der These für den Erstlese- und Schreibunterricht bedeutet, muß skizziert werden, von welchen Voraussetzungen dort heute ausgegangen wird.

Es bestehen bis heute noch keine wissenschaftlich fundierten Kenntnisse darüber, wie Lesen und Schreiben und das Erlernen dieser Fähigkeiten vonstatten gehen.[1] Das bedeutet z.B., daß der Methodenstreit um synthetische oder analytische Methode ohne wissenschaftliche empirische Grundlage ausgetragen wird. Insgesamt kann man die derzeitige Situation so kennzeichnen: man setzt junge Menschen über Jahre hinweg verschiedenen Schreib- und Leselehrverfahren aus und kann dann feststellen, daß nach Ablauf dieser Zeit ein gewisser Prozentsatz Schreiben und Lesen gelernt hat - und zwar die einen besser, die anderen schlechter. Wie dieses Lernen sich vollzogen hat, ob es überhaupt ein Resultat des Unterrichts ist, kann man nicht wissen, nur vermuten.

Der Erstlese- und -schreibunterricht ist der behavioristischen Lerntheorie verpflichtet: das Kind wird in bezug auf verschriftlichte Sprache als "tabula rasa" betrachtet, das - in bestimmten methodischen Schritten - mit geschriebener Sprache konfrontiert wird und sich die Wortbilder "einprägt" (das Regellernen setzt in einem späteren Stadium ein). Bezeichnend für den lerntheoretischen Ansatz ist, daß so weit wie möglich Falschschreibungen vermieden werden sollen, damit die Kinder sich nicht die falschen Wortbilder einprägen. Das führt zu der Konsequenz, daß die Kinder in den ersten Schuljahren möglichst nur solche Wörter schreiben sollen, deren "Rechtschreibung" bereits durchgenommen wurde, was eine wesentliche Einengung der schriftlichen Kommunikationsmöglichkeiten bedeutet.

Selbstverständlich sind alle Schreibungen, die von der geltenden Rechtschreibnorm abweichen, Fehler und werden dem Kind als solche angekreidet. Da der Fehlerbegriff, der im Sprachunterricht wirksam wird, für Untersuchungen zu Selektionsprozessen im Sprachunterricht von zentraler Bedeutung ist und da die oben zitierten psycholinguistischen Arbeiten "Fehler" in ihrer Bedeutung für den Lernprozeß völlig anders interpretieren als im derzeitigen Rechtschreibunterricht üblich, will ich mich im folgenden auf die Fehlerproblematik konzentrieren.

3. Fehler sind in unseren Schulen von vornherein mit Versagen verbunden[2], sie haben schlechte Zensuren zur Folge, oft auch

eine negative Einschätzung durch den Lehrer; so wird in der einschlägigen Literatur häufig ein Zusammenhang zwischen Rechtschreibleistung, Intelligenz und Charakter hergestellt. Rechtschreibfehler sind bei uns einfach definiert durch "A b w e i c h u n g v o n d e r D u d e n n o r m". Ein Wort ist dann fehlerhaft geschrieben, wenn seine Schreibung nicht mit der im DUDEN festgelegten übereinstimmt.

In unseren Schulen werden die Rechtschreibfehler kategorisiert, um Diagnose und Therapie zu ermöglichen. Dabei handelt es sich um Kategorien wie "Dehnung", "Schärfung", "s-Laute" oder auch "Buchstabenumstellung". Der Lehrer wertet die Diktate so aus, daß er auf Arbeitsbögen, die die Fehlerkategorien enthalten, die Fehler jeweils den gegebenen Kategorien zuordnet, und erhält auf diese Weise Anhaltspunkte dafür, was mit der Klasse bzw. einzelnen Schülern besonders geübt werden muß. Leider kann ich hier nicht weiter auf die vorhandenen Fehlerkategorisierungen eingehen. Eines ist aber klar, nämlich, daß derartige Kategorien wie "Dehnung", "Schärfung" etc. nichts über die Fehlerursache aussagen. Ja, es ist nicht einmal wahrscheinlich, daß z.B. alle Fehler, die auf mangelhafte Beherrschung der Dehnungskennzeichnung hindeuten, aus neuropsychologischer und psycholinguistischer Sicht eine einheitliche Ursache haben. Das führt zu den psycholinguistischen Arbeiten, in denen bestimmte Typen von Fehlern eine völlig andere Interpretation erfahren; gemeint sind solche "Fehler", die vom Kind systematisch gemacht werden, weil sie auf seine altersspezifischen Schreibregeln bezogen regelgerecht sind. Daneben können selbstverständlich auch andere "Fehler" auftreten, über die hier jedoch nicht gesprochen werden wird.

READ (1971) hat empirische Untersuchungen angestellt zu den Spontanschreibungen von Kindern im Kindergarten- und Vorschulalter (3 1/2 - 6 Jahre) und formuliert in seinem Aufsatz die These,

> daß einige Vorschulkinder die unbewußte Kenntnis einiger Aspekte des englischen Lautsystems besitzen, daß diese Kinder die phonetischen Segmente stillschweigend in Kategorien, die durch artikulatorische Merkmale definiert sind, einordnen und daß diese Kinder ihre Urteile über phonologische Beziehungsverhältnisse auf besondere, spezifizierbare Merkmale gründen. (READ 1971 / 1974: 174)

Er gelangt zu dem Ergebnis,

> (...) daß jedes Kind in etwa dasselbe System erreichte, indem es bestimmte Schreibungen gebrauchte, die seinen Eltern und Lehrern nicht plausibel schienen, die aber im Rahmen einiger Hypothesen über die bei den Kindern intern vorhandene Organisation englischer Laute erklärt werden können. (READ 1971 / 1974: 177)

Zur Veranschaulichung will ich ein Beispiel zitieren:

Die spontane Schreibung von [t] und [d] vor [r] ist CH bzw. J (z.B. CHRIE für try, JRAGIN für dragon).

> Wieder haben diese Wiedergaben eine phonetische Basis; die ersten Segmente eines Paars wie truck und tuck sind tatsächlich nicht identisch. Vor einem [r] werden [t] und [d] affrikatiert, d.h. langsam mit einem Sch-Laut am Ende losgelassen. Sie werden an derselben Stelle wie die Verschlußlaute, die wir mit t und d schreiben, artikuliert, aber in derselben Weise wie die palatalen Affrikaten [č] und [ǰ] , die in der Rechtschreibung als ch und j wiedergegeben werden, realisiert. In dieser Hinsicht sind sie eine dritte, mittlere Ausprägung zweier phonologischer Paare, die korrekt verschieden geschrieben werden. Weil die Affrikation vor [r] festen Regeln folgt, wird sie von der Standardschreibung ignoriert, indem die lexikalischen Repräsentationen tr und dr benützt werden. Tatsächlich perzipieren die Kinder jedoch die Affrikation. Da sie die lexikalischen Repräsentationen nicht kennen, müssen sie zwischen den bekannten Schreibungen T/D oder CH/J für diese "mittleren" Fälle wählen. Sie wählen alle auf der Basis der Affrikation und abstrahieren vom Unterschied in der Artikulationsstelle. Sie passen immer affrikatiertes [t] und [d] den Affrikaten, die in der Stimmlage korrespondieren, also [č] und [ǰ] , an. (READ 1971 / 1974: 188f.

Gemessen an der gültigen englischen Orthografie sind die beschriebenen kindlichen Spontanschreibungen selbstverständlich fehlerhaft; die "Fehler" sind jedoch letztlich Ausdruck dessen, daß es dem Kind gelungen ist, Regeln zur Umsetzung von gesprochener Sprache in geschriebene Sprache aufzubauen und sie hier in dem spezifischen Falle auf der Basis ihrer Perzeption erfolgreich anzuwenden. Weder kann die Annahme, Schreibenlernen hieße, "in die Gewohnheiten der Laut-Buchstabenassoziation oder der Phonem-Graphemassoziation hereinzugelangen" (READ 1971 / 1974: 211), die intersubjektive Konstanz der Spontanschreibungen erklären, noch dürfte eine Abqualifikation der kindlichen Leistung durch die Bewertung "falsch" für diese einleuchtend und lernfördernd sein.

Man bedenke dabei, daß Lehrer und Eltern Kindern korrekte Schreibungen häufig so zu erklären versuchen, indem sie auf vermeintliche einheitliche Lautwerte hinweisen, die bestimmten Buchstaben, bzw. Buchstabenverbindungen korrespondieren. Die Schreibung von <u>truck</u> wird dann z.B. darauf zurückgeführt, daß der gleiche Anfangslaut wie in <u>tuck</u> vorliege. Daß eine solche "Erklärung" bei den Kindern, die im Gegensatz zu den Erwachsenen die unterschiedliche Lautqualität noch wahrnehmen, zu Verwirrung führen muß, ist evident.

"Fehler" bekommen also im Lichte der neueren Arbeiten eine völlig andere Bedeutung: sofern sie regelhaft produziert werden, können sie der Wissenschaft Aufschluß über Prozesse geben, die beim Schriftspracherwerb ablaufen, d.h. bei der Perzeption gesprochener Sprache und deren Umsetzung in geschriebene Sprache.

Im Lichte des üblichen Rechtschreibunterrichts ist die Hypothese geradezu revolutionär, daß Kinder bei Schuleintritt in punkto "Schreiben" nicht als "tabula rasa" zu betrachten sind, sondern recht gute, abstrakte Kenntnisse der Phonologie ihrer Sprache besitzen und aufgrund dessen "eigenständig" Phonem-Graphem-Zuordnungen vornehmen können. Dann müssen "Fehler" nämlich als produktives Element verstanden werden, die die Basis für den Rechtschreibunterricht darstellen und deren Vermeidung nicht mehr oberstes Ziel des Unterrichts sein kann. Die Vermittlung der Standardschreibung muß dann an dem ansetzen, was das Kind bereits beherrscht, und die Erklärungsstrategien müssen auf die kindlichen Schreibstrategien Bezug nehmen.

Sollten weitere Forschungsarbeiten die aufgestellten Hypothesen bekräftigen, so würde ein völlig anderer Rechtschreibunterricht möglich, nämlich ein Unterricht, wo das Kind aktiv, kreativ wirken könnte, indem es z.B. damit beginnt, "seine" Wörter zu schreiben und nicht "Fibelwörter" zu rezipieren.[3]

4. In den nächsten Jahren ist psycholinguistische und neuropsychologische Grundlagenforschung notwendig, um solide wissenschaftliche Erkenntnisse über die Prozesse zu erlangen, die beim Schreiben und Lesen und beim Erlernen dieser Fähigkeiten ablaufen. Psycholinguistische Arbeiten müssen prüfen, ob die These haltbar ist, daß Kinder selbsttätig Verschriftlichungs-

regeln aufbauen und ihnen gemäß Spontanschreibungen produzieren. Sie müssen die Regeln beschreiben und Aufschluß über die Entwicklungsstufen der kindlichen Spontanschreibungen geben. Selbstverständlich sind linguistische Beschreibungen der geltenden Schreibsysteme von Einzelsprachen notwendig, um die ihnen zugrundeliegenden Verschriftlichungsprinzipien mit denen der Kinderschreibungen zu kontrastieren. Neuropsychologische Forschungen haben die Aufgabe, die Prozesse zu beschreiben, die sich bei den entsprechenden Tätigkeiten im Gehirn abspielen. Auf der Basis solcher Arbeiten müßten auch nicht-systematische "Fehler" ursächlich erklärt werden können.

Parallel zu derartigen Grundlagenforschungen könnten in Lehrveranstaltungen zum Rechtschreib- und Sprachunterricht Fehleranalysen versucht werden, deren Kategorien von den genannten psycholinguistischen Arbeiten bezogen werden. Es ließen sich m.E. fruchtbare Hypothesen über Ziele und tatsächliche Wirkung des Rechtschreibunterrichts in der Grundschule formulieren, denn Erkenntnisse über Schreib- und Leselernprozesse werfen auch neues Licht auf die Problematik der Selektionsfunktion von Sprachnormen und der Sozialisationswirkung von Sprachunterricht. Denn wenn die in diesem Referat vorgestellten Hypothesen bestätigt werden können, dann bedeuten Theorie und Praxis des Rechtschreibunterrichts heute für die Kinder, daß er ihre altersgerechten Leistungen unterdrückt und wesentliche Möglichkeiten zu Produktivität und Kreativität überhaupt nicht wahrnimmt. Der Unterricht kann dem Kind letztlich nicht einsichtig sein, und zwar nicht aus Mangel an Intelligenz oder geistiger Reife, sondern weil seine eigenen Wahrnehmungen und intellektuellen Leistungen völlig andere Wege gehen als in den "Erklärungen" der Erwachsenen vorausgesetzt. Man macht das Kind dümmer, als es eigentlich ist; vieles spricht für die These, daß der Lernprozeß im Rechtschreibunterricht wesentlich ein Anpassungsprozeß ist, dessen Gelingen vom Kind die Aufgabe "seiner" Regeln verlangt, und zwar nicht aufgrund von Einsicht, sondern aufgrund von Zwang, nämlich des Zwangs der drohenden folgenschweren Sanktionen.[4] Vielleicht wird der Zusammenhang zwischen Charakter, Lernhaltung, Intelligenz und Rechtschreibleistung deshalb so oft betont, weil der Charakter des Rechtschreibunterrichts als

Anpassungsmittel intuitiv gespürt wird,und vielleicht liegt hier auch eine Erklärungsmöglichkeit für die Tatsache, daß Mädchen gemeinhin als die besseren Rechtschreiberinnen gelten: die Tugenden, die (angeblich) für gute Rechtschreibleistungen notwendig sind, nämlich "Fleiß", "Sauberkeit", "Gewissenhaftigkeit", ... sind diejenigen, die von Mädchen ohnehin stärker verlangt werden als von Jungen.

Insofern muß eine Untersuchung zum Rechtschreibunterricht notwendigerweise über eine Fehleranalyse hinausgreifen. Der ganze Unterricht - Unterrichtsmaterial, Unterrichtsrichtlinien, Unterrichtsmethode, Unterrichtsverlauf - wird zum Thema. Einsatz von Sprachnormen - hier orthografische Normen - als Selektionsinstrument in der Schule kann ganz anders analysiert werden, wenn man nicht nur weiß, d a ß Rechtschreibfehler sanktioniert werden, und ggf. die Sanktionen beschreibt, sondern auch erkennt, wie in der Schule spontanen Lernstrategien der Kinder möglicherweise entgegengewirkt wird. Der Selektionsprozeß kann dann mit inhaltlichen Kategorien beschrieben werden, was neue Erkenntnisse über die Ursachen des Mißerfolgs der negativ Ausgelesenen verspricht.

Abschließend will ich noch auf zwei Dinge hinweisen:
Es wäre falsch, der Illusion zu verfallen, mit dem Bemühen, Grundlagenforschung zum Lesen und Schreiben zu betreiben und diese für die Schule anwendbar zu machen, stelle sich automatisch ein völlig anderer Unterricht ein, als ob bei Nachweis "spontaner" Lernstrategien und der Rezeption der Foschungsergebnisse durch die didaktische Literatur automatisch ein Unterricht entstünde, der Kreativität und Spontanität förderte. Eine solche Veränderung würde z.B. voraussetzen, daß dem Rechtschreibunterricht - wenn überhaupt - erst sehr spät im Curriculum Selektionsfunktion zukäme. So läuft die Entwicklung natürlich nicht; die Konditionen, unter denen die Institution Schule besteht, bestimmen, wie weit Reformen getrieben werden dürfen, und erfahrungsgemäß ist sehr früh Schluß. So kann ich mir z.B. als sehr realistisch vorstellen, daß Forschungen zum Schreib- und Leselernprozeß bei kleinen Kindern dazu führen, daß Tests erarbeitet werden,denen Kinder im Kindergartenalter unterworfen werden, und zwar nicht nur zur Diagnose für Förderprogramme,

sondern durchaus schon verbunden mit "Leistungsbeurteilung", "Einteilung nach Leistung". Daß derartige Maßnahmen völlig im Widerspruch zu den Intentionen und letztlich auch zu den wissenschaftlichen Aussagen der Psycholinguisten stehen, die die Grundlagen dafür erarbeiteten, steht für mich außer Frage, spricht aber natürlich nicht gegen die Möglichkeit einer solchen Verwertung. Ich will hier auf keinen Fall dafür plädieren, mit entsprechenden Forschungen auszusetzen, bis die Schule verändert ist, auch halte ich es nicht für angebracht, aus der Resignation heraus, es ließe sich grundsätzlich eben doch nichts ändern, Arbeiten gar nicht erst zu beginnen. Es ist nur ein - hoffentlich überflüssiger - Hinweis darauf, daß Wissenschaftler sich in punkto "Verwertung von Wissenschaft" engagieren müssen, und eine Warnung vor Illusionen über die revolutionäre praktische Wirkung wissenschaftlicher Revolutionen.[5]

Anmerkungen

1 Eine gute Zusammenstellung des wenigen, was man weiß, und die Skizzierung eines Forschungsprogramms zur Behebung des Mangelzustands gibt WEIGL 1973 / 1974.

2 "Die wichtigste Ursache aller Fehler sieht Weimer im Versagen zentraler Leistungsfunktionen." führt RIEHME (1974: 173) zustimmend an.

3 In diesem Zusammenhang könnten sich neue Argumente für die Arbeit mit Eigenfibeln ergeben. (vgl. dazu CHOMSKY 1971 / 1976 und HOFER/GÜMBEL 1976).

4 Daß die These über den Rechtschreibunterricht als Anpassungsmittel außerordentlich problematisch ist und daher differenzierter behandelt werden muß, als es unter dem Raum- und Zeitlimit hier möglich ist, habe ich an anderer Stelle dargelegt (vgl. ANDRESEN 1977).

5 Der Revolutionsbegriff, den ich hier verwende, ist kein wissenschaftlicher, weder im Kuhnschen, noch im Marxschen Sinne.

Literatur

ANDRESEN, Helga (1977): "Vorüberlegungen zu einer systematischen Analyse des Rechtschreibunterrichts". Osnabrücker Beiträge zur Sprach-Theorie 2.

BIERWISCH, Manfred (1970): "Fehler-Linguistik". Linguistic Inquiry 1: 397-414.

CHOMSKY, Carol (1971): "Write first, read later". Childhood Education 47,6: 296-299. - Übers.: "Zuerst schreiben, später lesen". HOFER (ed.): 239-245.

EICHLER, Wolfgang / HOFER, Adolf (eds.) (1974): Spracherwerb und linguistische Theorien. Texte zur Sprache des Kindes. München: Piper.

GOODMAN, Kenneth S. (1969): "Analysis of oral reading miscues: applied linguistics". Reading Research Quarterly 5,1: 9-30. - Übers.: "Analyse von unerwarteten Reaktionen beim oralen Lesenlernen: Angewandte Psycholinguistik". HOFER (ed.): 298-320.

HOFER, Adolf (ed.) (1976): Lesenlernen: Theorie und Unterricht. Düsseldorf: Schwann.

--- / GÜMBEL, Ruth (1976): "Liegen wir mit unserem Erstleseunterricht richtig?". HOFER (ed.): 265-297.

READ, Charles (1971): "Pre-school children's knowledge of English phonology". Harvard Educational Review 41: 1-34. - Übers.: "Kenntnisse der englischen Phonologie bei Vorschulkindern". EICHLER/HOFER (eds.): 174-212.

RIEHME, Joachim (1974): Probleme und Methoden des Rechtschreibunterrichts. Berlin: Volk und Wissen.

WEIGL, Egon (1973): "Zur Schriftsprache und ihrem Erwerb - Neuropsychologische und psycholinguistische Betrachtungen". Probleme und Ergebnisse der Psychologie 43: 45-105. - Wieder in: EICHLER/HOFER (eds.): 94-173.

PARADOXIEN DES UNTERRICHTS
Über die Auswirkungen schulischer Kommunikation auf den Spracherwerb von Schüler und Lehrer

Wolfgang Herrmann

1. Zielsetzung

Neben der philosophischen Beschreibung kontradiktorischer Sätze, die nach anerkannten Regeln aus scheinbar wahren Prämissen ableitbar sind (Antinomien)[1], ist in den letzten Jahren eine kommunikationspsychologische Beschreibung der sogenannten pragmatischen Paradoxien versucht worden.[2] Während man sich im Rahmen der philosophischen Antinomienforschung darauf beschränkt hat, innerhalb formallogischer Systeme auftretende Paradoxien darzustellen, ist es das Interesse der Kommunikationspsychologie gewesen, durch die Beschreibung von Paradoxien die Ursachen pathologischer Kommunikation zu erklären.[3] Vor allem zur Genese der Schizophrenie sind wichtige Erkenntnisse aus der Beschreibung paradoxer Familienkommunikation (double bind) gewonnen worden.

Bei der Analyse von Unterrichtssprache ist man im Anschluß an die erwähnten Arbeiten der Schizophrenieforschung ebenfalls auf die Verursachung gestörter Kommunikation durch paradoxes Kommunizieren aufmerksam geworden (BOETTCHER 1973). Allerdings sind ungeprüfte Übertragungen von Erkenntnissen pathologischer Kommunikation auf die Beschreibung der Unterrichtssprache nicht immer vermieden worden. Ziel der vorliegenden Arbeit soll es daher sein, einige Paradoxien der Unterrichtskommunikation näher zu beschreiben und aus diesen Beschreibungen Ansätze für die Behandlung der Unterrichtskommunikation im Sprachunterricht zu entwikkeln.

2. Definitionen und Beispiele

Definition 1: Es wird unterschieden zwischen Antinomien und Paradoxien. Als Antinomien gelten kontradiktorische Sätze, die nach anerkannten Regeln der Logik aus scheinbar wahren Prämissen herleitbar sind (auch "semantische Paradoxien"). Als Paradoxien werden widersprüchliche Äußerungen bezeichnet, die in einem situativen Kommunikationszusammenhang folgerichtig sind ("pragmatische Paradoxien"). Paradoxien der Unterrichtskommunikation sind solche widersprüchlichen Äußerungen, die auf der Ebene der institutionell verordneten Kommunikation in der Situation des Unterrichts folgerichtig sind.

Die Kommunikation des double bind ist das zur Zeit am besten beschriebene pragmatische Paradox. In Situationen der Kommunikation zwischen Mutter und Kind existiert ein primäres negatives Gebot (z.B. Du sollst nicht andere Kinder schlagen) und ein sekundäres Gebot, das mit dem primären Gebot in Widerspruch steht (z.B. Das Leuchten der Augen im Gesicht der Mutter signalisiert: "Sei ein Held und wehre dich!"). Hinzu kommt, daß das Kind nicht "das Feld räumen" darf und den Widerspruch nicht metasprachlich klären darf.

In allen Familienkommunikationen treten solche widersprüchlichen Forderungen gelegentlich auf. In Familien Schizophrener wird jedoch aufgrund besonders häufiger Vorfälle dieser Art das Kind allmählich soweit gebracht, daß es seine Umwelt "in der Schablone des double bind" wahrnimmt (BATESON 1969: 16), d.h.: es antizipiert die widersprüchlichen Erwartungen seiner Umwelt, weil in der Kommunikation der Familie das double bind zur Regel geworden ist: der Widerspruch ist folgerichtig in der Kommunikation der Familie.

Ein ähnlicher Zusammenhang von Kommunikationsregel und Widersprüchlichkeit läßt sich nun in der Unterrichtskommunikation nachweisen.

Beispiel 1: Die "pädagogische" Frage ist eine Frage, obwohl der Fragende die Antwort weiß. Außerhalb der Unterrichtskommunikation wird gewöhnlich nur gefragt, wenn der Fragende die Antwort nicht weiß. Als folgerichtig gilt also: Wenn A fragt, weiß A die Antwort nicht. Wenn A die Antwort weiß, dann fragt A nicht. Wenn aber ein Lehrer seine Schüler fragt: "Wieviel ist 5 mal 5?", so verstößt er gegen diese Logik der Frage.

Daß die "pädagogische" Frage jedoch nicht einfach ein Verstoß gegen die Gesetze der Logik ist, wird deutlich, wenn man den Kontext des Unterrichts einbezieht: im Unterricht wird vom Schüler erwartet, daß er den "Verstoß" des Lehrers erwartet. Die Regelung des Sprachspiels "Unterricht" bewirkt, daß der widersprüchliche Satz "Wieviel ist 5 mal 5?" folgerichtig ist.[4]

Beispiel 2: Besonders häufig stellen Lehrer bei der Eröffnung von "Binnenkontexten" (PRIESEMANN 1971: 112) des Unterrichts fest: "Wir wollen ..." Z.B.: Wir wollen heute "Faust" lesen, einen Aufsatz schreiben, ein Hörspiel diskutieren usw. "Wir wollen" ist in solchen Zusammenhängen keine verkürzte Fassung für 'ich will, daß wir', sondern hinter dieser Formulierung steht das Paradox des Unterrichts: Du sollst freiwillig wollen! Für sehr viele Unterrichtssituationen gilt: Wenn A etwas freiwillig tut, wird ihm nicht befohlen; und wenn A befohlen wird, dann folgt daraus, daß A das Befohlene nicht freiwillig tun würde. Bei der zitierten Binnenkontexteröffnung "Wir wollen ..." wird jedoch impliziert: Wir sollen wollen; wir sollen etwas Befohlenes freiwillig tun.[5]

WATZLAWIK (1-74: 84) berichtet in diesem Zusammenhang über die Erklärung einer Mutter, deren Kind nicht fleißig genug seine Hausaufgaben macht:

> Was ich sagen will, ist folgendes: Ich möchte, daß Andy lernt, das zu tun, was von ihm verlangt wird, und ich möchte, daß er es auch tatsächlich tut - aber er soll es von sich aus tun wollen. Ich meine, er könnte Anweisungen blind befolgen, ohne sie wirklich befolgen zu wollen. Ich weiß, daß ich da irgendeinen Fehler mache. Ich kann mich aber nicht damit abfinden, ihm einfach zu diktieren, was er tun soll ...

Die entsprechenden Äußerungen des zitierten Textes sind Verstöße gegen die Gesetze der Logik (nicht Paradoxien). Aber innerhalb der institutionalisierten Kommunikation des Unterrichts wird der kontradiktorische Satz "Wir wollen X" zur Erfüllung einer erwarteten Erwartung. Die Regelung des Unterrichtssprachspiels bewirkt, daß der Satz "Wir wollen X" folgerichtig in einer Situation ist (Paradoxie der Unterrichtskommunikation).

Definition 2: Die institutionalisierte Kommunikation[6] des Unterrichts ist der Kontext paradoxer Kommunikationshandlungen, aufgrund dessen erwartet wird, daß bestimmte Widersprüchlichkeiten als folgerichtig aufgefaßt werden. Unterricht als institutionalisierte Kommunikation läßt erwarten,

- daß man wollen soll,
- daß man nach etwas fragt, das man kennt,
- daß man etwas fragt, um durch Fragen zu drohen usw.

Beispiel 3: Besonders wirksam sind Paradoxien des Unterrichts, die aufgrund von Widersprüchen zwischen innersprachlichen und körpersprachlichen Zeichen zustandekommen. Wer lächelnd etwas Unangenehmes sagt, verhält sich widersprüchlich. In der institutionalisierten Kommunikation des Prüfungsgesprächs wird diese Widersprüchlichkeit zum Paradox, wenn in Verbindung mit dem begleitenden körpersprachlichen Signal des Lächelns Fragen gestellt werden, von deren Bedeutung ein Prüfungsurteil abhängig gemacht werden soll. Das paradoxe Lächeln ist im Rahmen der Prüfung folgerichtiges Verhalten geworden. Die Regel der Kommunikationssituation macht widersprüchliches Verhalten folgerichtig.

Beispiel 4: Für den Schulanfänger ist es besonders schwierig, paradoxes Körpersprachverhalten im Unterricht zu äußern.[7] Zeigt man außerhalb des Unterrichts einem Kind im Alter von 6 Jahren einen interessanten Gegenstand, so äußert es sein Interesse gewöhnlich durch Beifallsbekundungen und Versuche, den Gegenstand anzufassen oder seine Funktionen in irgendeiner Weise zu erproben. Wer still sitzt, ist kaum interessiert, und wer interessiert ist, sitzt nicht still. Anders im Unterricht: man lernt, still zu sitzen, wenn etwas interessant ist, und sein Interesse durch Stillsitzen zu bekunden.

Die Institution Unterricht macht dieses widersprüchliche Verhalten zur Regel. Dadurch, daß im Unterricht dieses widersprüchliche Kommunikationsverhalten zur erwarteten Erwartung wird, ist die widersprüchliche Äußerung folgerichtig in der Situation (gleich paradox).

Definition 3: "Folgerichtig in der Kommunikationssituation" werden widersprüchliche Äußerungen genannt, wenn sie als Erfüllungen erwarteter Erwartungen gelten (= regelrecht).

3. Zur Durchbrechung des Regelkreises

Zugleich mit dem Erwerb der Regularitäten unterrichtlicher Kommunikation setzen die Prozesse des sekundären Spracherwerbs ein. Man wird mit dem Hinweis darauf, daß gewisse Normen gelten, korrigiert. Die Normen der Sprache werden im Unterricht expressis verbis thematisiert: in der Erwartung, durch Kenntnis der Normen werde der Sprachgebrauch in irgendeiner Weise verbessert.

Neuere sprachdidaktische Untersuchungen haben gezeigt, daß man im Grammatikunterricht gewöhnlich Ziele verfolgt, die im Gegensatz zur Primärsozialisation durch Unterricht stehen. Ziel vieler Unterrichtsstunden im mündlichen und schriftlichen Ausdruck ist die Entwicklung der Fähigkeit, widerspruchsfreie Sätze zu artikulieren.[8] Die unbeabsichtigte Nebenwirkung des Unterrichts steht jedoch dieser offiziellen Zielsetzung des Unterrichts im Wege.

Man soll beispielsweise lernen, wahre (d.h. tatsächlich erlebte) Geschichten zu erzählen; weil aber der Lehrer die erzählten Geschichten beurteilt, je nachdem wie wahrscheinlich der Ablauf der Handlung dargestellt ist, lernt der Schüler in Wirklichkeit, Geschichten zu erzählen, die der Lehrer wahrscheinlich für wahrscheinlich halten wird.

Ein weiteres Beispiel: Man soll lernen, kritisch über Sprache zu reflektieren, und lernt im Rahmen der Unterrichtskommunikation, Kenntnisse unter Beweis zu stellen, indem man Einwortsätze äußert; nämlich sprachliche Kurzformen, die in den Augenblicken formulierbar sind, die in der Unterrichtskommunikation für Schülerantworten zur Verfügung stehen. Die unbeabsichtigte Nebenwirkung (Primärerwerb des Einwortsatzes) widerstrebt dem offiziellen Unterrichtsziel (Erweiterung der Sprachkompetenz durch Reflexion über Sprache).

Die sprachdidaktische Unterrichtsforschung der letzten Jahre hat gezeigt, daß durch kommunikationstherapeutische Thematisierung der Unterrichtssprache eine Durchbrechung des Regelkreises paradoxer Unterrichtskommunikation möglich ist. Es werden die folgenden Prinzipien eingehalten:[9]

a) Der Sprachunterricht hat die Aufgabe, die lebensgeschichtlichen Zusammenhänge jedes einzelnen Schülers und des Lehrers unter besonderer Berücksichtigung der Sprache im schulischen und familiären Erziehungsgeschehen zu analysieren.
b) Der Deutschlehrer ist Experte für die Kommunikationsprobleme der Klassengruppe (er ist Mitglied dieser Gruppe) und hat die Aufgabe, innerhalb des Unterrichts in gemeinsamer Planung mit den Schülern Diagnose und Therapie einzuleiten.
c) Als wissenschaftliche Grundlage für das Handeln des Deutschlehrers ist neben den diagnostischen Instrumentarien (Sprachtests, Soziographie, Auswertung von Spielverhalten usw.) und den kommunikationstherapeutischen Methoden (HERRMANN 1974) besonders die grammatische Beschreibung der Unterrichtssprache anzusehen.

4. Zur erkenntnistheoretischen Grundlegung der Paradoxien im Deutschunterricht

Die Frage des Descartes nach dem Anfang aller Erkenntnis ist im Jahrhundert der Sprachkritik und Sprachanalyse nicht mehr ohne Berücksichtigung der Tatsache zu beantworten, daß man eine Antwort auch auf die "erste" Frage gibt, indem man spricht: indem man also das, "was wir erst klären wollen, beim Klären bereits" verwendet (SCHNELLE 1973: 16). APEL (1976: 12) verdeutlicht diesen Grundsatz sehr anschaulich:

> Man kann nicht schwimmen lernen, ohne ins Wasser zu gehen, d.h. man kann nicht Erkenntniskritik betreiben, ohne selbst zu erkennen ...

Wenn wir also nach den verläßlichen Grundlagen unserer Erkenntnis fragen, so zeigt sich, daß "Realität" erkennbar wird, indem wir "immer schon" sprechen. "Wir existieren 'immer schon' in einem Vorverständnis der Welt und unserer selbst, ehe wir nachzudenken und zu forschen beginnen, und dieses Vorverständnis artikuliert sich sprachlich" (KAMLAH/LORENZEN 1967: 15).

Logische Propädeutik als Didaktik des philosophischen Sprechens formuliert zwei sprachdidaktische Grundsätze, die in unserem Zusammenhang der Erörterung bedürfen:

a) Die Didaktik der Unterrichtssprache muß den "Anfang" des Erkennens gewährleisten.
b) In der Situation des (philosophischen) Unterrichts ist eine Überwindung der eingelebten Normen alltäglicher Kommunikation zu leisten.

Konflikte, die in der Kommunikation zwischen Philosophen auftreten, sind entweder aufgrund mangelhafter Definitionen und anderer behebbarer Störungen zustandegekommen, oder mindestens einer der Kommunikationspartner ist kein Philosoph; d.h. er erfüllt nicht die Vorraussetzungen für die Situation des vernünftigen Redens und muß daher von der philosophischen Kommunikation (evtl. vorübergehend) ausgeschlossen werden.

Die Frage, die vonseiten der Unterrichtssprachforschung zu stellen ist, lautet jedoch: Wenn ich mit dem Erkennen "inmitten" anfangen soll, muß ich dann nicht innerhalb derjenigen Sprache anfangen, die mich zur Erkenntnis führt? Nachdem ich erkannt habe, daß praktische Philosophie die richtige Philosophie ist, brauche ich meine Zweifel an der Wohldefiniertheit einer philosophischen Sprache und an der Konfliktfreiheit der philosophischen Diskurssituation nicht mehr anzumelden. So aber "anzufangen", wäre ein Anfang "postum", nicht "inmitten".[10]

In der Erlanger Theorie der Sprache des philosophischen Unterrichts wird unterstellt, mit der Situation des Unterrichts könne ein unhistorischer - d.h. den Ansprüchen der Tradition entgegengesetzter - Kontext vernünftigen Redens geschaffen werden, in dem Schüler und Lehrer dem Konflikt der historisch vermittelten Interessen enthoben wären. In der Situation des philosophischen Unterrichts werde die ideale Sprechsituation unterstellt bzw. der "interlinguale" Ausdruck ermöglicht.

Gegenüber dieser Auffassung von der konfliktfreien Situation des vernünftigen Redens ist vonseiten der Systemtheorie und der philosophischen Hermeneutik eingewendet worden, der Mensch könne niemals außerhalb historisch gewordener Situationen stehen, sondern finde sich immer schon in Situationen vor (GADAMER 1960: 285). Der Begriff des Diskurses sei durch "Diskussion" zu ersetzen (LUHMANN 1971: 322), d.h. durch die konflikthafte Auseinandersetzung mit erwarteten Erwartungen der am Unterrichtsgespräch Beteiligten. Unterricht ist nicht herauszulösen aus den Interessenkonflikten eingelebter Handlungszusammenhänge. Hermeneutik als philosophische Methode beginnt immer schon "inmitten", tritt aber niemals aus den konflikthaften Handlungszusammenhängen der Geschichte heraus.

Zusammenfassend ist festzuhalten:

a) Die Situation des Unterrichts ist immer die Situation des "Anfangs"; d.h. es ist zu zweifeln an der Realität alles Wahrgenommenen - nur daran ist nicht zu zweifeln: daß ich inmitten der Sprache des Unterrichts anfange zu denken und daß ich mich beim Denken "immer schon" in der Sprache des Unterrichts vorfinde.

b) Die Situation des Unterrichts ist konflikthaft, und die Grammatik vieler Unterrichtssituationen enthält Paradoxien. Ich kann niemals heraustreten aus den Konflikten der eingelebten Handlungszusammenhänge, sondern Unterricht ist Bewältigung von Konflikten zwischen den Normen des eingelebten Sprachspiels und den kontroversen Intentionen, die zur "Diskussion" den Anlaß geben.

Anmerkungen

1 KUTSCHERA (1964: 11) hält eine Beschränkung auf Antinomien, die in formalisierten Logiksystemen auftreten, für notwendig, weil "nur innerhalb solcher formalisierter Systeme bisher wirklich präzise Antinomienformulierungen angegeben worden sind und die Voraussetzungen dieser Formulierungen nur

für formalisierte Systeme explizit und vollständig aufgeführt werden." Daher könne "man auch nur bezüglich solcher Systeme die Antinomien mit dem notwendigen Präzisionsgrad diskutieren." Kommunikationspsychologische Beschreibungen pragmatischer Paradoxien erreichen nicht die gleiche Präzision. Vgl. WATZLAWICK (1969: 178 ff).

2 Im Rahmen existenzphilosophischer und dialektischer Untersuchungen ist das Paradox als Bestandteil des Seins analysiert worden. Vgl. LANDMANN (1963: 43): "Es gehört zu den bleibenden, von einer irregeleiteten Generation nicht aufgenommenen Verdiensten Nicolai Hartmanns, der Grundannahme der bisherigen Philosophie, daß alle Antinomien, wenn nicht für uns, so doch an sich lösbar sein müßten, daß sie nur Antinomien unserer Vernunft, nicht dagegen Seinsantinomien sein könnten, entgegengetreten zu sein."

3 Vgl. BATESON et al. (1969), WATZLAWICK et al. (1969, 1974).

4 In diesem Zusammenhang ist eine Reihe widersprüchlicher Sprechakte zu nennen. Z.B. Feststellungen, die Aufforderungen sind; Fragen, die Aufforderungen sind usw. Vgl. die bisher sprachdidaktisch noch nicht verwerteten Analysen indirekter Sprechakte (FRANK 1975).

5 Bereits Schiller hatte Kants kategorischen Imperativ kritisiert: "Gerne dien' ich den Freunden, doch tu ich es leider mit Neigung; Und so wurmt es mich oft, daß ich nicht tugendhaft bin." (XENIEN 1795/97). Das Paradox der freien Entscheidung ist in den Existenzanalysen von Kierkegaard bis Heidegger als Paradoxie des Seins analysiert worden.

6 Im Anschluß an PARSONS (1951) wird Institution als System von Rollen bezeichnet. Im Gegensatz zur dialektischen Forderung, im Rahmen der institutionellen Kommunikation der Schule sei "Rollendistanz" als konfliktbewältigende Identitätswahrung zu gewinnen (vgl. WELLENDORF 1973), wird eine dialogische Unterrichtskommunikation für notwendig gehalten (vgl. ULICH 1976: 86).

7 Zur Kritik der ersten Lehren, die einem Schulanfänger erteilt werden, vgl. JULES (1973: 24): "Die erste Lehre, die ein Schulneuling anzunehmen hat, lautet: Schulstunden sind nicht das, was sie vorgeblich sind. Später muß er das vergessen und so handeln, als wären sie's doch. So tut er die ersten Schritte, sich ins Absurde zu fügen."

8 Zur entsprechenden Zielsetzung des Aufsatzunterrichts vgl. WEBER (1969: 53 ff). Zur Diskussion der Zielsetzung im Argumentationsunterricht vgl. NAESS (1975: 128 ff).

9 Vgl. eine entsprechende Formulierung der Prinzipien therapeutischer Sprachdidaktik bei GRUNDKE (1975: 17 f).

10 An dieser Stelle leistet auch die Diskurstheorie der Frankfurter Schule einen vergleichbaren Beitrag zur Theorie der Unterrichtssprache. Alltagssprachliches Kommunizieren vollzieht sich nach HABERMAS (1971: 115) "in eingelebten und normativ abgesicherten Sprachspielen, in denen Äußerungen ... nicht nur nach Regeln gebildet, sondern auch untereinander nach Regeln ... verknüpft werden. Der handlungsbegleitende Konsensus,

der das Sprachspiel 'trägt', bezieht sich sowohl auf die propositionalen Gehalte der Äußerungen, also auf Meinungen, als auf die intersubjektiven Verhaltenserwartungen, die wir mit unseren Äußerungen 'erfüllen'..." Jedoch unterstellt Habermas, "daß zurechnungsfähige Subjekte jederzeit aus einem problematisierten Handlungszusammenhang heraustreten und einen Diskurs aufnehmen könnten." Dieses Heraustreten aus einem Handlungszusammenhang durch Problematisierung eingelebter Normen ist nur möglich in einer idealen Sprechsituation, die als die Situation des vernünftigen Redens bezeichnet wird - als die Situation des "Anfangs". Die Sprache des philosophischen Unterrichts ist die Sprache der idealen Sprechsituation, in der eingelebte Normen problematisiert werden, um aus den (alltäglich vom Konsens der Kommunizierenden begleiteten) Handlungszusammenhängen herauszutreten.

Literatur

APEL, Karl-Otto (1976): "Sprechakttheorie und transzendentale Sprachpragmatik zur Frage ethischer Normen." APEL, Karl-Otto (ed.): Sprachpragmatik und Philosophie. Frankfurt: Suhrkamp: 10-173.

BATESON, Gregory (1969): Schizophrenie und Familie. Frankfurt: Suhrkamp.

BOETTCHER, Wolfgang (1973): Kritische Kommunikationsfähigkeit. Implikationen eines Lernziels. Bebenhausen: Rotsch.

FRANK, Dorothea (1975): "Zur Analyse indirekter Sprechakte". EHRICH, Veronika / FINKE, Peter (eds.): Beiträge zur Grammatik und Pragmatik. Kronberg: Skriptor: 219 - 231.

GADAMER, Hans-Georg (1960): Wahrheit und Methode. Grundzüge einer philosophischen Hermeneutik. Tübingen: Mohr.

GRUNDKE, Peter (1975): Interaktionserziehung in der Schule. Modell eines therapeutischen Unterrichts. München: Juventa.

HABERMAS, Jürgen (1971): "Vorbereitende Bemerkungen zu einer Theorie der kommunikativen Kompetenz". HABERMAS, Jürgen / LUHMANN, Niklas: Theorie der Gesellschaft oder Sozialtechnologie - Was leistet die Systemforschung? Frankfurt: Suhrkamp: 101-141.

HERRMANN, Wolfgang (1974): "Kommunikationstherapeutische Methoden im Deutschunterricht". Linguistik und Didaktik 5: 131-141.

JULES, Henry (1973): "Der erlebte Albtraum. Lernziel Entfremdung". betrifft: erziehung 6: 23-26.

KAMLAH, Wilhelm / LORENZEN, Paul (1967): Logische Propädeutik oder Vorschule des vernünftigen Redens. Mannheim: Bibliographisches Institut.

KUTSCHERA, Franz (1964): Die Antinomien der Logik. Semantische Untersuchungen. Freiburg etc.: Alber.

LANDMANN, Michael (1963): Pluralität und Antinomie. Kulturelle Grundlagen seelischer Konflikte. München etc.: Reinhardt.

LUHMANN, Niklas (1971): "Systemtheoretische Argumentationen. Eine Entgegnung auf Jürgen Habermas". HABERMAS, Jürgen / LUHMANN, Niklas. Theorie der Gesellschaft oder Sozialtechnologie. Frankfurt: Suhrkamp: 291-405.

NAESS, Arne (1975): Kommunikation und Argumentation. Eine Einführung in die angewandte Semantik. Kronberg: Skriptor.

PARSONS, Talcott (1951): The social system. Glencoe, Ill.

PRIESEMANN, Gerhard (1971): Zur Theorie der Unterrichtssprache. Düsseldorf: Schwann.

SCHNELLE, Helmut (1973): Sprachphilosophie und Linguistik. Reinbek: Rowohlt.

WATZLAWICK, Paul / BEAVIN, Janet / JACKSON, Don D. (1969): Menschliche Kommunikation. Formen, Störungen, Paradoxien. Bern etc.: Huber.

WATZLAWICK, Paul / WEAKLAND, John / FISCH, Richard (1974): Lösungen. Zur Theorie und Praxis menschlichen Wandels. Bern etc.: Huber.

WEBER, Albrecht (1969): Das Problem der Aufsatzbeurteilung. Donauwörth: Auer.

WELLENDORF, Franz (1973): Schulische Sozialisation und Identität. Zur Sozialpsychologie der Schule als Institution. Weinheim etc.: Beltz.

ASPEKTE EINER UNTERSUCHUNG DER SPRACHE VON KINDERN IM VORSCHULALTER

Ludger Hoffmann

Ich möchte Konzeption und einige Ergebnisse einer Untersuchung des Sprachverhaltens von Kindern im Vorschulalter vorstellen. Man nimmt allgemein an, daß mindestens die folgenden Faktoren Einfluß auf den Sprachstand von Kindern haben können:
Alter, Schichtzugehörigkeit, Geschlecht, Intelligenz, Wohngegegend und Dialektkontakt.
Vermutlich hat das, was umgangssprachlich als "Intelligenz" bezeichnet wird, mit dem Sprachvermögen zu tun; diese Fähigkeit wird aber nur in geringem Ausmaß und selten sprach- und kulturunabhängig von den herkömmlichen Intelligenztests gemessen, so daß ich bei Annahme einer Normalverteilung der Intelligenz in den Stichproben auf einen IQ-Test verzichten zu können glaubte. Um die anderen Faktoren berücksichtigen zu können, suchte ich nach zwei Kindergärten, die sich hinsichtlich der folgenden, die Auswahl schon stark einschränkenden Kriterien unterscheiden sollten:

Merkmal	Kindergarten I	Kindergarten II
Schicht	eher Mittelschicht (Kontrolle, Verwaltung, Beamte etc.)	eher Unterschicht (Arbeiter, Handwerker...)
Tätigkeit der Eltern	eher geistig	eher manuell
Kindergarten	großzügig ausgestattet; permissiver o. demokratischer Erziehungsstil	räumlich beengt; weniger Personal pro Kind; rigidere Kontrolle
Dialekteinfluß	---	niederdeutsch
Wohngegend	städtisch	ländlich

Ich fand zwei Kindergärten, die sich wie Extremgruppen im angegegebenen Sinn verhielten. Innerhalb der Kindergärten waren die Kindergruppen nach dem Zufallsprinzip zusammengestellt, so daß keine Zufallsstichprobe eigens erhoben werden mußte, die das soziale Gefüge der Kindergärten erheblich gestört hätten.
Untersucht wurde das Sprachverhalten von 42 Kindern; die Untergruppen waren für beide Kindergärten repräsentativ zusammengesetzt. Für jedes zu testende Merkmal wurden durch das Los Gruppen bestimmt, die hinsichtlich des Merkmals heterogen, hinsichtlich aller anderen Merkmale aber homogen konstituiert waren.
Der Einfluß des Faktors Kindergarten war aufgrund unserer Versuchsanlage schwer zu bestimmen; wir haben es über eine Kontrolluntersuchung versucht, bei der wir einen Vergleich mit dem Faktor Schicht vornehmen konnten. Wir haben festgestellt, ob sich die Mittelschichtgruppen der beiden Kindergärten ähnlicher verhalten als Unterschicht und Mittelschicht aus dem Kindergarten II (der Faktor Schicht ist dann relevant) oder ob das Gegenteil zutrifft (der Faktor Kindergarten erlaubt eine bessere Vorhersage des Sprachverhaltens). Dieser Vergleich konnte mit Hilfe von Signifikanztests präzise vorgenommen werden.
Der Sprachstand von Kindern zeigt sich vor allem in ihrer natürlichen Kommunikation. Die gilt es so zu beobachten, daß die Aufnahme keinen verzerrenden Einfluß ausübt. Teilnehmende Beobachtung braucht stets eine Lösung für das "Beobachterparadoxon"(LABOV). In den Kindergärten war es üblich, daß Studenten der Fachhochschulen Praktika machten; sie arbeiteten mit den Kindern, fertigten Protokolle an etc. Als Beobachter konnte ich für die Kinder diese Rolle problemlos übernehmen. Ich nahm die Äußerungen der Kinder mit einem kleinen Cassettenrecorder auf Band und protokollierte den zugehörigen Handlungskontext.
Das alles war den Kindern nicht neu, so daß die Rollenübernahme gelang, wie die folgende Äußerung eines Kindes demonstriert:

(1) Na - xx - mußt du schon wieder Hausaufgaben machen?

Der Beobachtungsphase ging eine Gewöhnungsphase von etwa einer Woche Dauer voraus, in der ich versuchte, meine Rolle im Feld in natürlicher Weise einzunehmen. Für die dreiwöchige Beobachtungsphase wählte ich aus dem Stundenplan die Zeit des freien, ungelenkten Spiels der Kinder, beschränkt auf den Zeitraum zwischen neun und zehn Uhr morgens. Die beiden Spielräume wurden in je vier Quadranten aufgeteilt, in denen sich Aktivitätszentren wie Puppenstube, Basteltisch, Bauecke und Frühstückstisch befanden. Jeder Quadrant wurde - nach einer festgelegten Reihenfolge - 15 Minuten lang im Beobachtungszeitraum observiert. Durch diese notwendige Standardisierung kam es aber nur selten zu Brüchen innerhalb von Interaktionssequenzen; bei Kindern dieses Alters sind Aktivitäten und Interaktionen meist nicht von langer Dauer.

Die beobachteten Situationen ließen keinen Stilwechsel erkennen; es war aber anzunehmen, daß die Kinder noch über einen anderen Stil für formalere Situationen verfügten. In einer formalen Situation wird kontrollierter gesprochen, d.h. "dem Sprechen mehr als das Minimum an Aufmerksamkeit gewidmet" (LABOV 1971: 135). Daher erschien es sinnvoll, nach Abschluß der eigentlichen Beobachtungsphase einen Test mit den üblichen, restriktiven Bedingungen durchzuführen - in diesem Fall aber nicht als Ersatz für eine Untersuchung, sondern als wichtiges Korrektiv. Natürlich können Interviewsituationen unterschiedlich restriktiv sein, und man kann auch innerhalb solcher Situationen ein ganzes Stilspektrum elizitieren, wie LABOV gezeigt hat. Dennoch bleiben solche Situationen künstlich und können die teilnehmende Beobachtung natürlicher Kommunikation nicht ersetzen.

Für den Test wurde ein dem Kind nicht vertrauter Raum ausgewählt, und ein Tonbandgerät mit auf die Kinder gerichtetem Mikrofon stand deutlich sichtbar auf dem Tisch. Es nahmen jeweils drei oder vier gleichaltrige Kinder teil. Der Test bestand darin, daß eine Problemgeschichte vorgelesen wurde, zu der die Kinder anschließend befragt wurden. Für die Kinder ging es darum, Handlungen zu bewerten und sich in die Lage der Hauptpersonen zu versetzen. Diese Aufgabe erwies sich grundsätzlich als durchführbar. Die Formulierung der Fragen erfolgte auch unter dem Aspekt, Antworten mit Konjunktivformen zu provozieren. Mit diesem Test war die Beobachtungsphase abgeschlossen.

Für die Auswertung wurde von dem methodischen Prinzip einer vorläufigen Trennung von Syntax und Sprechhandlungssemantik ausgegangen. Zunächst wurde eine probabilistische Syntax mit Phrasenstrukturregeln konstruiert, zu der die innerhalb eines generativen Modells erforderlichen Transformationen angegeben wurden. Als spezielle Hypothese für die Syntaxuntersuchung wurde formuliert, daß die syntaktische Komplexität von den Faktoren Alter, Schicht, Geschlecht, Zugehörigkeit zu einem der Kindergärten, Dialektkontakt und Kombinationen dieser Faktoren abhängig sei. Komplexität wurde rein linguistisch definiert als

a) Anzahl der in der Basis notwendigen Formationsregeln und
b) Anzahl der für die Überführung in die Oberflächenstruktur erforderlichen Transformationen.

Ich verstehe Komplexität nicht im Sinne der Korrespondenzhypothese (Entsprechung psychischer und syntaktisch-formaler Operationen), die sich als kaum haltbar erwiesen hat. Intendiert war eine möglichst adäquate und detaillierte Beschreibung der im Korpus vorzufindenden syntaktischen Strukturen (Umfang des Korpus: ca. 53oo Sätze; etwa 125 pro Kind). Ferner sollte eine Stellungnahme zu gewissen Behauptungen der Defizittheorie über die geringere Komplexität der Sätze von Kindern der Unterschicht ermöglicht werden und damit auch zu vorschulischen Sprachkompensatorikprogrammen.
Eine probabilistische Syntax erhalten wir, wenn wir für jede Ersetzung einer syntaktischen Kategorie eine Anwendungswahrscheinlichkeit p angeben, wobei gilt:

$$o \leq p \leq 1$$

Der Wert für p ergibt sich aus dem Quotienten von Anzahl der Regelanwendungen und Möglichkeiten zur Regelanwendung. Die Summe der p-Werte für die Ersetzung ein und desselben Symbols ergibt stets 1. Die einzelnen Regelblöcke wurden unabhängig betrachtet (Modell SUPPES). Wir bringen nun einige Ergebnisse dieser Syntaxanalyse:

1. Faktor Alter

Drei- bis sechsjährige Kinder verwenden mit zunehmendem Alter häufiger Satzkoordinationen, W-Fragen, Satznegationen, Präpositionalgruppen, Genitivkonstruktionen, Artikel, durch Adverbien modifizierte Adjektive, Strukturen mit drei Adverbien, Kopula mit Komparativen, kausale Adverbien, Temporal- und Finalsätze,

die Tempora: Präteritum, Futur I und Plusquamperfekt, Konjunktivformen und Passivkonstruktionen.
Das gilt für beide Situationstypen (Freispiel und Test).

2. Faktor Schicht

Die Kinder aus der Mittelschicht verwenden häufiger Koordinationen von zwei Hauptsätzen, Aussagesätze, Fragesätze (generell), W-Fragen, Nomina mit Qualifikator, Adverbialsätze insgesamt, Kausalsätze und Adverbialsätze mit kausaler Charakteristik.
Nur das erste Resultat gilt für beide Situationstypen; alle anderen sind auf das Freispiel beschränkt. Es ist zu betonen, daß es sich hier nur um Unterschiede auf der Performanzebene handelt, um statistisch abgesicherte zwar, aber nicht um Kompetenzunterschiede. Denn alle genannten Strukturen werden auch von den Kindern aus der Unterschicht realisiert. Im übrigen erstrecken sich die Differenzen nur teilweise auf die komplexeren Strukturen. Einige Unterschiede sind zudem nicht in allen Altersgruppen vorhanden. Insgesamt gesehen ist von unseren Resultaten her die Behauptung eines syntaktischen Defizits nicht statthaft.

3. Faktor Kindergarten

Ein Vergleich des Einflusses der Faktoren Schicht und Kindergarten ergab, daß in der Freispielsituation die Zugehörigkeit zu einem der Kindergärten, im Test aber die Zugehörigkeit zu einer bestimmten sozialen Schicht von Relevanz ist. Der Test restringiert Kinder aus der Unterschicht in besonderem Maße. Damit sind manche Ergebnisse der Soziolinguistik zu schichtenspezifischem Sprachverhalten zu erklären.

4. Faktor Geschlecht

Es ergaben sich nur wenige Indizien für eine Wirksamkeit dieses Faktors.

5. Faktor Dialektkontakt

Aus dem direkten Kontakt mit Dialektsprechern in der familiären Umgebung ergaben sich kaum Folgen für das Sprachverhalten.

Unabhängig von der Syntax haben wir eine Sprechhandlungssemantik entwickelt. Ich habe zunächst - ausgehend von der Sprechhandlungstaxonomie von SEARLE (1976) - die Gruppe der Direktive herausgegriffen. Für sie hat ROSS (1968: 6o) eine interessante Klassifikation vorgeschlagen, die wir wie folgt rekonstruieren können:

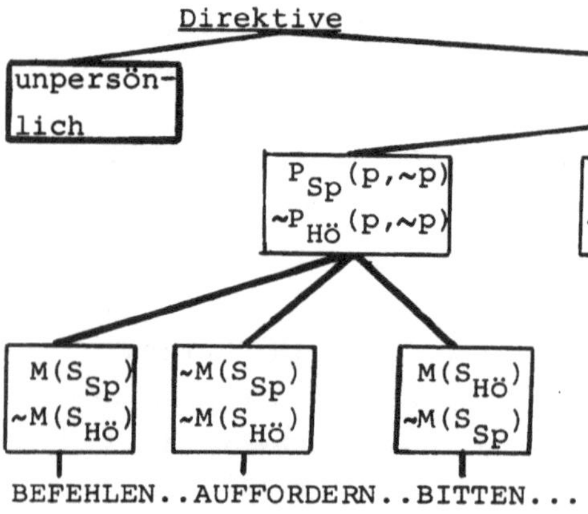

Zeichenerklärungen:

$P_x(p,\sim p)$	x präferiert p gegenüber $\sim p$
M	Möglichkeitsoperator
S_x	Sanktionsoperator (x macht eine Handlung, deren Ergebnis von y nicht präferiert wird.)
Sp	Sprecher
Hö	Hörer

Die Direktive mit Sprecherpräferenz lassen sich nach der Stärke der für den Hörer geltenden Obligation auf einer Skala anordnen. Die für die Untersuchung entscheidende Frage war nun:
Mit welchen Äußerungen kann man bzw. können Sprecher aus unserer Stichprobe die Sprechhandlungen BEFEHLEN, AUFFORDERN und BITTEN (von denen wir <u>hier</u> annehmen, daß sie hinreichend beschrieben sind) machen?
Die möglichen Äußerungsformen wurden aufgelistet. Für die indirekten Sprechakte wurden Schlußverfahren angegeben, die in idealtypischer Weise das Erschließen der Aufforderungsfunktion durch den Hörer wiedergeben. An dieser Stelle gebe ich nur eine

Liste der Äußerungstypen (Vgl. ERVIN-TRIPP 1976).

1. Andeutungen

(2) Ist noch Bier im Keller?

(3) Es ist doch sicher noch Fleisch im Eisschrank.

2. Hinweise auf pragmatische Bedingungen

(4) Kannst du mir noch Kaffee eingießen?

(5) Es ist doch sicher noch Kaffee da.

3. Verbalisierung von Präferenzen

(6) Ich hätte gern noch ein Bier.

(7) Ich brauche noch Hackfleisch.

4. Thematisierung der geforderten Handlung

(8) Gib mir den Senf!

(9) Du wirst mir noch Schnaps geben!

5. Explizit Performative

(1o) Ich befehle dir, den Mund zu halten.

(11) Ich bitte dich, mich zu besuchen.

6. Erlaubnisfragen

(12) Darf ich mir noch ein Bier eingießen?

Wir haben damit eine Liste von Äußerungsformen, denen wir aufgrund der semantischen Beschreibung der Direktive und der Angabe des Schlußverfahrens jeweils bestimmte Sprechhandlungsmuster zuordnen können.
In einem weiteren Schritt werden die einzelnen Gruppen mit Äußerungen aus dem Korpus aufgefüllt, für die eine syntaktische Beschreibung ja schon vorliegt. So erhalten wir eine Sprechhandlungssyntax für Direktive mit Sprecherpräferenz. Anschließend haben wir die durch diese Direktive eingeleiteten Interaktionssequenzen untersucht.
Die wichtigsten empirischen Ergebnisse dieses Untersuchungsteils sind:

1. Die Komplexität der syntaktischen Realisierungsformen für Direktive des ersten Zugs korrelierte mit dem Alter.
2. Mädchen - besonders die aus der Unterschicht - realisieren häufiger und mit einer größeren Verschiedenartigkeit der Äußerungsmuster Sprechakte des BITTENS; bei den Jungen gilt

dies für Sprechakte des BEFEHLENS.

3. Bei Kindern aus der Unterschicht - besonders bei denen aus dem Kindergarten II - findet sich eine umfangreichere Skala von Reaktionsformen auf Muster des BEFEHLENS.
4. Sequenzen mit den Initialsprechakten des BITTENS und BEFEHLENS kommen im Kindergarten II nicht über den zweiten Zug hinaus; hier wird es wortlos akzeptiert, wenn Direktive erfolglos bleiben. Nur in durch AUFFORDERN eingeleiteten Sequenzen finden sich Akte des INSISTIERENS. In diesen Sequenzen kommt es aber - anders als im Kindergarten I - häufig zu aggressiven Handlungen als Ersatz für verbale Problemlösungen.

Diese Resultate konnten wir mit der Lebenspraxis der sozialen Gruppen und dem Erziehungsstil in den Kindergärten in Verbindung bringen. So konnte angedeutet werden, wie eine umfassende Untersuchung sprachlichen Handelns darauf angewiesen ist, die sozialen Bedingungen der Sprecher einzubeziehen.
Für Einzelheiten der Untersuchung sei auf meine demnächst erscheinende Arbeit hingewiesen.

Literatur

BARTSCH, Renate (1973): "Gibt es einen sinnvollen Begriff von linguistischer Komplexität?" Zeitschrift für Germanistische Linguistik 1.1: 6-31.

ERVIN-TRIPP, Susan (1976): "Is Sybil there? The structure of some American English directives". Language in Society 5.1: 25-67.

KLEIN, Wolfgang (1974): Variation in der Sprache. Kronberg: Skriptor.

LABOV, William (1971): "Das Studium der Sprache im sozialen Kontext". KLEIN, Wolfgang / WUNDERLICH, Dieter (eds.) (1971): Aspekte der Soziolinguistik. Frankfurt: Athenäum: 111-194.

ROSS, Alf (1968): Directives and norms. London: Routledge and Kegan Paul.

SEARLE, John (1976): "A classification of illocutionary acts". Language in Society 5.1: 1-23.

GENETISCHE PSYCHOLOGIE, LINGUISTIK UND FREMDSPRACHENUNTERRICHT

Erika Hültenschmidt

Seitdem in der ersten Hälfte der 60er Jahre in den USA eine Rezeption der Arbeiten Wygotskis und seiner Schule einsetzte, ist die Diskussion darüber nie wieder ganz abgerissen, aber auch die Probleme, die diese Rezeption motiviert haben, können bis heute keineswegs als gelöst gelten.

Jene Rezeption stand im Zusammenhang einer Umorientierung der unterrichtsbezogenen Forschung auf eine Verbesserung der Bedingungen und Verfahren der Vermittlung wissenschaftlicher Kenntnisse und fremdsprachlicher Fähigkeiten in der Schule (RÖHRS 1959), war also weitestgehend pädagogisch motiviert (AEBLI 1969: vii; BRUNER 1966a / 1971: 16). Diese Problemsituation führte zu einem verstärkten Interesse an den Arbeiten der Schule Jean Piagets zur kognitiven Entwicklung des Kindes und an den sowjetischen Arbeiten zur Pädagogischen Psychologie, war darüber hinaus aber auch ein fruchtbarer Anstoß zu eigenen Forschungen im Bereich der kognitiven Psychologie. Mit großer Vehemenz wurde die Auseinandersetzung mit behavioristischen Auffassungen geführt. Die so oft Chomsky als Initiator zugeschriebene Auffassung, Freiheit von empiristischer Situationsgebundenheit, Freiheit von Stimulus-Kontrolle, sei Teil der Natur des Menschen, galt in der kognitiven Entwicklungs- und Lernpsychologie als Grundprinzip (BRUNER 1966b / 2.A. 1968: 5). So wurde vor allem die planvolle Aktivität (Bewußtheit) des handelnden Subjekts, besonders des Lernenden, herausgestellt. Bruner und seine Mitarbeiter rückten die Frage in den Mittelpunkt, wie die Strategien des Problemlösens, die Kinder in der Schule verwenden, ihrerseits zu beeinflussen und weiterzuentwickeln sind, und machte die Auffassung zu seiner Ausgangsthese, "daß es Wege gibt, Kindern Ideen zu übermitteln, welche ihrem Alter entsprechen, und daß es pädagogisch sinnlos ist, einfach darauf zu warten, daß ein Kind eine bestimmte Reife entwickle." (BRUNER 1966a / 1971: 14). Gegenüber der ausschließlich an der unmittelbar empirisch faßbaren sprachlichen Seite der Kommunikationsakte orientierten Sprachauffassung des Behaviorismus und des amerikanischen Strukturalismus wurde nun gerade die Rolle der Sprache als Instrument der kognitiven Entwicklung, der logisch-begrifflichen Strukturierung der Erfahrung aufgrund der symbolischen Funktion der Sprache hervorgehoben (Begriffsbildung). Die Sprache wird dabei als kulturelle Technologie, als "Verstärker der menschlichen kognitiven Fähigkeiten" (BRUNER 1966a / 1971: 17) gesehen, als das, was in der Ontogenese der Motor der Entwicklung sei. Die wachsende Verfügung über die Sprache als kulturell bedingtes Instrument kann daher als Gegenteil von Reifungsprozessen gesehen werden (AEBLI 1971). In seiner "Theory of Instruction" betonte Bruner nun gerade, daß "the nature of language and the functions it serves must be part of any theory of cognitive development" (BRUNER 1966b / 2.A. 1968: 6).

Ohne sich die ganze Breite der Auffassungen Wygotskis über das Verhältnis von Sprache und kognitiver Entwicklung zu eigen zu machen, schrieb Bruner vor dem Hintergrund des pädagogischen Engagements eines Psychologen, der nach wissenschaftlichen Grundlagen für ein Verständnis der Rolle von Sprache und Bewußtheit im Lehr- und Lernprozeß suchte, in seinem Vorwort zur ersten englischsprachigen Ausgabe von Wygotskis Aufsatzsammlung "Thought and Language":

> In that psychology ignores the problem of consciousness, it blocks itself off from access to the investigation of complicated problems of human behavior, and the elimination of consciousness from the sphere of scientific psychology has as its major consequence the retention of all the dualism and spiritualism of earlier subjective psychology ... It is the Second Signal System[1] that provides the means whereby man creates a mediator between himself and the world of physical stimulation so that he can react in terms of his symbolic conception of reality (BRUNER 1962).

So wurde es in der genetisch orientierten kognitiven Psychologie immer deutlicher, daß eine Psycholinguistik, die die Rolle der Sprache in der kognitiven Entwicklung, insbesondere in Lern- und Lehrprozessen hervorhebt, einen zentralen Platz in den Wissenschaften vom Menschen einnehmen kann (s. auch GRAY 1966; SLOBIN 1966; LURIJA 1969) und daß hier eine Alternative zu den Einseitigkeiten und Problemen behavioristisch-empiristischer, aprioristisch-mentalistischer und dualistischer Auffassungen gefunden werden könne (BRUNER 1962; MILLER/GALANTER/PRIBRAM 1960 / 1973: 135f.).

Da aber dualistische und aprioristische Auffassungen in der kognitiven Psychologie, der Sprachpsychologie und der Linguistik dominierten, konnte es sich nicht nur um eine interessierte und zustimmende Rezeption handeln. Die theoretische Auseinandersetzung fand einen gewissen Höhepunkt, als FODOR (1972) versuchte, in einer Kritik an Wygotski (der er auch Piaget subsumierte) die Nativismus-Spekulation zu retten. Die Auffassungen dieser Entwicklungspsychologen, in den 30er Jahren entwickelt, seien inzwischen völlig veraltet. Das Hauptproblem der Sprachpsychologie sei nicht mehr eine Untersuchung des Verhältnisses von Sprechen und Denken (das überhaupt mit Linguistik auch nichts zu tun habe), vielmehr müsse das Verhältnis zwischen einem "central computing code", der nativistisch präformiert sei, und den im Verlauf des Lebens erworbenen Einzelsprachen (Erstsprachen) als Prozeß einer biologisch-psychologischen Reifung des zuvor schon Angelegten gefaßt werden. LEONTJEW und LURIJA (1972), die als ehemalige Mitarbeiter Wygotskis und heutige Vertreter dieser Schule auf die Vorwürfe antworteten, verwiesen u.a. darauf, daß Fodor nicht nur Wygotski z.T. mißverstanden habe, sondern daß seit jener Zeit sehr viel weiterführende Arbeit geleistet worden ist.

Heute, wo wir vor eminenten sprachwissenschaftlichen und didaktischen Problemen stehen, ist es gerade auch für Linguisten durchaus sinnvoll, sich mit diesen, die kognitive Funktion der Sprache betonenden Arbeiten der genetischen Sprachpsychologie vertrauter zu machen. Dies gilt vor allem hinsichtlich der Frage, ob eine Integration der auseinanderlaufenden einzelnen Forschungsrichtungen auf der Grundlage einer ausreichend umfassenden Sprachkonzeption möglich ist (MOTSCH 1975), wie auch hinsichtlich der Frage, was die Wissenschaften von der Sprache für die Erforschung und bessere Gestaltung von Lehr- und Lernprozessen leisten können.

Es wurde gezeigt, daß das Interesse an diesen Arbeiten und diese Forschungsrichtung selbst im Zusammenhang mit der immer intensiveren und immer deutlicheren Beziehung von Wissenschaft und Unterricht entstand. Die Aufgaben der Linguistik, die sich als Kernwissenschaft unter den Wissenschaften von der Sprache versteht, können nun daraus begründet werden, daß auch die linguistische Sprachtheorie immer stärker Theorie einer Praxis wird, daß es immer mehr darum geht, alle theoretischen Aussagen auf ihre Konsequenzen zu überprüfen, daß wir es uns immer weniger leisten können, wissenschaftlich kontemplativ zu arbeiten, Aussagen als Selbstzweck zu formulieren. Es geht vielmehr darum, ein Wissen zu schaffen, das Anleitung zum Handeln - hier: im Praxisfeld des Lehrers - sein kann. Dies ist ein Standpunkt - von Piaget als "operativ" bezeichnet -, der in den Naturwissenschaften seit ihrer Emanzipation von der Scholastik heimisch ist, der ihnen die Berechtigung ihres Wahrheitsanspruchs gesichtert hat (Werner Heisenberg) und der von Francis Bacon im 17. Jh. formuliert wurde:

> Menschliches Wissen und Können fallen in Eins zusammen, weil Unkunde der Ursache uns um den Erfolg bringt. Denn der Natur bemächtigt man sich nur, indem man ihr nachgibt, und was in der Betrachtung als Ursache erscheint, das dient in der Ausübung zur Regel. (BACON 1620 / 1829: I/3).

Allerdings kann man wohl kaum behaupten, daß dieser Standpunkt in der Linguistik schon voll verwirklicht ist.

Wie wenig dies der Fall ist, zeigt sich besonders deutlich in der Fremdsprachendidaktik, deren Aufgabe es ist, zwischen Sprachwissenschaft und Sprachunterricht zu vermitteln, Unterrichtsgegenstände, Verfahren und Bedingungen der Vermittlung aufeinander zu beziehen. Sowohl hinsichtlich der Unterrichtsgegenstände (der zu vermittelnden sprachlichen Kenntnisse und Fähigkeiten) als auch - wenn man wie oben die Sprache in ihrer kognitiven Funktion sieht - hinsichtlich der Verfahren der Vermittlung ist sie somit auf die Wissenschaften von der Sprache, auf deren wissenschaftliches Entwicklungsniveau angewiesen. Die Einseitigkeiten linguistischer Ansätze, die sich besonders im Fehlen eines Gesamtkonzepts von Sprache ausdrücken, wirken sich dahingehend aus, daß der Didaktiker bzw. der Lehrer im Hinblick auf die konkreten sprachlichen Aktivitäten und die Sprachbeschreibungen, wie sie für den Unterricht relevant sind, selbst die verschiedenen linguistischen Ansätze in einen Zusammenhang bringen muß. Daß hieraus Eklektizismus resultiert, ist nicht weiter verwunderlich. Die sich seit dem Beginn der 70er Jahre abzeichnende Abwendung von wissenschaftsorientierten Curricula wird hier durch Mängel der linguistischen Grundlagenforschung potenziert. Die allgemeine Tendenz der Didaktik sei hier folgendermaßen festgehalten:

> Anwendungsorientiertheit, Praxisrelevanz etc. scheinen nun die neuen Parolen zu werden, die eine tiefgreifende Gegenbewegung andeuten... Damit verbinden sich latent wissenschaftsfeindliche Tendenzen; man spricht heute etwa von einer "personenbezogenen" im Gegensatz zu einer "wissenschaftsorientierten" Innovationsstrategie. Damit verbunden ist die Gefahr, daß in Übereinstimmung mit gewissen Orientierungen der herschenden Bildungspolitik auf einen wissenschaftlichen Unterricht ganz verzichtet wird oder gegen eine wissenschaftliche Gesamtorientierung des Unterrichts eklektische Zwischenlösungen propagiert werden, die den Zusammenhang zwischen psychologischer, wissenschaftlicher und sozialer Dimension des Unterrichts zerschneiden und diese tendenziell in Gegensatz zueinander bringen. (OTTE/STEINBRING 1975: 72).

Nachdem nun im Rahmen der Konzeption der "Verwissenschaftlichung" auch in der Bundesrepublik erst behavioristische, dann auf der GG beruhende Konzeptionen der Fremdsprachendidaktik einen mehr wissenschaftlichen Charakter ermöglichen sollten, griff bei Lehrern und Didaktikern eine massive Enttäuschung über die Leistungsfähigkeit linguistischer Theorien um sich (BUTZKAMM 1975; HÜLLEN 1976). Auch in den Versuchen zur Entwicklung eigener "pädagogischer" oder "didaktischer" Grammatiken drückt sich die Problematik des ungeklärten Verhältnisses von linguistischer Theorie und Sprachunterricht aus. Ansätze zur Entwicklung kognitiver, auf das bewußte Verstehen zielender Unterrichtsmethoden werden kaum noch diskutiert bzw. dem Kapitel "Motivation" zugeschlagen (WIENOLD 1973: 14; SCHRÖDER 1975: 54ff).[2] Insgesamt wird infolge solcher Probleme die explizite Forderung nach Eklektizismus oder Pluralismus von Theorien und Ansätzen aufgestellt (van PARREREN 1972; HELLWIG/KROHN 1974). ARNDT (1973) sieht hier das Problem der Desintegriertheit, der Zersplitterung, kann jedoch nur auf eine neuere Version des Behaviorismus, die Meditationstheorie, hinweisen, die geistige Operationen als "intervenierende Variablen" zu berücksichtigen versucht (STAATS 1970).

Es soll nun darauf hingewiesen werden, daß zur Lösung des Problems der Zersplitterung, zur Abwendung der daraus für den Unterricht resultierenden Gefahren, eine Systemanalyse der beteiligten Faktoren notwendig ist, so daß eben ihr Zusammenhang, nicht aber eine einfache Addition hervortritt. Ausgehend von der bewußten Aktivität des Lernenden im Hinblick auf die Lerngegenstände kann so einerseits der Anschluß an die genetisch-kognitive Lernpsychologie wiederhergestellt werden, andrerseits kann gezeigt werden, daß eine veränderte Auffassung von der Natur der Sprache die Linguistik im Hinblick auf ihre wissenschaftliche Operativität unmittelbar in ihren Grundlagen betrifft. Im Mittelpunkt der Argumentation steht dabei der Begriff der gegenständlichen Tätigkeit.

Tätigkeit als erkenntnistheoretisch-psychologischer Begriff bezieht sich primär auf die Genese von Wissen. Dieses entsteht im Unterricht dadurch, daß Schüler, Lehrer und Wissenschaftler in ein gemeinsames soziales kooperatives Tätigkeitssystem eingebunden sind und daß ihre Tätigkeiten sich über die Lerngegenstände aufeinander beziehen. Alle kognitiven Lerntheorien fordern nun, daß die bewußte und systematische Erfassung der zu lernenden sprachlichen Erscheinungen vor allem zur Erreichung besserer Gedächtnisleistungen der Automatisierung sprachlicher Fertigkeiten vorangehen soll (etwa: AUSUBEL 1962). Dies ist aber nur möglich, indem sich der Lernende von der Sprachwissenschaft entwickeltes Wissen über die Sprache aneignet. Es geht also um das "Verstehen", nicht um das Auswendiglernen von Wörtern, grammatischen Regeln und/oder patterns etc. Da dieses Wissen für den Lernenden nicht ohne weiteres in der Sprache, auch nicht im didaktisch vorkonstruierten "Material" vorfindlich ist, da er nicht einfach induktiv verfahren kann, heißt dies, daß er in einem bestimmten, eingeschränkten Sinn den Erkenntnisprozeß des Wissenschaftlers, vermittelt über den Lehrer, nachvollziehen muß. Diese allgemeine kognitionspsychologische Auffassung spricht also sowohl gegen einen mehr oder weniger rein induktiven Unterricht, wie er in der "Audio-Lingual Habit Theory" und unter Berufung auf Chomskys Nativismus-These ("LAD") (etwa: CORDER 1967: 169) vorgebracht wird, als auch gegen ein rein deduktives Auswendiglernen der Grammatik und des isolierten Wortschatzes, das auch nach dem 19. Jh. noch vielfach anzutreffen war. Der Unterschied zwischen beiden Erkenntnisprozessen liegt zuerst einmal darin, daß von der unterschiedlichen Zielsetzung von Wissenschaft und Unterricht her schon das Wissen des Lernenden hinsichtlich des Abstraktionsgrades und Beziehungsreichtums stark eingeschränkt ist. Darüberhinaus aber - und das ist hier das Wichtigere - muß sinnvollerweise der Erkenntnisprozeß des Lernenden immer unter Anleitung geschehen, da das Wissen, das vom Wissenschaftler als Resultat des Forschungsprozesses vergegenständlicht und systematisch fixiert worden ist, vom Lernenden zum Ausgangspunkt genommen, "entgegenständlicht", angeeignet werden muß (LEONTJEW 1959 / 1973: 279ff). Ein wesentliches Hindernis für die Entwicklung einer wissenschaftorientierten Unterrichtsmethode liegt nun aber darin, daß in der Linguistik die Selbstbeobachtung (die notwendig ist, um überhaupt sprachliche Äußerungen verstehen und produzieren zu können) als bewußtes Erfassen dessen, was beim Sprechen und Verstehen im Bewußtsein erscheint, in dem Sinne noch immer wichtigste Methode der Erkenntnis ist, als das Resultat dann wieder in ein logisch-zusammenhängendes System der Darstellung zusammengefaßt wird, aber der Prozeß der Erkenntnis selbst unkontrolliert bleibt (BEVER 1970: 341-348). Dieses der Hypostasierung der plötzlichen Intuition in der Popper'schen Konzeption der Theoriebildung vergleichbare Verfahren wäre nicht nur für jeglichen Sprachunterricht ungeeignet, sondern läßt auch die Frage völlig außer acht, wie denn theoretisch-systematisches Wissen überhaupt zustande kommt. Gerade solchen Intuition und logische Struktur des Wissens verabsolutierenden Erkenntniskonzeptionen, die dem logischen Positivismus entspringen, setzt Piaget seine "Genetische Epistemologie" entgegen (PIAGET 1972 / 1973). Dabei betont er nun eben die Einheit von Erkenntnisprozeß und Erkenntnisresultat. Sein Anliegen ist es gerade, die abstrakte Arbeitsteilung, die Entgegensetzung von Psychologie und formaler Logik zu überwinden.[3] Das Mittel dazu sei die Betonung der Erkenntnis als konstruktiver Aktivität und die Entstehung der logischen Strukturen aus der Handlungskoordination. Erst bei der Betonung der Tätigkeit des erkennenden Subjekts sei es also möglich, Erfahrung und Wissen, die ojektive und die subjektive Seite der Erkenntnis zueinander in Beziehung zu setzen und so schließlich auch den Nativismus in Psychologie und Erkenntnistheorie zu überwinden:

> la connaissance ne saurait être conçue comme prédeterminée ni dans le structures internes du sujet, puisqu'elles résultent d'une contruction effective et continue, ni dans les caractères préexistants de l'objet, puisqu'ils ne sont connus que grâce à la méditation nécessaire de ces structures et que celles-ci les enrichissent en les encadrant (ne serait-ce qu'en les situant dans l'ensemble des possibles). (PIAGET 1972: 5).

Da aber Piaget zugunsten einer Untersuchung der Genese von Strukturen ("reflektive Abstraktion") die Rolle der empirischen Gegenstände, der Erkenntnisobjekte auf ein Minimum reduziert ("empirische Abtraktion"), schneidet er nun dennoch das Band durch, das die konstruktive subjektive Tätigkeit und die empirischen Gegenstände, auf die sich diese Tätigkeit richtet, verbindet (OTTE/STEINBRING 1975: 79f). Da Piaget nun auch bei dem Versuch, den Parallelismus zwischen biologischen und kognitiven Strukturen zu erklären (PIAGET 1967 / 1974), die soziale Seite des Menschen nur als äußerliche Umwelt und die sozialen Mittel der Sprache nur als äußerlichen Ausdruck kognitiver Strukturen und des geistigen Entwicklungsstandes betrachtet, kann seine Theorie dennoch nicht ausreichen, um zu erklären, wie sich der Lernende ein auf die empirisch vorfindliche Sprache bezogenes Wissen aktiv aneignet. In seinem Kampf gegen den logischen Positivismus und die analytische Philosophie, die die logischen Strukturen des Denkens aus der Sprachanalyse ableiten wollen, und bei seinem Versuch, ein allgemeingültiges Prinzip der Strukturbildung zu finden, übersah Piaget nun gerade die soziale Natur der Sprache. Obwohl die Rolle der symbolischen Funktion der Sprache in der Begriffsbildung, im Aufbau systematisch strukturierten Wissens schon von I.P. Pawlow mit seiner Theorie des zweiten Signalsystems gezeigt worden war, war es doch wohl WYGOTSKI (1934 / 1969: 104ff), der zum ersten Mal breitere experimentelle Untersuchungen zu diesem Problem durchgeführt hat. LEONTJEW und LURIA (1958) schreiben in ihrer Würdigung des Werkes von Wygotski, daß dieser sich nicht nur auf die Gedankengänge Pawlows sondern gerade auch auf Francis Bacon bezogen habe:

> Weder die bloße Hand, noch der sich selbst überlaßne Verstand vermag sonderlich viel; durch Werkzeuge und Hülfsmittel wird die Sache gefördert; der Geist bedarf deren nicht minder denn die Hand. Und wie die Werkzeuge die Tätigkeit der Hand lenken und leiten, so stützen und schützen die Werkzeuge des Geistes den Verstand. (BACON 1620 / 1829: I/2).

So ist es wohl die wichtigste Leistung Wygotskis gewesen, daß er den Anstoß gegeben hat zu Forschungen, die den Zusammenhang von gegenständlicher Tätigkeit und sozialer instrumenteller Funktion der Sprache in der Herausbildung kognitiver Strukturen und in der Begriffsbildung thematisieren. Die Arbeiten in der Nachfolge

Wygotskis befassen sich vor allem mit dem Erstsprachenerwerb des Kindes im Zusammenhang mit der Herausbildung seiner intellektuellen Funktionen (etwa: LURIJA 1969) und mit der Entwicklung von Unterrichtsmethoden für Schüler, die schon über die Sprache verfügen, deren schon vorhandene kognitive Fähigkeiten im Unterricht genutzt und weiterentwickelt werden (GALPERIN 1969).[4] Die hieraus für den Fremdsprachenunterricht, die Aufgaben der linguistischen Forschung und die Rolle des Lehrers zu ziehenden Konsequenzen zeigen, daß nicht nur die Vorstrukturierung der empirischen Erfahrungen des Lernenden durch Lehrer und Wissenschaftler und nicht nur das Wegräumen von Lernhindernissen (JAKOBOVITS 1970) die Schwächen der alten induktiven Verfahren beheben können. Vielmehr ist es gerade die Bewußtmachung von Zusammenhängen, die Begriffsbildung mit Hilfe der deduktiv steuernden Sprache (Vermittlung begrifflichen Wissens durch den Lehrer) u n d die induktive, entdeckende Eigentätigkeit des Lernenden, die das Lernergebnis sicherer und effektiver machen kann. Nicht der Lernende darf im Zentrum des Unterrichts stehen, wie es auch von der Fremdsprachendidaktik seit längerem befürwortet wird (JAKOBOVITS 1970; ZIMMERMANN 1973; VOGEL/VOGEL 1975), nicht eine auf das Lernsubjekt zielende Lernpsychologie darf die zentrale Bezugswissenschaft sein. Im Mittelpunkt eines wissenschaftlichen Unterrichts muß der Lerngegenstand stehen, die zu lernende Sprache. Ihre Darstellung muß - wie es in der Diskussion um die Verwissenschaftlichung immer wieder gefordert wurde - bezogen sein auf den besten Stand der den Gegenstand untersuchenden Wissenschaft. Probleme der Darstellung (Auswahl, Progression etc.) können nicht nur ausgehend von den Lernstrategien des Subjekts gelöst werden, sondern erst dann, wenn der systematische Zusammenhang von Lernstruktur (Subjekt), Wissenstruktur (Objekt) und der Rolle des Lehrers als zentraler wissensvermittelnder Instanz erfaßt ist.

Das in Linguistik als zentraler Wissenschaft von der Sprache fehlende Gesamtkonzept von Sprache, das mangelnde Verständnis für die kognitive Funktion der Sprache führt dazu, daß der Linguist kaum in der Lage ist, die Rolle seiner Wissenschaft im Unterricht zu verteidigen, die Frage zu beantworten, warum der Schüler metasprachliches Wissen braucht und die daraus entstehenden Konsequenzen zu ziehen. Es führt aber auch dazu, daß auf der Ebene der zu erlernenden sprachlichen Fähigkeiten die sprachliche Aktivität nicht als bewußt-planvolle gesehen wird, wie dies etwa in durchaus unterschiedlicher Weise bei MILLER/GALANTER/PRIBRAM (1960 / 1973) und bei LEONT'EV (1969 / 1975) geschieht, so daß von hier aus die Rolle von Sprachwissen im Unterricht nicht ausreichend bestimmt werden kann.

Will die Linguistik als Wissenschaft operativ sein, so muß sie den Prozeß der Neuorientierung in bezug auf ihre eigenen Grundlagen (MOTSCH 1975) vorantreiben, indem sie sowohl ihre Erkenntnismethode als auch ihren Gegenstand in der Forschung thematisiert. Eine besondere Rolle kann dabei - im Sinne von Piagets Warnung vor einer abstrakten Arbeitsteilung der Untersuchung von Formen oder Strukturen einerseits, psychischen Prozessen andrerseits - eine an epistemologischen Fragen interessierte kognitiv-genetische Psychologie spielen, die Erkenntnis (Wissen) in ihrer Entwicklung (Genese) und in ihrer Funktion gegenüber dem Handeln erfaßt. Dies hätte weder etwas mit einer Psychologisierung noch mit einer Didaktisierung zu tun, wohl aber damit, entgegen den z.Zt. vorherrschenden Tendenzen in Didaktik und Bildungspolitik am Problem Wissenschaftsorientiertheit des Unterrichts weiterzuarbeiten.

Anmerkungen

1 Unter dem Zweiten Signalsystem versteht man in der sowjetischen Psychologie und Gehirnphysiologie das funktionale, physiologische und kognitive systematische Ensemble aller an der sprachlichen Aktivität beteiligten Faktoren. Es unterscheidet sich vom Ersten Signalsystem, das alle nicht symbolisch-sprachlichen Reiz-Reaktionsbeziehungen erfaßt. S. PAWLOW (1955) und LURIA (1970).

2 KALLOS/LUNDGREN (1975) gehen auf die grundsätzlichen Schwächen einer solchen Auffassung von kognitivem Lernen ein.

3 Piaget versteht unter formaler Logik zwar meistens mathematische Strukturen, wegen der Allgemeinheit seines Anliegens kann man "Form" aber auch im Sinne des alten philosophisch-logischen Formbegriffs verstehen, der dem Begriff der Substanz oder des Inhalts entgegengesetzt ist und in der Geschichte der Sprachwissenschaft eine so große Rolle gespielt hat.

4 Als zusammenfassende Darstellungen s. PRUCHA (1972 / 1974), LEWANDOWSKI (1976).

Literatur

AEBLI, Hans (1971): Geleitwort zu BRUNER/OLVER/GREENFIELD.

ARNDT, Horst (1973): "Fragen zum gegenwärtigen Stand einer Fremdsprachenlerntheorie". HÜLLEN, W. (ed.): Neusser Vorträge zur Fremdsprachendidaktik. Berlin: Cornelsen - Velhagen & Klasing: 7 - 29.

AUSUBEL, David P. (1962): "A subsumption theory of meaningful verbal learning and retention". Journal of General Psychology 76: 213 - 244.

BACON, Francis (1620): Novum Organon. - Übers.: BACON, Franz (1829): Neues Organon der Wissenschaften. Nachdruck Darmstadt: Wiss. Buchgesellschaft 1971.

BEVER, Thomas G. (1970): "The cognitive basis for linguistic structures". HAYES, J. R. (ed.): Cognition and the development of language. New York.

BRUNER, Jerome S. (1962): Vorwort zu L. S. Vygotski: Thought and language. Cambridge, Mass.: MIT Press.

--- (1966a / 1971): Vorwort zu BRUNER/OLVER/GREENFIELD.

--- (1966b / 2. A. 1968): Toward a theory of instruction. New York: W. W. Norton.

--- OLVER, Rose R./GREENFIELD, Patricia M. u.a. (1966): Studies in cognitive growth. New York: John Wiley. - Übers.: Studien zur kognitiven Entwicklung. Stuttgart: Klett 1971.

BUTZKAMM, Wolfgang (1975): "Überlegungen zur Fremdsprachendidaktik als Wissenschaft und Lehre". Die Deutsche Schule 67: 30 - 44.

CORDER, S. P. (1967): "The significance of learner's errors". IRAL (International Review of Applied Linguistics) 5: 161 - 171.

FODOR, Jerry (1972): "Some reflections on L. S. Vygotski's 'Thought and language'". Cognition 1: 83 - 95.

GALPERIN, P. J. (1969): "Die Entwicklung der Untersuchungen über die Bildung geistiger Operationen". HIEBSCH, Hans (ed.).

GRAY, Jeffrey A. (1966): "Attention, consciousness and voluntary control of behavior in Soviet psychology: philosophical roots and research branches". O'CONNOR, N. (ed.).

HELLWIG, Karlheinz / KROHN, Dieter (1974): "Sprachwissenschaft und Sprachpsychologie". REISENER,H. (ed.): Fremdsprachen in Unterricht und Studium. München: Kösel: 121 - 156.

HIEBSCH, Hans (ed.) (1969): Ergebnisse der sowjetischen Psychologie. Stuttgart: Klett.

HÜLLEN, Werner (1976): "Linguistik und Didaktik, revisited". HÜLLEN, W. (1976): Linguistik und Englischunterricht 2. Heidelberg: Quelle und Meyer.

JAKOBOVITS, Leon A. (1970): Foreign language learning. A psycholinguistic analysis of the issues. Rowley, Mass.: Newbury House.

KALLOS, D. / LUNDGREN, U. P. (1975): "Educational psychology: its scope and limits". British Journal of Educational Psychology 44: 111- 121.

LEONT'EV, A. A. (1969 / 1975): Übers. a. d. Russ.: Psycholinguistische Einheiten und die Erzeugung sprachlicher Äußerungen. Berlin: Akademie-Verlag.

LEONTJEW, A. N. (1959 / 1973): Übers. a. d. Russ.: Probleme der Entwicklung des Psychischen. Frankfurt/Main: Fischer Athenäum.

--- / LURIA, A. R. (1958): "Die psychologischen Anschauungen L. S. Wygotskis". Zeitschrift für Psychologie: 165 - 205.

--- (1972): "Some notes concerning Dr. Fodor's 'Reflections on L. S. Wygotsky's Thought and Language'". Cognition 1: 311 - 316.

LEWANDOWSKI, Theodor (1976): "Sowjetische Psycholinguistik". Die Neueren Sprachen 25: 188 - 216.

LURIJA, A. R. (1969): Die Entwicklung der Sprache und die Entstehung psychischer Prozesse. HIEBSCH, H. (ed.).

--- (= LURIA, A. R.) (1970): Die höheren kortikalen Funktionen des Menschen und ihre Störungen bei örtlichen Hirnschädigungen. Berlin: Akademie-Verlag.

MILLER, George A. / GALANTER, Eugene / PRIBRAM, Karl H. (1960): Plans and the structure of behavior, New York. - Übers.: Strategien des Handelns. Stuttgart: Klett 1973.

MOTSCH, Wolfgang (1975): Sprache als Handlungsinstrument. Linguistische Studien, Reihe A - Arbeitsberichte (19). Berlin: Akademie der Wissenschaften der DDR, Zentralinstitut für Sprachwissenschaft.

O'CONNOR, N. (ed.) (1966): Present-day Russian psychology. Oxford.

OTTE, Michael / STEINBRING, Heinz (1975): "Zum Verhältnis von Wissenschaft und Unterricht". Demokratische Erziehung 5: 71 - 89.

van PARREREN, Carl (1972): "Reine Lernpsychologie und Fremdsprachenlernpsychologie". FREUDENSTEIN, R. (ed.): Focus '80. Berlin: Cornelsen.

PAWLOW, I. P. (1955): "Die Physiologie der höheren Nerventätigkeit". PAWLOW, I. P.: Ausgewählte Werke. Berlin: Akademie-Verlag.

PIAGET, Jean (1972): L'epistémologie génétique. Paris: PUF. - Übers.: Einführung in die genetische Erkenntnistheorie. Frankfurt/M. 1973.

--- (1967): Biologie et connaissance. Paris: Gallimard. - Übers.: Biologie und Erkenntnis. Frankfurt/M.: Fischer 1974.

PRUCHA, Jan (1972): Soviet psycholinguistics. Den Haag: Mouton. - Übers.: Sowjetische Psycholinguistik. Düsseldorf: Schwann 1974.

RÖHRS, H. (1959): "Die amerikanische Schule in der gegenwärtigen Diskussion". Zeitschrift für Pädagogik 5.

SCHRÖDER, Konrad (1975): Fremdsprachenunterricht auf der Sekundarstufe II. Stuttgart: Klett (= Deutscher Bildungsrat, Gutachten und Studien der Bildungskommision 41).

STAATS, Arthur W. (1970): Learning, language and cognition. New York: Holt, Rinehart and Winston.

VOGEL, Klaus / VOGEL, Sigrid (1975): Lernpsychologie und Fremdsprachenerwerb. Tübingen: Niemeyer.

WIENHOLD, Götz (1973): Die Erlernbarkeit der Sprachen. München: Kösel.

WYGOTSKI, L. S. (1934 / 1969): Übers. a. d. Russ.: "Experimentelle Untersuchungen der Begriffsentwicklung". Denken und Sprechen: 104 - 166.

ZIMMERMANN, G. (1973): "Personale Faktoren und Fremdsprachencurriculum". Praxis des neusprachlichen Unterrichts 20: 3 - 14.

BEZIEHUNGEN ZWISCHEN SPRACHPHILOSOPHIE UND SPRACHDIDAKTIK

Meinert A. Meyer

1. Der Titel des Referates ist mit Absicht sehr unspezifisch gehalten. Man kann mit einiger Fantasie so ziemlich zwischen allen Disziplinen, die im Hochschulbereich vertreten sind, "Beziehungen" herstellen. Mir geht es darum, im Folgenden zu zeigen, daß es schon immer fundamentale Beziehungen zwischen Sprachphilosophie und Sprachdidaktik gegeben hat und daß es an der Zeit ist, erneut das Verhältnis der beiden Disziplinen zu bestimmen.

2. Wenn man die sprachphilosophische Diskussion der letzten Zeit zu charakterisieren sucht, dann läßt sich dafür die folgende Frage formulieren:

Wie können eine Wahrheits- oder Erkenntnistheorie und eine Sprachhandlungstheorie miteinander verbunden werden?[1]

Bisher wurde eine solche Integration zwar postuliert, es fehlt aber noch die Konkretion. In diesem Referat sollen deshalb einige konkrete Arbeitsaufgaben - in sprachdidaktischer Absicht - formuliert werden. Grundlegend dafür sind die folgenden drei Thesen.

Die Welt, wie wir sie erfahren, hat zugleich Darstellungs- und Handlungscharakter.

Sie hat diesen Charakter aufgrund der Qualität unserer Sprache, gleich ursprünglich Mittel der Weltdarstellung und Mittel kommunikativer Interaktion zu sein.

Ein Modell der Sprache muß deshalb beide Aspekte zugleich erfassen.

3. Die sprachdidaktische Diskussion der letzten Zeit ist durch die Beschäftigung mit dem Schlüsselphänomen der sprachlichen Handlungsfähigkeit, der "kommunikativen Kompetenz", geprägt. Stellvertretend für andere Autoren sei hier Detlef Kochan zitiert. Er schreibt:

> Im Hinblick auf das allgemeinste und umfassendste Lehrziel des Deutschunterrichts, nämlich die Befähigung des Schülers zur Kommunikation, die Förderung seiner kommunikativen Kompetenz, bestimmen wir die Didaktik der deut-

> schen Sprache als Didaktik der sprachlichen Kommunikation. Für sie gilt die Identität von sprachlichem und sozialem Handeln. Um Modelle und Projekte kommunikativen Verhaltens erarbeiten zu können, bedarf die "Didaktik der sprachlichen Kommunikation" der Untersuchungen und Anregungen der Linguistischen Pragmatik zur Sprachverwendung, zu den Sprechakten und zum sprachlichen Handeln. (BÜNTING / KOCHAN 1973: 1o8)

Kochan erhofft sich von einer derart konzipierten Sprachdidaktik den Schlüssel zum allgemeinen Lehr- und Lernziel der Erziehung zur sozialen und kommunikativen Mündigkeit, in der Ausdrucksweise der letzten Jahre: der Erziehung zur Emanzipation. "Eine solche Sprachdidaktik", schreibt er, "begreift Deutschunterricht als Politikum und versteht Linguistik sozialwissenschaftlich." (BÜNTING / KOCHAN 1973: 123)

Ein Politikum war Deutschunterricht natürlich schon immer, nur hat man das nicht zugegeben, man hat es nicht "begriffen", wie Kochan sagt. Es fragt sich aber, ob die richtigen Konsequenzen aus der von Kochan vorgetragenen Einsicht schon gezogen sind. Mir scheint, daß noch gar nicht geklärt ist, auf welche Art und Weise denn der Deutschunterricht eine "emanzipative" Funktion haben kann. Offensichtlich nicht (nur) durch kompensatorische Sprachförderung, wie das politische Engagement der neuen Linguistik zunächst vorzuschreiben schien. Ich glaube vielmehr, daß Deutschunterricht (Sprachunterricht) erst dann zur Mündigkeit der Schüler beitragen kann, wenn in ihm bewußt dasjenige Feld der gesellschaftlichen Wirklichkeit thematisiert wird, das eigentlich das sprachliche Feld ist: der vermittelte Bezug von Welterfahrung und Interaktion, das heißt, die Welt, in der Wahrheit kommunikativ produziert wird.

Für diese sprachdidaktische Aufgabe ist jedoch eine erkenntnistheoretisch-sprachphilosophische Reflexionsebene einzunehmen.

4. Vor Immanuel Kant, in der ontologischen Phase fundamentaler Philosophie, suchte man die "ersten Prinzipien" jeglicher Erkenntnis, und zwar durch "direkte" Betrachtung der Welt selbst, unabhängig von uns als denjenigen, die diese Welt zu durchschauen suchen. Damit macht Kant Schluß. Seine wesentliche Einsicht ist die, daß Erkenntnis ebenso auf das Subjekt verweist, das da erkennt, wie auf das jeweils Erkannte. Kant sagt deshalb, zunächst

muß man das Erkenntnissubjekt untersuchen. Diese Untersuchung bringt ihn zu der Einsicht, daß - salopp formuliert - in unseren Kopf nicht hinein kann, was nicht schon prinzipiell diesem Kopf angemessen ist, und daß es dementsprechend vernünftig ist, zu sagen, daß in uns als erkennenden Subjekten schon die "apriorischen" Bedingungen der Möglichkeit der Erkenntnis liegen. Sie lassen sich gar nicht von den gleichfalls "apriorischen" Bedingungen der Möglichkeit der Gegenstände der Erfahrung abheben. Wir kommen an die Dinge an sich gar nicht heran, wir haben immer nur die Dinge, insofern sie uns erscheinen. Die Kategorien, die uns als erkennende Subjekte formen, formen zugleich die erfahrbare Wirklichkeit (KANT 1781/1787: B 197/A 158). Einen solchen Ansatz bezeichnet Kant als "transzendental".

Kant muß nun in der Ausarbeitung seines Programms eine "Kritik der reinen Vernunft" liefern. Er muß nämlich konkret die Bedingungen ausweisen, die menschliche Erkenntnis ermöglichen, präziser, er muß nach dem "Ursprung" und der "Gültigkeit" unserer Erkenntnisse fragen. (Ursprung und Gültigkeit sind nicht dasselbe, weil man ja sehr wohl zeigen kann, wie Erkenntnisse entstehen, damit aber noch nicht nachgewiesen hat, daß diese Erkenntnisse auch gültige Erkenntnisse, daß sie "objektiv" sind.)

5. Hier setzt nun Karl-Otto Apel sein Programm einer T r a n s f o r m a t i o n der kantischen Transzendentalphilosophie an. Lobenswert ist für Apel, daß Kant von der Ontologie zur Erkenntnistheorie fortschreitet. Wir müssen nach den Bedingungen der Möglichkeit der Erkenntnis fragen, insofern sie in der Natur u n d in uns liegen. Zu kritisieren ist aber, daß er diese Aufgabe völlig "sprachlos" vollzieht. Er analysiert immer nur die Verstandesvermögen, insofern sie in uns drin sind. Stellte er die Frage nach dem Ursprung und der - zunächst unhinterfragten - Geltung unserer Erkenntnisse radikal genug, dann würde er darauf kommen müssen, daß eben die S p r a c h e, die wir erlernen, uns die Mittel zur Erkenntnis und letztlich auch die Mittel und Kriterien der Erkenntniskritik an die Hand gibt.

Apel sieht deshalb das Fundament aller "objektiven" Erkenntnis in den Verständigungsprozeduren einer K o m m u n i k a t i o n s g e m e i n s c h a f t. Für sie gilt aber, daß sich Ursprung und Geltung nunmehr sprachlich konstituierter Erkenntnis nicht mehr subjektiv begründen lassen, derart, daß ich mich als Individuum von der Wahrheit eines Urteils überzeuge, sondern nur noch derart, daß w i r u n s über die Wahrheit und Gültigkeit von Aussagen, von Regeln und Normen der Weltdeutung und der Kooperation einigen. Wir müssen uns miteinander verständigen. Für diese Verständigung als einem hermeneutischen Prozeß gibt es zwei fundamentale Kommunikationsprinzipien. Die Verständigung muß zugleich dem verhandelten Gegenstand angemessen sein (Objektivität) und sie muß für alle Beteiligten akzeptabel sein (Kooperationsprinzip) (APEL 1973).

Kants Rede vom "Ich denke", das mein Selbstbewußtsein konstituiert, muß dementsprechend in ein "Wir argumentieren" transformiert werden, denn nur dann sind die anderen, die a u c h "denken", für mich konstitutiv ins Spiel gebracht. Die Verständigung muß argumentativ erzeugt bzw. immer wieder hergestellt werden. Sie darf nicht zu einem Scheinkonsens führen. Sie muß deshalb in der Verständigung zugleich den Wahrheitsanspruch der Rede verteidigen. Die neue "Kritik der reinen Vernunft" muß deshalb eine "Kritik der Argumentation" sein. Das "Ich denke" muß in ein "Wir argumentieren" transformiert werden.

6. Wenn nun die Philosophie eine Kritik der Argumentation benötigt und wenn sie zugleich aufgrund des normativen Anspruchs ihrer Idee der Kommunikationsgemeinschaft alles versuchen muß, die Argumentationsfähigkeit zu fördern - hier und jetzt -, dann wird die Sprachphilosophie konstitutiv auf die Linguistik und die Sprachdidaktik verwiesen. Sie "braucht" für ihre Kritik der Argumentation zuvor eine Theorie der Argumentation und damit zugleich ein Programm der Förderung der Argumentationsfähigkeit. (Salopp formuliert: Wie vernünftig wir sind, hängt davon ab, wie gut wir zu argumentieren gelernt haben.)

Wir müssen uns deshalb fragen, was die Bedingungen der Sprachförderung sind.

Im Anschluß an ein Buch von Kurt Werner Peukert, in dem Sprachspiele für Kinder präsentiert werden, sehe ich einen Ansatz für die Förderung der Fähigkeit zur Sprachreflexion in dem Vergnügen der Kinder an Sprachspielereien (PEUKERT 1973).

Peukert schreibt:

> Das Spiel mit der Sprache erfinden die Kinder schon in einem sehr frühen Stadium und ohne die Mithilfe der Erwachsenen. Die Kinder freuen sich über lustige Wörter, über Wortverwechselungen, sie lieben Schimpfwörter und "Kraftausdrücke". Die Kinder gebrauchen kühne sprachliche Vergleiche und ungewöhnliche Wortverbindungen. Mit diesen Eigentümlichkeiten der Kindersprache arbeiten auch die Sprachspiele dieses Buches, die sehr verschiedenartige Übungen zur Spracherziehung anbieten. (PEUKERT 1973: 6f.)

In einer solchen Sprachübung gibt es zum Beispiel die folgende Strophe:

> Gibt es Holzpapierstrohstoffasche?
> Gibt es Papierholzstrohstoffasche?
> Gibt es Strohstoffpapierholzasche?
> Gibt es Papierstrohstoffholzasche?

Es versteht sich, daß die Strophe noch nicht als Paradigma einer fundierten Sprachförderungstheorie auftreten kann. Sie eignet sich jedoch, um die Richtung aufzuweisen, in der meines Erachtens für einen Sprachunterricht weitergearbeitet werden muß, der den Kindern bzw. Schülern bei ihrem Aufbau einer Erfahrungs- und Handlungswelt dadurch hilft, daß er die Fähigkeit zur *Sprachreflexion* befördert. Die Kinder müssen in Sprachübungen dazu gebracht werden, daß sie das von ihnen verwandte sprachliche Material bewußt einsetzen können, daß ihnen also ihre Sprache nicht starr vorgegeben ist. Im Beispiel sind sie aufgefordert, jeweils zu prüfen, ob die Wortbildungen, die vorgelesen werden, unsinnig sind oder ob man sich für sie eine sinnvolle Verwendung ausdenken könnte.

Die Sprachspiele insgesamt müssen Übungen zur syntaktischen, semantischen und zur pragmatischen Dimension der Sprache enthalten. Sie sollen sich dazu eignen, die Kinder in Sprachspiele zu verwickeln, die ihre Alltagssprache und damit ihre Alltagswelt verfremden und ihnen dadurch die Befähigung zur vielseitigen, "mündigen" Verwendung von Sprache erleichtern.

Eben diese Befähigung zur Sprachreflexion ist nun zugleich für die Vorbereitung auf die Erlernung von Fach- bzw. Wissenschaftssprachen grundlegend. Um es etwas polemisch zu formulieren: Gerade die Definition und konsistente Verwendung von Termini wie "Holzpapierstrohstoffasche" und ähnlichem ist kennzeichnend für fachwissenschaftlichen Sprachgebrauch. In der Wissenschaftssprache wird aus Ökonomie-Gründen eine Disziplinierung der Sprachverwendung verlangt, die im Kontrast zur Alltagssprache die bewußte Wortwahl, die Kunst der Definition, das formale Spielen mit Begriffen usw. verlangen. (Natürlich erschöpft sich Wissenschaftssprache noch nicht darin.[2])

7. Wir haben jetzt versucht, e i n e n Aspekt der sprachlichen Handlungsfähigkeit herauszustellen, den Aspekt der Sprachreflexion. Und wir haben gesagt, daß man auch diese Fähigkeit im Unterricht gezielt fördern muß. Wenn nun das Lernziel der Fähigkeit zur Reflexion über Sprache und viele andere Lernziele nicht planlos in einen Katalog von Lernzielen für den Deutsch- bzw. Sprachunterricht eingespeist werden sollen, dann bedarf es eines Kriteriums für den systematischen Z u s a m m e n h a n g der verschiedenen Aspekte des Kommunikationsphänomens. Einen solchen Zusammenhang stellen wir im folgenden Begriffsgitter zur Diskussion:

DIMENSIONEN DER SPRACHLICHEN HANDLUNGSFÄHIGKEIT			
	"instrumentell"	praktisch	kritisch
Denken	Operation	Darstellung, Welterkenntnis, Wahrheit	Reflexion ("Ich denke")
Sprechen	formale Sprachspiele	Kommunikation	Diskurs ("Wir argumentieren")
Interagieren	Stimulus-Response-Prozesse	regel- und normenbewußte Kooperation	Emanzipation ("Mündigkeit")

Eine ausführliche Erläuterung des Gitters kann an dieser Stelle nicht erfolgen (vgl. mit etwas anderer Strukturierung MEYER 1976:

16o-223). Wir müssen deshalb darauf bauen, daß diese Begriffe nach dem bisher Gesagten schon von selbst gewisse Assoziationen wachrufen. Jedoch soviel:

Im Mittelpunkt steht der Begriff der Kommunikation. Das "Wesen" der Sprache liegt darin beschlossen, daß es Medium und Konstituens der mitmenschlichen Kommunikation ist.

Dies verlangt im Sinne des Darstellungs- und Handlungsaspektes der Sprache eine doppelte Akzentuierung.

Kommunikation ist einerseits Interaktion. Ich spreche immer z u j e m a n d e m, um irgendetwas zu erreichen, ihn zu informieren, zu warnen, eine gemeinschaftliche Arbeit zu koordinieren oder für ähnliches. Kommunikation zielt also auf Koordination von Handlungen, auch im Falle der Information: Ich will, daß sich der, den ich informiere, meiner Information gemäß verhält. Sprechen verweist so letztlich auf ein (moralisch fundiertes) Kooperationsprinzip, wie wir oben sagten. Man sollte Sprache nicht nur manipulativ-strategisch, sondern immer "solidarisch" mit den Gesprächspartnern verwenden.

Wenn ich nun zu jemandem spreche, spreche ich damit zugleich auch immer ü b e r e t w a s. Die Kommunikation ist deshalb immer auf Sachverhalte bezogen, ob sie sie impliziert, wie im Falle des Befehls, oder ob sie direkt der Darstellung von Sachverhalten dient, wie in der Aussage. Sprache ist also auch Mittel der Weltdarstellung, damit aber auch Mittel der Weltdeutung. (Dieser Aspekt des Sprachphänomens war traditionell vorherrschend.)

Sprache als Kommunikation läßt sich nun auf zwei Grenzwerte hin bestimmen. Man kann Sprache einerseits nur formal sehen. Das "nur" ist dabei nicht abwertend zu verstehen. Die herkömmliche Grammatik, ganz explizit dann die transformationell-generative Grammatik, ist immer formale Sprachbetrachtung gewesen. Wenn ich Sprache "nur" formal betrachte, fasse ich sie als ein Instrument auf, als ein strukturiertes, nach Regeln beschreibbares Instrument (Ausspracheregeln, Rechtschreibung, Flexion, Syntax, usw.).

Ich kann nun aber auch fragen, was für eine Art der Verwendung von Sprache eigentlich vorliegt, wenn ich Aussagen über sie selbst mache, wie wir das zum Beispiel im Augenblick tun. Dann sehe ich, daß Sprache neben der "direkten" Verwendung in alltäglichen Kommunikationssituationen auch noch die Verwendung finden kann, daß wir uns mit ihr in einem "Diskurs" argumentativ darüber verständigen, wie unsere Sprache eigentlich funktioniert, das heißt aber zugleich, wie sie funktionieren soll. Wir einigen uns dann darüber, wie wir die Dinge sehen wollen, konkret, was für Aussagen wir als korrekte Beschreibungen von Sachverhalten, Ereignissen und Beziehungen anerkennen wollen. Weiter einigen wir uns, was die Bedeutung der Regeln und Normen ist, die wir für unsere mitmenschlichen Beziehungen zuvor unhinterfragt anerkannt haben. Eine Einigung über neue Normen macht dabei zugleich neue Sachverhaltsbeschreibungen erforderlich, und umgekehrt.

Es gibt viele nichtsprachliche Interaktionsweisen, zum Beispiel den Ausdruck von Gefühlen; es ist deshalb bei der Betrachtung des Beziehungsaspektes der Kommunikation darauf zu achten, daß man nicht als Kommunikation versteht, was mit Sprache gar nichts zu tun hat.

Der Nutzen eines Begriffsgitters besteht darin, den Bezug der einzelnen Felder zueinander anzuzeigen. In diesem Sinne ist Diskurs einerseits auf Welterkenntnis bezogen, andererseits auf Interaktion, speziell auf Kooperation. Und Reflexion insgesamt, das heißt, die kritische, distanzierte Betrachtung der eigenen Sprache als Kommunikation verlangt zugleich immer formale Anstrengungen. Formale Analyse der Sprache ist Voraussetzung jeder Einigung darüber, wie wir - hinfort - unsere Sprache verstehen wollen.

Es bleibt noch übrig, auf die vier Eckfelder unseres Begriffsgitters zu sprechen zu kommen. Der Wechselbezug von Denken, Handeln und Sprechen kann wohl nie endgültig erklärt werden. Möglich ist aber, zu zeigen, welcher Aspekt im Bereich des Kommunikationsphänomens jeweils dem Phänomen des Denkens und dem Phänomen des Interagierens entspricht. Wenn man das formale Spielen mit der Sprache beachtet, dann entspricht dem das logisch-gedankliche Operieren einerseits und auf der Interaktionsebene das behavioristisch gedachte Stimulus-Response-Verhalten andererseits. Die Sprache erscheint auf dieser Ebene irgendwie "nur" mechanisch. Alles läuft nach starren Regeln ab. Es gibt eindeutige Kriterien für richtig und für falsch.

Auf der "kritischen" Seite des Begriffsgitters läßt sich dagegen die zunächst nichtsprachlich konzipierte Reflexion festmachen. Der Terminus "Ich denke" soll dabei das Moment andeuten, das man als die menschliche Subjektivität identifizieren kann. Ich mache mir bewußt, daß meine Meinungen und Normen immer schon die alltäglichen Meinungen und Normen sind, die ich aufgrund meiner Integration in alltägliche Kommunikations- und Interaktionsprozesse habe, eben "stabilisiert" durch meine Art, die Welt zu sehen, durch meine unhinterfragte Weltdeutung. Erst n a c h dieser Bewußtmachung kann ich mich kritisch von dieser Alltagswelt distanzieren.

Das "Ich denke" ist, wie wir oben sagten, noch nicht sprachlich vermittelt. Es fordert deshalb die Ergänzung durch das "Wir argumentieren". Und beides zusammen muß in einem letzten Reflexionsschritt auf sein Erkenntnisinteresse befragt werden. Wir sind nicht an objektiv gültigen Erkenntnissen a n s i c h interessiert, sondern weil sie uns speziell für das didaktische Programm der Sprachförderung nützlich erscheinen. Wir können deshalb das Interesse an Emanzipation oder Mündigkeit als Horizont unserer reflexiven Beschäftigung mit Sprache herausstellen. (Andere Erkenntnisinteressen würden uns zu anderen Begriffsgittern führen.)

8. Damit sind mit dem Begriffsgitter zugleich eine Reihe von Denkaufgaben gestellt. Abschließend seien sie noch einmal als Fragen formuliert:

Welcherart kann die Reflexion über Wahrheits- und Erkenntnisprobleme, damit aber der Erkenntnisanspruch der korrekten Verwendung von Sprache, Gegenstand des Sprachunterrichts sein?

Wie kann die Verschränkung von Darstellungswelt und Handlungswelt sprachdidaktisch aufgegriffen werden?

Was ist der Wechselbezug von sprachvorbereitenden formalen Übungen, eigentlicher konventionell etablierter Alltagskommunikation und letztlich distanziert-kritischer argumentativer Hinterfragung (Reflexion) der im alltäglichen Verständnis unkritisch immer schon akzeptierten Kommunikationsprozesse und der ihnen korrelierenden Weltdeutung?

Wie wirkt eine sprachphilosophisch konzipierte Konzeption der Sprachförderung zurück auf die Konzeption von Sprachphilosophie?

Anmerkungen

1 Vgl. zum Beispiel HABERMAS 1973, APEL 1973 und FAHRENBACH 1975.

2 Die von der "Erlanger Schule" (vgl. KAMLAH / LORENZEN 1967 u. a.) propagierte "logische Propädeutik" setzt demgegenüber viel zu kurz an. Sie fordert die Disziplinierung des Denkens in vernünftiger Rede, zeigt auch, was ihrer Meinung nach vernünftige Rede ist, zeigt aber nicht den W e g zu ihr.

Literatur

APEL, Karl-Otto (1973): Transformation der Philosophie. II. Frankfurt a.M.: Suhrkamp.

BÜNTING, Karl-Dieter / KOCHAN, Detlef C. (1973): Linguistik und Deutschunterricht. Kronberg Ts.: Scriptor.

FAHRENBACH, Helmut: "Zur Konzeption einer philosophischen Sprach-Anthropologie". GOEPPERT, S. (ed.) (1975): Die Beziehung zwischen Arzt und Patient. Festschrift W. Loch. München: List.

HABERMAS, Jürgen: "Wahrheitstheorien". FAHRENBACH, Helmut (ed.) (1973): Wirklichkeit und Reflexion. Festschrift W. Schulz. Pfullingen: Neske.

KANT, Immanuel (1781/1787): Kritik der reinen Vernunft. Darmstadt (1965): Wissenschaftliche Buchgesellschaft.

MEYER, Meinert A. (1976): Formale und handlungstheoretische Sprachbetrachtung. Stuttgart: Klett.

PEUKERT, Kurt Werner (1973): Sprachspiele für Kinder. Stuttgart: Deutsche Verlags-Anstalt.

KASUSGRAMMATIK IM FREMDSPRACHENUNTERRICHT?

Jochen Pleines

1. Eine Bemerkung vorweg: es ist keine allzu originelle Feststellung, daß heute im großen und ganzen die wissenschaftliche Behandlung von Sprache bzw. Sprechen eine Trennung aufweist in eine scheinbar autonome theoretische Linguistik, die frei von vordergründigen Verwertungsinteressen erscheint und sich selbst gern als Grundlagenforschung einstuft, und auf der anderen Seite eine Reihe von praktisch orientierten sog. Angewandten Linguistiken. Letztere sehen sich häufig diskriminiert als theorie- und reflexionslose Aktivitäten, wobei ich nicht unterschlagen will, daß einer solchen Einschätzung auch von seiten der "Nur-Praktiker" sehr häufig Vorschub geleistet wird.

Ein praktisches Anwendungsgebiet im obigen Sinne stellt das Lehren und Lernen von Fremdsprachen dar. Wenn ich versuche, den theoretischen und den praktischen Strang miteinander zu verknüpfen oder doch zumindest die Notwendigkeit dafür aufzuzeigen, wird es unausbleiblich sein, daß das Gesagte für den Experten des jeweiligen Teilgebietes eher trivial erscheint. Vor diesem Stadium der Trivialität habe ich jedoch keine Angst; einmal weil ich glaube, daß ein solcher Zwischenschritt notwendig ist, um zu einer Fremdsprachendidaktik zu gelangen, die auf eigenen linguistischen Füßen steht und nicht an der Nabelschnur einer auf höherer Ebene schwebenden Theorie hängt. Und zum anderen weil ich die Erfahrung gemacht habe, daß die tagtägliche Praxis des Fremdsprachenunterrichts in der Schule, auf welcher Schulstufe auch immer, häufig weit von einer bewußten theoretischen Fundierung entfernt ist, so daß das Urteil der Trivialität in Bezug auf ein solches Vorhaben ganz stark relativiert dasteht.

2. Seit 1968, dem Erscheinungsjahr von Fillmores "The Case For Case", kann man verfolgen, wie die Kasusgrammatik oder einzelne Elemente daraus Eingang finden in Arbeiten zu stärker praktisch

orientierten Problemen. Zum einen ist hier das Gebiet der Artificial Intelligence zu nennen (s. BRUCE 1975, EISENBERG 1976 und SAMLOWSKI 1976), zum anderen im Bereich der Psycholinguistik die Erforschung des Erstsprachenerwerbs (s. z.B. BRUNER 1975) und eben im Bereich der Fremdsprachendidaktik, wo sich seit ca. 1970 Linguisten und Didaktiker mit den Möglichkeiten der Kasusgrammatik beschäftigen. Das Literaturverzeichnis am Ende des Aufsatzes enthält in Teil A alle mir zu diesem Thema bekannten Arbeiten.

Dieses weitgestreute Interesse an der Kasusgrammatik erklärt sich wohl z.T. daraus, daß dieser Ansatz mit einiger Plausibilität bekannte und intuitiv einsichtige Phänomene zu erklären versucht. So traditionelle Kategorien wie das "actor-action-object" Schema lassen sich unschwer hinter den Kasusrelationen des Agentiv, Instrumental, Objektiv etc. ausmachen. Hinter vielen anderen Kategorien in der traditionellen Grammatik verbergen sich Bezüge auf Handlungs- und andere Sachverhaltsbegriffe. Es seien hier nur die (irreführenden) Bezeichnungen "Aktiv" und "Passiv" aufgeführt. Die Kasusgrammatik zeigt sich nun bemüht, diese mehr oder weniger isolierten und auch unklaren Angaben einzubinden in eine integrierte Sprachtheorie. Dies zumindest ist der Anspruch der generativen Grammatik, und die Kasusgrammatik ist schließlich eine Variante der gTG.

Aber dieses Bemühen hat einen sehr vorläufigen, teilweise sogar oberflächlichen Charakter, was sich u.a. darin zeigt, daß die Kasusgrammatik-Vorschläge mit jeder Veröffentlichung ihrer Protagonisten substantielle Veränderungen erfahren. Vor allem im Bereich der theoretischen Grundlagen bleibt sehr viel offen. So werden z.B. die Kasusrelationen mal syntaktisch, mal syntaktosemantisch und dann schließlich semantisch verstanden; zunächst sind es Kategorien, dann Merkmale, dann Relationen. Große Unklarheit herrscht auch bei den "Definitionen" der einzelnen Kasusrelationen. Diese sowie 3 elementare Annahmen (basic assumptions) Fillmores erlangen für die Theorie quasi axiomatischen Charakter, denn der Versuch einer begründeten Ableitung der Kasusdefinitionen wird an keiner Stelle unternommen. Hier rächt sich die "Plausibilität" dieser Ideen, die einer kritischen Rückfrage im

Wege zu stehen scheint. Man kann sich des Eindrucks nicht erwehren, daß die Kasusrelationen bzw. ihre Definitionen an den guten Willen und die Einsicht des Lesers appellierende ad-hoc-Formulierungen sind.

Die Einbindung der Kasusidee in den formalen Rahmen der gTG führt zu der weiteren Konsequenz, daß die Zahl der Kasusrelationen begrenzt und möglichst gering sein soll. FILLMORE (1971: 6) jedenfalls hält beides für wünschenswert, wenn nicht sogar unerläßlich. Aufgrund dieses Anspruchs erreichen die Kasusdefinitionen einen sehr hohen Abstraktheitsgrad, der zusammen mit der o.e. Unschärfe die Konsequenz hat, daß man nur mit Mühe - oder gar nicht - das Zutreffen der Definitionen auf ein Stück Gesprochenes feststellen kann. Wenn dazu noch die Grundannahme des "one instance per clause" für den einzelnen Kasus tritt, entfernt sich die Theorie vollends von den sprachlichen Realitäten. Man betrachte etwa die folgenden Sätze:

- Die Maschine bedruckt den Stoff mit 2 breiten Walzen.
- Die Maschine bedruckt den Stoff mit einem Blumenmuster.
- Der Handwerker deckte das Dach mit Stroh.
- Der Handwerker deckte das Dach mit Spezialwerkzeugen.
- Das Dach wird mit Spezialwerkzeugen strohgedeckt.

All das und vieles mehr muß nun eingezwängt werden in die viel zu enge, abstrakte Definition des Instrumental:

> Instrumental: the case of the inanimate force or object causally involved in the action or state identified by the verb. (FILLMORE 1968:24).

Daß diese enge Festlegung zu Schwierigkeiten bei der Anwendung auf konkrete Äußerungen führen muß, ist wohl erkennbar und soll auch hier nicht weiter belegt werden.

Ein Ausweg aus diesen Schwierigkeiten könnte darin gesehen werden, den Bereich dessen, was man durch eine bestimmte Kasusrelation abdecken will, zu verkleinern, d.h. die Definition weniger abstrakt und allgemein zu halten, und an der Stelle von einer zwei oder mehr Kasusrelationen anzunehmen. Diesen Weg geht NILSEN (1972; 1973). Er nimmt anstelle des Fillmore'schen Instrumental die drei Relationen <u>Instrument</u> (<u>Tool</u>), <u>Body Part</u> und <u>Force</u> an. Das mag ihm die eine oder die andere Kalamität ersparen, es bleibt jedoch die prinzipielle Frage: Aufgrund welcher Kriterien wird die Aufteilung gerade an dieser Stelle angesetzt? Warum wird nicht weiter die Generalisierung rückgängig gemacht und unterschieden nach metallenen und nicht-metallenen Werkzeugen, nach meteorologischen und psychischen Kräften etc.? Es bleibt der Eindruck bestehen, daß die Generalisierung à la Nilsen ebenso willkürlich und ad hoc vorgenommen wird wie diejenige à la Fillmore.

3. Ich möchte noch ein weiteres Hindernis aufzeigen, welches sich eine Fremdsprachendidaktik einhandelt, die unreflektiert auf die Ergebnisse der sog. theoretischen Linguistik zurückgreift. Besonders folgenreich ist die Tatsache, daß mit der Kasusgrammatik die Bestimmungen und Bewegungsgesetze der gTG in die Fremdsprachengrammatik eingeschmuggelt werden. Die Gleichsetzung des Algorithmenkalküls der Transformationsgrammatik mit den geistigen Vorgängen beim fremdsprachlichen Sprechen wird bewußt oder unbewußt häufig genug postuliert.

Platt setzt als Ziel an, mithilfe der Kasustheorie nicht nur den Fremdsprachenerwerb zu fördern, sondern beim Lernenden auch ein "generative system of foreign language acquisition" (PLATT 1972: 44) zu entwickeln.

Ebenso ausdrücklich wird das Mißverständnis einer Gleichsetzung von TG-Modell und psychischer Realität vorgetragen bei Berndt, der die Vorteile der gTG für das Fremdsprachenlernen unterstreicht und dabei auch wieder die (syntaktischen) Tiefenstrukturen gleichsetzt mit "abstract underlying mental structures" (BERNDT 1970: 242).

4. Es ist dann auch nur konsequent, wenn die Autoren einen Schritt weiter gehen und die Bewertungs- bzw. Adäquatheitskriterien des TG-Modells auf den Fremdsprachenerwerb projizieren. Das Stichwort heißt hier (Beschreibungs-)Ökonomie. Es mag für die formalisierte Verarbeitung linguistischer Fakten von großer Relevanz sein, die storage load und die Zahl der Operationen möglichst gering zu halten und die angestrebten Ergebnisse mit

einer gewissen Eleganz zu erreichen. Aber mit diesem Ökonomieanspruch wird auch klar, daß keine Kongruenz oder gar Identität zwischen TG-Modellen und realen geistigen Tätigkeiten angesetzt werden darf, denn für den Erwerb und die Verwendung der Sprache durch den Menschen spielen zunächst andere Bedingungen als die der Ökonomie oder der Einfachheit der Beschreibung eine Rolle: biologische und neurophysiologische Vorgaben, kognitive Entwicklung, die wahrgenommene und erfahrene Welt sind u.a. Bedingungen für das Sprechen bzw. die Sprache. Und es dürfte außer Zweifel stehen, daß diese in Betracht kommenden Bedingungen nicht unmittelbar dem Prinzip der Einfachheit (in welchen Sinne auch immer) unterliegen.

Das Ökonomieargument kann daher nicht so ohne weiteres zugunsten einer Übernahme der Kasusgrammatik in die Fremdsprachengrammatik angeführt werden, da es für das menschliche Sprechen nicht dieselbe Relevanz hat wie für die maschinelle Verarbeitung. Vgl. jedoch folgende Zitate:

> It is interesting to note that the student of French who has been denied the generalization given above for change-of-state verbs faces an identical problem. He must memorize one by one each of the change-of-state verbs in both its transitive and reflexive form. However, if he is permitted this generalization, he need only learn one form of each verb in this group. Obviously this results in a fifty per cent reduction of memory load for this rather large group of verbs. (BROWN 1972: 369)

> The difficulty this presents to the language learner lies in the fact that, regardless of the method employed, he is forced to memorize exactly which verbs have this property, effectively doubling the demand of his storage. If, however, he is permitted to generalize that all verbs which must take two nouns, and which may be interpreted statively or non-statively select <u>de</u> in the stative sense and <u>par</u> in the non-stative sense, his memory capacity is freed for the acquisition of additional vocabulary, in addition to giving him more correct generalizations of the syntactic and semantic structures of French. (BROWN 1971: 243f).

Aber auch bei Zimmermann, der ansonsten bei der Frage nach der Brauchbarkeit des Kasuskonzepts sehr viel vorsichtiger und zurückhaltender den TG-Implikaten gegenüber ist, läßt sich erkennen, daß er solche ökonomischen Erwägungen auf den fremdsprachen-lernenden Menschen überträgt, wenn er als einen der Vorzüge der Kasusgrammatik für die Angewandte Sprachwissenschaft ansetzt, daß die "lexikalischen Eintragungen für Verben ... expliziter und ökonomischer" werden (ZIMMERMANN 1972: 169).

Hinter dieser soeben skizzierten Position steht die viel weitergehende Fehleinschätzung, beim (Fremd-)Sprachenlernen ginge es um das Lernen von Wörtern und um die Fähigkeit, Regeln anzuwenden mit dem Ziel, grammatisch wohlgeformte Ketten oder Sätze aus den Wörtern zu bilden. Für ein solches Ziel würden sich die Ökonomiebedingungen des TG-Models ja u. U. durchaus eignen. Wenn man aber davon ausgeht, daß das natürliche Sprechen einer Sprache, auch einer Fremdsprache, etwas zu tun hat mit Kommunikation, mit sozial und historisch definierbaren Situationen, in denen Menschen bestimmte Bedürfnisse haben und daraufhin sprachliche Handlungen ausführen, dann sind im Fremdsprachenunterricht andere bzw. weitergehende als die durch Kasusgrammatik und Transformationsgrammatik implizierten Bedingungen zu vermitteln.

5. Ich möchte noch einen letzten Punkt vorstellen, der mehrfach als Pluspunkt für die Kasusgrammatik ins Feld geführt wird, nämlich die angebliche Universalität der Kasusrelationen. Erste Bedenken hiergegen müssen einem schon kommen, wenn man an die oben vorgetragene Kritik an der Ungenauigkeit und Laschheit der Kasusdefinitionen denkt. Mit welchem Recht kann man da überhaupt Universalität postulieren?

Eine Äußerung Fillmores muß hier immer wieder als Beleg herhalten:

> The case notions comprise a set of universal, presumably innate concepts which identify certain types of judgements human beings are capable of making ...(FILLMORE 1968: 24).

Dieser Anspruch der Universalität wird Fillmore von einer Reihe Autoren allzu unkritisch abgenommen und als Pluspunkt für die Kasusgrammatik veranschlagt. Ziemlich vorsichtig drückt sich noch Zimmermann aus:

> Die Rollen [gemeint: Kasus] sind intuitiv faßbare übereinzelsprachliche Kategorien. (ZIMMERMANN 1972: 177).

Vgl. auch Platt:

> ... C. Fillmore discusses the dichotomy: language univer-

> sals versus language specific phenomena and claims universalitiy for his (deep structure) cases. He asserts that the syntactic functions of the surface structure (e.g. subject, object) are only language specific.
> This dichotomy between the functions of the surface structure and the cases of the deep structure proves to be extremely useful in contrastive studies, because it provides a model with which it is possible to investigate the degree of equivalence between two languages. (PLATT 1972: 32).

Sehr viel deutlicher noch spricht sich Nilsen aus:

> Fillmore proposed that the universal base component in linguistics consists of semantic cases ...
> Case grammar seems to me to be a very sound pedagogical tool for teaching English as a foreign language. In the first place it has a universal base. The cases and the case frames that we have been talking about in English are also present in the native languages of all EFL students. (NILSEN 1971: 293 u. 298).

Es soll also nicht nur so sein, daß eine Handvoll Kasus ausreichen, um die semantischen Relationen zu benennen, die innerhalb einer Sprache auftreten und ausgedrückt werden können. Vielmehr wird weiter unterstellt, daß diese kleine einheitliche Zahl zudem universale Gültigkeit besitzen soll. Eine solche Ansicht hat problematische Implikate: Wenn (fast) alle Sprachen diese zentralen abstrakten Relationen entwickelt haben, ist zu fragen, wie diese Sprachen, trotz uneinheitlicher ökonomischer, politischer und kultureller Entwicklungsbedingungen und Verwendungen zu dieser Gleichartigkeit gelangen. Entweder ist den verschiedenen Völkern ihre Sprache im (universalen) Endzustand eingehaucht worden, oder sie haben aufgrund der Bedingungen, die ihre Kommunikationsbedürfnisse bestimmen, ihre Sprache(n) entwickelt. Nimmt man letzteres als zutreffend an, dann ist es nicht sehr wahrscheinlich, daß inner- und zwischensprachlich eine so weitgehende Übereinstimmung erreicht wird, daß die zugrundeliegenden semantischen Relationen für alle kommunizierten Sachverhalte auf rund 10 Kasusrelationen reduziert werden können. Dabei muß vor allem die Tatsache zu kurz kommen, daß einzelne Sprecher oder Sprechergruppen spezifische Einschätzungen bestimmter Sachverhalte haben, die weitgehend definiert sind durch die Bedürfnisse und das Interesse, das sie mit diesen Sachverhalten verbinden. Eine fixe Zuordnung von semantischen Kasusrelationen zu bestimmten Verben verschleiert die Tatsache, daß nicht nur aufgrund von historischen, politischen gesellschaftlichen und kulturellen Standortunterschieden zwischen ganzen Völkern Unterschiede in den Sprachen dieser Völker bestehen, sondern auch innerhalb einer Sprachgemeinschaft zwischen Angehörigen unterschiedlicher politischer, sozialer und kultureller Gruppen. Es kommt noch hinzu, daß selbst ein einzelner Sprecher keine systematisch homogene Einschätzung der Sachverhalte und damit auch der Verwendung in der Sprache aufweist, sondern daß diese sich in Abhängigkeit vom jeweiligen Kommunikationsziel, der Partnereinschätzung etc. ändert.

Meine Kritik geht dahin, daß semantische Kasus als Einschätzungen von Sachverhalten durch einen Sprecher zu verstehen sind und daher nicht starr festgelegt und (universal) gleich sein können, und zwar weder für einen Sprecher in Bezug auf alle Vorkommen des gleichen Typs von Sachverhalten oder sogar auf die Vorkommen sehr unterschiedlicher Typen von Sachverhalten, noch für die "Verarbeitung" eines Typs von Sachverhalten durch verschiedene Personen mit unterschiedlichen Bedürfnissen und Interessen.

6. Bis hierher habe ich Argumente behandelt und kritisiert, die <u>für</u> die Kasusgrammatik als nützliche Theorie für den Fremdsprachenunterricht angebracht worden sind. Kritik und Gegenargumente sind jedoch bis hierher nicht fremdsprachenunterricht-spezifisch, sondern treffen die Theorie der Kasusgrammatik im allgemeinen. Welche spezifischen Argumente ergeben sich nun aus den Aufgaben und Bedingungen des Fremdsprachen-Unterrichts im besonderen?

Beim Erstspracherwerb steht die Angebundenheit des Sprechens an den jeweiligen kognitiven Entwicklungsstand außer Frage. Zwischen kognitiver und sprachlicher Entwicklung liegt ein dialektisches Verhältnis der Abhängigkeit vor. Der jeweilige Stand der Ausbildung sprachlicher Fähigkeiten und Aktivitäten ist somit immer gleichzeitig Ausdruck des sich fortentwickelnden Bewußtseins.

Anders sieht es aus beim Erlernen einer Fremdsprache. Zwar gibt es auch hier einen dem Erstsprachenerwerb vergleichbaren Entwicklungstyp, etwa wenn sehr kleine Kinder in eine fremdsprachige Umgebung versetzt werden und ganz oder partiell zweisprachig aufwachsen. Wenn der Zweitsprachenerwerb aber erst später einsetzt und zudem noch in der Form des gesteuerten Fremdsprachenerwerbs, kann man nicht mehr von einer gleichzeitigen und parallelen Entwicklung von Sprache und Bewußtsein ausgehen: der Lernende hat schon einen entwickelten kognitiven Stand erreicht, hat aufgrund seiner Erfahrungen ein seinen Lebensumständen und Interessen entsprechendes Bewußtsein entwickelt. Beim Prozeß des Fremdsprachenerwerbs steht er nun vor der Aufgabe, das eigene Bewußtsein, seine eigenen Analysen der Sachverhalte, die zudem mitgeprägt sind durch Vorgaben der Erstsprache, zum Ausdruck zu bringen in einer Sprache, über die er zunächst nur sehr fragmentarisch verfügt und die ansonsten von Personen mit ganz anderem soziokulturellem Zusammenhang, bzw. mit ganz erheblich divergierenden Zusammenhängen gesprochen wird.

Vorausgesetzt es trifft zu, wie ich oben und in PLEINES (1976: 39 ff) argumentiert habe, daß für die Bestimmung der semantischen Relationen in sprachlichen Äußerungen eine Analyse des Verständnisses und der Einschätzung der angesprochenen Sachverhalte durch den Sprecher notwendig ist, haben wir es hier mit einem zweifachen Problem zu tun:

a) mit der Übertragung der spezifischen kognitiven Erfahrungen des Lernenden auf eine andere Sprache;

b) mit der Tatsache, daß auch die Fremdsprache in ihrer natürlichen Verwendung nicht monolithisch ist, sondern daß auch sie sozial, kulturell etc. unterschiedenen Bedürfnissen und Interessen dient. Wie kann ein Fremdsprachenunterricht dieser doppelten Problematik Rechnung tragen? Sicherlich nicht dadurch, daß die falsche Vorstellung propagiert wird, die Grundlagen (Regeln) für eine Sprache seien für alle Verwendungszusammenhänge gleich, oder gar, diese Grundlagen seien auch von einer Sprache auf jede beliebige andere übertragbar. Diese Annahmen und in der Folge etwa die Reduzierung semantischer Relationen auf ca. 10 abstrakte Kasusrelationen unterschlagen zuviel von der Realität sprachlicher Handlungen.

Auch Hüllen sieht die Problematik dieses Vorgehens:

> Ob es sich bei den semantischen Kasus tatsächlich um universale Kategorien menschlichen Urteilsvermögens handelt, wie Fillmore erklärt, mag dahingestellt bleiben. Die Linguistik sollte sich hüten, das Englische zum Modell menschlicher Sprachvorgänge zu machen, nachdem das Lateinische aus dieser Stellung verdrängt wurde. Sicher aber treffen sie konzeptuelle Gemeinsamkeiten zweier so verwandter Sprachen wie Englisch und Deutsch. (HÜLLEN 1974: 41).

Der alte Fehler taucht aber am Ende des obigen Zitats wieder in der ursprünglichen Form auf: die genetische Verwandtschaft des Deutschen und des Englischen ist keineswegs, wie Hüllen insinuiert, Grund für die Annahme "konzeptueller Gemeinsamkeiten". Vor allem auch deswegen nicht, weil diese konzeptuellen Gemeinsamkeiten schon nicht intern für alle Englisch-Sprechenden existieren, sondern höchstens Wunschtraum eines bürgerlichen Sprachbegriffs sind.

Literatur

Teil A: Kasusgrammatik und Fremdsprachenunterricht.

BERNDT, Rolf (1970): "Transformational grammar and the teaching of English". Zeitschrift für Anglistik und Amerikanistik 18: 239-261.

BROWN, T. Grant (1971): "Pedagogical implications of a case grammar of French". International Review of Applied Linguistics 9: 229-244.

--- (1972): "Case grammar and the teaching of French". J. CASAGRANDE/B. SAZIUK (eds.) (1972): Generative studies in Romance languages. Rowley/Mass.: 362-375.

FINK, Stefan R. (1976): "Semantic-pragmatic aspects in foreign language pedagogy based on case grammar and valence theory". Linguistische Berichte 41: 77-87.

HÜLLEN, Werner (1974): "Zur linguistischen Begründung fremdsprachlicher Übungsformen". Linguistik und Didaktik 9: 32-41.

KREIDLER, Charles W. (1972): "Case grammar and language teaching". AILA 3d Congress Copenhagen Proceedings, vol. III: 436-450.

NILSEN, Don L.F. (1971): "The use of case grammar for teaching English as a foreign language". TESOL Quarterly 5: 293-299.

PLATT, Heidi (1972): "Case theory and its application to language teaching". ITL: Review of the Institute of Applied Linguistics 15: 31-45.

ZIMMERMANN, Rüdiger (1972): "Die Kasusgrammatik in der Angewandten und Kontrastiven Linguistik". International Review of Applied Linguistics 10: 167-178.

Teil B: Weitere zitierte Arbeiten.

BRUCE, B. (1975): "Case systems for natural language". Artificial Intelligence 6: 327-360.

BRUNER, Jerome (1975): "The ontogenesis of speech acts". Journal of Child Language.

EISENBERG, Peter (1976, im Druck): "Die Bedeutung semantischer Theorien für die künstliche Intelligenz". Studium Linguistik 2.

FILLMORE, Charles J. (1968): "The case for case". BACH/HARMS (eds.) (1968): Universals in linguistic theory. New York: 1-88.

--- (1971): "Some problems for case grammar". Ms.

PLEINES, Jochen (1976): Handlung, Kausalität, Intention. Tübingen: TBL.

SAMLOWSKI, Wolfgang (1976, im Druck): "Case grammar". CHARNIAK/WILKS (eds.): Computional semantics. Amsterdam.

ZUR GRAMMATIK FRÜHKINDLICHEN SPRECHENS

Ingeborg Singendonk-Heublein

In meinem Beitrag geht es um die erste Phase kindlichen Sprechens, die gegen Ende des ersten Lebensjahres beginnt und etwa ein halbes Jahr dauert. Die in dieser Phase geäußerten einzelnen Lautkomplexe - wie z.B. das sehr häufige [mama] - werden allgemein als das erste echte Sprechen interpretiert.

Formal gesehen besteht der Unterschied zu den vorherigen Lautproduktionen vor allem darin, daß die Äußerungen jetzt bestimmte, einzeln hervorgebrachte, phonetisch konstante Lautkomplexe sind. Bezüglich der Funktion ist das wesentlich Neue der - wenn auch noch unbestimmte - Bezug der Lautkomplexe auf einen Sachverhalt, eine Situation, einen Gegenstand oder anderes. Bis dahin konnte das Kind mit seinen lautlichen Äußerungen bereits sein Befinden kundtun und auch Absichten - vor allem Aufforderungen - durch Intonation differenziert zum Ausdruck bringen. Wenn dann zu diesen kommunikativen Funktionen die intellektuelle, symbolische Funktion hinzutritt, ist die Sprache in ihrer grundlegenden Qualität entwickelt.

Im folgenden geht es um Probleme der grammatischen Analyse dieses ersten Sprechens.

Eine der ersten Untersuchungen zur Ontogenese der Sprache ist die von Clara und William STERN (1928) über die Sprachentwicklung ihrer Kinder. - Im ersten Teil ihres Buches analysieren sie die ersten Sprachäußerungen als "Wortschatz" und ordnen diesen nach "Objekten", "Tätigkeiten", "Interjektionen". Damit wird zwar nicht direkt eine wortklassenmäßige Bestimmung vorgenommen, jedoch quasi eine entsprechende kategorielle Gliederung beim Kind vorausgesetzt. Für die folgende Entwicklungsphase der $1^{3}/4$jährigen Kinder werden die Lautkomplexe dann bereits explizit als "Substantiva", "Verben", "Interjektionen", "Adverbien", "Pronomen" und "Konjunktionen" analysiert, obwohl die Sterns dazu anmerken müssen:

> Die Einteilung in Wortklassen geht übrigens oft genug nicht ohne Schwierigkeiten oder gar Gewaltsamkeit ab; denn immer

> noch wohnt den Wörtern eine große Vieldeutigkeit inne. (STERN / STERN 1928: 25f.)

In einem späteren Kapitel ihres Buches, wenn es um die syntaktische Beschaffenheit, um die innere Struktur dieser Äußerungen geht, wird der vorgenommenen wortklassenmäßigen Analyse entschieden widersprochen:

> die Frage, welcher Wortklasse die ersten Kindesäußerungen angehören, [ist] schon falsch gestellt. Die soeben gemachte Scheidung zwischen Interjektionen und Substantiven gilt lediglich für die äußere Betrachtung der grammatischen Form; psychologisch ist sie nicht berechtigt. Die Spracheinheiten des Kindes gehören überhaupt keiner Wortklasse an, weil sie keine Einzelworte, sondern satz-artige Gebilde sind. Denn ein Wort ist der Ausdruck für einen einheitlichen Bedeutungstatbestand; ein Satz dagegen ist der Ausdruck für eine einheitliche ... Stellungnahme zu einem Bedeutungstatbestand. (STERN / STERN 1928: 179)

In der weiteren funktional orientierten Argumentation wird die satzmäßige Bestimmung untermauert und der Terminus "Einwortsatz" eingeführt, der in den weiteren Arbeiten allgemein zur Bezeichnung dieses sprachlichen Phänomens übernommen wird.

Wie ist es zu erklären, daß die Sterns in ihrer Untersuchung zu derart widersprüchlichen Ergebnissen kommen konnten? Folgen wir den zitierten Ausführungen, so ist die unterschiedliche Analyse der Grund: zum einen fand eine "äußere Betrachtung der grammatischen Form" statt und zum anderen eine - wie die Autoren es nennen - "psychologische" Betrachtung.

Sehen wir uns das Ergebnis der "äußeren Betrachtung der grammatischen Form" genauer an: die ersten Lautkomplexe wurden als Wörter nach "Objekten", "Tätigkeiten" und "Interjektionen" eingeteilt. Unter "Objekten" erscheint z.B. die Äußerung gagack, die folgendermaßen erläutert ist: "Nachahmung des Geschnatters und unseres vorgesagten Quack-quack". Die Äußerung atzatz dagegen erscheint unter "Tätigkeiten"; sie ist erläutert: "Wenn Hilde spielend ein kleines Portemonnaie zuknapst, sagten wir knaps; daraus entstand ihr vielgebrauchtes atzatz". Und als "Interjektion" wird die Äußerung ss-ss analysiert; zu ihr findet sich der Kommentar: "Hilde hob den Zeigefinger in die Höhe, wenn sie die Uhr, Musik oder ein Geräusch hörte und sagte lauschend ss-ss" (STERN / STERN 1928: 22f.).

Diesen Erläuterungen nach könnten alle drei Äußerungen sowohl den "Objekten" als auch den "Tätigkeiten" und den "Interjektionen" zugeordnet werden. Die Zuordnung zu einer der Kategorien erfolgt jedenfalls mehr oder weniger willkürlich bzw. "nicht ohne Gewaltsamkeit", wie die Sterns selbst vermerken.

Diese Willkür bzw. Gewaltsamkeit bei der Interpretation der kindlichen Sprachformen ist meiner Ansicht nach folgendermaßen zu erklären: Bei der nur äußerlichen Betrachtung der kindlichen Sprache werden die Sprachformen von ihrer Funktion in der Situation isoliert; sie werden aus der Umgebung, die ihre Bedeutung differenziert, herausgerissen. Wenn dann nur noch die äußere Seite des sprachlichen Ausdrucks zur Analyse steht, eröffnet sich dem Sprachwissenschaftler kein anderer Verständnishintergrund mehr als vorgegebenes Kategorienwissen zur Vollsprache.

Die äußere Form der Einwortsätze entspricht der äußeren Form von Wörtern der entwickelten Sprache. Wenn nicht berücksichtigt wird, daß die Formen funktional gesehen in anderen Systemen stehen, scheint die Kategorie des Wortes und der Wortklasse auf den kindlichen Lautkomplex übertragbar. Diese Kategorien erfassen jedoch nicht nur die äußere Seite der Form, sondern vor allem ihre funktionale Seite, ihre Rolle bei der sprachlichen Materialisierung der Erkenntnis, ihre syntaktische Verwendungsweise usw.

Die Gefahr der Vernachlässigung dieser inhaltlichen Seite ist bei der grammatischen Analyse groß. Sie ist ja Analyse der Formmittel der Sprache und wird leicht zu einer formalen Analyse im Sinne einer nur äußerlichen Betrachtung.

Kategorien anderer Herkunft drängen sich jedoch nicht nur aufgrund von Unachtsamkeit gegenüber der inhaltlichen Seite der Sprachform in die Analyse. In einigen neueren Untersuchungen verstellen bestimmte vorgegebene Denkmodelle von vornherein jede andere Verstehensperspektive.

So in transformationsgrammatisch orientierten Arbeiten wie z.B. der von McNEILL (1970). Ausgehend von einer funktionalen Äquivalenz von kindlichen Äußerungen und Sätzen Erwachsener schließt er auf ihre strukturelle Identität. Diese Identität wird allerdings nur für die vorgestellten Tiefenstrukturen angenommen. Daher ist es unproblematisch, daß die Struktur der kindlichen Äußerungen der Erscheinung nach ganz offensichtlich sehr verschieden ist von Sätzen entwickelten Sprechens. Die Oberflächendifferenzen werden als Ergebnisse sekundärer Transformationsprozesse erklärt. - Angesichts der Kenntnisse, die wir aus umfassenden entwicklungspsychologischen Forschungen über die spezifische Undifferenziertheit des kindlichen Denkens dieser Phase haben, beeindruckt die Willkürlichkeit, mit der diese Interpretation syntaktisch differenzierte Tiefenstrukturen behauptet.

Bisher hat sich als Gefahr bei der formalen Analyse die funktional unbegründete Übernahme vorgegebener Kategorien gezeigt. Beim Studium der Forschungen wird als ein anderes Problem der formalen Analyse deutlich, daß wahrscheinlich wesentliche Formmittel des Kindes nicht erkannt werden, weil sie in Grammatikmodellen der Vollsprache nicht vorkommen. Die Aufmerksamkeit des Sprachwissenschaftlers ist auf die bekannten Strukturen ausgerichtet, so daß spezifisch andere beim Kind übersehen werden.

Das fällt z.B. an der von LENNEBERG (1967) entwickelten Grammatik der Einwortsätze auf. Der Autor berücksichtigt keine weiteren Formmittel als die Lautkomplexe selbst. Sie werden lexikalisch als Einheiten ohne distinktive semantische Eigenschaften bestimmt, syntaktisch gesehen ordnet er sie einer undifferenzierten Kategorie zu. Die gesamte Grammatik ist repräsentiert in der Regel: S → W ("ein Satz S wird durch den Gebrauch eines Wortes der Klasse W gebildet, alle Wörter des Kindes gehören zu dieser Klasse" (LENNEBERG 1967, zit. nach LEUNINGER / MILLER / MÜLLER 1972: 150). Dieses Modell erfaßt nicht einmal die schon vor dem eigentlichen Sprachbeginn ausgebildeten Formmittel der Redeabsicht, nämlich den spezifisch unterschiedlichen Sprechtonfall der Äußerungen des Kindes.

In dem Grammatikmodell von Hans RAMGE (1973) ist die Intonation berücksichtigt. Er erklärt die Generierung der Einwortsätze durch die Regel S → W + I (wobei W die Klasse aller vom Kind erworbenen sprachlichen Zeichen (Wörter) und I die Klasse der Intonationsmerkmale ist) (RAMGE 1973: 70). Ramge selbst problematisiert an seinem Modell, daß der Aufforderungsmarker (!) mit expressiv-betonter Feststellung identisch sein kann. So kann der Einwortsatz <u>ball!</u> (mit aufforderndem Tonfall) sowohl 'Da ist der Ball!' als auch 'Ich will den Ball haben!' bedeuten.

Das Modell ist jedoch vor allem in viel grundlegenderer Hinsicht unbefriedigend: Es erfaßt wesentliche Funktionen der kindlichen Äußerungen nicht, wie z.B. die Funktion der affektiven Stellungnahme. Sie wird durch die musikalischen Formmittel realisiert. Es müßte also der Einsatz von Tempo, Tonfall, Sprachmelodie und Vokalisation untersucht werden, um diese Funktion grammatikalisch zu erfassen.

Bis jetzt habe ich die Probleme der grammatischen Analyse kindlichen Sprechens in der Weise erörtert, daß die Schwächen der formalen Analyse deutlich wurden. Die kindliche Sprache wurde grammatisch nur erfahrbar innerhalb der Denkmodelle zur entwickelten Sprache. Nun will ich versuchen, die weiteren Überlegungen auf ein Konzept von Analyse zu richten, bei dem sich unsere Wissenschaft nicht selbst im Wege steht.

Ich gehe davon aus, daß die Sprachentwicklung nicht als Selbstentfaltung des Sprachsystems aufgefaßt werden kann. Das Kind entwickelt vielmehr die Sprache, weil es sie braucht. Die Ausdrucksnotwendigkeit fordert, daß die Leistungen der Sprache effektiver werden. Unter diesem Druck entwickelt das Kind die sprachlichen Mittel. So gesehen besteht ein Primat der Funktion über die Struktur: die Formmittel der Sprache haben ihren Sinn in der Realisierung bestimmter Funktionen. Das heißt, daß sie nur in dieser Verbindung sinnvoll untersucht werden können.

Zum Verhältnis von Funktion und Struktur ist wichtig, daß es nicht als eindeutige Zuordnung zu verstehen ist. So kann z.B. die Funktion der Materialisierung eines Gedankens durch unterschiedliche sprachliche Strukturen realisiert werden, was sich darin zeigt, daß wir aus einer Sprache in eine andere übersetzen können.

Wenn die Formen in ihrer unauflöslichen Verbindung mit den Funktionen, die sie realisieren, gesehen werden, lassen sich für die Untersuchung der kindlichen Sprachformen einige Konsequenzen zusammentragen, die die Perspektive der Untersuchungen bestimmen:

1) Die grammatische Untersuchung der kindlichen SPrache kann nicht bei den Formen beginnen. Zunächst muß über eine Analyse des in der Kommunikation erfahrenen Sinnes vieler Sprachäußerungen ein klares Bild über ihre Leistungen im einzelnen entstehen. Wenn wir die unterschiedlichen Funktionen kennen, können wir zielstrebig die Formen aufsuchen, in denen sie ausgedrückt sind.

Beim Auffinden der Leistungen der kindlichen Sprache kann die Sprachwissenschaft auf ergiebige entwicklungspsychologische Forschungen zurückgreifen. Aus dem Wissen über den Entwicklungsstand der psychischen Funktionen resultieren wesentliche Hinweise für die Interpretation der Leistungen der sprachlichen Formen. Wenn wir z.B. wissen, daß das Kind noch keine entsprechende kategorielle Erkenntnis hat, werden wir nicht versuchen, seine Spracheinheiten nach Wortarten zu bestimmen. Wie wichtig es ist, das vollständige System der Funktionen einer Sprache zu berücksichtigen, wenn es um die Einschätzung ihres Systems geht, zeigt sich bei der Hypothese von Karl BÜHLER (1965) über den Systemcharakter der kindlichen Einwortsätze. Er vergleicht dieses kindliche Sprechen mit der im Schiffsverkehr benutzten Flaggensprache. Die Flaggensprache ist ein einklassiges System. Jeder Flaggensatz besteht zwar aus einzelnen Merkzeichen, diese haben jedoch für sich keinen Sinn. Sinn kommt nur der Komplexion als solcher zu. Das Charakteristische dieses Systems ist "darin zu erblicken, daß nichts von irgendeiner Gliederung des Signalsinnes an den sinnlich wahrnehmbaren Zeichen in Erscheinung tritt", und bezogen auf das kindliche Sprechen führt er aus:

> Solange das Kind nichts anderes als seine jedem Beobachter wohlbekannten, bequemen "Einwortsätze" verwendet, verfährt es damit ungefähr ebenso global wie ein Kapitän oder Signalmaat mit seinen Flaggen; soweit nämlich, als man von der musikalischen Modulation dieser Verkehrszeichen absieht und absehen darf. (BÜHLER 1965: 72)

Eine Erklärung, wieso man von den musikalischen Formmitteln absehen darf, gibt Bühler allerdings nicht. Aber was bei der kindlichen Sprache geschieht, können wir verfolgen: Die musikalischen Formmittel realisieren vor allem die Funktionen der Kundgabe und des Appells - um Bühlers Terminologie zu verwenden -, also die Funktionen des kommunikativ-pragmatischen Bereichs. Indem er sie unberücksichtigt läßt, eliminiert er einen für die Sprache konstitutiven Bereich von Funktionen und zerstört er die Sprache in ihrer grundlegenden Qualität. Gerade die kommunikativ-pragmatischen Funktionen sind schon weit entwickelt und bilden - das ist vor allem wichtig - die Basis für die Entwicklung der gerade erst entstehenden Darstellungsfunktion, denn nur auf dem Boden der subjektiven Bedeutsamkeit der angesprochenen Sachverhalte entwickelt sich die Erkenntnis des Kindes über ihr objektives Sein. Aufgrund dessen wäre es auch nicht möglich - was Bühler mit seiner Hypothese wohl vorhatte -, die Darstellungsfunktion der frühkindlichen Sprache für sich genommen und ohne Berücksichtigung der anderen Funktionen zu analysieren. Darauf werde ich im folgenden noch zurückkommen.

2) Ich habe gerade den Entwicklungsstand bzw. die Entwicklung der Funktionen der Sprache erwähnt. Damit ist ein zweiter Bereich der Konsequenzen angesprochen. Beim kindlichen Sprechen ist nicht nur das Sprachsystem noch nicht ausgebildet, sondern auch die Funktionen der Sprache sind in Entwicklung. Wenn wir also funktionale Äquivalenz der Einwortsätze des Kindes mit den Sätzen Erwachsener feststellen, dann heißt das nicht, daß die Funktionen dieser Äußerungen im einzelnen einander entsprechen.

Für die kommunikativ-pragmatischen Funktionen können wir teilweise bereits eine enge Entsprechung feststellen. Wir erfahren die kindlichen Äußerungen ganz klar als Wünsche, Befehle oder Fragen und finden als sprachliches Ausdrucksmittel dieser pragmatischen Funktionen die Intonation ausgebildet, die auf die gleiche Weise auch im entwickelten Sprechen wesentlich die Redeabsicht zum Ausdruck bringt.

Die beim Kind in den musikalischen Formmitteln realisierte expressive Funktion wird im entwickelten Sprechen durch dieselben Mittel (wenn auch nicht nur durch diese) realisiert. Gerade diese musikalischen Formmittel sind allerdings in den Grammatiken bislang nicht systematisch analysiert.

Dagegen besteht die logisch-semantische Darstellungsfunktion der Sprache erst in allgemeinster Hinsicht; wesentliche qualitative Differenzierungen stehen noch aus, so daß kaum von funktionaler Äquivalenz gesprochen werden kann. Ich möchte die Darstellungsfunktion des kindlichen Sprechens und ihre Formmittel an einem Beispiel analysieren und zitiere zur Veranschaulichung zunächst eine Beobachtung aus den Untersuchungen der Sterns:

> Er [der Knabe] hatte damals eine besondere Vorliebe für Steine, besonders für die großen Steine, aus denen unsere Kirchhofsmauer gebaut ist. Um nun 'große Steine' auszudrücken, wenn wir an der Mauer vorbeikamen, sprach er sein Wort teinn = Stein so laut, tief und langgezogen, mit großen Augen und rundem Mund, daß man daraus deutlich

> den Ausdruck freudiger Bewunderung der Größe hörte. Beim Anblick junger Bäume sagte er baum ganz kurz, mit hoher Stimme, mit kleingekniffenen Augen, krausgezogenem Näschen und Mund und dem Ausdruck des Entzückens über die Kleinheit und Niedlichkeit der Bäume. (STERN/STERN 1928: 184)

Das Kind stellt hier mit Hilfe von Lautsymbolik dar, daß den durch einen bestimmten Lautkomplex angesprochenen Gegenständen die Merkmale [groß] oder [klein] zukommen. Bei der grammatischen Analyse der Form-Opposition "dunkler, langgezogener Ton" - "hoher, kurzer Ton" können wir diese jedoch nicht als Kategorie der Merkmalzuschreibung interpretieren; dazu ist die Leistung nicht allgemein genug. Die wesentliche Funktion dieses lautsymbolischen Formmittels ist der Ausdruck der Gefühle der Bewunderung und des Entzükkens. Eingebettet in die gefühlsmäßige Verarbeitung des mit der Äußerung angesprochenen Sachverhalts findet sich eine erste Merkmalsdifferenzierung. Diese ist jedoch noch in keiner Weise verallgemeinert. Sie betrifft das Merkmalpaar [groß] - [klein] im Rahmen der Bewunderung von Großem und des Entzückens über Kleines, und daher wird diese Merkmalzuschreibung zunächst auch nur in Bezug auf ganz bestimmte für das Kind bedeutsame Sachverhalte erkannt und zum Ausdruck gebracht. Dennoch ist es wesentlich, gerade die Genese solcher Funktionen und ihrer Formmittel zu analysieren. Wir können dabei beobachten, wie im Rahmen einer bereits entwikkelten Sprachfunktion und mit ihren Mitteln das Denken eine neue Operation ausführen kann. Wird diese in Bezug auf unterschiedliche Sachverhalte und immer wieder ausgeführt, dann erlangt sie eine Verallgemeinerung, die sie als eine selbständige Funktion qualifiziert. Sie verlangt dann nach einer effektiveren sprachlichen Materialisierung und tritt in einer neuen sprachlichen Form als eigenständige Kategorie in Erscheinung.

3) An der eben analysierten Beobachtung wird auch deutlich, was als dritter Punkt festgehalten werden soll. Bei der Analyse sich entwickelnder Sprache hat die Tatsache, daß die Verbindung zwischen Funktion und Form nicht eindeutig ist, besondere Bedeutung. Einerseits werden mit der Entwicklung und Differenzierung der Funktionen die bereits vorhandenen Formmittel in neue Dienste gestellt; andererseits werden neue Ausdrucksmittel entwickelt, die bislang auf andere Weise realisierte Funktionen übernehmen können.

Auf der Stufe der Einwortsätze kann das Kind z.B. das Befinden des Sattseins, das bis dahin nur in der musikalischen Ausformung seines Lallens Ausdruck fand, durch einen Lautkomplex darstellen. Dieser Lautkomplex übernimmt als eine bestimmte feste Lautfolge die Funktion des Bedeutens von 'ich bin satt'. Hier übernimmt eine neue Form die Realisierung einer schon vorhandenen Funktion. Dabei wird die Funktion weiterentwickelt. Das Kundtun des Befindens wird zu einem Darstellen des Befindens.

Wohl bei allen Kindern sind in dieser Phase Reduplikationen zu beobachten. Die Form des Wiederholens ist schon vor dem Sprachbeginn ausgebildet: das Kind wiederholt seine Lautfolgen, die sein Befinden kundtun, immer wieder, ebenso wie das entsprechende Befinden andauert. In der Phase der Einwortsätze kann dann die Reduplikation eingesetzt werden, um ein noch undifferenziertes qualitatives oder quantitatives Mehr auszudrücken. Das kann das Andauern eines Vorgangs, eine Vielheit oder eine andere Steigerung betreffend den angesprochenen Sachverhalt sein. Dabei findet eine gewisse Modifizierung der Form statt. Die Reduplikation wird beschränkt auf ein- oder zweimaliges Wiederholen.

4) Ein vierter Bereich von Konsequenzen einer funktionalen Analyse bezieht sich darauf, daß die Analyse der Formen kindlicher Sprache - wenn nicht überhaupt jeglichen Sprechens - nicht auf den sprachlichen Bereich beschränkt bleiben kann. Die kommunikativen Funktionen oder die Darstellungsfunktion können nicht als nur sprachliche abgegrenzt werden. Im Vordergrund steht die Effektivität der Mitteilung. Das Handeln, bestimmte Verhaltensweisen, Gestik und Mimik sind an jeder Mitteilungssituation von vornherein beteiligt. Die Sprache kommt dazu, weil sie zweckmäßiger ist, also z.B. weniger aufwendig als eine Handlung.

Das heißt nun nicht, daß die Analyse unermeßlich ausgeweitet wird. Diese Überlegungen sollen lediglich die Perspektive der Untersuchung bestimmen. Sie kann nicht von mehr oder weniger zufällig entdeckten sprachlichen Formen, sondern muß von der Tatsache der gelungenen Kommunikation ausgehen. Analysiert wird der erfahrene Sinn der Mitteilung (also die auf welche Weise auch immer realisierten Funktionen); dann wird gefragt, welche Elemente der Mitteilung durch die Sprache übermittelt werden, in welcher Weise dies geschieht, welche Elemente durch andere Aktivitäten des Sprechenden zum Ausdruck kommen und welche Bedeutungsdifferenzierungen schließlich durch die Gegebenheiten der Situation und durch das Vorwissen der Beteiligten erfolgen.

In ihrer Untersuchung über die Entwicklung eines sprachlich stark retardierten Zwillingspaares kennzeichnen LURIJA/JUDOWITSCH das anfängliche Sprechen dieser Kinder, das in der hier relevanten Hinsicht den Einwortsätzen vergleichbar ist, folgendermaßen:

> Es ist wichtig zu erkennen, daß dieses "synpraktische" Sprechen keine eigenständige Grammatik haben kann, daß die "Grammatik" dieses autonomen Sprechens faktisch des Kindes konkrete Aktivität als Ganzes ist. Das Wort spielt manchmal selbst die Rolle eines Objekts (während das Subjekt in der konkret-aktiven Situation bleibt); oder das Wort bezeichnet ein Objekt, über das gesprochen wird, während das Subjekt durch konkrete Gesten und Handlungen des Kindes ersetzt wird. (LURIJA/JUDOWITSCH 1970: 77)

Diese Ausführungen unterstützen meine obigen Überlegungen. Die sprachlichen Formmittel des Kindes müssen in ihrer "Einbettung" (ein Terminus der Sterns) begriffen werden. Ob diese Einbettung allerdings generell so erklärt werden kann wie in dem Zitat von Lurija/Judowitsch, ist die Frage. Nach ihrer Darstellung tritt die Äußerung zu einem Teil der Handlung als Bezeichnung hinzu oder ersetzt einen Teil der Handlung. Nimmt man ihre Begriffe von Subjekt und Objekt als grammatische Kategorien, so könnte man bezüglich der Struktur der Äußerungen leicht zu der Hypothese kommen, daß es sich um Ellipsen handelt. Das aber ist falsch. Die kindlichen Einwortsätze sind eher mit eingliedrigen Sätzen erwachsener Sprecher vergleichbar wie z.B. mit dem Ausruf Feuer!. Für solche eingliedrigen Sätze ist ebenso wie für die kindlichen Einwortsätze der gefühlsmäßige Charakter ausschlaggebend, der durch die Stimmführung zum Ausdruck kommt. MOSKALSKAJA (1975), auf deren Grammatik der deutschen Gegenwartssprache ich mich hier beziehe, schreibt dazu:

> Wir sehen also, daß das Hauptglied eines eingliedrigen Satzes ohne finite Verbform an keinen festen Satzgliedwert gebunden ist und nicht als Satzteil, sondern als Satzganzes zu betrachten ist. Er gibt in eingliedriger, globaler Art ganze Aussagen wieder, die berichten, schildern, werten, auffordern, warnen können.
> Die Vollständigkeit der Aussage bei ungegliederter, globaler Ausdrucksweise unterscheidet den eingliedrigen Satz

als Vollsatz von einem elliptischen (unvollständigen) Satz, dessen Vollform aus dem Satzzusammenhang rekonstruiert werden kann. (MOSKASLSKAJA 1975: 280)

Diese Darstellung von Moskalskaja legt nahe, die eingliedrigen Sätze im entwickelten Sprechen als erhalten gebliebene frühkindliche Ausdrucksform aufzufassen.

5) Abschließend möchte ich einen Aspekt der funktionalen Analyse kindlicher Sprache zur Diskussion stellen, der für die Erklärung der entwickelten Sprache wichtig wird. Wenn bei der Analyse der kindlichen Sprachformen die bedeutungsdifferenzierenden Wirkungen der Situation erfaßt werden, dann zeigt sich, wie mit der Entwicklung die Funktionen nichtsprachlicher Ausdrucksmittel durch sprachliche Mittel übernommen werden können, wie eine schrittweise Befreiung des Sinnes der Äußerung aus den Umständen der Situation möglich wird. Ich komme damit auf Ausführungen von K. BÜHLER (1965) zu sprechen, die bei ihm allerdings auf das System der Vollsprache bezogen sind. Er erörtert in seiner Sprachtheorie die Leistungen von Zeigefeld und Symbolfeld der entwikkelten Sprache, die sich in der unterschiedlichen Situationsgebundenheit sprachlicher Äußerungen zeigen. Dabei konzipiert er als eine grundlegende Aufgabe der Grammatikforschung zu analysieren, was sprachlich geschieht bei dem Prozeß der schrittweisen Befreiung des Satzsinnes aus der Situation.

Was hier bei Bühler innerhalb des entwickelten Systems synchron angesprochen ist, kann in der kindlichen Sprachentwicklung in seiner Ontogenese beobachtet werden. Die Einsichten, die wir bei der Analyse der Entwicklung von Ausdrucksfunktionen und -formen beim Kind gewinnen, werden das Verständnis der komplexen sprachlichen Phänomene des entwickelten Sprechens vorantreiben.

Literatur

BÜHLER, Karl (1965): Sprachtheorie. Die Darstellungsfunktion der Sprache. Stuttgart: Gustav Fischer.

LENNEBERG, Eric H. (1967): Biological foundations of language. New York: John Wiley. - Übers.: Biologische Grundlagen der Sprache. Frankfurt/M.: Suhrkamp 1972.

LEUNINGER, Helen / MILLER, Max H. / MÜLLER, Frank (1972): Psycholinguistik. Ein Forschungsbericht. Frankfurt/M.: Fischer Athenäum.

LURIJA, Aleksandr R. / JUDOWITSCH, F.I. (1970): Die Funktion der Sprache in der geistigen Entwicklung des Kindes. Düsseldorf: Schwann.

MCNEILL, David (1970): The acquisition of language. The study of developmental psycholinguistics. New York: Harper & Row.

MOSKALSKAJA, O. (1975): Grammatik der deutschen Gegenwartssprache. Moskau.

RAMGE, Hans (1973): Spracherwerb. Grundzüge der Sprachentwicklung des Kindes. Tübingen: Niemeyer.

STERN, Clara / STERN, William (1928): Die Kindersprache. Eine psychologische und sprachtheoretische Untersuchung. Unveränd. reprograph. Nachdruck der 4., neubearb. A. (Leipzig 1928). Darmstadt: Wiss. Buchgesellschaft 1975.

SYNTAXMODELLE UND GRAMMATIKUNTERRICHT
Anregungen der Logischen Grammatik für die Sprachdidaktik

Wolfgang Sucharowski

1. Einleitung

In der kritischen Auseinandersetzung mit der traditionellen Grammatik sagt F.v. Kutschera:

> Die traditionelle Grammatik weist zwar eine Fülle von Regelmäßigkeiten der Sprache auf, diese Regelmäßigkeiten gelten aber meist nicht streng, sondern sie gelten in nur exemplarisch aufgewiesenen Fällen, in anderen, ebenfalls nur durch Beispiele aufgewiesen und meist sehr zahlreichen Fällen gelten sie aber nicht. Aussagen ... bleiben in den meisten Fällen entweder zu vage oder gelten nicht uneingeschränkt. (KUTSCHERA 1971: 48)

Ein Unterricht, der sich auf eine so konzipierte Grammatik stützt, kommt daher nicht oder nur unter großen Schwierigkeiten ohne Widersprüche der Darstellung aus. Für den Schüler hat das zur Konsequenz, daß er etwas, das als richtig erkannt wurde, einschränken muß bzw., durch eine neue Perspektive bedingt, korrigieren muß. Im Schulalltag heißt das, daß die Ausnahme die Regeln bestätigen kann oder daß Begriffe einen mehrdeutigen Umfang haben können.

Ein grammatisches Konzept, das in diese Schwierigkeiten nicht führt, sieht Kutschera in der logischen Grammatik. Er kommentiert dazu:

> Es mag in manchen Punkten nicht vollständig adäquat sein - um Freges Diktum zu wiederholen: die natürliche Sprache ist eben nicht nach dem logischen Lineal gemacht - aber wir sind der Auffassung, daß das Modell trotz seiner Einfachheit im wesentlichen adäquat ist, daß es das einzige wirklich exakte Grammatikmodell ist, das es gegenwärtig gibt, und daß die logischen Strukturen die grundlegenden Strukturen der Sätze sind, von deren Analyse jede adäquate Grammatik ausgehen muß. (KUTSCHERA 1971: 88)

Vom Standpunkt der Sprachdidaktik aus läßt sich daher fragen, ob ein solches Konzept mögliche Anknüpfungspunkte an die Tradition der Schulgrammatik bietet. Wenn sich ein solcher findet, dann ist zu prüfen, ob für die Schulgrammatik speziell Möglichkeiten aus diesem Ansatz entwickelt werden können. Dabei wird zu beachten sein, ob nicht der theoretische Anspruch des Modells zu neuen und größeren Komplikationen führt als die bisherige Schulgrammatik.[1]

2. Der Satz und seine Bedeutung

Einen wichtigen Anknüpfungspunkt an die logische Grammatik bietet für die Schulgrammatik die Tatsache, daß eine zentrale grammatische Kategorie für die Schulgrammatik der Satz war und noch immer ist.[2] Ihm versuchte man auf die verschiedensten Weisen beizukommen. Dabei ist auffallend, daß die logische[3] Erfassung immer eine große Bedeutung gespielt hat.[4] Als Problem erwies sich aber, daß nicht die Satzbedeutung zum Gegenstand des Interesses gemacht wurde, sondern eine logische Analyse als Mittel eingesetzt wurde, um Einzelteile des Satzes herauszufinden und zu klassifizieren.[5]
Als weiteres Problem ist das intuitive Vorgehen bei der Analyse anzusehen, das starke subjektive Züge in die Beschreibung hineingetragen hat.[6]
Diesen ist man durch die Rezeption des Strukturalismus und der von ihm angebotenen operationalen Verfahren entgegengetreten. Die Verfahren aber, die eine Objektivierung der Analyse ermöglichten, führten noch mehr von der Einheit des Satzinhalts weg und ordneten der Satzbedeutung nur noch sekundäre Funktion zu. Sie nahm eine Hilfsfunktion ein, wenn die Satzteilanalyse ohne sie nicht mehr durchführbar war.
Das Ziel der Satzbeschreibungen blieb, und damit ganz in der Tradition bleibend, die Bestimmung der Einzelteile des Satzes und ihre Klassifikation.[7]

Wenn wir aber davon ausgehen, daß Sprache primär ein Kommunikationsmittel ist, dann hat eine Grammatik, die sich nur mit dem Sortieren von Sprachmaterial beschäftigt, eine begrenzte Relevanz für den Sprachunterricht. Ohne die Notwendigkeit der Klassifikation leugnen zu wollen, ist ein grammatisches Konzept dann vorzuziehen, wenn es diesen Aspekt in einen Rahmen einbetten kann, der der Bezeichnungsfunktion der Sprache einen übergeordneten Stellenwert zuweist.

Versuche in neuerer Zeit deuten auf verschiedene Wege hin, die diesen Bedingungen genügen könnten. So ist ein Neuansatz aus der Perspektive der funktionalen Sprachbetrachtung denkbar.[8] Ein anderer Weg, der sprachdidaktisch bisher undiskutiert geblieben ist, ist die formal-logisch orientierte Grammatiktheorie, auf die F.v. Kutschera in seinen Ausführungen verwiesen hat.[9] Ihr hoher theoretischer Anspruch verführt allerdings sehr leicht zu einer voreiligen Ablehnung, ohne daß eingehender geprüft wurde, welche Bedeutung für das Sprachverständnis ihr, auch im Hinblick auf den Schüler, zukommen kann.[10]

In den nachfolgenden Ausführungen soll daher gezeigt werden, wie Anregungen, die beim Studium logisch konzipierter Grammatiken gewonnen wurden, den gegenwärtigen Grammatikunterricht in der Sekundarstufe I bereichern können und auf lange Sicht möglicherweise zu einem umfassenderen Verständnis von Sprache hinführen.[11]

3. Der Wahrheitswert als Satzbedeutung

Die grammatische Analyse des herkömmlichen Grammatikunterrichtes besteht in der Benennung sprachlicher Ausdrücke im Hinblick auf die Wort- oder Satzlehre, wobei beides oft nicht klar voneinander geschieden wird.[12] Der Schüler hat dabei zweierlei zu leisten. Er muß die sprachlichen Ausdrücke korrekt klassifizieren und er muß sie richtig benennen.
Beides ist auf Gedächtnisleistungen zurückzuführen. Es erfolgt somit keine Beobachtung dessen, was Sprache leistet, sondern es werden Feststellungen hinsichtlich bestimmter Klassifikationssysteme getroffen. Sprachverstehen in einem solchen Modell heißt, verstehen, wie Elemente der Sprache mit Termini der Grammatiksprache benannt werden, um dadurch zu beweisen, daß man korrekt klassifizieren kann.
Die verschiedenen Funktionen, die für die Sprache konstitutiv sind, bleiben bei einer solchen Sehweise unberücksichtigt.[13]
Die Konsequenz ist zum einen die beschriebene Perspektivenverkürzung auf das Auswendiglernen einer "Grammatik" und zum anderen eine von der Grammatikbetrachtung losgelöste Aufsatzerziehung.

Um diese Perspektivenverkürzung der Sprachbetrachtung zu verhin-

dern, gehen wir bei unseren "sprachtheoretischen" Betrachtungen stets von der referentiellen Sprachfunktion aus. Wir legen in der Anfangsphase der Betrachtungen eine Sprachzeichen-Bild Relation zugrunde. Die Bildwelt soll den Referenzbereich, auf den wir uns sprachlich beziehen, darstellen.
Zu diesem Zweck wählen wir nur solche sprachlichen Ausdrucksmittel aus, die auch bildlich repräsentiert werden können. Zudem beschränken wir uns am Anfang auf Äußerungen vom Typ des deklarativen Aussagesatzes, weil wir hier der Sprache in ihrer Bezeichnungsfunktion am klarsten begegnen.
Durch diese Beschränkungen ist uns die Möglichkeit zur Vermittlung der folgenden drei Lernziele gegeben:

(1) Durch die direkte Beziehung von sprachlichen Äußerungen und ihrer Repräsentation in einer Bildwelt wird beim Schüler ein Gefühl dafür geweckt, daß Sprache nicht loszulösen ist von dem, worüber sie aussagt.

Damit wird sichergestellt, daß sprachliche Ausdrucksmittel nicht willkürlich vertauscht werden können, sondern immer in Abhängigkeit dazu zu sehen sind, worüber sie aussagen sollen. Aussagen sind insofern stets überprüfbar. Bei einer vorliegenden sprachlichen Äußerung und dem entsprechenden Bild kann festgestellt werden, ob die Äußerung den im Bild festgehaltenen Sachverhalt bezeichnet oder nicht. Für den Schüler heißt das, daß

(2) sprachliche Äußerungen stets daraufhin zu bewerten sind, ob sie auf den Sachverhalt, auf den sie Bezug nehmen wollen , zutreffen oder nicht.

Eine Bewertung ist erst möglich, wenn die Äußerung in der grammatisch einwandfreien Form eines Satzes dargeboten wird. Eine Äußerung wie "liest" oder "lesen ein Buch" ist in einer bildlichen Darstellung nicht überprüfbar, da das Lesen nur an einem Individuum bzw. an Personen, die lesen, erkannt werden kann. Wir können daher festhalten:

(3) Der Schüler erfährt die Satzfunktion als konstitutives Mittel der Bezeichnungsfunktion.

Ein Unterrichtsbeispiel

Die Kinder erhalten in der Unterrichtsstunde ein Bild. Es stellt die Szene auf einer Einkaufsstraße dar. Sie werden gebeten, das

Bild sorgfältig anzuschauen und zu prüfen, ob der Junge auf dem Tonband die Szene richtig beobachtet. Es wird eine Tonbandaufnahme, die die Atmosphäre der Bildsituation akustisch einfängt, mit dem Kommentar des Jungen vorgespielt. Neben einer Reihe von zutreffenden Beobachtungen werden auch Äußerungen gemacht, die unzutreffend sind. Diese wurden aufgezeigt und korrigiert.
Im Unterricht hat sich bei dieser Übung gezeigt, daß es für die Kinder überraschend war, Äußerungen vorzufinden, die nicht zutrafen, d.h. zu denen im Bild keine Entsprechung gefunden werden konnte. Diese Beobachtung spricht für die Notwendigkeit, die Bezeichnungsfunktion sprachlicher Äußerungen zuerst einmal bewußt machen zu müssen.
Es wurde daher als weitere Übung die Aufgabe gestellt, Beobachtungen zu einem weiteren Bild anzustellen und diese mitzuteilen, wobei eine Äußerung nicht dem Bildsachverhalt entsprechen sollte. Diese mußte von den Mitschülern herausgefunden werden.
Die Hausaufgabe bestand in der Überprüfung eines Textes, der das Geschehen auf einem Bild wiedergab.

In der folgenden Stunde wird eine Tonbandaufnahme, die am Flughafen aufgenommen wurde, in der Klasse vorgespielt. Zwei Jungen einer Klasse, die den Flughafen besichtigen, unterhalten sich über das Verhalten ihrer Mitschüler. Ihre Äußerungen sind aber nicht immer ganz verstehbar, weil sie vom Fluglärm überdeckt werden.
Die Aufgabe der Schüler ist, gemeinsam ein Bild über das Verhalten der Schüler am Flughafen zu entwerfen, soweit sich dies den Äußerungen der Jungen entnehmen läßt.
Bei der Lösung der Aufgabe treten eine Reihe von Schwierigkeiten auf. Man muß sich über die Namen bestimmter Bildpersonen einigen. In einigen Fällen hört man zwar die Namen bestimmter Schüler, aber man kann nicht hören, was sie tun. In anderen Fällen sind nur die Handlungsangaben verstehbar, nicht aber die Namen der Personen.
Nachdem die Problemfälle an der Tafel notiert wurden, wird ein Lichtbild gezeigt, daß Antworten auf die Fragen enthält. Es zeigt, was die beiden Jungen am Flughafen sehen.
Lichtbild und Zeichnungen werden verglichen, die Zeichnung

ergänzt und der unvollständige Text vervollständigt.
Als Hausaufgabe wird ein fragmentarischer Text gegeben, der sich auf ein Bild bezieht. Der Text ist im Sinne der auf dem Bild zu beobachtenden Sachverhalte zu vervollständigen.

Die dritte Unterrichtsstunde ist der theoretischen Erklärung der bisher beobachteten Vorgänge gewidmet. Sie erläutert dem Schüler die verschiedenen Bezeichnungsabläufe und die unterschiedlichen Wirkweisen verschiedener sprachlicher Ausdruckstypen an einer Auswahl des erarbeiteten Materials.
Aus dem sprachlichen Material werden zuerst nur Äußerungen ausgewählt, die aus Individuennamen und einstelligen Prädikaten aufgebaut sind. Dies geschieht mit dem Hinweis, daß man beim Erklären der Sprache schrittweise vorgehen muß und bei den einfachsten Fällen beginnt, um dann zu immer komplizierteren fortzuschreiten. Den Kindern soll auf diese Weise bewußt werden und bleiben, daß Sprachbetrachten ein Suchen nach Erklärungen und Darstellungsmöglichkeiten für die Sprachfunktion ist.

4. Die Abhängigkeit der Satzbedeutung von der Bedeutung der einzelnen Komplexe

Zwei verschiedene Ausdruckstypen lassen sich an den vorerst zugelassenen Äußerungen feststellen. Es ist der Ausdruckstyp, der uns in Namen wie "Volker, Silvana" u.a. begegnet. Er ist dadurch charakterisierbar, daß er einem ganz bestimmten Individuum auf einem bestimmten Bild zugeordnet ist. Eine Überprüfung dieses Ausdruckstyps erfolgt durch die Feststellung: Ein Individuum des erwähnten Namens ist auf dem Bild oder nicht, vorausgesetzt, es wurde ein Name für eine bestimmte Bildfigur festgelegt.
Im Unterricht muß sich der Schüler bewußt werden, daß es einen bestimmten Zusammenhang zwischen einem Namen und einer bestimmten Person gibt. Dieser wird durch Absprache festgesetzt und kann nicht als automatisch gegeben angesehen werden.

Der zweite Ausdruckstyp ist durch die Ausdrücke wie "lacht, springt, weint" u.a. repräsentierbar. Wir beschreiben ihn dadurch, daß wir ihn nur dann überprüfen können, wenn es auch ein Individuum in einem bestimmten Bild gibt, auf das "lacht" u.ä.

Ausdrücke als nähere Kennzeichnungen anwendbar sind.
Für den Schüler bedeutet dieser Schritt der Betrachtung , in der Sprache Ausdruckstypen unterscheiden zu müssen, die nur dann bewertet werden können, wenn sie sich mit einem Namen verbinden. Erst wenn es ein Individuum in einem bestimmten Bild gibt, für das die Kennzeichnung gilt, erst dann kann geprüft werden. Dabei vollzieht sich zwischen dem Namen des Individuums und dem Ausdruck, der dieses charakterisiert, ein Verschmelzungsprozeß. Beide Ausdruckstypen, der Name und die Kennzeichnung, bilden insofern wieder einen neuen Ausdruckstyp, der sich auf die bestimmten Sachverhalte in einem Bild bezieht.

Wir haben damit die Voraussetzung geschaffen, auf der Basis der verschiedenen Bezeichnungsleistungen drei grammatische Kategorien festlegen zu können. Eine Kategorie enthält die Namen für die bestimmten Individuen, die zweite die die Individuen charakterisierenden Ausdrücke wie "lacht" u.ä. und die dritte umfaßt alle aus Individuennamen und Individuen charakterisierenden Ausdrücke zusammengefaßten Ausdrücke wie "Ute lacht.".

Übersicht

Sprachliche Ausdrücke	Angabe der besonderen semantischen Auswirkungen	Angabe der besonderen syntaktischen Bedingungen
lacht	Bezeichnet eine bestimmte Menge von Individuen	Bindet einen sprachlichen Ausdruck vom Typ eines Individuennamens und macht einen Satz
Silvana, Ute	Bezeichnet ein bestimmtes Individuum	
Silvana lacht. Ute lacht.	Bezeichnet einen bestimmten Sachverhalt	

Sinnvoll ist nach der Einführung der grammatischen Kategorien, sich auf Namen für diese Kategorien zu einigen. Im Stadium der Sprachbetrachtung, wie es uns vorliegt, ist dies noch nicht zwingend. Die Kinder benutzen aber nach kurzer Zeit eigenständige

Bildungen, die als Kategoriennamen fungieren, so daß eine Hinführung zu einer allgemein verbindlicheren Terminologie, z.B. der im Schulbuch verwendeten, angebracht erscheint.

5. Weiterführende Möglichkeiten

Die beschriebene Behandlungsweise für Individuennamen und einstellige Prädikate läßt sich ohne Schwierigkeiten auf mehrstellige ausweiten, indem wir diese sprachlichen Ausdrücke als Ausdruckstyp definieren, die mehr als einen Namen zu sich nehmen, um einen Satz zu machen, und dadurch überprüfbar werden. Aber auch andere Wortarten können so behandelt werden, daß von ihrer besonderen Bezeichnungsfunktion ausgegangen wird und diese im Hinblick auf die besondere Funktionsweise im Satz näher beschrieben wird.

Nehmen wir als Beispiel den Artikel und die Appellativa. Appellativa lassen sich als einstellige Prädikate betrachten.[14] Auf ein bestimmtes Bild angewendet würde das bedeuten, Appellativa sind sprachliche Ausdrücke, die das Vorhandensein eines bestimmten Individuums voraussetzen, um überprüft werden zu können. Der Sprecher kann diesen Bezug durch ein zusätzliches sprachliches Mittel auf das bestimmte Individuum herstellen. Ein solches kann der Artikel sein, wenn er in der Funktion gebraucht wird, die ein Appellativum so bindet, daß der verbundene Ausdruck die semantische Wirkung eines Namens ausübt.

Auf diese Weise läßt sich klarer als bisher die semantische und syntaktische Funktion der Präposition fassen. Sie kann als ein Ausdruckstyp beschrieben werden, der aus einstelligen Prädikaten zweistellige machen kann, der einen Namen mit einem Satz zu einem neuen präzisierten Satz verbinden kann, der einen Namen mit einem zweiten so verschmelzen kann, daß ein Ausdruck entsteht, der wie ein Name wirkt.

Die traditionelle Wortartkategorie "Adverb" läßt sich so gesehen als ein vielschichtiges Gebilde grammatischer Kategorien erklären, deren semantische Wirkweisen recht unterschiedlich sein können, wenn sie als sprachlicher Ausdruck auftritt, der aus einem Prädikat ein neues Prädikat bildet, der einen Satz in einen spezielleren umbildet oder ein adjektivisches Attribut präzisiert.

Eine andere Möglichkeit, die wir bei der von uns vorgeschlagenen Betrachtungsweise gewinnen, ist die Berücksichtigung der besonderen Kontextbedingungen.[15]
Benutzen wir die Bildgeschichte einer Comics Darstellung als Ausgangsmaterial. Äußerungen, die sich auf eines der Bilder beziehen, können nur dann überprüft werden, wenn vom Sprecher geklärt wird, auf welches der Bilder er sich mit seiner Äußerung bezieht. Er kann dies auf verschiedene Weise tun, indem er einfach die Bilder abzählt und die entsprechende Bildnummer nennt, oder, wenn die Bilder chronologisch angeordnet sind, den Zeitpunkt benennt. Wichtig ist, daß ein Bezugspunkt genannt wird, der die Äußerung räumlich oder zeitlich fixierbar macht.
Personen in den Bildern dagegen können sich, wenn sie als redend dargestellt sind, ohne Zusatzangaben auf Sachverhalte beziehen, wenn sich diese im selben Bild befinden.
Dem Schüler kann mit diesen Mitteln die Wirksamkeit des situativen Rahmens demonstriert werden. Es kann ihm erklärt werden, wie bestimmte Typen grammatischer Kategorien durch ihre besondere Bezeichnungsleistung Bezug zum kommunikativen Rahmen herstellen.

6. Resümee

Wir haben auf einen Teil von Möglichkeiten hingewiesen. Bereits der kleine Abschnitt läßt erkennen, daß das Konzept grundsätzlich für schulische Zwecke sinnvoll angewendet werden kann. Seine Stärke liegt in der Einheitlichkeit der Sprachbetrachtung und der Klarheit der Sprachbeschreibung. Sprache wird in seinen charakteristischen Funktionen betrachtet. Die Beschreibung kann sich auf eine klare Trennung der betrachteten Bereiche stützen. Der Objektbereich (die Bildwelt in unserem Fall), Sprache (Äußerungen über Sachverhalte in den Bildern), und die Grammatik (Erklärung der Interaktion zwischen Sprache und Objektbereich) sind deutlich sichtbar voneinander abgehoben. Es ist ferner ein Ansatz, der dem intellektuellen Leistungsniveau der Schüler entsprechend angepaßt werden kann und zu einer Einführung in die Sprachtheorie allgemein auf der Oberstufe weiterentwickelbar ist.

Anmerkungen

1 Zum Problem der Differenz zwischen wissenschaftlicher und pädagogischer Grammatik: CHERUBIM/ HENNE (1973: 32-66) und MENZEL (1975: 182-211); MAAS (1975: 68-76).
Allgemein zur Rezeption der Linguistik in der Schule: DIEGRITZ (1972: 351-363).

2 ERLINGER (1969: 24ff) und HERINGER (1970: 2-28).

3 "Logisch" ist hier allgemeinsprachlich gebraucht und darf nicht mit dem Begriff aus der formalen Logik an dieser Stelle verwechselt werden.

4 BECKER, K.F. (1827): "Organism der Sprache".
Zur Rezeption von K.F. Becker: ARNDT 1967. Zur Rolle der sog. logisierenden Grammatiken allgemein: CHERUBIM (1976: 8).

5 Ausführliche Besprechung der Vorgehensweise von Becker in ARNDT 1967.

6 Kritik an der Willkürlichkeit der Analyse, um das einheitliche Prinzip zu wahren, in der Darstellung von Becker, vgl. ARNDT (1967: 61-63).

7 Glinz betont die Einheit des Satzes als Sprecheinheit, sie wird nicht durch die Einzelinhalte konstituiert, vgl. GLINZ (1973: 74-76). Heringer ermittelt syntaktische Kategorien durch Proben, deren Testkriterium die Nichtabweichung im grammatischen und semantischen Sinn darstellt, vgl. HERINGER (1972: 15-21).

8 HALLIDAY 1973.

9 BARTSCH/ VENNEMANN (1973: 34-55). LEWIS (1972: 169-218).

10 Das soll nicht heißen, daß diese Konzeptionen nur einer didaktischen Aufbereitung bedürften, um dann den Grammatikunterricht zu "revolutionieren". Eine solche Vorstellung wäre naiv und würde die gegenwärtig zu beobachtende Unsicherheit im Hinblick auf die Grammatiktheorie nur verstärken.

11 Wenn im nachfolgenden Teil Bezug auf konkrete Unterrichtsstunden genommen wird, dann bezieht sich dieser auf Unterrichtsversuche in einer 6ten Klasse an einem Münchner Gymnasium.

12 Das gilt besonders für die Behandlung des Kapitels "Adverb". Zur allgemeinen Kritik an den traditionellen Wortarten vgl. KUTSCHERA (1971: 37-41).

13 Zum Begriff der sprachlichen Funktionen vgl. JAKOBSON (1960: 350-377).

14 Wir gebrauchen den Ausdruck "Prädikat" an dieser Stelle im Sinne der formalen Logik, er darf daher nicht mit dem sonst verwendeten linguistischen Begriff verwechselt werden.

15 Zum Begriff der Kontextkoordinaten vgl. LEWIS (1972: 175).

Literatur

ARNDT, E. (1967): Zur strukturellen Gliederung des deutschen Verbalsatzes. Eine kritische Betrachtung zur Entwicklung und zum Stand der Satzgliedlehre. Berlin (masch. Habil.).

BARTSCH, R. / VENNEMANN, Th. (1973): "Sprachtheorie". Lexikon der Germanistischen Linguistik. Tübingen: Niemeyer: Band I: 34-55.

CHERUBIM, D. (1975): Grammatische Kategorien. Tübingen: Niemeyer: 1-73.

CHERUBIM, D. / HENNE, H. (1973): "Zur Bewertung von Sprachbeschreibungen". ZGL 1: 32-66.

DIEGRITZ, Th. (1972): "Linguistik in der Schule? Die Bedeutung der Linguistik für den Primärsprachunterricht in Primarstufe und Sekundarstufe I". DD 10: 351-363.

ERLINGER, H. D. (1969): Sprachwissenschaft und Schulgrammatik. Strukturen und Ergebnisse von 1900 bis zur Gegenwart. Düsseldorf: Schwann.

GLINZ, H. (1973): Die innere Form des Deutschen. Eine neue deutsche Grammatik. 6., durchges. A. Bern: Francke.

HALLIDAY, M. A. K. (1973): Explorations in the functions of language. London: Edward Arnold.

HERINGER, H.-J. (1970): "Zur Analyse von Sätzen des Deutschen auf der Unterstufe". LuD 1: 2-28.

HERINGER, H.-J. (1972): Deutsche Syntax. 2., durchges. A. Berlin: de Gruyter (Sammlung Göschen).

HERRLITZ, W. (1975): Linguistik als Bezugswissenschaft der Curriculumsentwicklung: Zur Legitimation des Unterrichts in deutscher Grammatik. Trier: L.A.U.T. (vervielf.).

JAKOBSON, R. (1960): "Linguistics and poetics". SEBEOK, Thomas A. (ed.) (1972): Style in language. Cambridge, Mass,: MIT Press: 350-377.

KUTSCHERA, F. von (1971): Sprachphilosophie. München: Fink.

LEWIS, D. (1972): "General Semantics". DAVIDSON, D. / HARMAN, G. H. (eds.) (1972): Semantics of natural language. Dordrecht: Reidel: 169-218.

MAAS, U. (1975): "Zu dem Begriff von grammatischen Kategorien, der für den muttersprachlichen Unterricht benötigt wird". LB 37: 68-76.

6. NEUROLINGUISTIK

UNTERSUCHUNGEN ZUR LEXIKONORGANISATION AN APHATIKERN
Eine Analyse von Paraphasien

Karl Gloning

1. Voraussetzungen

Aphasie ist eine erworbene, weitgehend auf sprachliche Dimensionen beschränkte Störung der Sprache auf der Basis eines lokalisierten hirnorganischen Prozesses. Paraphasien sind sprachliche Fehlleistungen aphatischer Patienten und können auf lautlicher, morphologischer und/oder verbaler Ebene erfolgen. Meist folgt ihr Auftreten bestimmten Gesetzen, d.h. intendierte Äußerungen und Paraphasien weisen eine oder mehrere Gemeinsamkeiten auf; nur ganz selten scheint ihr Auftreten "zufällig" zu sein (RINNERT / WHITAKER 1973; GLONING 1974).
Da die Fehlermechanismen bei Paraphasien bestimmten Gesetzen zu folgen scheinen, kann man auf diese Art gewisse Einblicke in die Organisation und Desorganisation des internen Lexikons erhalten.

2. Empirische Analyse

2.1. Patientengut und Untersuchungsmethodik

Es wurden insgesamt 31 Patienten (10 Broca, 4 Wernicke, 8 globale und 9 amnestische Aphasien) untersucht. Die 4 Gruppen waren bezüglich Alter, Schulbildung, Beruf, Geschlecht und Aphasiedauer nicht signifikant verschieden.
In Test I wurden 24 Verwandtschaftsbezeichnungen an Hand einer Aufgabe, in der Bildmaterial mit einem Stammbaum kombiniert war, abgefragt. Bei Test II wurden 164 reale Werkzeuge vorgegeben, die die Patienten benennen sollten.

2.2. Auswertungsmethodik

Für die vorliegende Untersuchung wurden nur (1) richtige Bezeichnung, (2) "verbale Paraphasien" (= Ersatz des intendierten Wortes durch ein anderes, das sich im Lexikon der deutschen Sprache findet) und (3) Be- oder Umschreibungen (z.B. "Bruder des Vaters" für Onkel oder "etwas zum Schreiben" für Kugelschreiber) verwertet; unberücksichtigt blieben hier Wiederholungen (Perseverationen), lautliche (phonologische) oder morphologische Fehler und sogenannte Neubildungen (Neologismen). Es wurde dann versucht, die Art des Fehlerprozesses zu bestimmen.

2.3. Ergebnisse

2.3.1. Die Paraphasien verbleiben ausschließlich in der Kategorie "Verwandtschaftsbezeichnungen" bei Test I und "Werkzeugnamen" in Test II.

2.3.2. Bei den Verwandtschaftsbezeichnungen wurden die Merkmale Generation (63,3%), Linearität (19%), Blutsverwandtschaft (10,8%) und Geschlecht (6,9%) vertauscht; mehr als drei Merkmale wurden nie verwechselt, zwei Merkmale wurden in 30,6% der Fälle vertauscht; am häufigsten wurde nur ein Merkmal vertauscht (69,4%).

2.3.3. Bei Test II wurden am häufigsten (77,5%) bei Paraphasien solche Werkzeugnamen verwechselt, die gemeinsame Elemente eines funktionellen Vorgangs darstellen, z.B. Messer → Gabel, Löffel → Gabel: "Essen"; Rasierapparat → Rasierspiegel, Rasierapparat → Rasierklinge: "Rasieren" etc. Weitere häufige Gemeinsamkeiten zwischen Paraphasie und intendiertem Wort sind oftmaliges Vorkommen in der realen Welt (gleiche Unterkategorie von Werkzeugen). In 90% konnten diese Klassifizierungsmöglichkeiten bei den Fehlleistungen in Test II angenommen werden.

2.3.4. Bei Test I fanden sich Paraphasien häufiger (121; bei Gleichverteilung erwartet: 78,5) als Umschreibungen (50; erwartet 75,5); in Test II war das Verhältnis umgekehrt (102 Paraphasien, erwartet 223; 287 Umschreibungen, erwartet 212). Diese Verteilung weicht hochsignifikant ($p < 1\%$) von einer Gleichverteilung ab.

2.3.5. Weiters wurde der Einfluß der Worthäufigkeit (MEIER 1967) auf richtige und fehlerhafte Produktionen untersucht; es wurden folgende Rangkorrelationen berechnet.
Signifikant positiv korreliert die Zahl der richtigen Benennungen mit der Wortfrequenz nach MEIER (für Verwandtschaftsbezeichnungen $r = 0.85$, für Werkzeuge $r = 0.84$); signifikant negativ ist die Korrelation zwischen dem intendierten Wort, bei dem paraphasiert

wird, und seiner Häufigkeit (Test I: r = -0.57, Test II: r = -0.47); keine Beziehung besteht zwischen Paraphasie und ihrer Frequenz im allgemeinen (Worthäufigkeit und Paraphasie: Test I: r = 0.11, Test II: r = 0.27).

3. Interpretation und Schlußbemerkungen

Für die beiden untersuchten Wortkategorien "Verwandte" und "Werkzeuge" gilt, daß bei gestörten Patienten die Produktion der richtigen Bezeichnung weitgehend von ihrer allgemeinen Häufigkeit abhängig ist; für die Fehlproduktion, die Paraphasie hingegen, kann man annehmen, daß sie besonders dann vorkommt, wenn die Frequenz des intendierten Wortes niedrig ist, daß aber die Art der Fehlleistung selbst ziemlich unabhängig von der Wortfrequenz ist. Die "Auswahl" der Paraphasie erfolgt nach bestimmten sprachlichen und kategoriellen Gesichtspunkten: die Kategorie bleibt gewahrt; bei Verwandtschaftsbezeichnungen wird häufig paraphasiert, wobei die relativ abstrakten Merkmale wie Generation, Linearität, Blutsverwandtschaft und Geschlecht vertauscht werden. Umschreibungen, die wahrscheinlich Strategien bei Wortfindungsschwierigkeiten darstellen, werden hier selten verwendet. Bei Werkzeugnamen erfolgt die Verwechslung eher auf der Basis der Gemeinsamkeit von Elementen eines konkret-funktionalen Vorganges; hier könnte man annehmen, daß Gesetze einer "Alltagssemantik" zur Wirkung kommen. Ganz damit in Einklang ist die Tatsache, daß hier "Umschreibungen" sehr häufig gebraucht werden. Dabei wird oft mittels eines Verbs die wichtigste Funktion eines solchen Vorganges ausgedrückt. Das interne Lexikon der zwei untersuchten Kategorien scheint etwas verschieden organisiert zu sein: bei den Werkzeugen konkreter als bei den Verwandtschaftsnamen; verschiedene Strategien beim Lernen dieser Bezeichnungen während der Sprachentwicklung könnten angenommen werden.

Literatur

GLONING, Karl (1974): "Zur Frage der 'semantischen' Paraphasie". DRACHMAN, Gaberell (ed.): Akten der 1. Salzburger Frühlingstagung für Linguistik. Tübingen: G. Narr: 183-189.

MEIER, Helmut (1967): Deutsche Sprachstatistik. Hildesheim: Georg Olms.

RINNERT, Carol / WHITAKER, Harry (1973): "Semantic confusions by patients". Cortex (Milano) 9: 56-81.

ASPEKTE DER LATERALISIERUNG VON SYNTAX UND SEMANTIK
Experimente mit dem dichotischen Hören

Claus Heeschen

Seit der Entdeckung des Zusammenhangs zwischen einer Verletzung der linken Großhirnhemisphäre und dem Auftreten einer Sprachstörung durch die beiden Neurologen Broca und Wernicke in den sechziger bzw. siebziger Jahren des letzten Jahrhunderts gilt es als allgemein anerkannte Tatsache, daß die Sprachfunktion im wesentlichen in der linken Hemisphäre repräsentiert ist; man sagt, die linke Hemisphäre sei dominant für Sprache, oder: die Sprache ist links lateralisiert. Ebenfalls ins 19. Jahrhundert zurück geht aber auch schon die Vermutung, daß die subdominante rechte Hemisphäre nicht vollständig sprachunfähig sei, sondern doch wenigstens einige und vielleicht etwas leichtere sprachliche Leistungen über sie vermittelt werden. So schloß der englische Neurologe Jackson aus der Tatsache, daß gewisse Automatismen und Emotionalismen (Liedtexte, Flüche, Tabuwörter etc.) auch im Falle einer schwersten Aphasie noch weithin erhalten bleiben, daß dieser Typus sprachlicher Äußerungen seine Basis in der rechten (bei Aphatikern intakten) Hemisphäre haben müsse. Die spezielle Domäne der linken Hemisphäre sei erst die "höhere" oder propositionale Sprache.

Wesentliche Fortschritte bezüglich der Frage nach der unterschiedlichen Sprachfähigkeit der linken und rechten Hemisphäre konnten in den letzten zehn Jahren durch die genauen Untersuchungen von *split-brain*-Patienten durch die Gruppe um Bogen, Sperry und Gazzaniga erzielt werden. Als Fazit dieser Untersuchungen läßt sich - grob gesprochen - festhalten, daß die subdominante rechte Hemisphäre zwar so gut wie gar nicht sprechen kann, daß sie "stumm" ist, daß sie aber wesentlich mehr verstehen kann als ursprünglich vermutet. Einige Forscher gehen sogar soweit anzunehmen, die rechte Hemisphäre sei im Sprachverständnis genau so effizient wie die linke Hemisphäre (s. DIMOND 1972 für eine Diskussion der diesbezüglichen Standpunkte).

Abgesehen von der *split-brain*-Forschung erwies sich in jüngerer Zeit eine experimentelle Technik als recht fruchtbar, die zuerst von Broadbent entwickelt wurde, in ihrer Bedeutung für die Problematik der cerebralen Dominanz jedoch vor allem von D. Kimura (s. KIMURA 1964 und KIMURA 1967) erkannt wurde: das dichotische Hören. Beim dichotischen Hören werden der Vp über Kopfhörer auf beiden Ohren je zwei verschiedene akustische Stimuli angeboten, die absolut gleichzeitig und bezüglich ihrer durchschnittlichen Intensität genauestens gematcht sein müssen. Bei Darbietung einer größeren Menge solcher dichotischen Reizpaare kommt es in Abhängigkeit vom Stimulustypus zur Ausprägung einer charakteristischen Ohrenasymmetrie, d.h. die Vp kann von einem Ohr mehr Reize richtig identifizieren als vom jeweils anderen Ohr. Es gilt für den Effekt des Stimulustypus folgende Faustregel: Handelt es sich bei den dichotischen Reizen um musikalische akustische Ereignisse, so können diejenigen, die auf das linke Ohr gegeben werden, besser erkannt werden; bei sprachlichen dichotischen Reizen hingegen läßt sich gewöhnlich eine Überlegenheit des rechten Ohres feststellen. Eine exakte neuroanatomische Erklärung für das Zustandekommen dieser Asymmetrien ist noch durchaus kontrovers (s. SPARKS/GESCHWIND 1968; SPARKS et al. 1970; dagegen HAALAND 1974), jedoch scheint Übereinstimmung dahingehend zu bestehen, daß man die kontralateralen Ohr-Großhirn-Verbindungen als effektiver betrachtet als die ipsilateralen Verbindungen. Das heißt, daß das rechte Ohr eine "intimere" Verbindung zur linken Hemisphäre als das linke Ohr hat, so daß die sprachliche Rechts-Ohr-Überlegenheit beim dichotischen Hören als direkte Reflexion der sprachlichen Dominanz der linken Hemisphäre gewertet werden kann.

Über die bloße Feststellung der globalen linkshemisphärischen Sprachdominanz hinaus lassen sich mit dem dichotischen experimentellen Paradigma durchaus auch differenziertere Fragestellungen angehen - differenzierter in dem Sinne, daß nicht nur nach der hemisphärischen Verarbeitung des sprachlichen Signals als Ganzes, sondern auch nach der Verarbeitung einzelner Aspekte des Signals gefragt werden kann. Es soll im folgenden kurz das allgemeine Schema solcher Experimente und das Schema ihrer Interpretation skizziert werden: Es sei A- eine Klasse von dichotisch präsentierten verbalen Stimuli, die in bezug auf ein bestimmtes linguistisches Merkmal unstrukturiert seien (z.B. Wörter, die ohne Akzent und Intonation gesprochen werden); A+ sei eine Klasse von dichotisch präsentierten Reizen, die in bezug auf das zur Debatte stehende linguistische Merkmal strukturiert seien (z.B. Wörter, die mit korrektem Akzent und Intonation gesprochen werden). Hinsichtlich der Identifikationsleistung der beiden Ohren unter der unstrukturierten und strukturierten Bedingung seien drei interessante Resultatsschemata unterschieden:

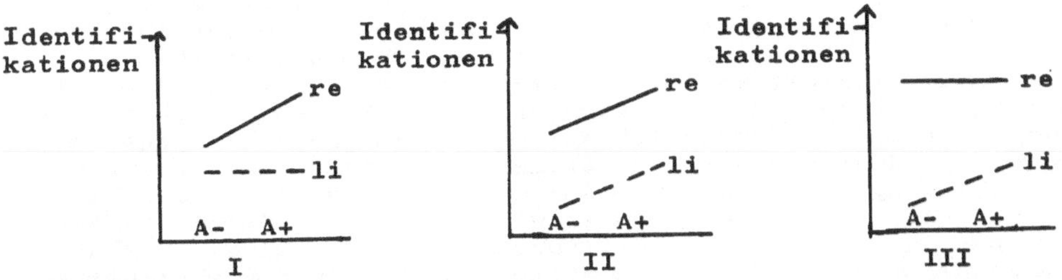

I: Wie immer das linke Ohr auf die Strukturierung reagiert, in jedem Falle verbessert sich das rechte Ohr unter der strukturierten Bedingung mehr als das linke Ohr, d.h. statistisch: die Ohr X Struktur-Interaktion ist signifikant. Dieses Resultat wird im allgemeinen als Ausdruck der Tatsache interpretiert, daß primär die linke, dominante Hemisphäre auf den betreffenden Strukturaspekt reagiert, d.h. dieser Aspekt des sprachlichen Signals wird primär linkshemisphärisch verarbeitet.

II: Beide Ohren profitieren von der Strukturierung gleichermaßen. Dieses Resultat wird im allgemeinen interpretiert als Ausdruck der Tatsache, daß der betreffende Aspekt des sprachlichen Signals in beiden Hemisphären verarbeitet werden kann.

III: Wie immer das rechte Ohr auf die Strukturierung reagiert, das linke Ohr verbessert sich jedenfalls stärker als das rechte Ohr; die Ohr X Struktur-Interaktion muß wiederum signifikant sein. Dieses Resultat wird als Ausdruck der Tatsache gewertet, daß auf das entsprechende Strukturmerkmal primär die rechte, subdominante Hemisphäre reagiert; dieser Aspekt des sprachlichen Signals kann von der rechten besser als von der linken Hemisphäre verarbeitet werden.

In den letzten Jahren wurden zahlreiche linguistische Aspekte mit diesem experimentellen Schema untersucht. Die Ergebnisse sind keineswegs einheitlich; jedoch läßt sich eine Tendenz klar erkennen: wo immer den dichotischen Reizen formale syntaktische Struktur zugefügt wurde, profitierte hiervon nur das rechte Ohr, d.h. die Verarbeitung der syntaktischen Aspekte des sprachlichen Signals scheint eine strikte Domäne der linken Hemisphäre zu sein (s. u.a. ZURIF/SAIT 1970).

Zusammen mit Dr. Rothenberger und Dipl.-Ing. W. Jürgens (beide Neurologie Ulm) habe ich eine Experimentreihe gestartet, in der die hemisphärische Verarbeitung vor allem der semantischen Aspekte des sprachlichen Signals (im Kontrast zu den syntaktischen) untersucht wurde. Auf die beiden ersten Experimente der Reihe soll hier näher eingegangen werden. Zu den Details des ersten Experiments s. HEESCHEN/JÜRGENS (im Erscheinen).

Im ersten Experiment wurden den Vpn Sequenzen aus drei Wörtern dichotisch präsentiert. Eine Sequenz bestand aus zwei Nomina, die jeweils Personen bezeichneten, und einem Verb, das eine Aktion bezeichnete. Die Sequenzen waren also Quasi-Sätze, die eine mögliche Aktor-Objekt-Relation ausdrückten. Das Experiment war dreifaktoriell. Der erste Faktor war (logischerweise) "Ohr" mit den beiden Ausprägungen "links" und "rechts". Der zweite Faktor war Syntax mit den beiden Ausprägungen "unstrukturiert" und "strukturiert". In der syntaktisch unstrukturierten Bedingung wurden die Sequenzen ohne Intonation, im staccato, und mit den drei Wörtern in willkürlicher Reihenfolge gesprochen, z.B. "besuchen/Arzt/Nachbar" auf dem linken Ohr und "beraten/Abt/Ratsherr" auf dem rechten Ohr. In der syntaktisch strukturierten Bedingung wurden ähnliche Sequenzen flüssig mit Satzintonation und in einer festen NVN-Ordnung gesprochen. Der dritte hiermit gekreuzte Faktor war "Semantik" mit den beiden Ausprägungen "unstrukturiert" und "strukturiert". In der semantisch strukturierten Bedingung war eine der beiden von den Sequenzen potentiell ausgedrückten Aktor-Objekt-Relationen aus semantischen (oder vielleicht auch aus pragmatischen) Gründen wahrscheinlicher als die andere, z.B. "anschreien/Rekrut/Offizier" auf dem linken Ohr und "aufschreiben/Passant/Polizist" auf dem rechten Ohr. In der semantisch unstrukturierten Bedingung sind die beiden von einer Sequenz potentiell ausgedrückten Aktor-Objekt-Relationen semantisch gleich wahrscheinlich. Beispiele sind mit den obigen (syntaktisch unstrukturierten) Sequenzen bereits gegeben; es ist z.B. gleich wahrscheinlich, daß ein Abt einen Ratsherrn berät, und daß ein Ratsherr einen Abt berät.

In jeder der 2 X 2 = 4 linguistischen Bedingungen gab es pro Ohr acht Sequenzen. Gezählt wurde pro Bedingung pro Ohr die Anzahl vollständig korrekt identifizierter Sequenzen. Wurde in einer Sequenz auch nur 1 Wort nicht oder nicht korrekt identifiziert, gab es keinen Punkt.

Die Vpn hatten unmittelbar nach einem dichotischen Sequenzpaar zu sagen, was sie gehört hatten. Sie brauchten nicht zu sagen, auf welchem Ohr sie was gehört hatten.

Insgesamt wurden 32 rechtshändige, nicht schwerhörige Vpn untersucht; das Geschlecht war ausbalanciert; ansonsten blieben alle weiteren soziobiographischen Merkmale unkontrolliert.

Die interessanten Ergebnisse sind in den folgenden Graphiken dargestellt:

Anzahl identifizierter Sequenzen

——— : = rechtes Ohr

------ : = linkes Ohr

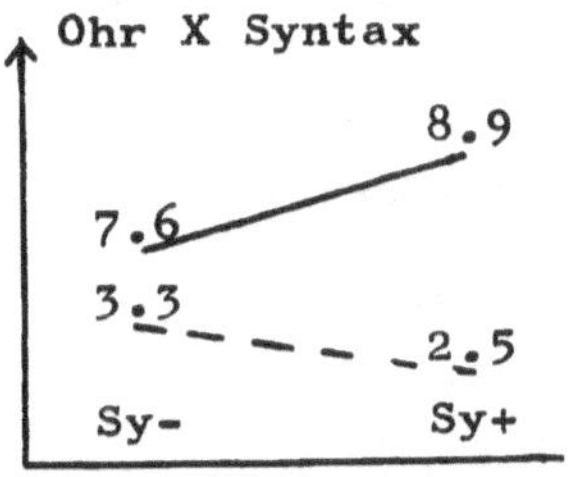

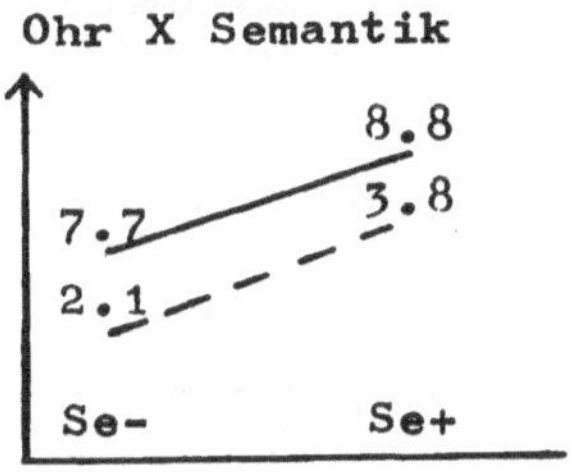

Für den Syntaxeffekt ist festzustellen: Nur das rechte Ohr verbessert sich unter der syntaktisch strukturierten Bedingung, das linke Ohr verschlechtert sich sogar etwas, was jedoch insignifikant bleibt. Die Ohr X Syntax-Interaktion ist signifikant: ($F(1,31) = 6.44$; $p < .05$). Dieses Ergebnis entspricht dem obigen Schema I; es wäre demnach zu schließen, daß die syntaktischen Aspekte Wortstellung und Intonation nur von der linken Hemisphäre verarbeitet werden können. Dieser Aspekt der Syntax ist strikt links lateralisiert. Dies war aufgrund der bereits vorhandenen Literatur zu erwarten.

Für den Semantikeffekt ist festzustellen, daß beide Ohren gleichermaßen von der semantischen Strukturierung profitieren. Für beide Ohren ist diese Verbesserung auf dem 1 %-Niveau statistisch gesichert. Es gibt nicht einmal eine Andeutung einer Ohr X Semantik-Interaktion. Dieses Ergebnis entspricht dem obigen Schema II. Es wäre demnach zu schließen, daß die semantischen Aspekte des sprachlichen Signals von beiden Hemisphären verarbeitet werden können; keine Hemisphäre ist der anderen in dieser Hinsicht spezifisch überlegen.

Es wäre also vorab erst einmal festzuhalten, daß die syntaktischen und die semantischen Verarbeitungsmechanismen bezüglich ihrer hemisphärischen Lateralisierung klar zu differenzieren sind.

In einer zweiten Auswertung des Experiments wurden nicht nur vollständig identifizierte Sequenzen gewertet, sondern pro Ohr pro linguistische Bedingung wurde für jedes identifizierte Einzelwort ein Punkt gegeben, gleichgültig ob dieses isoliert oder als Term einer ganzen Sequenz identifiziert wurde. Bei dieser Auswertung ergaben sich einige Diskrepanzen zur ersten Auswertung, von denen hier nur eine besprochen werden soll, da sie für die weitere Hypothesenbildung recht fruchtbar war.

Für den Semantikeffekt erhielten wir jetzt folgendes Ergebnis:

Anzahl identifizierter Wörter

——— : = rechtes Ohr

------- : = linkes Ohr

Ohr X Semantik

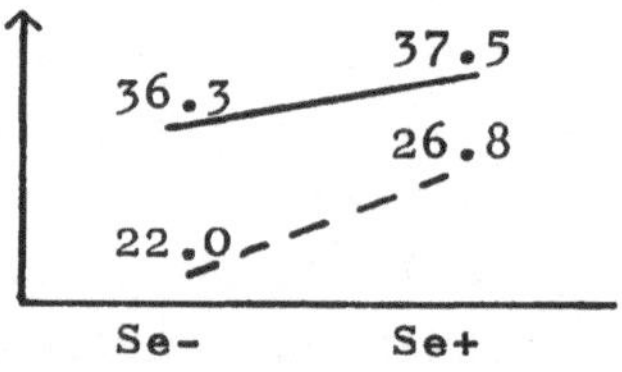

Das linke Ohr profitierte von der semantischen Strukturiertheit jetzt mehr als das rechte Ohr; die entsprechende Interaktion war signifikant ($F(1,31) = 8.03$; $p < .01$). Dieses Ergebnis entspricht dem obigen Schema III. Konsequenterweise wäre zu folgern, daß die subdominante rechte Hemisphäre in der Ausnutzung dieses semantischen Strukturaspektes der linken Hemisphäre überlegen wäre. Tatsächlich beruht dieser Effekt jedoch auf einem (an sich recht fruchtbaren) Versehen bei der Konstruktion der Items. Eine Reexaminierung der Items ergab nämlich, daß die semantisch strukturierten Sequenzen nicht nur bezüglich ihrer potentiellen Aktor-Objekt-Relation strukturiert waren, sondern daß des öfteren auch die beiden N's jeweils zu ein und demselben semantischen Feld gehören wie z.B. "Offizier" und "Rekrut". Der (gegenüber dem rechten Ohr) überproportionale Anstieg des linken Ohres in der semantisch strukturierten Bedingung war nun allein darauf zurückzuführen, daß das linke Ohr mehr als das rechte Ohr solche isolierten Nominapaare identifiziert hat, also stärker von der Zugehörigkeit der beiden Nomina zu ein und demselben semantischen Feld profitiert hat als das rechte Ohr. Das rechte Ohr zeigte demgegenüber die Tendenz, entweder die gesamte Sequenz oder gar nichts zu identifizieren. Gelang diese Gesamtidentifikation nicht, ließ sich das rechte Ohr dann auch nicht "helfen" von der semantischen Verwandtschaft der beiden Nomina.

Für die Interpretation dieses Sachverhaltes ist es sehr wichtig, sich klar vor Augen zu halten, daß die Feldzugehörigkeit der beiden Nomina nichts, aber auch gar nichts mit der in der Sequenz geltenden Aktor-Objekt-Relation zu tun hat. Die Information, daß "Offizier" und "Rekrut" beide dem Felde militärischer Hierarchie zugehören, ist nicht im geringsten zweckdienlich für die Identifizierung der in der gegebenen Sequenz geltenden Aktor-Objekt-Relation. Unterdrückt also das rechte Ohr diese Art von Information, reagiert es hierauf gar nicht, so spricht das für eine Arbeitsweise, die man als systematisch, analytisch und aufgabenorientiert charakterisieren kann: Wörter werden als Konstituenten eines Satzes bzw. als Terme einer im Satz geltenden Relation verarbeitet. Die linke Hemisphäre reagiert nur auf satzartig organisierte Wortsequenzen, nicht auf bloße Wortansammlungen. Semantische Beziehungen zwischen Wörtern, die diese nicht syntagmatisch organisieren, sondern rein paradigmatischen Charakter haben, bleiben unberücksichtigt. Demgegenüber zeigt die rechte Hemisphäre eine unspezifischere, globalere Arbeitsweise: für sie bleiben Wortsequenzen reine Wortansammlungen (unter syntagmatischem Gesichtspunkt), und bei der Identifizierung solcher Ansammlungen hilft jede Art von semantischer Beziehung zwischen den Wörtern, gleichgültig ob diese mit der syntagmatischen oder paradigmatischen Organisation zu tun hat. Vielleicht läßt dieser Unterschied zwischen den Arbeitsweisen der beiden Hemisphären sich auf die Formel bringen: systematisches Abarbeiten einer Struktur versus Einordnen isolierter Elemente in (wie auch immer geartete) vorgegebene Ordnungs- oder Verstehensschemata.

In einigen Nachfolgeexperimenten sollten diese sehr allgemeinen und weitreichenden Hypothesen genauer verfolgt werden. Es sei jedoch nur noch kurz auf eines eingegangen. In diesem ging es um die Abklärung der Frage, ob die rechte Hemisphäre tatsächlich stärker als die linke auf semantische Strukturierungen reagiert, sofern diese Strukturierungen nicht die Organisation eines Satzes betreffen, sondern rein paradigmatischer Natur sind. Den Vpn wurden wiederum 3-Wort-Sequenzen dichotisch angeboten. Eine Hälfte der Sequenzen bestand aus beliebig zusammengestellten Wörtern, z.B. "Teddy, Raumfahrt, regnen", die andere Hälfte bestand aus Wörtern, die zu einem eng umgrenzten semantischen Feld gehörten, z.B. "christlich, taufen, Frömmigkeit". Mit diesem dichotomen Semantik-Faktor gekreuzt war ein Faktor "Syntaktische Kategorie", d.h. die eine Hälfte der Sequenzen bestand aus Wörtern gleichen syntaktischen Typus, z.B. Nomina im Plural "Tücher, Räder, Länder", die andere Hälfte bestand aus syntaktisch heterogenen Wörtern. Es wurden 56 Vpn untersucht. Die Ergebnisse sind recht eindeutig: Für den Semantik-Faktor ist festzustellen, daß sich beide Ohren bei semantisch verwandten Wörtern verbessern, jedoch verbessert sich das linke Ohr außerordentlich viel stärker als das rechte Ohr; diese Interaktion ist auf dem 1 %-Niveau gesichert. Das linke Ohr zieht bei semantischen Paradigmen mit dem rechten Ohr gleich und überflügelt es sogar manchmal (jedenfalls beim männlichen Teil der Stichprobe). Damit wäre unsere obige Hypothese klar bestätigt: Beide Hemisphären scheinen fähig zu sein, die semantischen Aspekte sprachlicher Signale zu verarbeiten, jedoch scheint die linke Hemisphäre hierbei stärker orientiert zu sein auf die Abarbeitung von Syntagmen, von äußerungsähnlichen Gebilden und reagiert dementsprechend weniger auf semantische Relationen, die zwischen Wortparadigmen gelten, wohingegen die rechte Hemisphäre unspezifischer arbeitet und dementsprechend auf rein paradigmatische semantische Strukturierungen stärker als die linke reagiert.

Ein Effekt des Faktors "Syntaktische Kategorie" ließ sich nur nachweisen bei semantisch verwandten Wörtern (die entsprechende Syntax X Semantik-Interaktion ist auf dem 1 %-Niveau gesichert); d.h. wenn die Wörter zu einem semantischen Paradigma gehörten, dann war es eine zusätzliche Erleichterung, wenn die Wörter außerdem noch zu ein- und derselben syntaktischen Kategorie gehörten. Wichtig ist, daß dieser Syntaxeffekt für beide Ohren absolut gleich war. Dies scheint zu zeigen, daß auch für die Syntax keine globale Überlegenheit der linken Hemisphäre besteht, sondern deren Überlegenheit sich auch hier offenkundig nur auf solche syntaktischen Aspekte bezieht, die die Organisierung von Syntagmen, von Sätzen betreffen.

Zusammenfassend ist festzustellen:

1. Die Verarbeitung der syntaktischen (speziell der syntaktisch-syntagmatischen) Aspekte des sprachlichen Signals scheint eine Domäne der dominanten linken Hemisphäre zu sein.

2. Bei der Verarbeitung semantischer Aspekte scheint keine Hemisphäre der anderen überlegen zu sein, jedoch gibt es Unterschiede in der Art der Verarbeitung: Die linke Hemisphäre reagiert spezifisch auf jene Aspekte, die mit der relationalen Struktur eines ganzen Satzes zu tun haben, sie verarbeitet Wörter als Terme einer Satzstruktur, während die rechte Hemisphäre unspezifisch Wörter aufgreift und sie in ein vorgegebenes Verstehensschema einzuordnen sucht.

Die Frage ist, wieweit diese Befunde bzw. deren Interpretationen zu anderweitigen Befunden passen. Es sei auf zwei Arbeiten hingewiesen, die absolut in die gleiche Richtung weisen: LESSER 1974 zeigt, daß zwar syntaktische (und phonologische) Sprachleistungstests zwischen linkshemisphärisch und rechtshemisphärisch Verletzten diskriminieren, nicht jedoch semantische. Die Untersuchungen von MAURAY/WHITAKER 1976 zur Sprachentwicklung bei hemisphärektomierten Kindern zeigen ebenfalls eine deutliche Syntaxüberlegenheit der linken Hemisphäre und eine stärkere Involvierung der rechten Hemisphäre bei semantischen Operationen.

Die hier dargestellten Befunde und Überlegungen passen indes auch in das Bild verallgemeinerter Theorien über die beiden Hemisphären. Vor allem Sperry hat mit Nachdruck die Auffassung vertreten, daß die Hemisphären sich weniger bezüglich der durch sie vermittelten Funktionen als vielmehr in ihrem modus operandi unterscheiden. Die Arbeitsweise der linken Hemisphäre wird als analytisch-sequentiell, die der rechten als synthetisch-simultan charakterisiert. Syntax hat aber nun par excellence mit sequentieller Organisation zu tun, so daß es nur natürlich ist, daß Syntax eine linke Domäne ist. Die selektive syntagmatische Ausrichtung der linken Hemisphäre auch bei der Verarbeitung der semantischen Aspekte paßt ebenfalls hierzu. Dagegen sind paradigmatische semantische Beziehungen Relationen, die bereits von de Saussure als simultan gegeben, als unabhängig von sequentieller Ordnung charakterisiert wurden, so daß eine starke rechtshemishärische Kapazität hierbei durchaus zu erwarten war.

Die hier dargestellten eigenen und zitierten Untersuchungen tragen nur zur Klärung der Frage bei, welche spezifischen Fähigkeiten die beiden Hemisphären haben. Nichts ist darüber gesagt, wieweit diese Fähigkeiten im normalen alltäglichen Sprachgebrauch auch wirklich eingesetzt werden; d.h.: Ist beim normalen Sprachverstehen tatsächlich auch die subdominante Hemisphäre mit ihrer spezifischen Arbeitsweise beteiligt, besteht also eine Art Arbeitsteilung zwischen den beiden Hemisphären? Ich neige z.Z. stark zu der Ansicht, daß normalerweise die rechte Hemisphäre sprachlich gar nicht "zum Zuge kommt", daß vielmehr die linke Hemishäre alle Sprachverarbeitung an sich zieht, was implizieren würde, daß unser normales Sprachverstehen im wesentlichen analytisch und syntaxbasiert wäre, also der linkshemisphärischen Arbeitsweise entspräche.

Literatur

DIMOND, S. (1972): The double brain. Edinburg: Livingstone.

HAALAND, K.Y. (1974): "The effect of dichotic, monaural and diotic verbal stimuli on auditory evoked potentials". Neuropsychologia 12: 339-345.

HEESCHEN, C. / JÜRGENS, R. (im Erscheinen): "Pragmatic-semantic and syntactic factors influencing ear differences in dichotic listening". Cortex.

KIMURA, D. (1964): "Left hemisphere differences in the perception of melodies". Quarterly Journal of Experimental Psychology 16: 355-358.

--- (1967): "Functional asymmetry of the brain in dichotic listening". Cortex 3: 163-178.

LESSER, R. (1974): "Verbal comprehension in aphasia". Cortex 1o: 247-263.

MAURAY, D. / WHITAKER, H. (1976): "Language acquisition following hemidecortication". Brain and Language 3: 4o4-433.

SPARKS, R. / GESCHWIND, N. (1968): "Dichotic listening in man after section of neocortical commissures". Cortex 4: 3-16.

--- et al. (197o): "Ipsilateral versus contralateral extinction in dichotic listening resulting from hemisphere lesions". Cortex 6: 249-26o.

ZURIF, E.G. / SAIT, P.E. (197o): "The role of syntax in dichotic listening". Neuropsychologia 8: 239-244.

LEXIKALISCHE PERFORMANZ BEI APHASIE
Störungen des Sprachsystems oder der sprachlichen Modalitäten?

Walter Huber

Einleitung

Aphasische Störungen werden gewöhnlich beim Sprechen und Verstehen, beim Schreiben und Lesen beobachtet, d.h. sie betreffen jede der vier Sprachmodalitäten, die artikulatorische, die auditive, die motorische und die visuelle. In einer linguistisch motivierten Performanztheorie wird man für eine jede laut- und schriftsprachliche Aktivität unimodale und supramodale Organisationsfaktoren annehmen. So konstituieren z.B. die habituell erworbenen Bewegungsmuster für kursives Schreiben unimodale Organisationsfaktoren der motorischen Sprachmodalität. Supramodale Organisationsfaktoren ergeben sich z.B. aus der Kenntnis der Schriftzeichen und der Kenntnis von deren Lautwert. Diese ermöglichen die Übertragung von sprachlicher Information aus einer Modalität in die andere, etwa beim Schreiben eines gehörten Wortes oder beim Transponieren eines Wortes von der Block- in die Kursivschrift. Somit können nur supramodale Faktoren auch als sprachsystematische Faktoren charakterisiert werden.

Was ist nun der Status von aphasischen Störungen hinsichtlich dieser unterschiedlichen Organisationsfaktoren? Verschiedene ältere Aphasietheorien gehen davon aus, daß in Abhängigkeit von unterschiedlichen Läsionen der dominanten Großhirnrinde nicht supramodale sprachliche Organisationsfaktoren betroffen sind, sondern "sensorische" oder "motorische" (vgl. ISSERLIN 1936) bzw. "rezeptive" oder "expressive" (WEISSENBURG/MCBRIDE 1935). - Neuere Theorien gehen davon aus, daß die aphasischen Störungen nicht alle Komponenten der sprachlichen Organisation betreffen, einige seien intakt, andere nicht (WEIGL/BIERWISCH 1970). So wird z.B. berichtet, daß eine aphasische Patientin Wörter weder laut lesen noch deren Sinn verstehen konnte, daß sie aber den Sinn dieser Wörter ohne Schwierigkeiten erfassen konnte, wenn diese vorgesprochen wurden. Solches Sprachverhalten zeige eine isolierte Störung des Erkennens von Schriftzeichen. Durch die Aphasie dieser Patientin wäre also nur die visuelle Sprachmodalität betroffen.

Annahmen dieser Art stimmen nur schlecht mit unserer klinischen Beobachtung von aphasischen Patienten überein: Durch Aphasie sind generell alle Sprachmodalitäten betroffen, wobei in verschiedenen sprachlichen Modalitäten vergleichbare sprachliche Fehler auftreten, Jedoch variiert der Grad der Störung, so daß bei leichter gestörten Patienten und bei einfacher Aufgabenstellung der Eindruck von unimodalen bzw. modalitätsspezifischen Störungen entstehen kann.

Welches Interesse könnten Linguisten an einer Klärung des kontroversen Status von aphasischen Störungen haben? Linguistische Theorien - zumindest mentalistisch orientierte - erheben den Anspruch, daß linguistische Konstrukte Hypothesen über supramodale sprachliche Organisationsfaktoren des Gehirns darstellen. Bestätigt sich nun die Annahme, daß hirnorganisch bedingte Sprachstörungen nur modalitätsspezifischer Natur sind, dann ist der empirische Status von supramodalen sprachlichen Organisationsfaktoren überhaupt in Frage gestellt. Die Konsequenz wäre, daß linguistische Konstrukte zumindest durch Beobachtung von aphasischen Störungen nicht direkt empirisch überprüfbar sind.

Um die verschiedenen Annahmen über den Status von aphasischen Störungen experimentell zu überprüfen, haben wir an der Abt. Neurologie der RWTH Aachen die lexikalische Performanz, nämlich das Verarbeiten von einzelnen Wörtern in vier rezeptiven und in sechs expressiven Aufgabenarten untersucht.[1] - Zur Vermeidung von Lerneffekten im Verlauf der Untersuchung haben wir für die expressiven und die rezeptiven Aufgaben unterschiedliches, jedoch linguistisch vergleichbares Stimulusmaterial ausgewählt. Außerdem wurden die Aufgaben über alle Sprachmodalitäten hinweg vollständig randomisiert, sowie völlig andere Aufgaben eingestreut. - Wir untersuchten drei Gruppen von je 15 Patienten mit globaler, Wernicke und Broca Aphasie. Bei Patienten mit globaler Aphasie ist durch eine Läsion in der dominanten Großhirnrinde der gesamte Bereich der Sprachregion beeinträchtigt, bei Patienten mit Wernicke Aphasie der hintere Anteil und bei Patienten mit Broca Aphasie der vordere Anteil der Sprachregion (zur klinischen Klassifikation vergleiche POECK et al.1975).

Rezeptive lexikalische Performanz

Alle rezeptiven Aufgaben erforderten das Zuordnen eines Wortes zu einer Auswahlmenge von fünf Bildern bzw. Wörtern. Wir unterschieden vier Aufgabentypen (vgl. Tab. 1): Beim auditiv sprachlichen Verstehen wurde dem Patienten ein Wort vorgesprochen, dessen Bedeutung aus einer Auswahlmenge von fünf Bildern erkannt werden sollte. Beim visuell sprachlichen Verstehen (Lesesinnverständnis) wurde das Stimuluswort schriftlich vorgelegt. Die Aktivierung von auditiver und visueller Sprachmodalität erforderte der dritte Aufgabentyp: Ein vorgesprochenes Wort sollte als eines von fünf schriftlich dargebotenen Wörtern identifiziert werden. Der vierte Aufgabentyp erforderte schließlich das visuell-visuelle Zuordnen von sprachlicher Information. Hier wurde ein kursiv geschriebenes Wort vorgegeben, und das gleiche Wort sollte in einer Auswahlmenge von fünf Wörtern in Blockschrift erkannt werden. Zur Lösung der Aufgabe wurden somit Kenntnisse des Schriftsystems vorausgesetzt, womit ein rein visuelles, nicht-sprachliches Zuordnen ausgeschlossen war.

In den rezeptiven Aufgaben ging es also um intra- und crossmodales Zuordnen, sowohl von sprachlicher und bildlicher Information, als auch von zwei sprachlichen Informationen.[2] In jeder der vier Aufgabengruppen wurde dasselbe sprachliche bzw. bildliche Stimulusmaterial verwendet. Die Ergebnisse sind in Tab.1 wie-

AUFG STRUKT	1 Wort X 5 Bildkarten		1 Wort X 5 Wortkarten	
SPRACHL INPUT	AUD	VIS	AUD-VIS	VIS-VIS
GLOBAL (n=15)	15.2	21.5	21.7	13.8
WERNICKE (n=15)	8.5	9.6	7.3	4.4
BROCA (n=15)	2.0	3.2	3.6	1.7

Tab. 1. Rezeptive lexikalische Performanz bei Aphasie. Mittlerer prozentualer Fehleranteil bezogen auf jeweils 25 Aufgaben.

dergegeben. Obwohl Aufgaben dieser Art für gesunde Sprecher äußerst leicht zu lösen sind, zeigte keine der untersuchten Aphasikergruppen in einer der Aufgabentypen eine fehlerfreie Performanz. Erwartungsgemäß waren die Patienten mit globaler Aphasie weitaus stärker gestört als die mit Wernicke und Broca Aphasie.[3] Zwischen Wernicke und Broca Aphasie ergaben sich hingegen keine signifikanten Unterschiede. Man kann also nicht davon ausgehen, daß Wernicke Aphasiker bei dieser Aufgabenstellung im Vergleich zu Broca Aphasikern eine herausragende "sensorische" Störung haben. Andererseits kann die rezeptive Sprachstörung bei Patienten mit Broca Aphasie, deren Läsionen vorwiegend im Frontallappen nachweisbar sind, nicht durch die Nähe ihrer Läsion zum primären Hör- und Sehcortex im Temporal- bzw. Occipitallappen erklärt werden. Vielmehr ist zu vermuten, daß die rezeptiven Störungen bei allen drei Gruppen von Aphasikern mit gestörten supramodalen lexikalischen Organisations- und Verarbeitungsfaktoren zusammenhängen. Diese lexikalischen Faktoren sind bei jeder Läsion im Bereich der Sprachregion - wenn auch in unterschiedlicher quantitativer Stärke - beeinträchtigt.

Zwischen den einzelnen Aufgabentypen ergaben sich nur für die am schwersten gestörte Gruppe der globalen Aphasiker signifikante Unterschiede. Beim Aufgabentyp 2 und 3 waren diese Patienten überzufällig stärker gestört als bei den Aufgabentypen 1 und 4 (vgl. Tab. 1). Die semantische bzw. die phonematische Verarbeitung von lexikalischer Information ist also bei visueller Input-Bedingung relativ am schwierigsten, und zwar schwieriger als die rein graphematische Verarbeitung (Aufgabentyp 4), aber auch schwieriger als die Verarbeitung von lexikalischer Information bei auditiver Input-Bedingung (Aufgabentyp 1). Daß dieser Sachverhalt nicht nur pathologisch organische Ursachen hat, sondern auch natürlich organische, ist aus dem Verlauf des Spracherwerbs allgemein bekannt. Die Fähigkeit, produktiv lesen zu lernen, setzt eine bestimmte Reifung des Gehirns voraus, die erst auf der Altersstufe von 5 bis 7 Jahren gegeben ist (LECOURS 1975). Daß die spezifisch aphasischen Schwierigkeiten nicht allein mit der erforderlichen Kenntnis des Schriftsystems zusammenhängen, zeigen die relativ geringeren Schwierigkeiten, die alle Aphasiker beim rezeptiven Transponieren von Schrifttyp zu Schrifttyp (Aufgabentyp 4) haben. Somit können die spezifischen Schwierigkeiten des Lesens nicht auf strikt unimodale Organisationsfaktoren einer visuell-graphematischen Input-Komponente zurückgeführt werden. Vielmehr ist es das Umsetzen der graphematischen Information in phonematische bzw. semantische Information, das die spezifischen Schwierigkeiten des Lesens hervorruft.[4]

Expressive lexikalische Performanz

Die expressive lexikalische Performanz haben wir in sechs verschiedenen Aufgabentypen (vgl. Tab.2) untersucht: schriftliches und mündliches Benennen von prototypischen Abbildungen eines Gegenstandes, Schreiben eines diktierten Wortes, schriftliches Transponieren eines kursiv vorgegebenen Wortes in die Blockschrift, lautes Lesen und Nachsprechen eines Wortes. In allen sechs Aufgabentypen wurden die gleichen Stimuluswörter bzw. Stimulusbilder verwendet. Um den unerwünschten Einfluß einer motorischen Behinderung infolge von Lähmung bzw. um den Einfluß von konstruktiv apraktischen Störungen auszuschalten, wurde statt Schreiben mit der Hand generell das Zusammensetzen von Wörtern aus einzelnen Buchstabenkarten verlangt.

INPUT	(Bild)	AUD	VIS	(Bild)	VIS	AUD
OUTPUT	graphemat. - motorisch			phonemat.-artikulator.		
AUFG. TYP	Schrift Benenn	Diktat Schreib	Transponier	Mündl. Benenn	Laut Lesen	Nachsprech
GLOBAL (n=15)	91.5	86.8	50.5	79.6	74.8	39.2
WERNICKE (n=15)	66.0	59.9	28.4	43.1	19.6	17.0
BROCA (n=15)	44.0	40.0	8.1	15.5	5.8	2.7

Tab. 2. Expressive lexikalische Performanz bei Aphasie. Mittlerer prozentualer Fehleranteil bezogen auf jeweils 20 Aufgaben mit maximal 4 Fehlerpunkten pro Aufgabe.

An den Ergebnissen in Tab.2 fällt erneut auf, daß bei keiner der Aufgaben die durchschnittliche Leistung pro Aphasikergruppe fehlerfrei ist. Die Fehleranteile der Patienten mit globaler Aphasie liegen mit Ausnahme der Aufgaben Nachsprechen und Transponieren deutlich höher als 50%. Dabei ergeben sich im Vergleich zu Broca Aphasikern in allen Aufgaben und im Vergleich zu Wernicke Aphasikern beim Diktatschreiben, mündlichen Benennen und Lautlesen signifikante Unterschiede. Mündliches Benennen ist die einzige Aufgabe, die alle drei Gruppen quantitativ differenziert, da sich nur hier auch Wernicke und Broca Aphasiker signifikant unterscheiden.[5] Beim schriftlichen Benennen hingegen - so ist zu vermuten - wurden die spezifischen Störungen des Benennens so stark von graphematisch-motorischen Schwierigkeiten überlagert, daß sich Wernicke Aphasiker weder von den globalen noch von den Broca Aphasikern signifikant unterscheiden. .

Besonders bemerkenswert ist, daß für jede Aphasikergruppe eine vergleichbare Abstufung von Schwierigkeiten über die sechs Aufgabentypen hinweg vorliegt. Generell gilt, daß die Aufgaben bei graphematisch-motorischer Output-Bedingung schwieriger sind als bei phonematisch-artikulatorischer. Schriftliches Transponieren ist jedoch für alle Gruppen signifikant leichter als Diktatschreiben und schriftliches Benennen. Damit erhärtet sich der über die rezeptive Performanz bereits gewonnene Befund: Nicht die zusätzlich erforderliche Kenntnis des Schriftsystems ist für den höheren Schwierigkeitsgrad der schriftsprachlichen Aktivität ausschlaggebend, sondern das Umsetzen oder "Transcodieren" (WEIGL 1975) von phonematischer bzw. semantischer Information in graphematische. Der supramodale Charakter dieser Transcodierungsschwierigkeiten bedingt, daß sie für rezeptive und expressive Performanz gleichermaßen gelten.

In abgeschwächter Form lassen sich entsprechende Transcodierungsschwierigkeiten auch bei phonematisch-artikulatorischer Output-Bedingung nachweisen. Für die Gruppe der globalen Aphasiker ist Nachsprechen signifikant leichter als mündliches Benennen und Lautlesen. Während Nachsprechen allein durch Verarbeitung von phonematischer Information möglich ist, erfordern die beiden anderen Aufgaben erneut die Transcodierung verschiedener sprachlicher Information, nämlich von graphematischer bzw. semantischer in phonematische. - Für die Gruppe der Broca Aphasiker bestehen zwischen den phonematisch-artikulatorischen Aufgabentypen keine signifikanten Schwierigkeitsunterschiede. Demgegenüber ist für die Gruppe der Wernicke Aphasiker mündliches Benennen signifikant schwieriger als Lautlesen und Nachsprechen. Somit sind die Schwierigkeiten beim Benennen zumindest für die Wernicke Aphasiker nicht allein auf die phonematisch-artikulatorische Realisierung zurückzuführen, sondern auch auf die semantisch-lexikalische Realisierung.

Komponentenmodell für lexikalische Performanz

Auf Grund unserer experimentell ermittelten Befunde zum rezeptiven und expressiven Verarbeiten von Wörtern können wir einige der in der Einleitung erwähnten Annahmen über den Status von aphasischen Störungen verwerfen bzw. modifizieren. Es ist nicht der Fall, daß in Abhängigkeit von der Lokalisation der Läsion modalitätsspezifische Störungen auftreten. Vielmehr treten in allen vier Sprachmodalitäten uni- und supramodale Schwierigkeiten auf, wobei der Grad der Störung für alle drei Gruppen von Aphasikern in ähnlicher Weise abgestuft ist. Insbesondere zeigen die unterschiedlichen Schwierigkeitsgrade der cross-modalen Aufgaben, daß ein ausschließlich unimodal organisiertes Performanzmodell inadäquat ist. Hingegen ist ein hierarchisch gegliedertes Modell von unimodalen und supramodalen Komponenten (vgl. Abb.1) mit unseren Befunden gut vereinbar. Sind durch Aphasie nur einzelne dieser Komponenten gestört? Vergleicht man die Leistung von klinisch klassifizierten Aphasikergruppen, dann spricht nichts für diese Annahme. Die aphasischen Störungen betreffen alle Komponenten, wenn auch in unterschiedlicher quantitativer Stärke. - Den Einfluß der verschiedenen uni- und supramodalen Komponenten werde ich nun an Hand des Fließdiagramms in Abb. 1 detailliert aufzeigen.

Der Einfluß der nicht-sprachlichen Input- und Output-Komponenten ergibt sich aus den unterschiedlichen Störungsgraden bei ihrer Aktivierung (vgl. die Markierungen 1 bis 4 in Abb.1). Die uni- und cross-modale Aktivierung der motorischen Output-Komponente (schriftliches Benennen und Diktatschreiben) ist schwieriger als die entsprechende Aktivierung der artikulatorischen Komponente (mündliches Benennen und Lautlesen). Demgegenüber sind die Aufgaben, die nur die visuelle und auditive Komponente aktivieren, einfacher. Faßt man jeweils die rezeptiven und expressiven Auf-

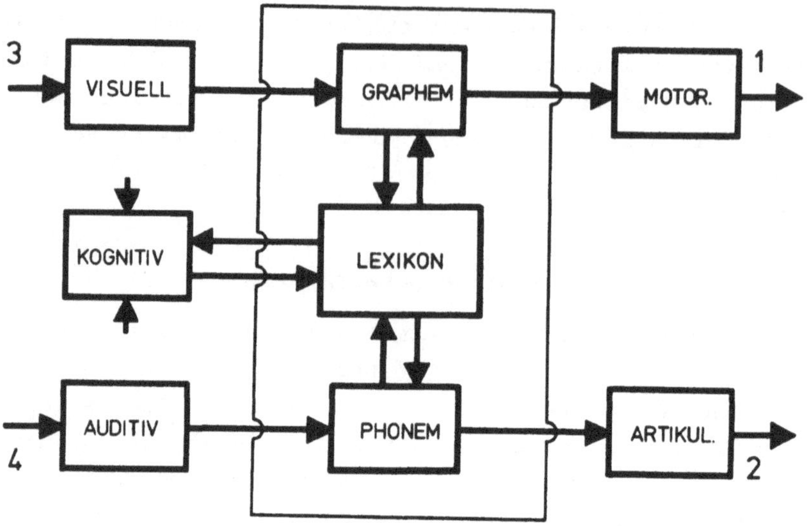

Abb. 1. Komponentenmodell für lexikalische Performanz

gaben zusammen, dann besteht für jede der drei Aphasiker-Gruppen ein signifikanter Unterschied zwischen expressiver und rezeptiver Performanz.[6] In beiden Gruppen von Aufgaben liegen unterschiedliche Verarbeitungsbedingungen vor. Bei den rezeptiven Aufgaben handelt es sich immer um rezeptives, cross-modales bzw. intra-modales Zuordnen. Demgegenüber ist bei den expressiven Aufgaben entweder eine sprachliche Übertragung von rezeptiver zu expressiver Modalität notwendig (beim Diktatschreiben, beim schriftlich Transponieren, beim Lautlesen und beim Nachsprechen) oder aber das Zuordnen von bildlicher zu expressiv lexikalischer Information (beim Benennen). Letzteres wird im Gegensatz zum rezeptiven Wort-Bild Zuordnen nicht durch die Redundanz des bildlichen Stimulusmaterials erleichtert. Auf Grund dieser Unterschiede in der Aufgabenstruktur ist nicht zu erwarten, daß bei expressiver und rezeptiver lexikalischer Performanz vergleichbare Lösungsstrategien mit vergleichbarem Schwierigkeitsgrad vorliegen.

Der Einfluß der graphematischen und phonematischen Subkomponenten ergibt sich daraus, daß sowohl die expressive wie die rezeptive Performanz bei graphematisch-lexikalischer Verarbeitung stärker gestört ist als bei phonematisch-lexikalischer. Zu betonen ist, daß hierbei die Koppelung mit der lexikalischen Komponente den Ausschlag gibt. So fanden wir signifikante Unterschiede zwischen schriftlichem und mündlichem Benennen, und zwischen Lesesinnverständnis und auditivem Verständnis, nicht aber zwischen Transponieren und Nachsprechen. Es ist offensichtlich, daß diese beiden Aufgaben unter Umgehung der lexikalischen Komponente, gewissermaßen imitatorisch, gelöst werden können. - Weiterhin zeigt sich der Einfluß der graphematischen und phonematischen Subkomponente darin, daß die Schwierigkeiten größer sind, wenn beide Subkomponenten aktiviert werden, als wenn nur eine der beiden aktiviert wird. Dies beobachteten wir beim Diktatschreiben gegenüber dem schriftlich Transponieren und beim Lautlesen gegenüber dem Nachsprechen. Es zeigt sich also hier hinsichtlich der Aktivierung von phonematischer und graphematischer Subkomponente die aus nichtsprachlichen Modalitätsuntersuchungen bekannte Regelmäßigkeit, daß cross-modale Aktivitäten schwieriger sind als intra-modale.

Der Einfluß der lexikalischen Komponente ist an der herausragenden Störung des mündlichen Benennens (zumindest bei Wernicke Aphasie) direkt nachweisbar. Außerdem beeinflußt die lexikalische Komponente die Schwierigkeiten beim Umsetzen von graphematischer in phonematische Information (und umgekehrt). Diese Annahme setzt allerdings voraus, daß phonematische und graphematische Ähnlichkeit Organisationsfaktoren der lexikalischen Komponente sind.

Die in Abb.1 angenommene Trennung einer kognitiven und einer lexikalischen Komponente kann aus unseren Befunden nicht geschlußfolgert werden. Für eine solche Trennung spricht die Beobachtung, daß Aphasiker beim begrifflichen Sortieren von Bildern weniger gestört sind als beim Sortieren äquivalenter Wörter (vgl. STACHOWIAK in diesem Band). Weiterhin konnten GOODGLASS und Mitarbeiter (1974) zeigen, daß sich Aphasiker zwar an benennbare Abbildungen von konkreten Gegenständen schlechter als nicht-aphasische Kontrollpersonen erinnern, - beim Erinnern an abstrakte visuelle Muster ergaben sich jedoch keine Unterschiede. Aphasiker profitieren also nicht von "verbal mediation".

Die in dem vorgeschlagenen Performanzmodell (Abb.1) als supramodal angenommenen sprachlichen Komponenten könnten in einem alternativen Modell in jeder der Input/Output-Modalitäten je gesondert repräsentiert sein, wobei die in Abb.1 angegebene Abstufung des Schweregrads der Störung bei Aphasie ebenfalls anzunehmen wären. In einem solchen Modell hätte man nur mit unimodalen sprachlichen Faktoren zu rechnen. Dieses Modell ist jedoch inadäquat, da es nicht erklären kann, warum die cross-modale Aktivierung von auditiver und motorischer Modalität schwieriger ist als die von visueller und motorischer Modalität. - Weitere Evidenz für die Annahme von supramodalen sprachlichen Komponenten ergibt sich, wie ich im nächsten Abschnitt zeigen werde, aus dem Einfluß von gleichen sprachlichen Faktoren auf verschiedene Input/Output-Modalitäten.

Supramodale Organisationsfaktoren

Für die expressive Performanz führten wir eine Fehleranalyse durch, bei der wir die folgenden Abweichungen unterschieden: Nullreaktion (NULL) - der Patient kann keine sprachliche Äußerung hervorbringen; Neologismus (NEOL) - die Reaktion des Patienten ist nicht als Wort des Deutschen identifizierbar; phonematische Paraphasie (PHON) - das geäußerte Wort ist semantisch zutreffend, jedoch in seiner Lautform bzw. Schriftform verändert[7]; semantische Paraphasie (SEM) - die Reaktion des Patienten ist semantisch nicht zutreffend. Die relative Verteilung dieser Fehlreaktionen auf die sechs expressiven Aufgabentypen ist in Tab.3 wiedergegeben.

Schrift Benenn	Diktat Schreib	Trans-ponier	Mündl Benenn	Laut Lesen	Nach sprech
NULL:45.6	NULL:39.4	PHON:61.5	NULL:31.3	NULL:33.4	PHON:62.3
PHON:28.7	PHON:36.7	NEOL:23.5	SEM :31.0	NEOL:33.4	NEOL:18.8
NEOL:20.9	NEOL:23.7	NULL:14.8	NEOL:22.8	PHON:29.8	NULL:10.1
SEM : 4.8	SEM : 0.2	SEM : 0.2	PHON:14.9	SEM : 5.3	SEM : 8.8

Tab. 3. Fehlerstruktur bei expressiver lexikalischer Performanz. Prozentanteile der Fehlerarten pro Aufgabentyp.

Innerhalb der einzelnen Aufgabentypen ergibt die Nullreaktion jeweils den relativ höchsten Fehleranteil, mit Ausnahme der relativ höchsten Anteile von phonematischen Paraphasien beim Transponieren und Nachsprechen. Letzteres ist leicht zu erklären, da beide Aufgaben vergleichsweise einfach waren und da jeweils nur die graphematische bzw. die phonematische Subkomponente zu aktivieren war. Alle supramodal komplexeren Aufgaben führten demgegenüber zu hohen Anteilen von Nullreaktionen. Wenn man nur diese Fehlerarten mit den relativ höchsten Fehleranteilen berücksichtigt, dann können auch schon die Patienten mit globaler Aphasie, also Patienten mit einer Läsion im Bereich der gesamten Sprachregion, von Patienten mit einer Läsion des vorderen oder hinteren Anteils der Sprachregion (mit Broca bzw. Wernicke Aphasie) unterschieden werden.[8] Nullreaktionen bzw. phonematische Paraphasien sind also ein Schweregradindikator für Störungen der expressiven lexikalischen Performanz.

Eine besondere Verteilung ergab sich außerdem für semantische Paraphasien.[9] Erwartungsgemäß liegen relativ hohe Fehleranteile von semantischen Paraphasien beim mündlichen Benennen vor. Von allen Aufgabentypen ist Benennen die einzige Aktivität, bei der eine semantisch lexikalische Verarbeitung unbedingt erfolgen muß. Warum aber liegt beim schriftlichen Benennen nur ein relativ geringer Anteil von semantischen Paraphasien vor? Liegt es daran, daß die Patienten Störungen beim Auffinden und Abrufen von lexikalischen Einträgen haben und daß diese Störungen beim schriftlichen Benennen deshalb weniger auftreten, weil dort ein anderer Zugang - nämlich der über die graphematische Form - gewählt wird? In diesem Fall würde es sich bei den semantischen Paraphasien eindeutig um eine modalitätsspezifische Organisationsstörung handeln, nämlich um Störungen, die speziell auf mündliches Benennen beschränkt sind. Es fällt jedoch auf, daß beim schriftlichen Benennen der relativ höchste Anteil von Nullreaktionen vorliegt. Somit können die semantischen Fehlreaktionen auf Grund von phonematisch-graphematischen Störungen durch Nullreaktionen überlagert sein. Gelegentlich wird dies durch das mündliche Verhalten der Patienten beim schriftlichen Benennen bestätigt. Der Patient spricht eine semantische Paraphasie vor sich hin, beim Versuch, sie schriftlich zu realisieren, gibt er jedoch auf.

Um einen Einfluß von supramodalen sprachlichen Faktoren auch für die Aufgaben in den rezeptiven Modalitäten nachzuweisen, haben wir das Stimulusmaterial dreifach variiert: Das zum Stimuluswort äquivalente Wort bzw. Bild sollte einmal aus einer Auswahlmenge von semantisch ähnlichen und einmal aus einer Auswahlmenge von phonematisch ähnlichen Bildern bzw. Wortkarten herausgefunden werden. In beiden Teilen von Aufgaben wurden ein- und zweisilbige Wörter vorgegeben. In einem dritten Teil sollte ebenfalls zwischen semantisch ähnlichen Items ausgewählt werden, wobei jedoch lexikalisch komplexere Stimuli, nämlich Nomina Komposita vorgegeben wurden. Je nach dem, ob nun Bilder oder Wörter zur Auswahl vorlagen, ergaben sich unterschiedliche Fehleranteile (vgl. Tab.4).

		1 WORT x	
		5 BILDER	5 WÖRTER
1-2 silb Wörter	semantisch ähnlich	25.4	24.2
	phonematisch ähnlich	26.9	44.6
Nomina Komposita	semantisch ähnlich	47.7	31.2

Tab. 4. Rezeptive lexikalische Performanz. Einfluß der Faktoren Wortstruktur und semantische bzw. phonematische Ähnlichkeit. Prozentanteile an der Gesamtzahl der Fehler bei Auswahlbildern bzw. bei Auswahlwörtern.

Bei den Aufgaben mit Auswahlwörtern ergab sich der signifikant höchste Fehleranteil bei der Auswahl aus phonematisch ähnlichen Items, während bei den Aufgaben mit Bildern das Zuordnen von Nomina Komposita die signifikant meisten Fehler hervorrief.[10] Diese unterschiedliche Fehlerverteilung deutet auf zwei völlig verschiedene Lösungsstrategien hin. Bei der Auswahl zwischen Wortkarten müssen nur die graphematisch-phonematischen Kenntnisse aktiviert werden, nicht hingegen die semantischen. Deshalb erschwert phonematische, nicht aber semantische Ähnlichkeit die Lösung der Aufgabe. Bei der Auswahl zwischen Bildern hingegen müssen die lexikalischen Kenntnisse notwendig aktiviert werden, und zwar sowohl hinsichtlich der semantischen wie der phonematischen Merkmale der die Bilder bezeichnenden Wörter. Deshalb gibt es bei gleicher lexikalischer Komplexität keinen Unterschied bei der Auswahl zwischen phonematisch und semantisch ähnlichen Bildbezeichnungen. Der einzige Faktor, durch den die Aufgabe erschwert wird, ist die größere lexikalische Komplexität der Nomina Komposita. Demgegenüber hat lexikalische Komplexität auf die Lösungsstrategien für Wort-Wort Zuordnung keinen herausragenden Einfluß. Zwischen Nomina Komposita und 1-2 silbigen Nomina fanden wir bei semantischer Ähnlichkeit keinen signifikanten Unterschied. Dies zeigt, daß hier die lexikalischen Kenntnisse umgangen bzw. nur teilweise aktiviert werden.

Diese Ergebnisse haben eine offensichtliche Parallele zu den expressiven Leistungen. Dort ergaben sich die relativ meisten eindeutig lexikalischen Fehlreaktionen beim (mündlichen) Benennen, also ebenfalls beim Zuordnen von bildlicher und sprachlicher Information. Diese parallelen Störungen können nicht auf visuo-kognitive Störungen beim Erkennen der abgebildeten Gegenstände zurückgeführt werden: Aphasische Patienten unterscheiden sich in komplexen visuellen Aufgaben nicht von Patienten ohne Aphasie mit vergleichbaren Läsionen in der rechten Großhirnrinde (HARTJE et al. 1974). Vielmehr ist beim Zuordnen von bildlicher und sprachlicher Information, sowohl bei expressiver wie bei rezeptiver Aufgabenstellung, die Aktivierung von supramodalen lexikalischen Kenntnissen beeinträchtigt.

Auf einen möglichen supramodalen Unterschied zwischen expressiver und rezeptiver lexikalischer Aktivierung möchte ich abschließend hinweisen. Bei Wort-Bild Zuordnungsaufgaben fanden wir für die rezeptiven Strategien keinen unterschiedlichen Einfluß von semantischen und phonematischen Organisationsfaktoren. Gilt das auch für Strategien zur Benennung von Bildern? In unseren Benennungsaufgaben (in denen nur ein Bild vorgelegt wurde !) scheint vorwiegend ein Einfluß von semantischen Organisationsfaktoren vorzuliegen: Die Wortsubstitutionen der von uns untersuchten Aphasiker hatten zum weitaus überwiegenden Teil eine semantisch klassifikatorische oder propositionelle Beziehung zum Zielwort. Grob semantisch abweichende Paraphasien waren demgegenüber selten, und noch seltener wurden Wörter genannt, die mit dem Zielwort phonematisch ähnlich waren. Wenn dieser geringe Einfluß von phonematischer Ähnlichkeit nicht auf die besondere Aufgabenstruktur des Benennes zurückzuführen ist, dann muß man annehmen, daß die expressive Aktivierung von lexikalischen Kenntnissen im Vergleich zur rezeptiven Aktivierung stärker semantisch restringiert ist.

Schlußfolgerung

Unsere Untersuchung bestätigt zweierlei: Einmal, daß lexikalische Performanz neben unimodalen auch nach supramodalen sprachlichen Faktoren organisiert ist. Und zum anderen, daß durch Aphasie auch die supramodalen Organisationsfaktoren der lexikalischen Performanz betroffen sind.

Anmerkungen

1 Diese Untersuchung habe ich gemeinsam mit Hertha Faulhammer, Lothar Nord und Dorothea Paessens durchgeführt. Über Methode, Material, varianzanalytische Auswertung und klinisch-aphasiologische Schlußfolgerungen werden wir an anderer Stelle ausführlich berichten. Ich möchte mich dafür bedanken, daß ich ausgewählte Daten und Ergebnisse für dieses Referat verwenden durfte. Eine Reihe von Anregungen habe ich aus Diskussionen mit Dr. Kerschensteiner, Prof. Poeck, Franz-Josef Stachowiak, Dorothea Weniger und Luisa Bader erhalten.

2 Auf die Möglichkeit, zwei sprachliche Informationen intramodal auch auditiv vorzugeben, nämlich durch Vorsprechen eines Wortes und unmittelbar darauf durch Vorsprechen einer Auswahlmenge von Wörtern, verzichteten wir, da hier beim Zuordnen Gedächtnisfaktoren interferieren. Aus dem gleichen Grunde wurde cross-modales Zuordnen eines schriftlich vorgelegten Worts zu einer Auswahlmenge von vorgesprochenen Wörtern nicht untersucht.

3 Diese Unterschiede konnten mit Ausnahme der Unterschiede beim auditiven Verstehen auf dem 99% Niveau als signifikant abgesichert werden, bzw. auf dem 97.5% Niveau für den Vergleich globale vs. Wernicke Aphasiker beim visuell-visuellen Zuordnen (Paarvergleiche für einfache Haupteffekte im Anschluß an eine Split-Split-Plot Varianzanalyse, ausgehend von den absoluten Fehlerzahlen). - Da in der Untersuchung neben dem Faktor Aufgabenart auch noch ein lexikalischer Faktor, auf den ich noch eingehen werde, berücksichtigt wurde, war ein Split-Split-Plot Design heranzuziehen (KIRK 1968).
Die statistische Beratung und die statistischen Untersuchungen wurden von Klaus Willmes (Inst. f. Med. Stat. u. Dok. der RWTH Aachen) durchgeführt.

4 Ob die graphematische Information nur nach einer phonematischen Verarbeitung semantisch interpretiert werden kann oder ob auch eine direkte semantische Interpretation möglich ist, kann hier nicht entschieden werden.

5 Diese Unterschiede wurden für die absoluten Fehlerscores festgestellt (Paarvergleiche für einfache Haupteffekte im Anschluß

an eine weitere Split-Split-Plot Varianzanalyse). Auch hier wurde ein weiterer Faktor, nämlich Wortstruktur, berücksichtigt.

6 Zur Überprüfung dieses Unterschieds wurde für die expressiven Aufgaben ebenfalls eine falsch/richtig-Bewertung zugrunde gelegt. Bei Split-Plot Varianzanalyse ergaben sich signifikante Effekte sowohl des Faktors Aphasie als auch des Faktors expressiv vs. rezeptiv.

7 Bei den schriftsprachlichen Reaktionen führten wir eine Trennung zwischen phonematisch bedingten und rein graphematisch bedingten Abweichungen nicht durch. Bei Aphasie ist jede "aussprechbare" schriftsprachliche Fehlreaktion potentiell phonematisch bedingt. Darüberhinaus bestehen zwischen den Zeichen des Alphabets zahllose Relationen, die zwischen phonematischer und graphematischer Ähnlichkeit ambig sind. Um zu einer methodisch sauberen Trennung zu kommen, müßten diese und andere Parameter über die Zusammenstellung des Stimulusmaterials kontrolliert werden.

8 Dies gilt für die Aufgabentypen schriftliches und mündliches Benennen, Lautlesen und Nachsprechen (1-faktorielle multivariate Varianzanalyse mit anschließend durchgeführten Paarvergleichen). - Nullreaktionen sind es auch, die beim mündlichen Benennen die drei Aphasikergruppen signifikant unterscheiden.

9 Wenn man beim Vergleich der verschiedenen Aufgabentypen die Einflüsse von nur je einem Fehlertyp überprüft, dann ergibt sich ein signifikanter Einfluß nur für den Fehlertyp semantische Paraphasie (multivariate Split-Plot Varianzanalyse).

10 Signifikante Unterschiede konnten sowohl gegenüber jeder der beiden anderen Aufgabenarten gesichert werden, als auch für jede der untersuchten rezeptiven Modalitäten bzw. Kombinationen von Modalitäten (vgl. Tab.1) (Paarvergleiche für einfache Haupteffekte im Anschluß an die Split-Split-Plot Varianzanalyse (vgl. Anm.2)).

Literatur

GOODGLASS, H. / DENES, G. / CALDERON, M. (1974): "The absence of covert verbal mediation in aphasia". Cortex 10: 264-269.

GOODGLASS, H. / KAPLAN, E. (1972): The assessment of aphasia and related disorders. Philadelphia: Lea and Febiger.

HARTJE, W. / ORGASS, B. / POECK, K. / KERSCHENSTEINER, M. (1974): "Störungen des visuellen Erkennens nach einseitiger Hirnschädigung". Nervenarzt 45: 67-72.

ISSERLIN, M. (1936): "Aphasie". In: BUMKE, O. / FOERSTER, O. (eds.) (1936): Handbuch der Neurologie. Bd. V/3. Berlin: Springer.

KIRK, R. E. (1968): Experimental design: procedures for the behavioral sciences. Belmont, Cal.: Brooks and Cole.

LECOURS, A. R. (1975): "Myelogenetic correlates of the development of speech and language". In: LENNEBERG, E. H. / LENNEBERG, E. (eds.) (1975): Foundations of language development. Vol. 1. New York: Academic Press.

POECK, K. / KERSCHENSTEINER, M. / STACHOWIAK, F.-J. / HUBER, W. (1975): "Die Aphasien". aktuelle neurologie 2: 159-170.

STACHOWIAK, F.-J. (in diesem Band): "Störungen in der semantischen Organisation des Lexikons bei Aphasie".

WEIGL, E. (1975): "Neuropsychological approach to the problem of transcoding". Linguistics 154/55: 105-135.

WEIGL, E. / BIERWISCH, M. (1970): "Neuropsychology and linguistics: topics of common research". Foundations of Language 6: 1-18.

WEISSENBURG, T. / MCBRIDE, K.E. (1935): Aphasia. A clinical and psychological study. New York: Hafner.

"FEHLERINDEX" UND "ESPA-ANALYSE" - EIN DOPPELVERFAHREN ZUR QUANTITATIVEN UND QUALITATIVEN FEHLERMESSUNG BEI GESTÖRTER SPRACHE

Günter Peuser und Angela Friederici

Einleitung

Unter Anwendung des bekannten Kommunikationsmodells "Sender - Nachricht - Empfänger" lassen sich drei Formen der Fehleranalyse unterscheiden: je nach dem Glied der Kommunikationskette, welches die Fehleranalyse in den Blick nimmt, ist sie kausal, deskriptiv oder kommunikativ orientiert:

Fig. 1: Formen der Fehleranalyse (FA)

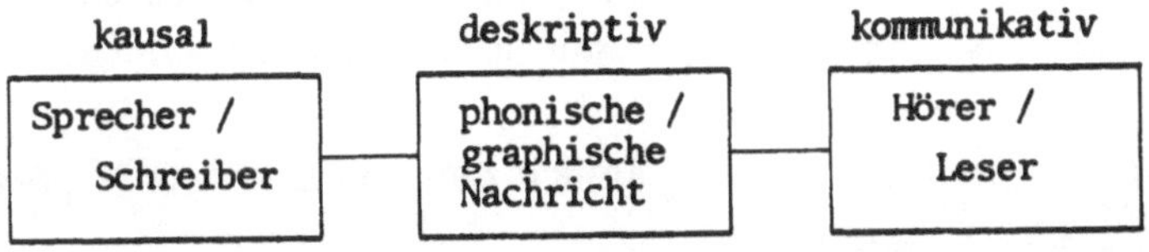

Diese Unterscheidung ist keineswegs trivial, sondern von großer Bedeutung für die Methoden und Ergebnisse der jeweiligen FA. Dabei ist es nicht nur von Wichtigkeit, daß der fehleranalytisch arbeitende Patholinguist sich bewußt ist, welche der drei Analyseformen er anwendet, sondern darüber hinaus auch, daß er konsequent im Rahmen der jeweils gewählten Analyse bleibt.

Daß dies in der Praxis keineswegs leicht ist, dafür sprechen die immer wieder zu beobachtenden deskriptiv/kommunikativen Mischanalysen (z.B. GOODGLASS/KAPLAN 1972).

Für eine mit der Diagnose und Therapie gestörter Sprache befaßte Disziplin wie die Patholinguistik sind alle drei Methoden von Bedeutung. Dabei hat jede dieser Analyseformen ihren eigenen Anwendungsbereich: die deskriptive Analyse ist diagnostisch, die kausale und kommunikative sind therapieorientiert.

Da sich die gegenwärtige Patholinguistik noch in einer diagnostischen Initialphase befindet, sind die bisherigen Ansätze zur FA (und das gilt auch für die Mischverfahren) überwiegend deskriptiv.

Während für die kausale Analyse bereits ein standardisiertes Verfahren zur Erfassung von Rechtschreibfehlern vorhanden ist (MÜLLER 1966), liegen für die kommunikative Analyse erst einige Ansätze vor (TIKOFSKY et al. 1964, 1966;

COSTON 1972). Der Ausbau dieser beiden Analyseformen ist ein dringliches Desiderat und wird in dem Maß erfolgen, in dem sich die Patholinguistik therapeutischen Fragestellungen zuwendet.

Wir stellen nachstehend ein deskriptives Verfahren zur quantitativen und qualitativen Erfassung von lexikalischen Sprech- und Schreibfehlern (Dysphasien und Dysgraphien) vor. Dieses Verfahren wurde im Rahmen eines von der Deutschen Forschungsgemeinschaft geförderten Forschungsprojektes entwickelt, das die Untersuchung der phonischen und graphischen Sprachperformanz von Aphatikern zum Gegenstand hat. (Ein Teilaspekt dieses Projekts wurde in der Dissertation von FRIEDERICI (1976) veröffentlicht.)

Dennoch ist der Anwendungsbereich dieser beiden Verfahren keineswegs auf aphatische Fehlleistungen beschränkt. Vielmehr können damit Fehlleistungen gleichviel welcher Provenienz und Ätiologie, etwa auch aus dem Bereich des gestörten kindlichen Spracherwerbs (Legasthenie, Stammeln) beschrieben werden.

Die Bestimmung der quantitativen Abweichung mittels des "Fehlerindex" (FI).

Bei der Beschreibung pathologischer lexikalischer Fehlleistungen wurde bereits sehr früh erkannt, daß eine globale Richtig/Falsch-Bewertung von Fehleritems unzulänglich ist. So können mit der Richtig/Falsch-Bewertung zwar grobe Aussagen über Schweregrad und Veränderung (Verbesserung und Verschlechterung) einer Sprachstörung gemacht werden. Unterschiede in Schweregrad und Veränderungen jedoch, die unterhalb der lexikalischen Ebene im Bereich der Phoneme und Grapheme liegen, können damit nicht erfaßt werden.

Diesen Nachteil versuchte die medizinische Fehlerforschung durch die Einführung des Terminus der "literalen Paraphasie" und "literalen Paragraphie" zu beheben. Durch diese Termini sollten teilfalsche Einheiten von ganzfalschen Einheiten unterschieden werden. Dabei unterließ es jedoch die ältere Fehlerforschung, eine Quantifizierung des Ausmaßes der Abweichung vorzunehmen. Erst in der neueren Fehlerforschung (GOODGLASS/KAPLAN 1972; LHERMITTE/DEROUESNÉ 1974) ging man zu einer numerisch-quantitativen Erfassung der Abweichung des Fehlerwortes über. Dabei vermischte man deskriptive und kommunikative Analyse, indem man willkürliche Grenzen für den Umschlag einer "Paraphasie" in eine "Neophasie" zog (s. dazu PEUSER 1973). Nun kann man jedoch von der Anzahl falscher Segmente (Phoneme, Grapheme) eines Fehlerwortes keineswegs auf seine Rezeption und Beurteilung durch einen Hörer/Leser schließen. Dies muß vielmehr, wie es in den Experimenten von Tikofsky u.a. geschieht, in einem eigenen Versuchsgang durch die Beurteilung von unbefangenen Hörern/Lesern und nicht durch den analysierenden Linguisten geschehen (wobei auch dieses Verfahren nur ein unvollkommener Ersatz für die Beobachtung der Rezeption des Fehlerwortes in realen Kommunikationssituationen ist).

Beiden hier vorgestellten Verfahren, FI-Messung und ESPA-Analyse, liegt die Interpretation einer Fehlereinheit als lineare Kette diskreter Elemente zugrunde. Sie ist damit grundsätzlich auf der lexikalischen wie auf der syntaktischen Ebene anwendbar.

Auf der lexikalischen Ebene handelt es sich bei den diskreten Segmenten um Phoneme und Grapheme. Beide Einheiten, für die wir im folgenden nach POTTIER (1964) den Terminus "Phem" als Oberbegriff verwenden, werden in diesem Zusammenhang nicht als Ergebnisse sprachwissenschaftlicher Analyseverfahren (also etwa im Sinne der Phonemanalyse der Prager oder der Amerikanischen Schule), sondern als Ergebnisse einer vorwissenschaftlichen Analyse interpretiert, wie sie im Falle der Lexeme gesprochener Sprache durch die phonetische Transkription eines Aussprachewörterbuches (KRECH u.Mitarb. 1964) vorgenommen wird.

Dieses Verfahren hat bei der Beurteilung lexikalischer Dysphasien, gesprochener Fehlleistungen also, den Vorteil, einen objektiven Bezugsrahmen für die Analyse zu bilden und dem phonetisch weniger erfahrenen Beurteiler und Auswerter (patholinguistische FA darf ja keine Geheimkunst linguistischer Insider sein, sondern muß einem großen Kreis von Anwendern zur Verfügung stehen!) eine Norm für die phonetische Analyse zu liefern.

Die Norm, an der die phonischen und graphischen Fehlleistungen auf der lexikalischen Ebene gemessen werden, wird also durch Aussprachewörterbücher und Lexika (Duden) gebildet.

Ein Problem stellen hierbei die regionalen Varianten gesprochener Sprache dar. Hier muß der Fehleranalytiker aufgrund seiner Kenntnisse der jeweiligen Mundart entscheiden, ob es sich um eine im Rahmen der jeweiligen Mundart korrekte Realisierung handelt. Diese regionalen Varianten sind dann jeweils auf die Ebene der Hochsprache zu transponieren.

Auf der lexikalischen Ebene können durch diese Verfahren mehr oder minder spontan enkodierende Fehlleistungen, wie sie etwa im freien Gespräch oder beim Benennen von Bildern auftreten, darüber hinaus aber auch de- und transkodierende Fehlleistungen beim Nachsprechen, lautem Lesen und Diktatschreiben beschrieben werden.

Dabei gibt uns der Fehlerindex (FI) das Ausmaß der quantitativen Abweichung der Fehlereinheit von der Zieleinheit an. Er berechnet sich aus dem Quotienten der Segmente (d.h. der Einheiten der nächsttieferen Analyseebene) von Fehlereinheit und Zieleinheit. Hierbei werden die falsch realisierten Segmente der Fehlereinheit zu der Gesamtzahl der zu realisierenden Segmente (Zieleinheit) in Beziehung gesetzt.

Der FI berechnet sich demnach nach folgender Formel:

$$\text{FI} = \frac{\sum \text{Fehlersegmente}}{\sum \text{Zielsegmente}}$$

Der Wert des Quotienten bewegt sich im Regelfalle zwischen 0 (fehlerlose Realisierung) und 1 (ganz falsche Realisierung). Lediglich in den seltenen Fällen einer totalen Falschrealisierung bei gleichzeitiger Addition von Fehlersegmenten wird der Quotient einen Wert über 1 annehmen.

Der Normalfall ist jedoch nach unseren Erfahrungen eine teilfalsche Realisierung, die sich in einem Quotienten ausdrückt, dessen Wert zwischen 0 und 1 liegt.

Wenn z.B. ein Aphatiker das Bild eines Sessels /ʃɛsəl/ benennt, dann ergibt sich für dieses aus fünf Phonemen bestehende Fehlerwort folgender FI:

$$\text{FI} = \frac{1}{5} = 0{,}2$$

Bei der graphischen Benennung des gleichen Bildes resultiert die Dysgraphie <Sose>. Für dieses graphische Fehlerwort haben wir von einem aus sechs Graphemen bestehenden Zielwort auszugehen. Der FI lautet demnach:

$$\text{FI} = \frac{3}{6} = 0{,}5$$

Der Vergleich beider Fehlerindizes zeigt eine erhebliche Differenz zwischen phonischer und graphischer Fehlleistung (0,3), die bei der globalen Richtig/Falsch-Wertung verborgen geblieben wäre.

Durch Addition der FI für die Fehleritems und die nachherige Division durch die Gesamtzahl der Testitems läßt sich dann der durchschnittliche FI für ganze Testreihen ermitteln. Wir verdeutlichen dies an jeweils 20 graphischen und phonischen Bildbenennungen des gleichen Aphatikers:

Tab. 1: Fehlerindex von Dysgraphien und Dysphasien

	A graphische Performanz			B phonische Performanz		
	Zielwort *	Dysgraphie	FI	Zielwort *	Dysphasie	FI
1	Pferd (5)	+	0	pfe:rt (5)	+	0
2	Schuh (5)	Schuhe	0.2	ʃu: (2)	+	0
3	Brücke (6)	-	1	brykə (5)	+	0
4	Axt (3)	(Beil) +	0	akst (4)	(baɛl) +	0
5	Glas (4)	Gasc	0.25	gla:s (4)	+	0
6	Brille (6)	-	1	brɪlə (5)	+	0
7	Fahne (5)	-	1	fa:nə (4)	ʃɪf	1
8	Löwe (4)	Lowe	0.25	lø:və (4)	-	1
9	Fenster (7)	-	1	fɛnstər (7)	blu:mən	1
10	Wald (4)	+	0	valt (4)	+	0
11	Fuß (3)	Fuße	0.33	fu:s (3)	+	0
12	Sessel (6)	Sose	0.5	zɛsəl (5)	ʃɛsəl	0.2
13	Waschmaschine (13)	-	1	vaʃmaʃi:nə (9)	laʃbaʃi:nən	0.33
14	Schrank (7)	So	0.86	ʃraŋk (5)	-	1
15	Kerze (5)	Lei	0.2	kɛrtsə (6)	vɛrtsə	0.17
16	Stuhl (5)	Suhe	0.4	ʃtu:l (4)	+	0
17	Deckel (6)	-	1	dɛkəl (5)	-	1
18	Kirche (6)	Kiche	0.16	kɪrçə (5)	kɪrkə	0.2
19	Buch (4)	Bei	0.75	bu:x (3)	-	1
20	Zwiebel (7)	Ziwen	0.43	tsvi:bəl (7)	svi:bəl	0.14
	Gesamt FI		10.23	Gesamt FI		7.04
	Mittlerer FI		0.51	Mittlerer FI		0.35

* Anzahl der Pheme in Parenthese

Aus der voranstehenden Tabelle 1 wird das Verfahren der FI-Bestimmung hinlänglich deutlich. Ganz richtige Realisierungen eines Testwortes (+) werden mit 0 bewertet. Nullreaktionen der Vp. (-) zählen als falsche Realisierung aller Segmente und erhalten den Fehlerindex 1. Die phonische und graphische Realisierung des vierten Zielwortes Axt als <Beil> bzw. /baɛl/ wird als korrekte Reaktion bewertet, da es sich um eine nur dem Fachmann vertraute Differenzierung von Werkzeugen handelt. Für den Laien gelten Axt und Beil als Synonyme.

Anders liegt der Fall bei den phonischen Realisierungen der Zielwörter 7 und 9. Hier ersetzte der Patient die ihm nicht verfügbaren Zielwörter durch situativ-referentielle Ersatzwörter, die ihrerseits richtig realisiert wurden. (Zu der an einem Mast flatternden Fahne wurde der geläufige Kontext des Schiffhecks ergänzt; statt des Fensters wurden die an den Scheiben klebenden Papierblumen benannt.) Obwohl auch hier zwischen Zielwort und Ersatzwort eine Teilübereinstimmung in einigen Phemen besteht, ist diese Übereinstimmung doch völlig zufällig und darum nicht zu bewerten. Beide Dysphasien erhalten darum den Fehlerwert 1.

An dieser Stelle wird deutlich, wie auch eine deskriptiv verfahrende Analyse auf kausale Kriterien nicht völlig verzichten kann. Allerdings darf mit diesen nur dann gearbeitet werden, wenn, wie bei den obigen Beispielen, der kausale Bezug zwischen Zielwort und Ersatzwort aus dem Kontext oder der Situation (in dem vorliegenden Fall dem Testbild) eindeutig ist. Auf keinen Fall darf man unklare Ersatzwörter zu "semantischen Paraphasien" (Fachterminus für ein semantisch motiviertes Ersatzwort) umfrisieren und auf diesen Konstrukten aufbauend semantisch motivierte Ersetzungsvorgänge in die Vp. hineininterpretieren.

Mittels des "Fehlerindex" ist also zunächst einmal eine "proitem"-Analyse der phonischen und graphischen Performanz des Patienten möglich, d.h. die jeweilige phonische und graphische Realisierung des gleichen visuellen Stimulus können differenziert miteinander verglichen werden.

Darüber hinaus können aber auch die phonische und graphische Testleistung insgesamt, d.h. über alle 20 Items, zueinander in Beziehung gesetzt werden.

Damit kann, wie die nachstehenden Figuren zeigen, eine wesentlich differenziertere Aussage über die quantitative Abweichung der Fehlreaktionen erfolgen als mittels der globalen Richtig/Falsch-Bewertung:

Fig. 2: Vergleich der graphischen (G) und phonischen (P) Performanz eines Aphatikers auf der Lexemebene mittels globaler 'Richtig/Falsch' - Bewertung.

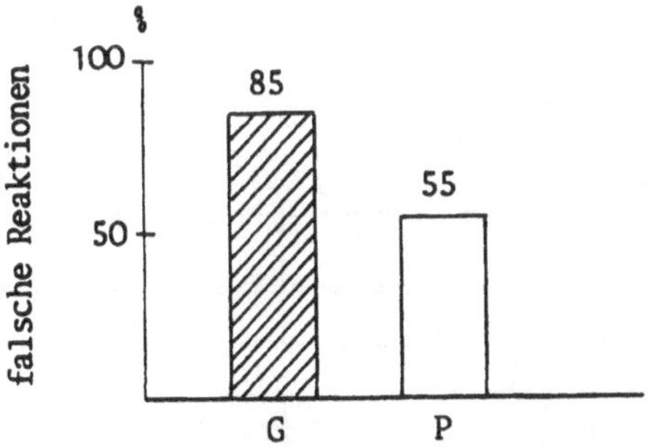

Fig. 3: Vergleich der graphischen und phonischen Performanz eines Aphatikers auf der Lexemebene mittels des FI (Mittelwert).

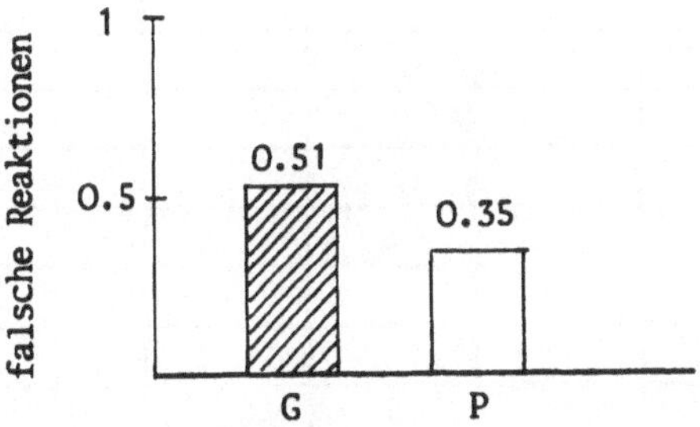

Die globale Richtig/Falsch-Bewertung (Fig. 2) vergröbert sowohl das Ausmaß der Störung innerhalb der einzelnen Performanzen wie auch das Verhältnis des Störungsgrades beider Performanzen.

Die Bestimmung der qualitativen Abweichung mittels der "ESPA-Analyse".

Durch die "ESPA-Analyse" können die Ergebnisse der Fehlerindex-Bestimmung qualitativ verfeinert werden. Darüber hinaus werden Positionsfehler durch Permutation erfaßt, die bei der Bestimmung des FI nicht bewertet wurden. Mittels dieser Analyse werden, wie die folgende Tabelle 2 zeigt, die Abweichungen der

Dysphasien und Dysgraphien von den Zielwörtern unter dem Gesichtspunkt der Elision, Substitution, Permutation und Addition (ESPA) von Phemen aufgeschlüsselt:

Tab. 2: ESPA-Analyse von Dysgraphien und Dysphasien

	A graphische Performanz				B phonische Performanz			
	E	S	P	A	E	S	P	A
1								
2				1				
3	6							
4								
5	1			1				
6	6							
7	5				4			
8		1			4			
9	7				7			
10								
11				1				
12		1		2		1		
13	13					2		1
14	5	1			5			
15	2	2				1		
16	1	1						
17	6				5			
18	1					1		
19	1	2			3			
20	2	1	1		1			
	56	9	1	5	29	5		1

Nullreaktionen (-) des Patienten werden dabei als Elision aller Phemsegmente interpretiert.

Eine Permutation ist nur zwischen bestimmten Phemen, im Regelfall zwischen benachbarten, möglich:

Beispiel 20 A: z i w e n

Semantisch motivierte Ersatzwörter (7 B, 9 B) werden nach dem oben Gesagten als ganz falsch, d.h. als Substitution aller Segmente, mit dem Fehlerindex 1 bewertet.

Im Lichte von Tabelle 2 erweisen sich die sprachlichen Fehlleistungen des vorliegenden Falles von Totalaphasie (LEISCHNER 1972), die u.a. durch ein ausgeprägtes lexikalisches Defizit charakterisiert ist, auch innerhalb der realisierten Lexemprogramme als ein durch Elisionen gekennzeichnetes Defizit-Phänomen. Das gilt für die phonische wie die graphische Performanz. Denn der nachstehende Vergleich der phonischen und graphischen Performanz zeigt ein nahezu identisches Fehlerbild in beiden Performanzen:

Fig. 4: Vergleich der graphischen (schraffiert) und phonischen Performanz eines Aphatikers auf der Lexemebene mittels der ESPA-Analyse.

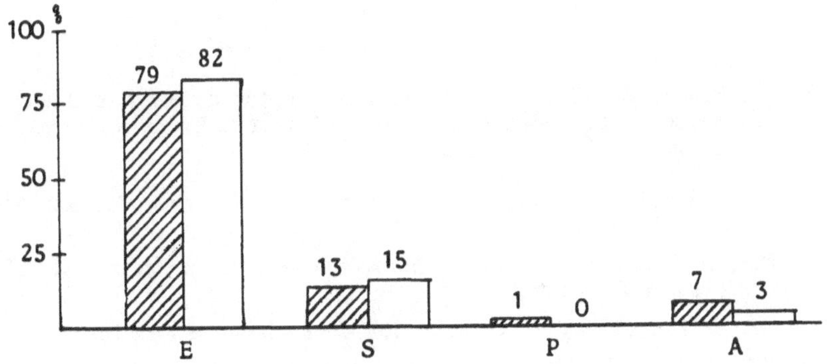

Zusammenfassung

Wir haben mit dem Fehlerindex und der ESPA-Analyse ein quantitativ/qualitatives Doppelverfahren zur differenzierten deskriptiven Fassung sprachlicher Fehlleistungen auf der Lexemebene vorgestellt.

Obwohl beide Verfahren am Beispiel aphatischer Fehlleistungen demonstriert wurden, sind sie keineswegs auf sprachliche Abweichungen dieser Ätiologie beschränkt. Vielmehr sind sie ebenso auf sprachliche Normabweichungen aus dem Bereich des normalen oder gestörten kindlichen Spracherwerbs sowie des Zweitspracherwerbs anwendbar.

Es handelt sich um deskriptive, d.h. primär um diagnostische Verfahren, mit denen einzelne Testitems ("proitem"-Analyse), verschiedene Performanzen der gleichen Vp. (phonische versus graphische Performanz) oder verschiedene Versuchspersonen miteinander verglichen werden können.

Für den Therapeuten hinsichtlich der Kausalität der Fehler zunächst wenig aufschlußreich, sind diese Verfahren doch auch im Bereich der Therapie von Nutzen: dann nämlich, wenn es sich um die Kontrolle von Therapieergebnissen (Verlaufsbeobachtungen) handelt.

Aufgrund der differenzierten, damit freilich auch ein wenig arbeitsaufwendigen Messungen des Abweichungsgrades (FI) und der Abweichungsart (ESPA-Analyse) ist es möglich, auch minimale Unterschiede der Performanz einer Vp. statisch (Performanzvergleich) oder dynamisch (Verlaufsbeobachtung) zu erfassen.

Diese minimalen Abweichungen würden bei der globalen Richtig/Falsch-Bewertung unentdeckt bleiben.

Literatur

COSTON, G.N./ AINSWORTH, S.H. (1972) The effects of omissions and substitutions of selected consonants on intelligibility. British Journal of Disorders of Communication 7, 184-8.

FRIEDERICI, A. (1976) Phonische und graphische Sprachperformanz bei Aphatikern. Diss.phil. Bonn.

GOODGLASS, H./ KAPLAN, E. (1972) The assessment of aphasia and related disorders. Philadelphia.

KRECH, H. et al. (1964) Wörterbuch der deutschen Aussprache. München: Hueber.

LHERMITTE, F./ DEROUESNÉ, J. (1974) Paraphasies et jargonaphasie dans le langage oral avec conservation du langage écrit. Revue Neurologique 130, 21-38.

LEISCHNER, A. (1972) Über den Verlauf und die Einteilung der aphasischen Syndrome. Archiv für Psychiatrie und Nervenkrankheiten 216, 219-31.

MÜLLER, R. (1966) Diagnostischer Rechtschreibtest (DRT 2). Weinheim: Beltz.

PEUSER, G. (1973) Zur Fehleranalyse in der Patholinguistik. In: G. NICKEL et al. (Hrsg.) Kongressbericht der 5. Jahrestagung der Gesellsch.f.Angew.Ling., IRAL-Sonderband, 215-23.

POTTIER, B. (1967) Présentation de la linguistique. Paris.

TIKOFSKY, R.S./ TIKOFSKY, R.P. (1964) Intelligibility measures of dysarthric speech. Journal of Speech and Hearing Research 7, 325-33.

TIKOFSKY, R.S./ GLATTKE, T.J./ TIKOFSKY, R.P. (1966) Listener confusions in response to dysarthric speech. Folia Phoniatrica (Basel) 18, 280-92.

LINGUISTISCHE ASPEKTE ZU APHASISCHEN SYNDROMEN

Hartmut Pott

Dieser Beitrag ist zu verstehen als Bericht über Erfahrungen mit Aphasikern, Beobachtungen, die an Patienten der neurologischen und psychiatrischen Klinik des Städtischen Krankenhauses in Frankfurt (M)-Höchst unter der Leitung von Chefarzt Dr. A. M. Bauer angestellt wurden.

Zunächst halte ich es für wichtig, einige kurze Bemerkungen zu dem Phänomen "Aphasie" zu machen.

Als erster Punkt sei bemerkt, daß Aphasie keine Krankheit im eigentlichen Sinne ist, sondern eine komplexe Symptomatik als Folge oder Begleiterscheinung einer cerebralen Schädigung oder Störung, bevorzugt der linken Hirnhemisphäre, die sich als Störung im Umgang mit Sprache äußert und verschiedene Erscheinungsformen hat. Dabei unterscheidet man insbesondere:

die motorische (Broca-) Aphasie, eine Erscheinungsform, die zuerst von BROCA 1861 in Paris beschrieben wurde und die sich grob gesehen folgendermaßen äußert: Der Patient neigt zu sprachlicher Passivität, d. h. das spontane Sprechen ist von der Quantität her stark gehemmt; der Patient spricht meist nur nach Aufforderung und benutzt dabei eine Art Telegrammstil, der von übertrieben wirkender Gestik und Mimik begleitet ist. Parallel dazu findet man gelegentlich Störungen des Sprachverständnisses, so daß zwar ein Globalverständnis gegeben ist, aber das Detailverständnis beeinträchtigt ist.

Im Gegensatz dazu zeigt die sensorische (Wernicke-) Aphasie eine reichliche Sprachproduktion. Die Störungen äußern sich in semantischen Paraphasien, d. h. in der Verwechslung von Begriffen und in syntaktischer Unordnung, wobei die natürliche Intonation weitgehend erhalten bleibt.

Auch das Sprachverständnis ist erheblich gestört; so mißlingt die richtige Benennung von vorgelegten Gegenständen, selbst wenn eine Auswahl von Begriffen vorgegeben ist, unter denen sich der zutreffende befindet.

Im Extremfall produziert der Patient in der sogenannten Jargon-Aphasie ein sprachliches Kauderwelsch, eine Art Privatsprache, die durch zahlreiche Neologismen und syntaktische Neukonstruktionen gekennzeichnet ist. Die Sprachproduktion ist reichlich und bis zur völligen Unverständlichkeit entstellt. Interessant ist, daß der Patient sich seiner Sprachdefekte oft nicht bewußt ist.

Die amnestische Aphasie äußert sich recht unauffällig und ist gekennzeichnet durch unpräzise Formulierungen, wobei besonders die Wortfindung gestört ist; der Patient hilft sich oft mit Dummy-Begriffen.

Allen diesen Formen ist gemeinsam, daß die affektive Sprache weniger gestört erscheint als die Bildung von Aussagen, die emotionsmäßig neutral sind.

Nach der Erscheinungsform, insbesondere der motorischen und der sensorischen Aphasie hat man verschiedene Zentren lokalisiert; so hat man gefunden, daß das motorische Zentrum in der dritten Frontaliswindung und das sensorische Zentrum in der oberen bzw. ersten Temporaliswindung liegt.

Jedoch trägt diese Differenzierung einen sehr modellhaften Charakter, so daß auch die Unterscheidung zwischen den oben beschriebenen Aphasieformen sehr schwer ist und eine eindeutige Zuordnung in den seltensten Fällen möglich erscheint.

Tatsächlich hat man es in aller Regel mit Mischaphasien zu tun, was auch einleuchtet, wenn man sich verschiedene Ursachen für aphasische Störungen anschaut.

Als Hauptursachen für cerebrale Schädigungen, die unter bestimmten Voraussetzungen (Hemisphärendominanz) aphasische Störungen als Begleitsymptome haben können, sind anzusprechen:

(1) Schädel-Hirn-Traumata, d. h. Verletzungen
(2) Tumore, gut- oder bösartig
(3) Gefäßerkrankungen, z. B. der Schlaganfall.

Alle diese Schädigungen weisen gewöhnlich eine gewisse Streuung auf, so daß der "Idealfall", das berühmte Schrotkorn, das genau das Broca-Zentrum trifft, die höchst unwahrscheinliche Ausnahme darstellt.

Der diffusere Charakter der meisten Störungen ist ein plausibler Grund für das überwiegende Auftreten von Mischaphasien, wobei allerdings die eine oder die andere Komponente überwiegen kann.

Nach moderner Forschung ist man in der Tat auch von dem Zentrenmodell etwas abgegangen, um der Tatsache Rechnung zu tragen, daß die Speicherung von Informationen mit Hilfe von Eiweißmolekülen in den Zellen durchaus diffus ist.

Deswegen ist das Zentren-Modell nicht unbedingt falsch, aber es ist allein nicht ausreichend zur Erklärung und Beschreibung des tatsächlich wesentlich komplizierteren Sachverhalts.

Da man es - wie gesagt - in der Regel mit Mischaphasien zu tun hat, gestalten sich die Untersuchungsmethoden recht schwierig, und aufgrund der relativ geringen Zahl an Patienten, die mir zur Verfügung standen, können meine Ergebnisse naturgemäß nur summarisch sein. Dennoch bin ich der Ansicht, daß sie zu gewissen Hypothesen berechtigen.

Nach JACKSON verhält es sich so, daß beim Abbau von Hirnleistungen - und Aphasien sind durchaus so zu sehen - die differenziertesten, am spätesten erworbenen Leistungen dem Krankheitsprozeß am frühesten zum Opfer fallen und daß an ihrer Stelle entwicklungsgeschichtlich ältere Leistungen wieder dominieren.

Ich möchte nun anhand verschiedener Beobachtungen darlegen, welche Veränderungen ich antreffen konnte, und versuchen, daraus Folgerungen zu ziehen. Dabei gehe ich von leichten Fällen zu schweren Fällen über, ein Vorgehen, welches angesichts des überwiegenden Vorkommens von Mischaphasien durchaus legitim erscheint

Der leichteste Fall war ein erst neulich untersuchter Patient, der einen etwas weiter zurückliegenden Schlaganfall hatte und sich wegen einer nur langsam abklingenden Hemiparese rechts in Behandlung befand. Eine solche Halbseitenlähmung ist aufgrund der gekreuzten Hemisphärenzuordnung, d. h. die rechten Extremitäten werden von der linken Gehirnseite gesteuert und umgekehrt, und der Hemisphärendominanz der linken Gehirnhälfte für sprachliche Leistungen besonders bei Rechtshändern eine häufig beobachtete Begleiterscheinung von Aphasien.

Das passive Sprachverständnis war soweit wiederhergestellt, daß ich keine Störungen beobachten konnte. Die aktive Sprachleistung war noch leicht beeinträchtigt, was sich ausschließlich in Wortfindungsstörungen bemerkbar machte. Dieser Umstand war dem Patienten auch durchaus bewußt; so äußerte er wiederholt: "Mir fällt jetzt das passende Wort nicht ein", worauf eine vagere Umschreibung folgte. Wenn ich ihm das gesuchte Stichwort gab, bestätigte er: "Ja, das habe ich gemeint". Wenn ich dagegen mit einem unzutreffenden Begriff aufwartete, reagierte er umgekehrt: "Nein, das nicht, sondern ...", woraufhin er erneut zu suchen begann.

Auf seinen früheren Zustand hin befragt, erzählte er, er habe sich als Außenseiter gefühlt und sich von jeder Unterhaltung bewußt zurückgezogen, weil er sich ja doch nicht hätte verständlich machen können. Er war sich also auch während der akuten Phase der Aphasie seines Zustands bewußt, was nicht immer der Fall sein muß

Ein anderer Patient, der nach einem Motorradunfall mit Hirnkontusion in Behandlung kam, fühlte sich keineswegs krank, sondern redete fast ständig von seiner Entlassung, was nach seinem Zustand abwegig erschien.

Der Patient hatte ebenfalls Wortfindungsstörungen, wie ich sie bereits beschrieben habe; aber er half sich weniger durch Umschreibungen des nicht verfügbaren Begriffs (wie er z. B. sein Motorrad als "Auto" bezeichnete), sondern er bediente sich verschiedener Dummies.

Für ihn war vieles, was er nicht zutreffend benennen konnte, ein "Gewehr" oder ein "Ausweis". So war für ihn ein Messer ein "Gewehr zum Schneiden", ein Kugelschreiber ein "Schreibausweis", die Klinik war dagegen das "Holzgebirge". Über die Herkunft gerade dieser Dummy-Begriffe kann ich nur Vermutungen anstellen.

Der Unfall des Patienten ereignete sich im Ausland, wo der Patient im Dienste seiner Firma tätig war. Dieser Umstand könnte eine Erklärung für die Verwendung des Dummy-Begriffs "Ausweis" sein. Davor leistete er seinen Wehrdienst als Gebirgsjäger ab, was vielleicht die Dummy-Begriffe "Gewehr" und "Gebirge" erklären könnte, eine Vermutung, die mir einigermaßen plausibel erscheint, da der Patient sich gerne an die Zeit seines Wehrdienstes erinnerte und recht häufig und durchaus positiv davon erzählte. Doch sind dies - wie gesagt - nur Vermutungen.

Neben dem Einsatz von Dummy-Begriffen bediente sich der Patient auch ausgesprochener Neologismen wie z. B. "Gestruck" für 'Kugelschreiber'.

Sein Leseverständnis war ebenso gestört wie sein Lesen selbst. Dabei fiel auf, daß er bereits nach dem ersten Satz von der Vorlage abwich, zunächst etwas konfabulierte, um schließlich zu seinen eigenen Problemen (seine möglichst baldige Entlassung) überzugehen.

Nun hat dieses Verhalten nicht unbedingt etwas mit Aphasie zu tun; vielmehr war sein Gesamtverhalten durch eine Kontusionspsychose verändert, die die eigentliche Aphasie überlagerte, so daß es schwierig ist, daraus Schlüsse zu ziehen.

Interessanter war die Störung des morphologischen Inventars: Ich machte mit dem Patienten eine Untersuchung, in der er die Aufgabe hatte, verschiedene Adjektive zu steigern. Dabei fiel auf, daß bis auf eine Ausnahme der Komparativ ausfiel, während der Superlativ voll erhalten war:

klein	-		-	am kleinsten
böse	-		-	am bösesten
schön	-		-	am schönsten
klug	-		-	am klügsten
lustig	-	lustiger	-	am lustigsten.

Um seine semantischen Fähigkeiten zu überprüfen, die beim spontanen Sprechen wenig beeinträchtigt erschienen, ließ ich ihn zu bestimmten Begriffen das Gegenteil bilden. Die Ergebnisse hiervon:

lieben	-	nicht lieben
sehen	-	hören
groß	-	breit
gut	-	sehr gut
Mauer	-	hoch
geboren werden	-	Zeit, neun Monate
reich	-	<u>money</u>, <u>money</u>, wobei er perseverierte
lachen	-	Ausdauer
Soldat	-	nicht Soldat

Ich schließe daraus, daß die passive semantische Fähigkeit weitgehend unbeeinträchtigt war; er gab durchaus passende Assoziationen zu erkennen. Der aktive Gebrauch ist unzulänglich. Die Ursachen hierfür können natürlich unterschiedlich sein. Entweder hat er die Aufgabenstellung nicht einwandfrei erfaßt, oder es kann sich um eine Auswirkung der oben beschriebenen Wortfindungsstörung handeln. Interessant ist insbesondere die Verwendung der Negation in den zufriedenstellenden Ergebnissen:

lieben - nicht lieben (statt "hassen" o. ä.)

Soldat - nicht Soldat (statt "Zivilist" o. ä.),

eine Erscheinung, die auch gelegentlich im Zusammenhang mit der Schizophrenensprache beschrieben wird.

Die Bildung des Gegenteils wird also durch eine Art "Negationstransformation" durchgeführt und die lexikalisierte Form nicht mehr eingesetzt.

lieben → nicht lieben → hassen

Soldat → nicht Soldat → Zivilist

Zwei Möglichkeiten der Erklärung für dieses interessante Phänomen erscheinen mir denkbar:

Einmal kann es sein, daß der Patient aufgrund einer seinen Möglichkeiten und Verhältnissen angepaßten Ökonomie versucht, sich seiner Aufgabe unter weitestgehender Ausnutzung des ihm vorgegebenen Materials zu entledigen, d. h. er baut die Begriffe lieben und Soldat voll ein, indem er sie lediglich mit dem Negator verbindet.

Die zweite Erklärung hätte wesentlich weiter reichende Konsequenzen, nämlich, daß der Patient mit seinem restringierten Instrumentarium gewissermaßen "instinktiv" zum kontradiktorischen Gegensatz greift. Lieben verhält sich zu nicht lieben kontradiktorisch, während das Begriffspaar lieben - hassen lediglich einen konträren Gegensatz bildet, d. h. die dritte Möglichkeit des "weder - noch", beispielsweise der Indifferenz, ist gegeben.

Sogar der subkonträre Gegensatz des möglichen "sowohl - als auch" ist hier mit einer 'Haßliebe' interpretierbar.

Mit dem zweiten Beispiel Soldat - nicht Soldat verhält es sich ähnlich, insofern die Klasse der Soldaten sich zur Klasse der Nicht-Soldaten komplementär verhält. Das Begriffspaar Soldat - Zivilist läßt sich dagegen als subkonträr, z. B. als Soldat in Zivil bzw. als Zivilist in Uniform interpretieren, möglicherweise auch als konträr: weder Soldat noch Zivilist, beispielsweise als Mitglied einer nichtmilitärischen uniformtragenden Gruppe auffassen.

Ich will diese Erscheinung nicht überstrapazieren und auch keine voreiligen Schlüsse ziehen, möchte aber bemerken, daß dieses sprachliche Verhalten näher untersucht zu werden verdient, insbesondere um festzustellen, ob und inwieweit es zu generalisieren ist.

Der nächste Fall betrifft einen Patienten, der grob betrachtet als Repräsentant für eine amnestische Aphasie gelten konnte; er litt - klinisch gesehen - an inoperablen multiplen cerebralen Gefäßverschlüssen, die innerhalb kurzer Zeit zum Tode führten. Ich erwähne dieses Faktum deswegen, weil das Krankheitsbild in seinem diffusen, mehr oder weniger das ganze Gehirn betreffenden Charakter das zu Beginn erwähnte Zentrenmodell relativiert zugunsten einer diffusen Verteilung von Eiweißmolekülen mit Informationsgehalt.

Die Aphasie äußerte sich in Wortfindungsstörungen mit weitestgehender Erhaltung der Syntax und Morphologie. Zunächst wirkte der Patient nicht wie ein Aphasiker; er sprach flüssig und gewandt, jedoch fielen dann zahlreiche Paraphasien zu durchaus alltäglichen Begriffen auf. Er war z. B. nicht in der Lage, eine Armbanduhr zu benennen, sondern er benutzte den Begriff "Zeitmesser". Dabei war dem Patienten seine sprachliche Unzulänglichkeit absolut bewußt. So sagte er selbst sinngemäß, er gebrauche die Muttersprache wie eine Fremdsprache.

Erwähnenswert ist sein Fremdsprachengebrauch selbst. Der Patient war ausgesprochen polyglott. Als Slawist und Romanist beherrschte er Russisch, Polnisch, Französisch, Italienisch und Englisch. Wenigstens was die letztgenannten Sprachen angeht, ist festzustellen, daß sie im selben Maße beeinträchtigt waren wie das Deutsche. Soweit ich beobachten konnte, war die Syntax weitgehend intakt, während die Wortfindungsstörungen erheblich waren. Eine entscheidend stärkere Beeinträchtigung der Fremdsprachen gegenüber der Muttersprache, wie sie für die Polyglottenaphasie als typisch beschrieben wird, konnte ich bei diesem Patienten nicht feststellen, was allerdings, wie ich betonen möchte, nicht als repräsentativ zu gelten hat, insbesondere, wenn man die Art der Erkrankung in Betracht zieht.

Daneben neigte der Patient zur Perseveration; so erzählte er mir beispielsweise fünfmal hintereinander dieselbe Anekdote über Lomonossow. Die Lesefähigkeit des Patienten war nur geringfügig beeinträchtigt. Als ich ihn allerdings aufforderte, das Gelesene, einen ganz kurzen Text von wenigen Sätzen, in eigenen Worten wiederzugeben, versagte er weitgehend. Erwähnenswert ist in diesem Zusammenhang, daß in dem Text ein Name vorkam, den der Patient sofort als polnisch identifizierte, wonach er mir erneut die Lomonossow-Anekdote erzählte. (Möglicherweise erfüllte diese Geschichte auch eine Art Dummy-Funktion für sein Mitteilungsbedürfnis.)

Leider verschlechterte sich der Gesundheitszustand des Patienten so rapide, daß ich mich nicht weiter mit ihm befassen konnte, um den erwähnten Fragen nachzugehen.

Ebenfalls an einem (jedoch akut aufgetretenen) Gefäßverschluß eines der Hauptstämme zur Gehirnversorgung in Verbindung mit Hemiparese rechts und Aphasie litt eine andere Patientin. Ihr sprachliches Verhalten war erheblich gestört. Zu Beginn reagierte sie auf alle Fragen mit "ja", was zu der Folgerung Anlaß gibt, daß auch ihr Sprachverständnis stark beeinträchtigt war. Ihr spontanes Sprechen war praktisch unverständlich, so daß man nur aufgrund ihrer Gestik und Mimik ahnen konnte, was sie sagen wollte.

Später war ihr passives Sprachverständnis so weit wiederhergestellt, daß sie verstand, was man von ihr wollte. Dabei machte sie einen ausgesprochen wachen und interessierten Eindruck.

Das Aufsagen der Zahlenreihe von 1 bis 6o (eine der "klassischen" Aufgaben) erledigte sie ohne besondere Schwierigkeiten, um bei der Aufgabe, die Zahlen von 1o abwärts zu nennen, völlig zu versagen. Vergleichbar ging es mit den Wochentagen und Monatsnamen vonstatten, eine Erscheinung, die oft beschrieben wird.

Farbbezeichnungen gelangen aktiv nur mehr oder weniger zufällig. Passiv machten ihr die Farben ebensowenig Schwierigkeiten wie die Zahlen, wie ich in einer Untersuchung feststellen konnte.

Ich stellte die Spielsteine eines Mensch-ärgere-dich-nicht-Spiels, d. h. je vier in sechs verschiedenen Farben vor sie hin und stellte ihr Aufgaben wie: Nehmen Sie drei gelbe weg; nehmen Sie zwei rote und alle grünen etc. Diese Aufgaben führte sie völlig korrekt aus, nachdem ich ihr gezeigt hatte, was nehmen und zurücklegen bedeutet.

Sie wußte bei Aufforderungen generell, daß ich etwas von ihr wollte, hatte aber Schwierigkeiten zu erfassen, was ich von ihr wollte. So reagierte sie auf die Aufforderung, die Zunge herauszustrecken, indem sie die Augen schloß, d. h. aufgrund der Intonation verstand sie, d a ß sie etwas tun sollte, und vielleicht auch global, daß sie m i t i h r e m G e s i c h t etwas tun sollte, jedoch nicht genau, w a s sie tun sollte.

Floskeln wie "guten Tag" und "auf Wiedersehen" machten keine Schwierigkeiten.

Allen Patienten war gemeinsam, daß die Sprechmelodie, Gestik und Mimik weitgehend intakt geblieben waren. Dies gilt sogar, wenn auch mit gewissen Einschränkungen hinsichtlich der Mimik, für Patienten mit einer senilen Demenz. Ein Beispiel sei der Verständlichkeit und Vollständigkeit halber geschildert.

Eine Patientin, aufgefordert zu erzählen, wie es ihr gehe, brachte, ohne eine Miene zu verziehen, Laute hervor, die in sich völlig sinnlos waren und eher an Vogelzwitschern als an menschliche Sprache erinnerten. Dennoch war so etwas wie Satzzäsuren und eine gewisse Sprechmelodie feststellbar. Dazwischen sagte sie deutlich: "Das ist ... ", um dann wieder unverständlich zu werden. Erwähnenswert ist die Begebenheit, daß ihr Sohn sie besuchte, wobei sie freudig erregt sagte: "Das ist mein ... ".

Es ist dabei festzuhalten, daß auch in diesem extremen Zustand wenigstens noch in Ansätzen eine syntaktische Ordnung wahrnehmbar war.

Wenn man nun von der oben erwähnten Erkenntnis von JACKSON ausgeht, daß die zuletzt erworbenen Leistungen als erste verloren gehen, kann man sich den sprachlichen Abbau modellhaft (natürlich mit Abstrichen) etwa umgekehrt vorstellen wie den Spracherwerb.

Möglicherweise läßt sich JACKSONs Satz auch umkehren, was keineswegs trivial ist, wenn man sagt: Wenn eine sprachliche Fähigkeit früher abgebaut wird, dann ist sie auch später erworben, und:

Wenn eine Fähigkeit später abgebaut wird, dann ist sie früher erworben bzw. liegt tiefer. JACKSON spricht nicht nur von individuellen Fähigkeiten, sondern ausdrücklich von entwicklungsgeschichtlichen. Tatsächlich spricht einiges für diese Sehweise.

Als erstes gehen lexikalische, d. h. oberflächennahe Elemente verloren. Fester hafteten dabei in bestimmte Strukturen wie in Ketten eingebettete Elemente, wenn sie innerhalb dieser Ketten abgerufen werden; ich denke dabei an die Reihe der natürlichen Zahlen, Wochentage, Monate. Wird die übliche Reihenfolge unterbrochen oder umgekehrt, so unterliegen die genannten Elemente denselben Verfallserscheinungen. Das bedeutet, daß sie fundamental dasselbe sind wie andere Begriffe, nur durch die Verkettung fester verankert sind, was sich wohl am einfachsten damit erklären läßt, daß das vorangehende Glied als Stimulus für das folgende (Response) wirkt.

Tiefer liegen die Kategorien wie "Nomen" etc., was man an der Verwendung von Dummy-Begriffen, die der gleichen Kategorie angehören, ersehen kann. Die morphosyntaktische Ebene kann durchaus erhalten sein, wenn die lexikalische Ebene bereits empfindlich gestört ist, wie am Beispiel der senilen Demenz zu vermuten ist.

Als noch tiefer liegend nehme ich eine semantische Ebene an, die sich in außersprachlichen Reaktionen manifestiert, wie beispielsweise ein Patient mit dem Löffel Eßbewegungen machte, ohne diesen Löffel auch nur annähernd sprachlich erfassen zu können.

Eng damit zusammen hängt die Ebene der Gestik, der Mimik und der Intonation, wobei mich insbesondere die Intonation als Bestandteil sprachlicher Äußerung interessiert. Allein aufgrund der Intonation konnten selbst sprachlich schwer behinderte Patienten unterscheiden, ob es sich um eine Aussage, eine Frage oder eine Aufforderung handelte.

Wenn man hinzunimmt, daß auch Kleinstkinder und sogar Tiere auf Intonation, wie auch u. U. auf Gestik und Mimik einschlägig und angemessen reagieren, braucht man kein fanatischer Verfechter der Innatismustheorie zu sein, um auf den Gedanken zu kommen, daß es nichterlernte, sondern eingeborene Strukturen gibt, die entwicklungsgeschichtlich begründet sind und geradezu die Voraussetzung sind für das Erlernen des Codes "Sprache".

STÖRUNGEN DER SEMANTISCHEN ORGANISATION DES LEXIKONS BEI APHASIE

Franz J. Stachowiak

1. Zum Verhältnis von Sprache und Denken

Die Vorstellungen zur Beziehung von Sprache und Denken in einer Theorie des Lexikons bewegen sich zwischen zwei Polen. Einerseits tendieren sie dazu, Sprache und Denken gleichzusetzen, andererseits neigen sie dazu, beide als voneinander unabhängig zu betrachten.

Der ersteren Auffassung ist die berühmte Whorfsche Hypothese von der sprachlichen Relativität zuzurechnen ebenso wie Weisgerbers Lehre vom Wortinhalt, wonach die Hauptleistung der Sprache darin bestehe, daß sie über die Vermittlung des Wortschatzes zum Begreifen der Lebenswelt führe.

Die konträre Position, daß die Sprache und andere kognitive Systeme voneinander unabhängig seien, wurde vor allem in der generativen Linguistik vertreten. So postulieren z.B. KATZ/FODOR (1963), daß ein Strukturmodell der Semantik nicht auch Fakten des Umweltwissens systematisieren könne. Katz macht deutlich, daß die semantischen Marker Konzepte repräsentieren, die Teil der Bedeutung von Morphemen und anderen Konstituenten der Sprache sind. Solche Konzepte aber seien zu unterscheiden von "verbal images or mental ideas or particular thoughts", die er als "cognitions" bezeichnet, und die einen Teil des Verstehens der Umwelt ausmachen genau wie "sensations, feelings, memories, and hallucinations" (KATZ 1972: 38). Auch Bierwisch stellt fest, daß die semantischen Merkmale nicht Eigenschaften der uns umgebenden Welt repräsentieren. Indem er sie jedoch als angeborene, tief im menschlichen Organismus verwurzelte Eigenschaften auffaßt, "which determine the way in which the universe is conceived, adapted, and worked on" (BIERWISCH 1967: 3), rückt er von der extremen Position ab und schlägt eine Brücke zu einer mehr psycholinguistischen Betrachtensweise (HÖRMANN 1976: 85f.).

Noch einen Schritt weiter geht Lenneberg. Obwohl er es für unangemessen hält, die Lexikonbedeutungen als Grundlage für eine Beurteilung kognitiver Fähigkeiten heranzuziehen, kommt er zu einer biologisch orientierten Konzeption der Semantik, die eher zwischen den beiden Polen liegt. Ausgehend von der Beobachtung, daß sich die meisten Lebewesen die Welt durch Kategorisierungsprozesse erschließen, in denen die Differenzierung und das Aufeinander-Beziehen von Kategorien die wichtigste Rolle spielen, stellt Lenneberg die Hypothese auf, daß die Wörter der menschlichen Sprache die Prozesse unseres kognitiven Umgangs mit unserer Umwelt bezeichnen. Wichtigstes Kriterium des der Semantik zugrundeliegenden Kategorisierungsprozesses sei dessen große Flexibilität:

> Manchmal handelt es sich bei dem Kriterium um den Gebrauch, dem die Gegenstände unterliegen; manchmal um einen bestimmten Aspekt; manchmal um einen bestimmten emotionalen Zustand, den alle Gegenstände einer Klasse im Betrachter auslösen können. Keine Kategorie ist durch nur ein einziges, durchweg angewandtes Kriterium definierbar. (LENNEBERG 1967/1972: 405f.)

Diese Begriffsbildung ist für Lenneberg der primäre, ihre Benennung der sekundäre kognitive Prozeß. Damit löst er sich von der in der neueren Semantik üblichen Beschreibung der Wörter als starrer Merkmalbündel, deren Hauptkriterium eine hierarchisierende Klassifikation nach genus proximum und differentia specifica ist. Es bleibt jedoch offen, was die eigenständige Leistung der postulierten sprachlichen Prozesse ist.

Wie Lenneberg hält es Chomsky neuerlich für nicht unplausibel "that there is no sharp delimitation between those semantic properties that are 'linguistic' and those that form part of a common sense understanding, that is, the cognitive system dealing with the nature of things named, described, or discussed" (CHOMSKY 1976: 41f.). Auch seiner Meinung nach spielen im Akt des Benennens Prozesse der Kategorisierung der Welt eine Rolle, wie z.B. die Bestimmung von perzipierbaren Konfigurationen als Gestalten und deren Einordnung im konzeptuellen System, jedoch: "the cognitive structure of language imposes its own conditions" (1976: 45). Wie eng aber die Beziehung zwischen Sprache und Denken in diesem Sinne ist, bleibt auch für Chomsky "a fair question". Möglichkeiten, dieser Frage empirisch nachzugehen, bieten sich in der Aphasieforschung, an der Neurologie, Psychologie und Linguistik beteiligt sind.

2. Lexikalische Störungen bei Aphasie

Sprachstörungen (Aphasien), die durch Schädigung der Sprachregion im Gehirn verursacht werden, zeigen nicht nur, daß es für die Sprache eine lokalisierbare neuroanatomische Grundlage gibt, sondern auch, daß die Sprache als kognitives System relativ isoliert gestört werden kann. Je nach Ort der Läsion treten aus den Störungen auf allen linguistischen "Ebenen" charakteristische Defizite wie z.B. die Reduzierung der Syntax auf Ein- und Zweiwortsätze bei Broca-Aphasie, eine schwere Beeinträchtigung des Verstehens sowie Satzverschränkungen in der Syntax bei Wernicke-Aphasie hervor. Bei allen Formen der Aphasie zeigen sich jedoch lexikalische Störungen. Bei der amnestischen Aphasie (POECK et al. 1974) sind sie wegen der geringen Ausprägung anderer Symptome besonders auffällig, am schwersten sind sie aber bei Wernicke-Aphasie (HUBER et al. 1975), die durch eine Läsion im Temporallappen verursacht wird. Die lexikalischen Störungen ziehen sich durch alle sprachlichen Modalitäten. Sie äußern sich beim spontanen Sprechen und in Benennungsaufgaben in der Schwierigkeit, Wörter zu finden, und im Gebrauch semantisch unpassender Wörter (Paraphasien). Sie zeigen sich ebenfalls in Wortverständnistests und in metasprachlichen Aufgaben wie dem Sortieren semantischer Felder, beim Beurteilen des Zueinander-Passens von Wörtern usw.

Eine für die Theorie besonders interessante Erscheinung ist das Auftreten semantischer Paraphasien. Charakteristischerweise sind diese meist dicht am Zielwort, wobei das Verhältnis von Paraphasie zu Zielwort logisch-klassifikatorischer oder situativ-propositioneller Art ist (HUBER et al. 1975), wie an den Beispielen im folgenden Schema zu erkennen ist:

Zielwort	Log.-klassifikat.	Situativ-proposit.
Schalter	Stecker	Licht
Teller	Löffel	essen
Boxer	Ringer	kriegt einen verpaßt
Nagelfeile	Nagelschere	verrostete Fingernägel

Scheibenwischer	Wischgerät	Schutzscheiben
Hubschrauber	Flugzeug	Flugmotor
Wasserwaage	Winkelmesser	Hebel

Während bei den logisch-klassifikatorischen die Relation von Zielwort und Paraphasie z.B. durch "Oberbegriff" oder "Element der gleichen Klasse" zu charakterisieren ist, besteht das Verhältnis der situativ-propositionellen Paraphasien zum Zielwort in der Angabe einer Funktion, eines zeitlichen oder räumlichen Zusammenhangs, eines Attributs usw. Gelegentlich, insbesondere bei Wernicke-Aphasie, weichen die Paraphasien vom Zielwort grob ab, z.B. Wirsing statt Heuschrecke, Streckenpanzer statt Bagger oder Lederüberholung statt Scheibenwischer.

Trotz des fehlerhaften sprachlichen Verhaltens ist es jedoch offensichtlich, daß die Patienten wissen, um welche Objekte und Sachverhalte es sich handelt. Sie benennen nicht falsch, weil ihr referentielles Wissen durch die Hirnschädigung so stark beeinträchtigt wäre, sondern weil ihre Sprachfähigkeit in einer spezifischen Weise gestört ist.

3. Ein Vergleich sprachlicher und nicht-sprachlicher Leistungen bei Aphasie

In einem Experiment, in dem das Heraussuchen eines nicht passenden Tieres aus einem Set von jeweils vier Tieren sowohl nichtsprachlich als auch sprachlich gefordert wurde, konnte ich zeigen, daß alle aphasischen Patienten in der verbalen Aufgabenstellung mehr Fehler machten als in der nicht-verbalen, wo sie sich von gesunden und hirngeschädigten Kontrollpatienten kaum unterschieden.

Die Testanordnung war so, daß in der nicht-sprachlichen Aufgabenstellung jeweils aus einem Set von vier Bildern, die vier Tiere darstellten wie z.B. Tiger, Wolf, Leopard und Löwe, das nicht passende Tier, also Wolf, herausgesucht werden sollte. In der verbalen Aufgabenstellung wurde jeweils der gleiche Set, jedoch anstelle der Bilder mit geschriebenen Wörtern vorgegeben. Es wurde sichergestellt, daß nur solche Patienten am Experiment teilnahmen, die einzelne Wörter lesen konnten (STACHOWIAK 1977).

Die beiden Aufgabenstellungen verlangen somit eine vergleichbare kognitive Funktion, nämlich die Kategorisierung eines bestimmten Objektbereichs der Welt, in diesem Fall einer gegebenen Menge von Tieren.

Die Tatsache, daß sich die aphasischen Patienten in der nichtverbalen Aufgabenstellung relativ "normal" verhalten, zeigt, daß ihr kognitives System, soweit es das "common sense knowledge" betrifft, nicht in dem Ausmaß gestört ist wie ihr Sprachsystem, wo das Wissen um die semantischen Relationen zwischen den Tierbezeichnungen beeinträchtigt zu sein scheint. Eine gewisse Unabhängigkeit der beiden Systeme voneinander ist also gegeben.

4. Störungen der semantischen Organisation des Lexikons

Eine mögliche Interpretation des Experiments wäre, daß die Aphasiker in der verbalen Aufgabenstellung vorwiegend die graphematische Information mit der semantischen nicht koppeln konnten, d.h. daß primär eine Störung des Zuordnungsmechanismus von Laut und Bedeutung die Ergebnisse erklärt. Sie ist aber deswegen nicht plausibel, weil die Fehler von der lexikalischen Struktur der Testitems abhingen.

Bei der einen Hälfte der Aufgaben war die Relation des nicht passenden Tieres zu den drei anderen logisch-klassifikatorischer Art; es handelte sich um ein Tier, das zu einer anderen Gattung oder Familie gehörte, z.B. ein Wolf gegenüber den Raubkatzen Tiger, Löwe und Leopard. In der anderen Hälfte der Aufgaben paßte ein Tier nicht, weil ihm ein anderes Attribut oder eine andere Funktion zukam wie z.B. eine -kleine- Maus gegenüber Büffel, Elefant und Giraffe, so daß hier die Relation zu den drei zusammengehörenden Tieren als situativ-propositionell bezeichnet werden kann.

Im Gegensatz zu den Kontrollpatienten, die in der verbalen Aufgabenstellung etwas mehr Fehler bei den Sets mit situativ-propositioneller Relation machten, hatten die aphasischen Patienten, die natürlich insgesamt weit mehr Fehler als die Kontrollpatienten machten, ihre größten Schwierigkeiten bei den Aufgaben mit logisch-klassifikatorischer Relation. Dies entspricht ganz ihrem Verhalten in der spontanen Sprache und in Benennungstests, wo regelmäßig ein deutliches Überwiegen der Paraphasien mit logisch-klassifikatorischer Relation zum Zielwort zu beobachten ist (HUBER/ORGASS/VOGELS 1975, STACHOWIAK 1977). Die stärkere Störung dieser Relationen im Lexikon ist offensichtlich eine Ursache für dieses spezifische pattern aphasischen Sprachverhaltens.

Dies wird ebenfalls bestätigt in einem Experiment von Zurif und Mitarbeitern, in dem Patienten die Ähnlichkeit von Wörtern in verschiedenen semantischen Feldern, darunter auch Tierbezeichnungen, bestimmen sollten. Es zeigte sich, daß Aphasiker auf eine mehr konkret-emotionale Form der Wortkategorisierung beschränkt bleiben und daß

> although the normal adult has a number of levels upon which to organize his lexicon - some referentially practical, others linguistically practical, the adult aphasic mostly retains those features of words that relate to perceived or imagined environmental situations, especially the affective components of such situations. (ZURIF et al. 1974: 185)

Welche Schlußfolgerungen sind aus solchen Befunden für eine Theorie des Lexikons zu ziehen? Zunächst scheint bestätigt, daß die Organisation in hierarchisierende logisch-klassifikatorische Relationen, wie sie u.a. in der Katz/Fodorschen Semantik angenommen wird, tatsächlich ein Hauptprinzip der lexikalischen Semantik sein muß. Die Tatsache, daß die Relationen zwischen Zielwort und Paraphasie damit jedoch bei weitem nicht erschöpft sind, spricht für Lennebergs Hypothese, daß Wörter Kategorisierungsprozesse etikettieren, die nach sehr flexiblen Kriterien ablaufen, flexibleren jedenfalls als sie in den meisten Lexikonmodellen für die Bestimmung der semantischen Organisation der Lexikoneinträge formuliert werden.

Möglicherweise könnte je nach Modell jeweils ein Teil der für die herkömmliche Lexikontheorie kritischen situativ-propositionellen Paraphasien durch die Annahme von relationalen Merkmalen wie (PLACE), durch die Annahme atomarer Prädikate wie in der Generativen Semantik oder durch Spezifizierung des Kasusrahmens im Fillmoreschen Sinne beschrieben werden.

Alle rein linguistischen Modelle haben jedoch die Eigenschaft, daß sie nicht auf die Erklärung tatsächlicher Speicher-, Abruf- oder Differenzierungsprozesse in einem subjektiv gegebenen Lexikon abzielen. Sie wollen und können nicht psychologische Prozesse beschreiben. Und wird das Lexikon als Komponente eines Algorithmus zur Satzerzeugung konzipiert u.a. mit der Aufgabe, für die Wirkungsweise von Selektionsbeschränkungen und Projektionsregeln die nötige Information zu liefern, dann stellt sich mit Recht die Frage, ob die Annahme relationaler Merkmale von der Art (X hat zu Y eine situative Beziehung Z), womit etwa die Paraphasie Brötchen statt Frühstück zu charakterisieren wäre, darin überhaupt einen Wert hat.

5. Ein psycholinguistisches Lexikonmodell

Für die Erklärung neurolinguistischer Daten sind - bei der zusätzlichen Annahme linguistischer Beschränkungen - die neueren Modelle des "semantic memory" wie z.B. die sogenannte "spreading activation theory" (COLLINS/QUILLIAN 1972, COLLINS/LOFTUS 1975) geeignet.

In dieser Theorie wird das subjektive Lexikon in semantischer Hinsicht als ein Netzwerk repräsentiert, dessen Knoten für Konzepte stehen, wobei die Merkmale des Konzepts als etikettierte relationale Verbindungen zu anderen Knoten dargestellt werden. Von diesen gehen wiederum Verbindungen zu anderen Knoten usw. Die Bedeutung eines Konzepts ergibt sich demgemäß aus seiner Stellung im gesamten Netzwerk mit all seinen Bedeutungsrelationen. Bei der Aktivierung des Netzwerks, etwa beim Benennen, Verstehen usw. geht ein Impuls von einem Knoten aus und verbreitet sich auf weitere Knoten in alle Richtungen. Wichtigstes Organisationsprinzip in diesem Netzwerk ist die semantische Ähnlichkeit, die folgendermaßen definiert ist:

> The more properties two concepts have in common, the more links there are between the two nodes via these properties and the more closely related are the concepts. This means that different vehicles or different colors will all be highly interlinked through their common properties. This also implies that red things (e.g. fire engines, cherries, sunsets, and roses) are not closely interlinked, despite the one property they have in common. In these terms semantic relatedness is based on an aggregate of the interconnections between two concepts. (COLLINS/LOFTUS 1975: 411f.)

Die Relationen zwischen den Knoten sind qualitativ unterschiedlicher Art. Sie sind, was in den bisherigen Modellen des "semantic memory" nicht hinreichend geschehen ist, zu spezifizieren als logisch-klassifikatorische Relationen, also Oberbegriff, Element der gleichen Klasse, Teil von usw. und als situativ-propositionelle Relationen wie z.B. räumlicher oder zeitlicher Zusammenhang, Funktion, Aktivität, Attribut usw. Manche Verbindungen sind den im Netzwerk ablaufenden Such- und Differenzierungsprozessen leichter zugänglich als andere, je nach Typikalität einer Relation oder je nachdem wie oft eine Person an eine bestimmte Eigenschaft denkt oder sie in ihren sprachlichen Äußerungen wirksam werden läßt. Dies trägt der Tatsache Rechnung, daß Aphasiker gerade die hochfrequenten Lexeme gebrauchen und verstehen und daß sie z.B. von Homonymen oft nur eine, nämlich die dominante Bedeutung kennen (STACHOWIAK 1977). Innerhalb des Netzwerks sind Schlußfolgerungsprozesse möglich; so muß die Eigenschaft von Vögeln, fliegen zu können, nicht unbedingt bei jedem Konzept für jeden einzelnen Vogel abgespeichert sein, sondern aus deren Zugehörigkeit zur Klasse der Vögel kann sie erschlossen werden.

Wie erklären sich nun semantische Paraphasien in einem solchen Modell? Offenbar sind sie das Ergebnis von Störungen in der Struktur des Netzwerks und/oder Störungen in den Prozessen, die in diesem Netzwerk ablaufen.

Warum sind die Paraphasien meist logisch-klassifikatorischer Art? Es ist anzunehmen, daß Prozesse, wie sie beim Benennen (OLSON 1970), aber auch beim Aussondern einer nicht passenden Tierbezeichnung (s.o.) eine Rolle spielen, gerade dort gestört sind, wo zwischen eng beieinander liegenden Konzepten differenziert werden muß. Semantische Ähnlichkeit ergibt sich aber insbesondere durch ein Aggregat der logisch-klassifikatorischen Relationen.

Daß semantische Schwierigkeiten gerade dann auftreten, wenn eine Differenzierung semantisch eng miteinander verwandter Konzepte gefordert wird, konnte ich in einem Experiment zeigen. Aphasische Patienten sollten in einem Wortverständnistest zu einem vorgesprochenen Homonym wie Pferd zwei Bedeutungen, hier 'Tier' und 'Sprunggerät', auf Tafeln mit jeweils fünf Bildern identifizieren. Auf den Tafeln waren zwei Bedeutungen des Homonyms, dazu je ein semantisch ähnliches Bild und ein Ablenker dargestellt. Je mehr die beiden Bedeutungen semantisch miteinander zu tun hatten - ein Maß dafür war in einem Vorexperiment ermittelt worden - desto größer war die Schwierigkeit der Patienten, die richtigen Bilder zu identifizieren (STACHOWIAK 1977).

Ein weiterer Beleg ist in dem Befund zu sehen, daß Aphasiker beim Benennen von Farben größere Schwierigkeiten haben als beim Benennen von Objektbildern, die ein Haus, einen Baum, einen Stuhl usw. darstellen. Farben stellen im semantischen Netzwerk ein Subsystem mit besonders engen Verbindungen dar (POECK/STACHOWIAK 1975).

Natürlich kann auch die Assoziation situativ-propositioneller Relationen enge semantische Verwandtschaft konstituieren. So berichtete Gloning auf dem Symposion, die Paraphasien zu Werkzeugbezeichnungen seien eher situativ-propositioneller Art. Daß diese Relationen bei Aphasie insgesamt aber weniger betroffen sind, liegt zum einen daran "that almost all property connections will involve distinguishing rather than matching properties" (COLLINS/LOFTUS 1975: 423) - und je weiter der Bedeutungsabstand, desto leichter die Differenzierung - , zum anderen daran, daß hier referentielles und pragmatisches, also nicht mehr "rein linguistisches" Wissen zum Zuge kommt (ZURIF et al. 1974).

Die in den bisherigen Ausführungen implizit gemachte Annahme, daß die Paraphasien mechanistisch, d.h. als Fehlschaltungen im Netzwerk zu erklären sind, trifft sicherlich nicht immer zu. Wenn ein Patient statt des gesuchten Worts eine Beschreibung von Gebrauch und Eigenschaften des korrespondierenden Objekts oder Sachverhalts gibt, z.B. statt _Nußknacker_ die Umschreibung _eine Zange um Nüsse zu knacken_, dann ist dies wohl das Ergebnis einer Ersatzstrategie, deren Ziel die Explikation anstelle der Benennung ist. Viele situativ-propositionelle Paraphasien könnten "Kurzexplikationen" dieser Art (STACHOWIAK 1976) sein.

Für folgende Beobachtung sollte in dem Modell eine linguistische Erklärungsmöglichkeit gefunden werden. Aphasische Patienten benennen Objekte, die mit stark deskriptiven Komposita bezeichnet werden, wie _Scheibenwischer_, _Rasiermesser_ usw. paraphasisch wiederum vorwiegend mit deskriptiven Ausdrücken wie _Regenwischer_, _Bartschneider_ usw., während sie weniger deskriptive Komposita wie _Heuschrecke_ und _Rosenkranz_ eher durch einfache etikettierende

Terme wie Raupe und Kette ersetzen (STACHOWIAK 1977). Im Netzwerk operiert offenbar ein Prinzip der "Deskriptivität" (SEILER 1975), das selbst bei Aphasie wirksam ist. Der genaue Zusammenhang zur lexikalischen Struktur und zu Wortbildungsprozessen bleibt noch aufzuzeigen.

Auch die Frage des semantischen Felds wäre innerhalb dieser Theorie noch zu erörtern. Kann der Begriff so weit gefaßt werden, daß damit alle von einem Konzept ausgehenden aktivierbaren "paths" im Netzwerk gemeint sind? Liegen dann grob abweichende semantische Paraphasien noch am Rande solcher Felder oder sind sie das Ergebnis völlig willkürlich in den semantischen Raum geleiteter Impulse? Welche aus der Struktur realisierter Sprache sich ergebende Beschränkungen spielen für den Aufbau semantischer Felder in einem solchen Netzwerk eine Rolle?

Insgesamt sind diese Ausführungen weit davon entfernt, die Frage nach dem Zusammenhang von Sprache und Denken in einer Theorie des Lexikons auch nur annäherungsweise zu beantworten. Vielleicht können sie aber zeigen, daß die Aphasieforschung Möglichkeiten bietet, dem Problem ein Stück näher zu kommen.

Für wichtige Hinweise zu den hier erörterten Problemen bedanke ich mich bei meinen Kollegen Dr. Dorothea Weniger, Walter Huber und Bernd Orgass.

Literatur

BIERWISCH, Manfred (1967): "Some semantic universals of German adjectivals". Foundations of Language 3: 1-36.

CHOMSKY, Noam (1976): Reflections on language. New York: Pantheon

COLLINS, Allan N. / QUILLIAN, M. Ross (1972): "Experiments on semantic memory and language comprehension". In: GREGG, Lee W. (ed.) (1972): Cognition in learning and memory. New York: John Wiley and Sons: 117-137.

--- / LOFTUS, Elisabeth F. (1975): "A spreading-activation theory of semantic processing". Psychological Review 82: 407-428.

HUBER, Walter / ORGASS, Bernd / VOGELS, Paul (1975): Aphasische Fehlbenennungen und Wortassoziationen gesunder Sprecher des Deutschen. Vortrag gehalten auf der Tagung der Deutschen Arbeitsgemeinschaft für Aphasieforschung und -therapie, Wien. Unveröffentl. Paper, RWTH Aachen.

HUBER, Walter / STACHOWIAK, Franz J. / POECK, Klaus / KERSCHENSTEINER, Max (1975): "Die Wernicke-Aphasie". Journal of Neurology 210: 77-97.

HÖRMANN, Hans (1976): Meinen und Verstehen. Grundzüge einer psychologischen Semantik. Frankfurt: Suhrkamp.

KATZ, Jerrold J. (1972): Semantic theory. New York: Harper & Row.

--- / FODOR, Jerry A. (1963): "The structure of a semantic theory". Language 39: 170-210.

LENNEBERG, Eric H. (1967): Biological foundations of language. New York: Wiley & Sons. -Übers.: Biologische Grundlagen der Sprache. Frankfurt: Suhrkamp, 1972.

OLSON, David R. (1970): "Language and thought: aspects of a cognitive theory of semantics". Psychological Review 77: 257-273.

POECK, Klaus / KERSCHENSTEINER, Max / STACHOWIAK, Franz J. / HUBER, Walter (1974): "Die amnestische Aphasie". Journal of Neurology 207: 1-17.

--- / STACHOWIAK, Franz J. (1975): "Farbbenennungsstörungen bei aphasischen und nichtaphasischen Hirnkranken". Journal of Neurology 209: 95-102.

SEILER, Hansjakob (1975): "Die Prinzipien der deskriptiven und der etikettierenden Benennung". In: SEILER, Hansjakob (ed.): Linguistic Workshop III. München: Fink: 2-57.

STACHOWIAK, Franz J. (1976): "Aphasiologie und linguistische Universalienforschung". In: MOSHINSKY, Julius / SEILER, Hansjakob (eds.): Materials for the DFG international research conference on language universals II. Köln: Arbeiten des Kölner Universalienprojekts: 104-114.

--- (1977): Die semantische Organisation des Lexikons. Experimentelle Untersuchungen aus dem Bereich der Aphasieforschung. Dissertation RWTH Aachen. In Vorbereitung.

ZURIF, Edgar B. / CARAMAZZA, Alfonso / MYERSON, R. / GALVIN, J. (1974): "Semantic feature representations for normal and aphasic language". Brain and Language 1: 167-187.

DER EINFLUSS VON LEXIKALISCHER SPEZIFITÄT AUF DIE KONSTRUKTION VON SÄTZEN BEI APHASIE

Dorothea Weniger[1] und Walter Huber

Einleitung

Die Spontansprache von Aphasikern zeigt von Syndrom zu Syndrom beträchtliche Unterschiede. Patienten mit Läsionen im vorderen Anteil der Sprachregion (Broca-Aphasie) fallen durch ihren sog. Agrammatismus auf, d.h. sie sprechen in Ein- und Zweiwortsätzen (KERSCHENSTEINER et al. in Vorbereitung). Demgegenüber sprechen Patienten mit Läsionen im hinteren Anteil der Sprachregion (Wernicke-Aphasie) in syntaktisch komplexen, wenn auch oft ineinander verschränkten Sätzen, die aufgrund von Wortsubstitutionen (sog. semantische Paraphasien) und Wortfindungsschwierigkeiten stark entstellt sind (HUBER et al. 1975). Patienten mit globaler Aphasie, bei denen die gesamte Sprachregion beeinträchtigt ist, können ausser wenigen Floskeln und Sprachautomatismen keine sinnvollen Äusserungen hervorbringen (STACHOWIAK et al. 1977).

Aufgrund solcher klinischer Beobachtungen wurde die These aufgestellt, dass Syntax und Lexikon bei Aphasie unterschiedlich betroffen sein können (v.STOCKERT/HEESCHEN 1971, v.STOCKERT 1974) Von verschiedenen Autoren wurde versucht, eine Dichotomie von Syntax- und Lexikonstörung auch in metasprachlichen Aufgaben experimentell nachzuweisen (v.STOCKERT 1972, v.STOCKERT/BADER 1976, KREMIN/GOLDBLUM 1975). Die Patienten sollen verschiedene syntaktische Konstruktionen ausführen, indem sie schriftlich vorgelegte Bestandteile eines Satzes (Wörter, Konstituenten, etc) zu genau einem Satz zusammensetzen. Sofern es sich dabei um einfache transitive Aussagesätze handelt, lösen Broca-Aphasiker solche Aufgaben vorwiegend nach einer lexikalischen Strategie, d.h. sie ordnen die Bestandteile nach der pragmatisch plausibelsten Abfolge der Inhaltswörter. Demgegenüber verstossen Wernicke-Aphasiker gegen semantische Selektionsbeschränkungen, legen aber die Sätze in einer syntaktisch-morphologisch richtigen Abfolge. Diese unterschiedlichen Lösungsstrategien sind jedoch von der Art der Aufgabenstellung abhängig. Bei dieser Art von Satzlegeaufgaben werden nur geringe lexikalische Anforderungen an die Patienten gestellt. Erschwert man die Aufgabe, indem man mehr Konstituenten vorlegt als zur Konstruktion des richtigen Satzes notwendig sind, dann machen auch Broca-Aphasiker solche Fehler am häufigsten, die auf semantische Selektionsverstösse zurückzuführen sind (HUBER/ DABER 1976). Dies zeigt, dass eine Störung des Lexikons allgemein bei Läsionen der Sprachregion, also auch bei einer Läsion des vorderen Anteils, anzunehmen ist.

Welcher Art sind die lexikalischen Störungen, die sich bei solchen Satzlegeaufgaben zeigen? Einerseits könnte die Störung darauf zurückzuführen sein, dass die genaue lexikalische Bedeutung der einzelnen Konstituenten nicht erkannt wird. Zum andern könnte auch die Fähigkeit gestört sein, die lexikalisch richtig erkannten Konstituenten zu kombinieren. Bei mehreren alternativen Kombinationsmöglichkeiten sollte die Stärke der syntagmatischen Bindung einen Einfluss haben. Ist die aphasische Störung in erster Linie eine Kombinationsstörung, dann sollten Aphasiker bei Aufgaben mit enger syntagmatischer Bindung zwischen den auszuwählenden Bestandteilen sich anders verhalten als bei Aufgaben mit neutraler Bindung. Kein unterschiedliches Verhalten sollte hingegen auftreten, wenn die aphasische Störung in erster Linie das Erkennen der lexikalischen Bedeutung betrifft.

Um diese beiden Möglichkeiten experimentell zu überprüfen, entwickelten wir Satzlegeaufgaben, in denen die semantische Bindung zwischen Subjekt-Verb und Objekt-Verb systematisch variiert wurde (LEISI 1952). Die Aufgabe bestand darin, aus sechs Wortkarten diejenigen drei auszuwählen und zusammenzufügen, die einen richtigen Satz ergeben. Dabei gab es vier Typen von Zielsätzen: solche, die eine enge semantische Bindung zwischen Subjekt-Verb bzw. Objekt-Verb aufwiesen, und solche, bei denen statt der engen jeweils eine neutrale Bindung vorlag. Im einzelnen sollten durch das Experiment folgende Fragen beantwortet werden:

1. Gibt es einen Einfluss der semantischen Bindungsstärke, d.h. werden bei Aufgaben mit enger semantischer Bindung mehr oder weniger Fehler als bei Aufgaben mit neutraler Bindung gemacht? Gibt es Unterschiede zwischen klinischen Gruppen

von Aphasikern?

2. Gibt es zusätzlich zur semantischen Bindungsstärke einen Einfluss der thematischen Beziehung? Werden bei Aufgaben mit enger Subjekt-Verb Bindung mehr oder weniger Fehler als bei Aufgaben mit enger Objekt-Verb Bindung gemacht?
3. Kommen neben den zu erwartenden lexikalischen Fehlern auch syntaktische vor? Welcher Art sind die syntaktischen Fehler und gibt es dabei Unterschiede zwischen den verschiedenen klinischen Gruppen von Aphasikern?

Material und Methode

Das Material bestand aus 80 Auswahlmengen von je 6 Wortkarten (10 x 3 cm). Je vier Karten waren mit einer Nominalphrase beschriftet, je zwei mit einem finiten Verb. Als Schrifttyp wurden Grossbuchstaben (3,5 mm Höhe) einer Schreibmaschine verwendet. Der zu legende Zielsatz hatte stets die syntaktische Struktur NP-V-NP. Neben den Wortkarten, die den Zielsatz ergaben, waren in jeder Auswahlmenge drei Ablenker, und zwar zwei NPs und ein finites Verb. Diese Ablenkerkarten wurden so ausgewählt, dass zwischen den Zielkonstituenten und den ablenkenden Konstituenten keine satzsemantischen Bindungen möglich waren. Ausserdem wurde darauf geachtet, dass der Zielsatz nicht aufgrund morphologischer Markierungen erschlossen werden konnte. Eine Voruntersuchung an 10 hirnorganisch gesunden Patienten hat gezeigt, dass jede der Aufgaben praktisch fehlerlos gelöst werden kann.

Das Material wurde in vier Gruppen unterteilt. Bei 20 Aufgaben bestand im Zielsatz zwischen dem Verb und der Objekt-NP eine spezifische Selektionsbeschränkung, z.B. Unkraut jäten, die Kuh melken, die Wiese mähen, Obst pflücken, einen Brief frankieren. Als Subjekte wurden NPs mit unspezifischer Selektionsbeschränkung ausgewählt, nämlich die Kinder, der Junge, der Mann, der Vater, der Freund.

Demgegenüber bestanden im Zielsatz von 20 weiteren Aufgaben zwischen Verb und Subjekt-NP spezifische Selektionsbeschränkungen Um die Aufgaben in ihrer syntaktischen Struktur möglichst vergleichbar zu halten, gingen wir auch hier von transitiven Verben aus und wählten als Subjektsnomen Berufsbezeichnungen aus, eine der wenigen Klassen von Nomina, die bei Subjektsfunktion spezifische semantische Bindungen mit einem transitiven Verb eingehen. Beispiele sind: der Zöllner kontrolliert, der Richter verurteilt, der Dolmetscher übersetzt, der Koch probiert, der Pfarrer segnet. Als Objekte wurden wiederum NPs mit unspezifischer Selektionsbeschränkung ausgewählt, nämlich den Wagen, den Mann, die Rede, das Getränk, die Leute. Bei beiden Gruppen von Aufgaben mit enger semantischer Selektionsbindung wurden idiomatische Bindungen ausgeschlossen.

Diesen 40 Aufgaben mit spezifischen semantischen Selektionsbeschränkungen im Zielsatz wurden ebensoviele Aufgaben mit unspezifischer Selektionsbeschränkung gegenübergestellt. Dazu wurden die Verben mit semantisch markierter Bindung durch Verben mit semantisch unmarkierter Bindung ersetzt. Die Subjekt- und Objekt-NPs des Zielsatzes sowie die Ablenkerkarten blieben unverändert.

Wir hatten also 4 Aufgabentypen, solche mit enger und solche mit neutraler Subjekt-Verb bzw. Objekt-Verb Bindung:

1. Enge Subjekt-Verb Bindung (20 Aufgaben), z.B.
   Zielsatz: der Dieb / klaute / das Fahrrad
   Ablenker: den Hunger / die Ohren / salzte
2. Neutrale Subjekt-Verb Bindung (20 Aufgaben), z.B.
   Zielsatz: der Dieb / suchte / das Fahrrad
   Ablenker: den Hunger / die Ohren / salzte
3. Enge Objekt-Verb Bindung (20 Aufgaben), z.B.
   Zielsatz: der Junge / melkt / die Kuh
   Ablenker: den Ofen / die Heimat / pflanzt
4. Neutrale Objekt-Verb Bindung (20 Aufgaben), z.B.
   Zielsatz: der Junge / führt / die Kuh
   Ablenker: den Ofen / die Heimat / pflanzte

Die Wortkarten einer jeden Aufgabe wurden vor der Versuchsperson kreisförmig geordnet. Die Positionen der verschiedenen Wortkarten wurden von Aufgabe zu Aufgabe permutiert, ebenso die 4 x 20 Aufgaben, und zwar so, dass die Aufgaben, die sich nur im Verb des Zielsatzes voneinander unterscheiden, möglichst weit auseinander lagen. Zu Beginn der Untersuchung wurde durch Übungsbeispiele sichergestellt, dass jeder der Patienten die Aufgabe verstand. In der Instruktion wurde nur mitgeteilt, dass drei Karten zum Zusammensetzen des richtigen Satzes notwendig sind.

Versuchspersonen

Wir untersuchten drei Gruppen von je 7 Aphasikern. In allen Fällen war die Ätiologie vasculär. Die Mediane für Alter und Dauer der Erkrankung sind in nachfolgender Tabelle wiedergegeben:

	Alter (Md. Jahre)	Dauer (Md. Monate)
Global (n=7)	62 (31-74)	8 (3-48)
Broca (n=7)	45 (20-63)	10 (3-28)
Wernicke (n=7)	48 (22-61)	6 (1-24)

Auswahl und Klassifikation der Patienten wurde aufgrund der Aachener Standarduntersuchung vorgenommen.

Ergebnisse[2]

Als erstes untersuchten wir die linguistische Struktur der Reaktionen. Dabei unterschieden wir lexikalische Fehler und syntaktische, nämlich Wortordnungs- und Subkategorisierungs-Fehler. Lexikalische Fehler lagen vor, wenn in einer syntaktisch richtigen NP-V-NP Verkettung semantische Verstösse vorkamen (Beispiele: Das Fahrrad klaute die Ohren; die Heimat pflanzt die Kuh). Als Wortordnungsfehler wurden alle Verkettungen eingestuft, bei denen das Verb nicht in der Mitte stand. Dies galt sowohl für semantisch abweichend kombinierte Sätze (Beispiel: Das Fahrrad der Dieb salzte), als auch für Sätze mit semantisch korrekt ausgewählten Konstituenten (Beispiel: Das Fahrrad der Dieb klaute). Da im Vorexperiment keiner der hirnorganisch gesunden Kontrollpatienten einen Fragesatz legte, wurden auch Sätze mit dem Verb in Anfangsposition als syntaktisch falsch bewertet (Beispiel: Suchte die Ohren das Fahrrad). Als Subkategorisierungs-Fehler zählten solche Verkettungen, bei denen mehr syntaktische Kategorien ausgewählt wurden, als im Zielsatz zulässig sind, d.h. bei denen 2 Verben bzw. 3 Nomina ausgewählt wurden (Beispiele: Die Kuh die Heimat den Ofen; die Ohren klaute salzte).

Wie sich die Fehlreaktionen auf die drei Fehlertypen verteilen, veranschaulicht die Abbildung 1. Die Broca- und Wernicke-Aphasiker machen im Unterschied zu den globalen Aphasiker vorwiegend lexikalische Fehler. Bei den globalen Aphasikern hingegen verteilen sich die Fehlreaktionen auf alle drei Fehlertypen gleichmässig. Auffallend ist, dass bei Wortordnungs- und Subkategorisierungs-Fehlern die unterschiedliche Bindungsstärke einen gleichförmigen Einfluss auf die Anzahl der Fehlreaktionen zu haben scheint. Bei dem lexikalischen Fehlertyp hingegen zeigt sich bei allen Gruppen ein deutlicher Unterschied: die neutrale Bindung führt zu mehr Fehlreaktionen.

Um diese Beobachtung prüfstatistisch abzusichern[3], untersuchten wir zunächst, ob die Kriterien Fehlerart und Bindungsstärke für alle Gruppen voneinander unabhängig sind. Dies traf für die Subjekt-Verb Aufgaben wie auch für die Objekt-Verb Aufgaben zu (Unabhängigkeitstest für dreidimensionale Kontingenztafeln; Programm Institut f. Med. Stat. und Dok. RWTH Aachen). Hinsichtlich

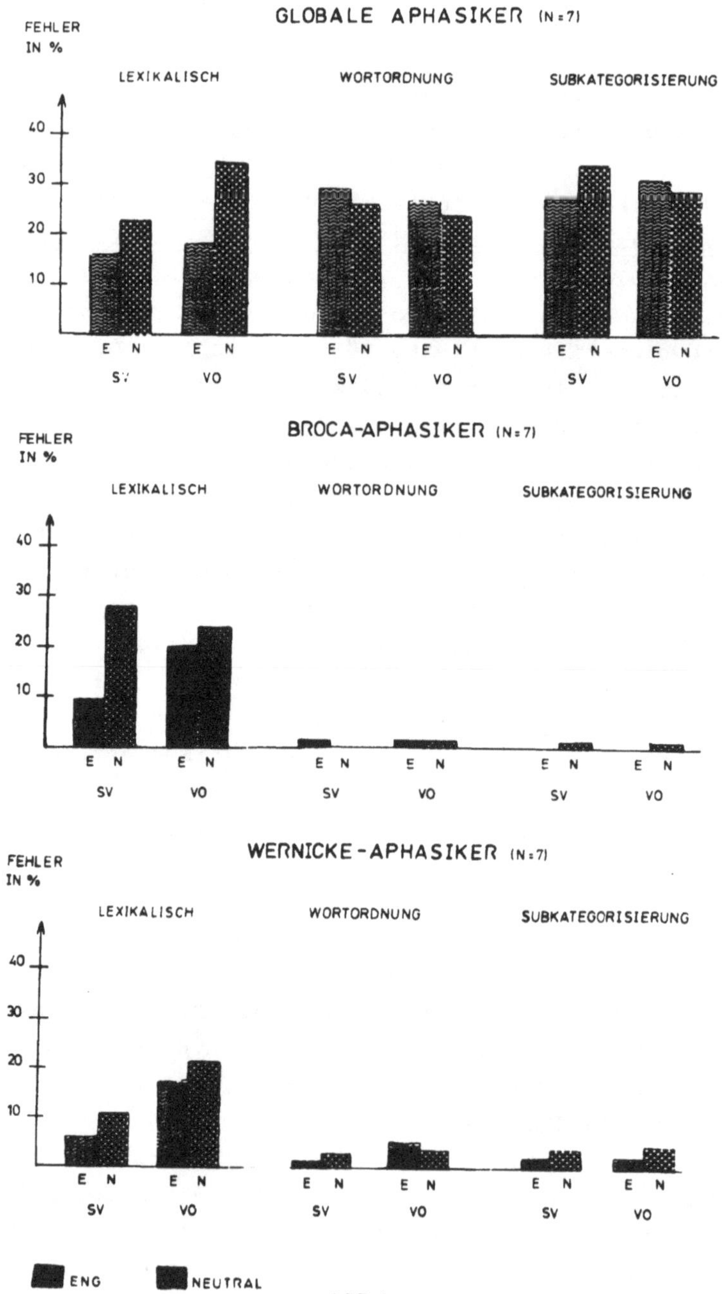
GLOBALE APHASIKER (N=7)
FEHLER IN %
LEXIKALISCH
WORTORDNUNG
SUBKATEGORISIERUNG
40
30
20
10
E N
SV
VO
BROCA-APHASIKER (N=7)
WERNICKE-APHASIKER (N=7)
ENG
NEUTRAL

ABB. 1

der Verteilung der Fehlertypen unterscheiden sich die drei Aphasiegruppen in allen vier Aufgabentypen signifikant voneinander (Kontingenztafeltest GABRIEL). Beim Vergleich je zweier der Aphasiegruppen ergab sich, dass nur die Broca- und Wernicke-Aphasiker keine signifikanten Unterschiede zeigen.

Als nächstes untersuchten wir den Einfluss der semantischen Bindungsstärke getrennt für die beiden Aufgabentypen Subjekt-Verb und Objekt-Verb. In Abbildung 2 sind die Mittelwerte der richtigen Lösungen für jede der Aphasiegruppen wiedergegeben. Bei enger semantischer Bindung wurden jeweils mehr Zielsätze richtig gelegt. Dies gilt für alle drei Aphasiegruppen. Die Gruppen der Wernicke- und Broca-Aphasiker unterscheiden sich nur gering, während die globalen Aphasiker deutlich schlechter sind.

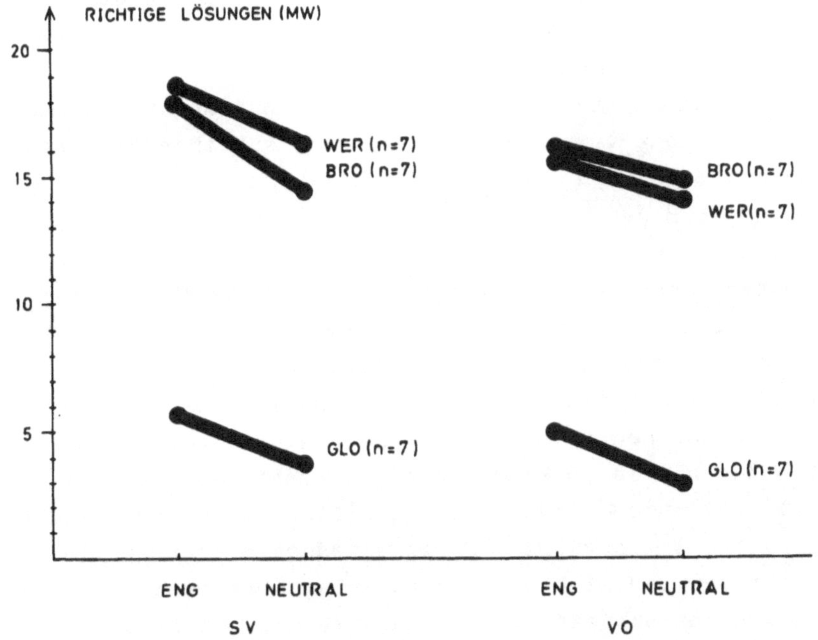

ABB. 2

Um zu überprüfen, ob diese Unterschiede nicht nur zufällig sind, wurde eine Split-Plot-Varianz-Analyse durchgeführt (KIRK 1968). Es ergaben sich keine Wechselwirkungen zwischen den Einflussfaktoren Aphasietyp und Bindungsstärke ($F<1$). Für die

Stärke der Bindung ergab sich ein signifikanter Einfluss beim Aufgabentyp Subjekt-Verb ($F = 10.68 > 5.98$); $df_1 = 1$, $df_2 = 18$, $p = .025$), nicht aber beim Aufgabentyp Objekt-Verb ($F = 5.10 < 5.98$), obwohl der Einfluss der Bindungsstärke auch hier deutlich ist (für $p = .05$ hat man als Schwellenwert $F = 4.41$!). Da sich keine Wechselwirkungen zwischen den Einflussfaktoren Aphasietyp und Bindungsstärke ergaben, bedeutet dies, dass für jede der drei Aphasiegruppen überzufällig die Tendenz bestand, mehr richtige Lösungen bei enger als bei neutraler Bindung zu machen. Die Aphasiegruppen unterschieden sich signifikant voneinander hinsichtlich der Anzahl richtiger Lösungen sowohl beim Aufgabentyp Subjekt-Verb ($F = 29.83 > 4.56$, $df_1 = 1$, $df_2 = 18$, $p = .025$) als auch beim Aufgabentyp Objekt-Verb ($F = 16.57 > 4.56$). Mehrfachvergleiche nach Scheffé ergaben, dass sich bei beiden Aufgabentypen nur die Wernicke- und Broca-Aphasiker nicht signifikant voneinander unterschieden.

Vergleicht man in Abbildung 2 die beiden Aufgabentypen Subjekt-Verb und Objekt-Verb miteinander, dann scheinen mehr richtige Lösungen vorzuliegen, wenn das Subjekt, und nicht das Objekt, eng ans Verb gebunden ist. Bei neutraler Bindung liegen kaum Unterschiede vor. Um dies zu überprüfen, wurden paarweise Vergleiche der richtigen Lösungen durchgeführt, und zwar getrennt für enge und neutrale Bindung. Wegen der kleinen Anzahl von Patienten in jeder Gruppe konnte hier nur die Gesamtgruppe der 21 Aphasiker berücksichtigt werden. Dabei ergab sich erwartungsgemäss bei neutraler Bindung kein signifikanter Unterschied ($T = 43$, $n = 18$, $p = .02$; Wilcoxon-Test, zweiseitig), während sich bei enger Bindung ein signifikanter Unterschied ergab ($T = 21$, $n = 18$, $p = .02$). Es muss jedoch betont werden, dass nur drei von den sieben globalen Aphasikern mehr richtige Lösungen bei enger Subjekt-Verb Bindung fanden, während diese Tendenz für die Gruppe der Broca- und Wernicke-Aphasiker durchwegs zutraf.

Diskussion

In metasprachlichen Satzlegeaufgaben konnten wir lexikalische Störungen bei Aphasie aufdecken. Die Aufgaben waren lexikalisch dadurch erschwert, dass neben dem sequentiellen Anordnen auch das Auswählen von Konstituenten erforderlich war. Unter dieser Bedingung machten sowohl Patienten mit einer Läsion in der hinteren Sprachregion (Wernicke-Aphasiker) als auch Patienten mit einer Läsion in der vorderen Sprachregion (Broca-Aphasiker) fast ausschliesslich lexikalische Fehler. In der Quantität der Fehler gab es zwischen diesen beiden Gruppen keine signifikanten Unterschiede. Patienten mit einer Läsion im gesamten Bereich der Sprachregion (globale Aphasiker) unterscheiden sich von diesen beiden Gruppen dadurch, dass sie neben den rein lexikalischen ebenso viele syntaktische Fehler machten.

Syntaktisch erfordern die Aufgaben das Erkennen und das sequentielle Realisieren eines transitiven Satzmusters. Die dazu notwendigen Fähigkeiten sind offensichtlich nur bei einer Störung der gesamten Sprachregion beeinträchtigt. Demgegenüber können lexikalische Fähigkeiten, nämlich das Erkennen der lexikalischen Bedeutung von Satzkonstituenten und/oder das Überprüfen ihrer semantischen Kombinierbarkeit, bereits bei einer teilweisen Läsion der Sprachregion beeinträchtigt sein.

Für alle Gruppen gilt, dass die Aufgabe durch eine enge semantische Bindung zwischen Subjekt und Verb bzw. Objekt und Verb des Lösungssatzes erleichtert wird. Dies trifft durchgehend zu für die lexikalischen Fehler, während die syntaktischen Fehler bei globaler Aphasie von der Stärke der semantischen Bindung unabhängig zu sein scheinen (vgl. Abbildung 1).

Die Tatsache, dass eine enge semantische Bindung die Lösung der Aufgabe erleichtert, setzt voraus, dass alle Aphasiker die lexikalische Bedeutung der zur Auswahl vorgelegten Konstituenten zumindest in einigen ihrer primären semantischen Merkmale erkennen. Würden nämlich nur arbiträre Bedeutungen erkannt, dann sollte es keinen quantitativen Unterschied zwischen den Aufgaben mit enger und neutraler Bindung geben. Deshalb ist es auch wenig plausibel, dass graphematisch-phonematische Schwierigkeiten die Lösungsstrategie entscheidend beeinflussen.

Wir nehmen also an, dass die Stärke der semantischen Bindung im Zielsatz nur dann einen Einfluss hat, wenn beim Lesen der verschiedenen Konstituenten die zugehörigen wortsemantischen Felder aktiviert werden. Wenn zwischen den lexikalischen Einheiten der zu verbindenden Konstituenten eine feldsemantische Relation besteht, dann wird die thematische Verknüpfung der beiden Konstituenten im Satz erleichtert. Im Gegensatz zu den Aufgaben mit neutraler Bindung besteht bei allen Aufgaben mit enger Bindung eine solche Relation, z.B. gehören nur melken und Kuh, Dieb und klauen, nicht aber führen und Kuh, suchen und Dieb dem gleichen semantischen Feld an. Die Aufgaben mit enger semantischer Bindung können also dadurch gelöst werden, dass von den lexikalischen Relationen in einem doppelt aktivierten semantischen Feld ausgegangen wird und nicht von den Selektionsmerkmalen der einzelnen Satzkonstituenten.

Als alternative Erklärung könnte man annehmen, dass die Kenntnisse von Selektionsmerkmalen unterschiedlich betroffen sind. Was bei Aphasie stärker beeinträchtigt ist, sind die Kenntnisse der semantisch wenig spezifischen Selektionsmerkmale, während die semantisch spezifischen Selektionsmerkmale leichter verfügbar sind. Und dies führt dazu, dass Zielsätze mit enger Bindung mit höherer Häufigkeit richtig gelöst werden. Z.B. wird ein Zielsatz mit dem Verb melkt - gebildet, so gilt die Selektionsbeschränkung, dass nur solche Objekt-NPs gewählt werden können, die Milch erzeugende Haustiere bezeichnen. Demgegenüber ist natürlich die Selektionsbeschränkung für das Verb führt - weniger restriktiv.

Wie wirken sich solche lexikalischen Störungsfaktoren auf die Lösungsstrategien beim Auswählen und Zusammenlegen der vorgegebenen Konstituenten aus? Bei den Aufgaben mit neutraler Bindung steht kein Paar von Konstituenten zur Auswahl, das aufgrund spezifischer Selektionsbeziehungen hervorsticht oder für das eine bestimmte lexikalische Relation in einem gemeinsamen semantischen Feld gilt. Es besteht also für alle Kombinationen von Konstituenten die gleiche Wahrscheinlichkeit, gewählt zu werden. Demgegenüber sind bei Aufgaben mit enger Bindung die Anzahl der Entscheidungsmöglichkeiten stark eingeschränkt. Da sich die lexikalische Störung generell umso stärker auswirkt, je mehr metasprachliche Entscheidungen eine Aufgabe erfordert, sind die Aufgaben mit neutraler Bindung schwerer.

Bei den Aufgaben mit enger Bindung ist die Entscheidung auch von den thematischen Relationen der semantisch eng aneinander gebundenen Konstituenten abhängig. Aufgaben mit enger Subjekt-Verb Bindung sind von Broca- und Wernicke-Aphasikern leichter zu lösen als Aufgaben mit enger Objekt-Verb Bindung. Dies kann erklärt werden, wenn eine allgemeine Produktionsstrategie angenommen wird (BEVER 1970), bei der zuerst nach einem lexikalisch-pragmatisch möglichen Subjekt gesucht wird. Eine solche Strategie kann natürlich nur bei den Aufgaben mit enger Subjekt-Verb Bindung voll wirksam werden. Nur bei diesem Aufgabentyp ist die Subjekt-NP des Zielsatzes gegenüber allen andern zur Auswahl vorgelegten NPs durch selektive Bindung ans Verb hervorgehoben. Hinzu kommt die lexikalische Spezifität von Berufsbezeichnungen, die prototypisch als Aktor aufgefasst werden. Dieser verstärkende Einfluss einer Subjektsstrategie lag bei Patienten mit globaler Aphasie nicht vor. Bei diesen Patienten waren die Kenntnisse der grammatischen Relationen schwer beeinträchtigt, wie der hohe Anteil an Subkategorisierungsfehlern zeigt. Diesen Patienten stand die syntaktische Grundform eines transitiven Satzes nicht durchgehend zur Verfügung. Dennoch machten Patienten mit globaler Aphasie wie alle übrigen Patienten weniger lexikalische Fehler in den Aufgaben mit enger Bindung. Dies dürfte auf die ausschliessliche Anwendung von feldsemantischen Strategien zurückzuführen zu sein. Patienten mit Wernicke- und Broca-Aphasie zeigen hingegen nahezu keine syntaktische Subkategorisierungsfehler, so dass sie neben der wortsemantischen Strategie auch die selektiven und thematischen Beziehungen im Satz berücksichtigen können.

Anmerkungen

1 Mit Unterstützung der Alexander von Humboldt-Stiftung.

2 Wir möchten uns bei Klaus Willmes für die statistische Bearbeitung der Daten herzlich bedanken.

3 Eine inferenzstatistische Überprüfung dieser Beobachtung mit einer dreidimensionalen Split-Plot-Varianz-Analyse war wegen der geringen Gruppengrössen und der Multinomialverteiltheit der dreidimensionalen Fehlervektoren nicht angemessen.

Literatur

BEVER, Thomas (1970): "The cognitive basis for linguistic structures". In: HAYES, John R. (ed.) (1970): Cognition and the development of language. New York: John Wiley.

HUBER, Walter / STACHOWIAK, Franz-Josef / POECK, Klaus / KERSCHENSTEINER, Max (1975): "Die Wernicke-Aphasie. Klinisches Bild und Überlegungen zur neurolinguistischen Struktur". Journal of Neurology 210: 77-97.

--- / DABER, Karin (1976): "Aphasische Störungen der Syntax und Semantik beim sequentiellen Sortieren von Satzkonstituenten". Vortrag auf dem Symposium Experimentelle Psychologie in Bochum, April 1976.

KERSCHENSTEINER, Max / POECK, Klaus / HUBER, Walter / STACHOWIAK, Franz-Josef / WENIGER, Dorothea (1977): "Die Broca-Aphasie. Klinisches Bild und Überlegungen zur neurolinguistischen Struktur". Journal of Neurology (in Vorbereitung)

KREMIN, Helga / GOLDBLUM, M.C. (1975): "Etude de la compréhension syntactique chez les aphasiques". Linguistics 154/55: 37-46.

LEISI, Ernst (1952): Der Wortinhalt. Seine Struktur im Deutschen und Englischen. Heidelberg: Quelle und Meyer.

STACHOWIAK, Franz-Josef / HUBER, Walter / KERSCHENSTEINER, Max / POECK, Klaus / WENIGER, Dorothea (1977): "Die globale Aphasie. Klinisches Bild und Überlegungen zur neurolinguistischen Struktur". Journal of Neurology (im Druck)

STOCKERT, Theodor Ritter v. (1972): "Recognition of syntactic structure in aphasic patients". Cortex 8: 323-334.

--- (1974): "Neues Konzept zum Verständnis der cerebralen Sprachstörungen". Nervenarzt 45: 94-97.

--- / BADER, Luisa (1976): "Some relations of grammar and lexicon in aphasia". Cortex 12: 49-60.

--- / HEESCHEN, Klaus (1971): "Eine linguistische Methode zur Untersuchung von Aphasie". Nervenarzt 42: 305-311.

VERZEICHNIS DER AUTOREN

ALTMANN, Hans (Sonnentaustr. 5, 8000 München 50). Studium der Germanistik, Geschichte und Geographie in München. Seit 1970 Wiss. Ass. am Seminar für Deutsche Philologie der Universität München (mit einem Lehrauftrag für Deutsche Sprachwissenschaft). Promotion 1975. Hauptarbeitsgebiete: Syntax, Semantik und Pragmatik von Partikeln im Deutschen sowie Präsuppositionen.

ANDRESEN, Helga (Nobbenburger Str. 6, 4500 Osnabrück). Studium der Germanistik und Geschichte in Kiel, Heidelberg und Freiburg. Promotion 1973. Wiss. Ass. für Sprachwissenschaft an der Universität Osnabrück. Hauptarbeitsgebiete: Wissenschaftstheorie und Methodologie der Linguistik.

DAVIS, John Frederick (Englisches Seminar der Universität, Albertus-Magnus-Platz, 5000 Köln 41). Studium der Romanischen Philologie in Oxford und der Linguistik am University College London. Promotion in Allgem. Sprachwissenschaft an der University of California, Los Angeles. Z.Zt. Akad. Rat am Englischen Seminar der Universität Köln.

DEIMER, Günther (Horst 6, 5657 Haan). Studium der Englischen und Deutschen Philologie, der Amerikanistik und Philosophie in Frankfurt/Main. Promotion 1973. Seit 1973 Wiss. Ass. im Fach Englische Philologie/Linguistik an der Gesamthochschule Wuppertal. Hauptarbeitsgebiet: Syntax.

ENGELS, Barbara (Fließhornstraße 8, 7750 Konstanz-Dingelsdorf). Lehrbeauftragte an der Universität Zürich. Promotion 1975 bei Professor Hans Galinsky in Mainz über Amerikanismen im Deutschen. Weiteres Arbeitsgebiet: linguistische Aspekte der Aphasieforschung.

ESSER, Jürgen (Kirburger Weg 12, 5000 Köln 71). Studium der Anglistik, Allgem. Sprachwissenschaft und Phonetik in Köln und Freiburg. Ein Jahr Lektor an der Universität Dundee (Schottland). Promotion 1974. Seit zwei Jahren Wiss. Ass. an der Gesamthochschule Duisburg im Fach Anglistik. Hauptarbeitsgebiete: Intonation, Wortstellung, Funktionale Satzperspektive.

FINKE, Peter (Fak. für Ling. u. Literaturwiss., Universität Bielefeld, Universitätsstraße, 4800 Bielefeld 1). Studium der Philosophie, Allgemeinen Sprachwissenschaft u. Literaturwissenschaft in Göttingen, Heidelberg und Oxford. Seit 1973 Wiss. Ass. an der Fakultät für Linguistik und Literaturwissenschaft der Univ. Bielefeld. Promotion 1976.

FOSKETT, Colin (105A Warwick Street, Leamington Spa CV 32 4QZ). Studium der Germanistik und Linguistik an der Universität Manchester. M.A. Dissertation 1973 ("Transitivity in English and German"). Z.Zt. Lecturer in German am Lanchester Polytechnic in Coventry, ab April 1977 Lektor für Anglistik/Linguistik an der Gesamthochschule Wuppertal. Hauptarbeitsgebiet: Kontrastive Syntax/Semantik (Englisch/Deutsch) im Hinblick auf den Sprachunterricht.

FRIEDERICI, Angela (Lisztstraße 9, 5300 Bonn). Studium der Germanistik und Romanistik in Bonn. Promotion 1976. Z.Zt. Zweitstudium in Psychologie. Hauptarbeitsgebiet: Psycholinguistik.

GLONING, Karl, Prof. Dr. med. (Schwarzspanierstr. 17, A-1090 Wien, Österreich). Von 1951 bis 1966 an der Psychiatrisch-Neurologischen Universitätsklinik Wien, 1967/68 Assistant Professor of Neurology, Harvard University, seit 1974 Leiter der Abt. für Neuro- und Psycholinguistik am Neurologischen Institut der Universität Wien (Vorstand: Prof. Dr. F. Seitelberger).

HABEL, Christopher (Wilhelmstraße 155, 1000 Berlin 20). Dipl. Math., arbeitet am Institut für Softwaretechnik und theoretische Informatik der TU Berlin. Hauptarbeitsgebiete: Grammatiktheorie, formale Syntax und Semantik, Formalisierung von Sprachvariationen.

HARTIG, Matthias (Fürstenweg 15-17b, 4790 Paderborn). Studium der Linguistik (Germanistik, Romanistik), Soziologie und Philosophie. Promotion 1973, Habilitation 1976. Z.Zt. Akad. Rat am FB Sprach- und Literaturwissenschaft der Gesamthochschule Paderborn. Hauptarbeitsgebiete: Linguistik des Deutschen, Soziolinguistik und Psycholinguistik. Leiter der Sektion "Soziolinguistik" der GAL.

HAUSMANN, Franz Josef (Romanisches Seminar der Universität, Wilhelmstr. 50, 7400 Tübingen). Promotion. Wiss. Ass. für Romanistik (Lehrstuhl Prof. Dr. Christmann) an der Universität Tübingen. Hauptarbeitsgebiete: Linguistik der französischen Sprache (synchronisch und diachronisch), Anwendung auf den Fremdsprachenunterricht, Curriculum Französisch.

HEESCHEN, Claus (Physiologisches Institut der FU Berlin, Arnimallee 22, 1000 Berlin 33). Studium der Allgem. und Vergl. Sprachwissenschaft, Phonetik und Slavistik in Marburg, München, Cambridge, Mass. (MIT) und Bonn. Promotion 1968. Hauptarbeitsgebiete: Neurolinguistik und Psycholinguistik.

HERRMANN, Wolfgang (Homburger Str. 60a, 6365 Rosbach). Studium der Germanistik, Philosophie und Sportwissenschaft. Staatsexamina 1968 und 1969, Promotion 1970. Professor an der Universität Frankfurt. Hauptarbeitsgebiete: Aufsatzbeurteilung, Kommunikationstherapie und "Standardsituationen".

HOFFMANN, Ludger (Nerzweg 39, 4400 Münster). Studium der Germanistik, Theologie, Philosophie und Pädagogik in Münster. Promotion Anfang 1977 ("Zur Sprache von Kindern im Vorschulalter"). Hauptarbeitsgebiete: Soziolinguistik, Psycholinguistik und Pragmatik.

HUBER, Walter (Abt. Neurologie, Klinikum der RWTH Aachen, 5100 Aachen). Studium der Germanistik, Geschichte und Linguistik an der FU Berlin und am MIT (Cambridge, Mass.). Z.Zt. als Wiss. Angestellter Mitarbeiter in einer interdisziplinären Forschungsgruppe aus Neurologen, Linguisten, Psychologen und Logopäden an der Abt. Neurologie der RWTH Aachen (Vorstand: Prof. Dr. K. Poeck). Hauptarbeitsgebiete: Aphasieforschung, generative transformationelle Syntax.

HÜLTENSCHMIDT, Erika (Pestalozzistr. 7, 4800 Bielefeld 1). Studium der Romanistik und Soziologie in Heidelberg, Paris und Mannheim. M.A. 1971. Von 1971-1973 am Institut für Deutsche Sprache (IDS) in Mannheim. Seit 1974 Verw. der Stelle eines Wiss. Ass. an der Gesamthochschule Wuppertal in Romanistik/Linguistik. Kurz vor dem Abschluß einer Dissertation über die Beziehung von Linguistik, kognitiver Psychologie und Fremdsprachendidaktik.

LENERZ, Jürgen (Braunsbergstr. 23, 4400 Münster). 1976 Promotion in germanistischer Linguistik an der Universität München. Wiss. Ass. am Englischen Seminar der Universität Köln. Hauptarbeitsgebiete: Syntax, Morphonologie und Semantik des Deutschen und Englischen.

MEYER, Meinert Arnd (Großer Berg 35, 4401 Altenberge). Promotion Tübingen 1975. Von 1974 bis 1976 Assistent für Philosophie an einer Pädagogischen Hochschule, seit Frühjahr 1976 Mitarbeiter bei der Wissenschaftlichen Begleitung

Kollegstufe NW (Wilhelmstr. 34, 4400 Münster). Hauptarbeitsgebiete: Sprachphilosophie, Handlungstheorie und Sprachdidaktik Englisch.

ÖHLSCHLÄGER, Günther (Germanistisches Seminar der Universität, 6900 Heidelberg). 1970 Magisterexamen, 1974 Promotion. Wiss. Ass. am Germanistischen Seminar der Universität Heidelberg (seit 1971). Hauptarbeitsgebiete: Semantik, Sprachhandlungstheorie, Argumentationstheorie, Wissenschaftstheorie.

PASIERBSKY, Fritz (Sigmaringer Str. 5, 1000 Berlin 31). Studium der Sinologie, Allgem. Sprachwiss. und Slavistik in Münster und Bochum. Promotion 1970, Habilitation 1976. Seit 1972 Assistenzprofessor am Germanischen Seminar der FU Berlin. Linguistische Lehrveranstaltungen. Hauptarbeitsgebiete: Vergl. Sprachwissenschaft, Sprachtypologie, Anwendung der Operations Research auf die Linguistik.

PÉREZ-ALONSO, Jesús (Kammerstr. 163, 4100 Duisburg). Studium der Klassischen Philologie und Romanistik in Barcelona, Madrid und Tübingen. Wiss. Ass. und Dozent in Madrid und Tübingen. Z.Zt. Lektor für Spanisch an der Gesamthochschule Duisburg. Hauptarbeitsgebiete: Chronologie der Phonetik der romanischen Sprachen, Revision der Methodologie der Romanischen Sprachwissenschaft, Synchronie des Spanischen und Dantistik.

PEUSER, Günter (Rhein. Landesklink für Sprachgestörte, 5300 Bonn). Studium der Germanistik und Romanistik in Göttingen, Madrid und Freiburg. Promotion 1966. Arbeitet als Linguist an der Rheinischen Landesklinik für Sprachgestörte in Bonn und als Lehrbeauftragter in Köln und Bonn. Hauptarbeitsgebiet: Patholinguistik.

PISARKOWA, Krystyna (os. Słoneczne 2 m. 25, 31-956 Kraków, Polen). Studium der Polonistik an der Jagellonischen Universität in Kraków. Promotion 1963, Habilitation 1968, Professur 1974. Leiterin der Arbeitsstelle für historische Syntax der polnischen Sprache (Institut für Polnische Sprache, Polnische Akademie der Wissenschaften). Gleichzeitig Professor für Allgem. Sprachwissenschaft an der Universität Kraków. Hauptarbeitsgebiete: synchronische und diachronische polnische Syntax, allgemeine Syntax, Semantik und Stilistik.

PLEINES, Jochen (Gronaustr. 66, 5600 Wuppertal 2). Akad. Rat am Romanischen Seminar der Gesamthochschule Wuppertal. Hauptarbeitsgebiete: Kasusgrammatik, Fremdsprachendidaktik, kognitive Grundlagen des Sprechens.

POTT, Hartmut (Königsteiner Str. 173, 6230 Frankfurt/Main 80). Studium der Romanistik, Geschichte und Geographie in Frankfurt, Tübingen und Bochum. Promotion 1975. Studienrat in Frankfurt/Main. Hauptarbeitsgebiete: Generative Semantik, Methodik des Fremdsprachenunterrichts und Aphasiologie.

PÜSCHEL, Ulrich (Universität Trier, Schneidershof, 5500 Trier). Studium der Germanistik, Anglistik und Politikwissenschaft in Freiburg und Marburg. Staatsexamen 1971, Promotion 1973. Akad. Rat am FB Sprach- und Literaturwissenschaften der Universität Trier, Fachgebiet Germanistische Linguistik. Hauptarbeitsgebiete: Lexikologie, Syntax, Texttheorie/Pragmalinguistik, Stilistik.

SAGER, Sven Frederik (Böttcherkamp 17, 2000 Hamburg 53). Studium der Germanistik, Philosophie und (vorübergehend) Biologie in Hamburg und Tübingen. Hauptarbeitsgebiete: analytische Philosophie, Logik, formale Linguistik und Pragmatik. Z.Zt. Promotion in Hamburg über ein Thema aus der linguistischen Pragmatik.

SCHREYER, Rüdiger (Jülicher Str. 1, 5102 Würselen-Broichweiden). Studium der Anglistik, Amerikanistik und Germanistik an der Universität des Saarlandes. Promotion 1970 ("Untersuchungen zur Sprachauffassung Dr. Johnsons"). Akad.

ORat am Institut für Anglistik der RWTH Aachen. Hauptarbeitsgebiete: Geschichte der Sprachwiss., Stratifikationsgrammatik, Synonymie und Sprachtheorie.

SINGENDONK-HEUBLEIN, Ingeborg (Fachbereich 16-Germanistik der FU Berlin, Habelschwerdter Allee 45, 1000 Berlin 33). Studium der Philosophie und Germanistik in Münster und Berlin. Magisterexamen 1973. Z.Zt. Wiss. Ass. am Fachbereich Germanistik der FU Berlin. Hauptarbeitsgebiete: Sprachgeschichte und -entwicklung.

STACHOWIAK, Franz J. (Abt. Neurologie, Klinikum der RWTH Aachen, 5100 Aachen). Studium in Anglistik, Linguistik, Lateinischer und Deutscher Philologie an den Universitäten Köln, Newcastle-upon-Tyne und an der RWTH Aachen. Seit 1973 Wiss. Mitarbeiter in einem interdisziplinären Forschungsteam von Neurologen, Psychologen und Linguisten an der Abt. Neurologie der RWTH Aachen (Leitung: Prof. Dr. K. Poeck). Hauptarbeitsgebiete: Psycholinguistik, Semantik.

STEIN, Dieter (Fachgr. Angew. Sprachwiss., Universität Heidelberg, Landfriedstr. 12, 6900 Heidelberg). Staatsexamen in Anglistik, danach Wiss. Mitarbeiter im Sonderforschungsbereich 100 der DFG ("Elektronische Sprachforschung") an der Universität Saarbrücken. Z.Zt. Stelle eines Akad. Rates bei der Fachgruppe Angewandte Sprachwissenschaft an der Universität Heidelberg. Hauptarbeitsgebiete: Englische und Allgemeine Sprachwissenschaft, Übersetzungswissenschaft.

SUCHAROWSKI, Wolfgang (Amalienstraße 99, 8000 München 40). Im WS 1970/71 Staatsexamen in Germanistik und Theologie, im WS 1973/74 Promotion in Germanistik und Psychologie. Tätigkeit als Wiss. Ass. an der Universität München seit 1974 an der PH Kiel. Gegenwärtige Arbeitsgebiete: Vergleichende Studien zur Darstellung syntaktischer Kategorien des Deutschen, empirische Untersuchungen über das Erlernen verschiedener Schulgrammatiktypen in der Primar- und Sekundarstufe I.

WENIGER, Dorothea (Abt. Neurologie, Klinikum der RWTH Aachen, 5100 Aachen). Studium der Anglistik, Germanistik und Philosophie an der Universität Zürich. Promotion bei Prof. Dr. E. Leisi 1974 ("Semantische Analyse der englischen Verben der Fortbewegung"). Wiss. Ass. und Lehrbeauftragte am Englischen Seminar der Universität Zürich. Seit 1975 Habilitationsstipendiatin an der Abt. Neurologie der RWTH Aachen (Experimentelle Untersuchungen zum Sprachverständnis bei Aphasikern).

WERNER, Fritjof (Hohenfriedbergstr. 11, 1000 Berlin 62), Studium der Linguistik, Soziologie und Psychologie in Berlin. Magisterarbeit mit dem Thema "Sprachvarianten und Sprachausübung". Z.Zt. Wiss. Ass. für Linguistik am FB Germanistik der FU Berlin. Hauptarbeitsgebiet: Empirische Beschreibung und Analyse des gesprochenen Deutsch: Sprachvariation, Nichtstandardvarietäten, Bewertung und Interpretation sprachlicher Unterschiede.

WOLLMANN, Alfred (Mannsfelderstr. 41a, 5000 Köln 51). Professor für Angewandte Sprachwissenschaft (Anglistik) an der Universität Köln. Arbeitgebiete: Phonologie, Syntax, Textlinguistik.

ZIMMERMANN, Rüdiger (Barfüßerstr. 49, 3550 Marburg). Studium der Anglistik, Romanistik, Neueren Geschichte und Allgem. Sprachwissenschaft in Erlangen und Kiel. Wiss. Ass. in Kiel (Promotion 1968), Ass. Prof. am Queens College, N.Y. (1969/70), 1970 Wiss. Ass. an der PH Rheinland (Wuppertal), seit 1973 Prof. für Engl. Sprachwissenschaft an der Universität Marburg. Arbeitsgebiete: Sprachwandel, Syntax, Kontrastive Linguistik, Fremdsprachendidaktik.